天然气处理原理与工艺

（第三版）

王遇冬　郑　欣　主　编

李迁红　张君涛　副主编

中国石化出版社

内 容 提 要

本书在第二版的基础上进行了修改与补充。书中从我国实际情况出发，结合国内外天然气处理工艺近况，着重阐述了天然气处理工艺的基本知识、基本原理、工艺技术、工艺计算以及最新进展和成就。此外，城镇燃气特性与分类、液化天然气和压缩天然气生产以及天然气利用等内容在书中也有详尽介绍。书中附有大量图表，涉及国内外天然气处理工艺诸多方面的最新信息可供参考。

本书可作为从事天然气处理和利用的工艺设计、生产和科研等工程人员的重要参考书，也可作为石油院校相关专业教材。

图书在版编目（CIP）数据

天然气处理原理与工艺／王遇冬，郑欣主编. —3 版.
—北京：中国石化出版社，2016.1（2018.1 重印）
ISBN 978-7-5114-3704-4

Ⅰ.①天… Ⅱ.①王… ②郑… Ⅲ.①天然气处理
Ⅳ.①TE64

中国版本图书馆 CIP 数据核字（2015）第 269614 号

中国石化出版社出版发行
地址：北京市朝阳区吉市口路 9 号
邮编：100020 电话：（010）59964500
发行部电话：（010）59964526
http://www.sinopec-press.com
E-mail:press@ sinopec.com
北京柏力行彩印有限公司印刷
全国各地新华书店经销
*
787×1092 毫米 16 开本 23.25 印张 579 千字
2016 年 1 月第 3 版　2018 年 1 月第 2 次印刷
定价：68.00 元

编　委　会

主　　编：王遇冬　郑　欣

副 主 编：李迓红　张君涛

编写人员：王遇冬　郑　欣　李迓红　张君涛

　　　　　王红霞　王登海　王　勃　白淑云

　　　　　陈慧芳　常志波

第三版前言

近几十年来，随着我国天然气工业的迅速发展，天然气处理能力和工艺水平有了很大提高，利用领域也在迅速拓展。为适应这一大好形势，我们特编写此书，以供国内广大从事天然气处理工程设计、生产、科研和教学的工程技术人员和师生全面及系统了解天然气处理和利用的原理与工艺。

本书第三版根据近年来最新文献资料，对第二版进行了修改与补充，由西安石油大学化学化工学院与西安长庆科技工程有限责任公司（长庆石油勘察设计研究院）及其苏州分公司、北京分公司共同编写。

由于本书编写人员都是长期从事天然气处理工程设计、科研和教学的工程技术人员和教师，故在编写中强调理论联系实际，注意把基本知识、基本原理与工艺技术和生产过程结合起来，而且还侧重介绍了国内外天然气处理工艺的最新进展，并附有例题以供参考。书中列举的国内实例中，全面反映了我国塔里木、川渝、长庆和青海气区以及其他油气田天然气处理工艺的近况和成就。此外，还结合目前我国天然气利用领域不断拓展，天然气覆盖范围和人口不断扩大的大好形势，增加了天然气利用有关内容。因此，本书不仅可作为从事天然气处理和利用的设计、生产及科研等工程技术人员的重要参考书，也可作为石油院校化学工程与工艺、石油工程、油气储运工程和燃气工程等有关专业教材。

本书共七章，包括基本知识、天然气脱硫脱碳、天然气脱水、硫黄回收及尾气处理、天然气凝液回收、液化天然气和压缩天然气生产、天然气利用。其中第一章第一至四节由郑欣编写；第一章第五、六节和第六章第二节由王红霞编写；第二章由王登海编写；第三章和第五章由李迁红编写；第四章和第七章第五节由张君涛编写；第六章第一节由郑欣、王遇冬编写；第七章第一、二、三节由王勃、白淑云编写，第四节由常志波、陈慧芳编写。全书由郑欣审稿，李迁红、张君涛统稿，王遇冬定稿。

本书在编写过程中得到塔里木油田油气运销部晁宏洲、四川空分设备（集团）有限公司易希朗和谭明邦、苏州华锋液化天然气有限公司李克锦、上海燃气设计院金芳、陕西燃气设计院郭宗华、田红梅和程玉排、上海交通大学巨永林、西门子（中国）有限公司李继伟、西安长庆科技工程有限责任公司及其北京分公司张文超、曾继磊和万小红、西安石油大学肖荣鸽和姚培芬等人的大力协助，在此谨向他们表示衷心感谢！

本书在编写过程中还得到《天然气工业》杂志社、《石油与天然气化工》杂志社、《天然气与石油》编辑部和《液化天然气》编辑部的大力协助，在此也谨向他们表示衷心感谢！

本书第一、二版发行后得到广大读者的欢迎和好评，我们深表谢意。经过修改与补充的第三版，将会更加全面和系统地反映天然气处理和利用的原理与工艺、国内外生产实际和最新进展。

由于编者水平有限，书中如有不妥之处，敬请各位专家、同行和广大读者批评指正。

目　　录

第一章 基 本 知 识

广义的天然气泛指自然界存在的一切气体，它包括大气圈、水圈、生物圈、岩石圈以及地幔和地核中所有自然过程形成的气体。狭义的天然气是从资源利用角度出发，专指岩石圈、特定的水圈中蕴藏的，以气态烃为主的可燃气体，以及对人类生产、生活有重要经济价值的非烃气体，例如具有较高商业品位的 CO_2、H_2S、He 等气体。目前世界上大规模开发并为人们广泛利用的可燃气体是成因与原油相同、与原油共生或单独存在的可燃气体。本书以下提及的天然气主要是指这种狭义的可燃气体。

第一节 天然气在能源结构中的重要性及我国发展前景

一、石油、原油及天然气的含义

根据 1983 年第 11 届世界石油大会对石油、原油和天然气的定义，石油(Petroleum)是指在地下储集层中以气相、液相和固相天然存在的，通常以烃类为主并含有非烃类的复杂混合物。原油(Crude oil，简称 Oil)是指在地下储集层中以液相天然存在的，并在常温和常压下仍为液相的那部分石油。天然气(Natural gas，简称 Gas)则是指在地下储集层中以气相天然存在的，并且在常温和常压下仍为气相(或有若干凝液析出)，或在地下储集层中溶解在原油内，在常温和常压下从原油中分离出来时又呈气相的那部分石油。

因此，石油是原油和天然气的总称。由于我国以往习惯上将原油称为石油，故目前国内也常采用"石油天然气"这样的提法来指原油和天然气。但在与国际交往中，则必须将石油、原油和天然气三者的含义严格区分。例如，中国石油天然气集团公司的英文译名是 China National Petroleum Corporation(CNPC)；上海石油天然气有限公司的英文译名是 Shanghai Petroleum Co.，Ltd；《Oil & Gas Journal》期刊(美国)的中文译名是《油气杂志》等。

二、天然气在能源结构中的重要性

天然气是一种优质、高效、清洁的能源和化工原料。与其他能源相比，天然气具有使用方便、经济安全、发热量高、污染少等优点，可以大大减少 CO_2、SO_2、NO_x 及烟尘的排放量，这对改善大气环境，减轻温室效应有着十分明显的作用，是一种众所公认的绿色环保燃料，因而广泛用作城镇燃气。天然气也是宝贵的化工原料，可以生产甲醇、氨、尿素和其他附加值很高的下游产品。此外，发展天然气工业，对机械、电子、冶金、建筑等行业的发展也有显著促进作用。

目前，天然气以其优质能源优势在整个能源消费结构中逐步进入鼎盛时期，开发和利用天然气是当今世界能源发展的潮流。在世界能源消费结构中，天然气的贡献比例已从 2002 年的 21.2% 上升到 2012 年的 23.8%，并继续保持增长趋势。预计十多年后，天然气在世界能源中的贡献比例可超过煤炭成为继原油之后的第二大能源。

近十多年来世界天然气产量增势总体良好。历年来，天然气产量排名美国次于俄罗斯，但由于美国加速开采页岩气，从2009年起其天然气产量已高于俄罗斯。2013年世界天然气产量为 $33905 \times 10^8 m^3$，其中美国天然气产量仍然居世界第一，占世界总量的20.5%，其次为俄罗斯(17.8%)、伊朗(4.9%)、卡塔尔(4.7%)、加拿大(4.6%)、中国(3.4%)。

目前对世界天然气贸易有影响的国家是俄罗斯、土库曼斯坦、伊朗和卡塔尔。全球最大的天然气田在波斯湾，伊朗和卡塔尔等国对世界液化天然气供应起着重要的影响。

2013年我国天然气产量为 $1210 \times 10^8 m^3$，同比增长9.8%，其中常规天然气 $1176 \times 10^8 m^3$，非常规气中页岩气 $2 \times 10^8 m^3$，煤层气 $29 \times 10^8 m^3$；天然气进口量 $534 \times 10^8 m^3$，增长25.6%，其中管道气增长24.3%，液化天然气增长27.0%；天然气表观消费量 $1692 \times 10^8 m^3$，增长12.9%，约占能源总量的5.8%。目前我国多气源、多类型和多路径联网的多元化供气格局已经形成，2014年我国天然气表观消费量达 $1800 \times 10^8 m^3$，其中对进口天然气的依存度为32.2%。预计2020年我国天然气产量将达到 $2450 \times 10^8 m^3$，天然气进口量将达到 $1150 \times 10^8 m^3$。届时我国的天然气消费量将达到 $3600 \times 10^8 m^3$，由目前占能源消费结构的3%增加到10%以上，从而有效地改善我国的能源结构。截至2013年我国近几十年来天然气产量的变化见图1-1。

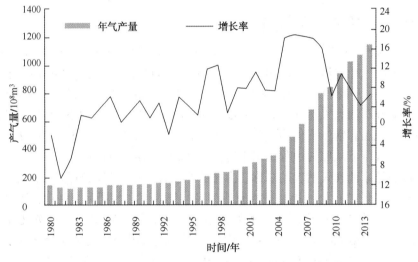

图 1-1　1980~2013 年中国天然气产量和年增长率变化图

三、我国天然气工业现状和发展前景

我国天然气的开发、利用虽然起步很早，但因受各种条件影响，长期以来一直未能形成完整、系统的工业体系。早期的天然气开发和利用主要在四川，近几十年来，随着我国国民经济的迅速发展，在天然气资源的勘探与开发上取得了丰硕成果，先后在陆上的新疆、陕西、内蒙古、川渝、青海等地区发现大型气田。此外，海上天然气资源也十分丰富，南海、东海及渤海的崖城13-1、东方1-1、平湖、春晓、锦20-2等大型气田或凝析气田也已陆续开发建设，从而使我国天然气工业呈现出欣欣向荣的局面。西气东输一线管道的建成投产和输气规模不断增加，以及川气东送和西气东输二线管道的相继投产，标志着我国天然气工业又迈上一个新的台阶。2013年我国新增天然气长输管道超过8000km，全国干线、支干线天然气管道总长度超过 $6.3 \times 10^4 km$；我国储气库建设突飞猛进，全年共投产6座储气库，分别为相国寺、呼图壁、双6、班南、苏桥和京58。截止2013年年底，我国储气库的设计工作

量达到 $169×10^8 m^3$。由于投产初期需要注入垫底气,部分储气库尚未形成工作气量,故有效工作气量仅为 $29×10^8 m^3$。

随着我国国民经济的迅速发展和人民生活的不断提高以及能源结构调整,未来对清洁能源天然气的需求将大幅提高,供需矛盾也将进一步加大,我国逐年猛增的天然气产量仍不能满足国内需求,还需从国外进口天然气。据了解,自 2007 年以来,我国天然气对外依存度在逐年增加,到 2013 年已超过 30%,成为世界天然气消费第三大国,见表 1-1。

表 1-1　2005~2013 年中国天然气进口量和对外依存度表

年份/年	2005	2006	2007	2008	2009	2010	2011	2012	2013
进口量/$10^8 m^3$	0	10	40	46	76	165	314	408	550
出口量/$10^8 m^3$	30	29	26	32	32	40	32	29	20
净进口量/$10^8 m^3$	-30	-19	14	12	44	125	282	379	530
对外依存度/%	—	-3.5	12.0	1.7	4.9	11.6	22.0	26.2	31.6

为此,近年来我国一方面在沿海一带建设若干液化天然气(LNG)接收终端,从东南亚、中东和澳大利亚进口液化天然气;另一方面从中亚土库曼斯坦等国通过管道将天然气(管道天然气)输送至我国境内,再由西气东输二线管道向沿线和珠江三角洲、长江三角洲供气。该管道在 2009 年开工敷设,2012 年年底到达香港,实现全线竣工。中缅天然气管道从 2010 年开始建设,已在 2013 年 9 月全线贯通,开始向我国西南地区沿线供气,预计 2015 年可达到年输气量 $120×10^8 m^3$。此外,中俄天然气管道东、西两线建设也已达成协议。这种多元化的气源将大大提高我国的天然气供应安全系数,而且数量上也有较好保证,因而将会逐步改善我国的能源结构和环境质量。

例如,仅以西气东输一线和二线管道每年输送的天然气计算,就可以每年少烧燃煤 $12000×10^4 t$,减少 CO_2 排放 $2×10^8 t$、SO_2 排放 $226×10^4 t$。此外,西气东输三线管道已在 2012 年 10 月开工建设。该管道年输气量 $300×10^8 m^3$,主供气源为中亚天然气($250×10^8 m^3/a$),补充气源为新疆伊犁地区煤制气。预计建成后可使天然气在我国一次能源中的消费比重提高 1%,每年可减少 CO_2 排放 $1.3×10^8 t$、SO_2 排放 $144×10^4 t$。

预计未来 50 年,我国城镇化率将从现在的 36% 提高到 76% 以上。中国的城镇化问题,是一个关系到中国经济持续快速增长,以及社会经济可持续发展的重大战略问题。城镇化进程是一个综合发展过程,它要求提高城镇居民和商业所需要的清洁能源比重。因此,在诸多因素中能源的供求和能源结构的调整尤其突出。此外,随着城镇居民生活水平的提高,广大居民对能源消费的支付能力也在提高。这就增加了对能源数量和质量的需求,发展清洁能源已成为当务之急,也是当今社会发展的重要要素,以及保持国民经济持续发展的重要推动力。

2013 年,我国天然气储量继续保持快速增长。新增探明地质储量达到 $6164×10^8 m^3$,新增探明技术可采储量达到 $3818×10^8 m^3$。截止 2013 年年底,全国天然气累计探明地质储量约为 $11.67×10^{12} m^3$,剩余技术可采储量约为 $4.6×10^{12} m^3$。预计到 2025 年,油气"二分天下"格局初步形成。我国将进一步加强南海北部深水天然气勘探开发,优化天然气供应格局。未来 20 年,我国将迎来油气并举重要机遇期,原油产量稳定增长,天然气产量快速攀升。油气当量增长主要贡献是天然气。我国的天然气资源主要分布在中、西部地区和近海地区。其中,80% 以上的资源量集中分布在新疆、川渝、陕西、内蒙、青海及东南海域,鄂尔多斯、塔里木、四川盆地仍将是天然气主产区。

此外，我国的非常规天然气资源(如煤层气、页岩气和天然气水合物等)也十分丰富。我国煤层埋深 2000m 以浅的煤层气总资源量为 $36.81 \times 10^{12} m^3$，其中埋深 1500m 以浅的煤层气可采资源量为 $10.87 \times 10^{12} m^3$，主要分布在华北和西北地区。不仅如此，我国煤层气资源在区域分布、埋藏深度上也有利于规划开发。"西气东输"、陕京两条输气管道经过沁水盆地和鄂尔多斯盆地东缘多个煤层气富集区，这就为煤层气的开发提供了输送条件。2009 年 9 月山西沁水盆地煤层气田樊庄区块产能建设($6 \times 10^8 m^3/a$)和煤层气中央处理厂一期工程(总规模为 $30 \times 10^8 m^3/a$，其中一期 $10 \times 10^8 m^3/a$)的投产，以及郑庄区块产能建设(总规模为 $17 \times 10^8 m^3/a$，其中一期 $9 \times 10^8 m^3/a$)和中央处理厂二期工程($10 \times 10^8 m^3/a$)的相继建设，标志着我国煤层气的开发利用已进入了大发展时期。预计到 2015 年煤层气地面开发达 $160 \times 10^8 m^3$，基本全部利用。在沁水盆地和鄂尔多斯盆地东缘建成两大煤层气产业化基地，已有产区稳产增产，新建产区增加储量、扩大产能，配套完善基础设施，实现产量快速增长。根据我国《煤层气(煤矿瓦斯)开发利用"十二五"规划》，到 2015 年煤层气(煤矿瓦斯)产量达到 $300 \times 10^8 m^3$，其中地面开发 $160 \times 10^8 m^3$，基本全部利用，煤矿瓦斯抽采 $140 \times 10^8 m^3$，利用率 60% 以上。因此，煤层气将是我国常规天然气的重要补充资源。

除煤层气外，页岩气、青藏高原和南海等海域的天然气水合物等都可能成为天然气的接替资源。

第二节　天然气的分类、组成和体积参比条件

一、天然气分类

天然气分类方法目前尚不统一，各国都有自己的习惯分法。常见的分法如下。

（一）按产状分类

可分为游离气和溶解气。游离气即气藏气，溶解气即油溶气和气溶气、固态水合物气以及致密岩石中的气等。

（二）按经济价值分类

可分为常规天然气和非常规天然气。常规天然气指在目前技术经济条件下可以进行工业开采的天然气，主要指油田伴生气(也称油田气、油藏气)、气藏气和凝析气。非常规天然气指煤层气(煤层甲烷气)、页岩气、水溶气、致密岩石中的气及固态水合物气等。其中，除煤层气和页岩气外，其他非常规天然气由于目前技术经济条件的限制尚未投入工业开采。

（三）按来源分类

可分为与油有关的气(包括油田伴生气、气顶气)和与煤有关的气；天然沼气即由微生物作用产生的气；深源气即来自地幔挥发性物质的气；化合物气即指地球形成时残留地壳中的气，如陆上冻土带和深海海底等的固态水合物气等。

（四）按烃类组成分类

按烃类组成分类可分为干气和湿气、贫气和富气。对于由气井井口采出的，或由油气田矿场分离器分出的天然气而言，其划分方法为：

1. 干气

在储集层中呈气态，采出后一般在地面设备和管线的温度、压力下不析出液烃的天然气。按 C_5 界定法是指 $1m^3$ (m^3 指 20℃，101.325kPa 参比条件下的体积，下同)气中 C_5^+ 以上

液烃含量按液态计小于 13.5cm³ 的天然气。

2. 湿气

在储集层中呈气态，采出后一般在地面设备和管线的温度、压力下有液烃析出的天然气。按 C_5 界定法是指 1m³ 气中 C_5^+ 以上烃液含量按液态计大于 13.5cm³ 的天然气。

3. 贫气

1m³ 气中丙烷及以上烃类（C_3^+）含量按液态计小于 100cm³ 的天然气。

4. 富气

1m³ 气中丙烷及以上烃类（C_3^+）含量按液态计大于 100cm³ 的天然气。

通常，人们还习惯将脱水（脱除水蒸气）前的天然气称为湿气，脱水后水露点降低的天然气称为干气；将回收天然气凝液前的天然气称为富气，回收天然气凝液后的天然气称为贫气。此外，也有人将干气与贫气、湿气与富气相提并论。由此可见，它们之间的划分并不是十分严格的。因此，本书以下提到的贫气与干气、富气与湿气也没有严格的区别。

（五）按矿藏特点分类

1. 纯气藏天然气（气藏气）

在开采的任何阶段，储集层流体均呈气态，但随组成不同，采到地面后在分离器或管线中则可能有少量液烃析出。

2. 凝析气藏天然气（凝析气）

储集层流体在原始状态下呈气态，但开采到一定阶段，随储集层压力下降，流体状态进入露点线内的反凝析区，部分烃类在储集层及井筒中呈液态（凝析油）析出。

3. 油田伴生气（伴生气）

在储集层中与原油共存，采油过程中与原油同时被采出，经油气分离后所得的天然气。

目前国内多按矿藏特点对天然气进行分类。

（六）按硫化氢、二氧化碳含量分类

（1）净气（甜气）：指硫化氢和二氧化碳等含量甚微或不含有，不需脱除即可符合管输要求或达到商品气质量要求的天然气。

（2）酸气：指硫化氢和二氧化碳等含量超过有关质量要求，需经脱除才能管输或成为商品气的天然气。

二、天然气组成

天然气是指天然存在，以烃类为主的的可燃气体。大多数天然气的主要成分是烃类，此外还含有少量非烃类。天然气中的烃类基本上是烷烃，通常以甲烷为主，还有乙烷、丙烷、丁烷、戊烷以及少量的己烷以上烃类（C_6^+）。在 C_6^+ 中有时还含有极少量的环烷烃（如甲基环戊烷、环己烷）及芳香烃（如苯、甲苯）。天然气中的非烃类气体，一般为少量的氮、氢气、氧气、二氧化碳、硫化氢、水蒸气以及微量的惰性气体如氦、氩、氖等。

当然，天然气的组成并非固定不变，不仅不同地区油、气藏中采出的天然气组成差别很大，甚至同一油、气藏的不同生产井采出的天然气组成也会有区别。

国外一些气田的气藏气和油田伴生气的组成分别见表 1-2 及表 1-3，我国主要气田和凝析气田的天然气组成见表 1-4。

此外，天然气中还可能含有以胶溶态粒子形态存在的沥青质，以及可能含有极微量的元素汞及汞化合物。此外，有的天然气中还可能含有砷，其中绝大多数是以三烷基砷（R_3As）形式存在。

表1-2 国外一些气田的天然气组成　　　　　　　　　　　　　　　%（体积分数）

国　名	产　地	甲　烷	乙　烷	丙　烷	丁　烷	戊　烷	C_6^+	CO_2	N_2	H_2S
美　国	Louisiana	92.18	3.33	1.48	0.79	0.25	0.05	0.9	1.02	
	Texas	57.69	6.24	4.46	2.44	0.56	0.11	6.0	7.5	15
加拿大	Alberta	64.4	1.2	0.7	0.8	0.3	0.7	4.8	0.7	26.3
委内瑞拉	San Joaquin	76.7	9.79	6.69	3.26	0.94	0.72	1.9		
荷　兰	Goningen	81.4	2.9	0.37	0.14	0.04	0.05	0.8	14.26	
英　国	Leman	95	2.76	0.49	0.20	0.06	0.15	0.04	1.3	
法　国	Lacq	69.4	2.9	0.9	0.6	0.3	0.4	10		15.5
俄罗斯	Дащавское	98.9	0.3					0.2		
	Саратовское	94.7	1.8	0.2	0.1			0.2		
	Щебелийнское	93.6	4.0	0.6	0.7	0.25	0.15	0.1	0.6	
	Оренбургское	84.86	3.86	1.52	0.68	0.4	0.18	0.58	6.3	1.65
	Астраханское	52.83	2.12	0.82	0.53	0.51[①]		13.96	0.4	25.37
哈萨克斯坦	Карачаганакское	82.3	5.24	2.07	0.74	0.31	0.13	5.3	0.85	3.07

注：①C_5^+。

表1-3 一些国家油田伴生气的组成　　　　　　　　　　　　　　%（体积分数）

国　名	甲　烷	乙　烷	丙　烷	丁　烷	戊　烷	C_6^+	CO_2	N_2	H_2S
印度尼西亚	71.89	5.64	2.57	1.44	2.5	1.09	14.51	0.35	0.01
沙特阿拉伯	51.0	18.5	11.5	4.4	1.2	0.9	9.7	0.5	2.2
科威特	78.2	12.6	5.1	0.6	0.6	0.2	1.6		0.1
阿联酋	55.66	16.63	11.65	5.41	2.81	1.0	5.5	0.55	0.79
伊　朗	74.9	13.0	7.2	3.1	1.1	0.4	0.3		
利比亚	66.8	19.4	9.1	3.5	1.52				
卡塔尔	55.49	13.29	9.69	5.63	3.82	1.0	7.02	11.2	2.93
阿尔及利亚	83.44	7.0	2.1	0.87	0.36		0.21	5.83	

表1-4 我国主要气田和凝析气田的天然气组成　　　　　　　　　%（体积分数）

气田名称		甲　烷	乙　烷	丙　烷	异丁烷	正丁烷	异戊烷	正戊烷	C_6或C_6^+	C_7^+	CO_2	N_2	H_2S
长庆气田	（靖边）	93.89	0.62	0.08	0.01	0.01	0.001	0.002			5.14	0.16	0.048
	（榆林）	94.31	3.41	0.50	0.08	0.07	0.013	0.041			1.20	0.33	
	（苏里格）	92.54	4.5	0.93	0.124	0.161	0.066	0.027	0.083	0.76	0.775		

气 田 名 称	甲烷	乙烷	丙烷	异丁烷	正丁烷	异戊烷	正戊烷	C_6 或 C_6^+	C_7^+	CO_2	N_2	H_2S
中原油田 （气田气）	94.42	2.12	0.41	0.15	0.18	0.09	0.09	0.26		1.25		
（凝析气）	85.14	5.62	3.41	0.75	1.35	0.54	0.59	0.67		0.84		
塔里木气田（克拉-2）	98.02	0.51	0.04	0.01	0.01	0	0	0.04	0.01	0.58	0.70	
（牙哈）	84.29	7.18	2.09									
海南崖13-1气田	83.87	3.83	1.47	0.4	0.38	0.17	0.10	1.11		7.65	1.02	70.7 (mg/m³)
青海台南气田	99.2		0.02								0.79	
青海涩北-1气田	99.9										0.10	
青海涩北-2气田	99.69	0.08	0.02								0.20	
东海平湖凝析气田	81.30	7.49	4.07	1.02	0.83	0.29	0.19	0.20	0.09	3.87	0.66	
新疆柯克亚凝析气田	82.69	8.14	2.47	0.38	0.84	0.15	0.32	0.2	0.14	0.26	4.44	
华北苏桥凝析气田	78.58	8.26	3.13	1.43		0.55		0.39	5.45	1.41	0.80	

世界上也有少数的天然气中含有大量的非烃类气体，甚至其主要成分是非烃类气体。例如，我国河北省赵兰庄、加拿大艾伯塔省 Bearberry 及美国南得克萨斯气田的天然气中，硫化氢含量均高达 90%以上。我国广东沙头圩气田天然气中二氧化碳含量高达 99.6%。美国北达科他州内松气田天然气中氮含量高达 97.4%，亚利桑那州平塔丘气田天然气中氦含量高达 9.8%。

三、天然气体积计量的参比条件

天然气作为商品进行贸易交接必须计量。天然气流量计量的结果值可以是体积流量、质量流量和能量（发热量）流量。其中，体积计量是天然气各种流量计量的基础。

天然气的体积具有压缩性，随温度、压力条件而变。为了便于比较和计算，须把不同压力、温度下的天然气体积折算成相同压力、温度下的体积。或者说，均以此相同压力、温度下的体积单位（工程上通常是 1m³）作为天然气体积的计量单位，此压力、温度条件称为标准参比条件，简称体积参比条件或参比条件，以往则称为标准状态条件。

1. 体积计量的参比条件

目前，国内外采用的体积参比条件并不统一。一种是采用 0℃和 101.325kPa 作为天然气体积计量的参比条件，在此条件计量的 1m³ 天然气体积称为 1 标准立方米，简称 1 标方。我国以往习惯写成 1Nm³，由于"N"现为力的单位"牛顿"的符号，故 1 标方目前均应写为 1m³。另一种是采用 20℃或 15.6℃（60°F）和 101.325kPa 作为天然气体积计量的参比条件。其中，我国天然气工业的气体体积参比条件采用 20℃，英、美等国则多采用 15.6℃。为与前一种参比条件区别，我国以往称为基准状态，而将此条件下计量的 1m³ 称为 1 基准立方米，简称 1 基方或 1 方，通常也写成 1m³。英、美等国有时则写成 1Std m³ 或 1m³。

由于天然气采用这三种参比条件计量的体积单位我国目前均写为 1m³，为便于区别，故本书在需要说明之处将参比条件采用 0℃和 101.325kPa 计量的体积单位写成"m³（0℃）"，参比条件采用 20℃和 101.325kPa 计量的体积单位写成"m³"，而参比条件采用 15.6℃和 101.325kPa 计量的体积单位则写成"m³（15.6℃）"或"m³（15℃）"。必要时，在体积单位之前或后注明其参比条件。

2. 国内采用的天然气体积计量参比条件

目前，国内天然气生产、经营管理及使用部门采用的天然气体积参比条件也不统一，因此，在计量商品天然气体积以及采用与体积有关的性质（例如密度、体积发热量、硫化氢含量等）时要特别注意其体积参比条件。

中国石油天然气集团公司采用的天然气体积单位"m^3"为20℃、101.325kPa条件下的体积。例如，在《天然气》（GB 17820—2012）和《车用压缩天然气》（GB 18047—2000）中注明所采用的标准参比条件均为20℃、101.325kPa。我国国家标准化管理委员会和质检总局联合发布的《天然气能量的测定》（GB/T 22273—2008）也规定其使用的体积计量和能量计量标准参比条件均为20℃、101.325kPa，或合同规定的其他参比条件。

我国城镇燃气（包括天然气）设计、经营管理部门通常采用0℃、101.325kPa为体积参比条件。例如，在《城镇燃气设计规范》（GB 50028—2006）中注明燃气体积流量计量条件为0℃、101.325kPa。

此外，在《城镇燃气分类和基本特性》（GB/T 13611—2006）中则采用15℃及101.325kPa为体积参比条件。

随着我国天然气工业的迅速发展，目前国内已有越来越多的城镇采用天然气作为民用燃料。对于民用（城镇居民及公共服务设施）用户，通常采用皮膜式或罗茨式气表计量天然气体积流量。此时的体积计量条件则为用户气表安装处的大气温度与压力，一般不再进行温度、压力校正。

由此可见，我国天然气生产、经营管理及使用部门的天然气体积计量的参比条件是不同的。凡涉及天然气体积的一些性质（例如密度、体积发热量等）均有同样情况存在，在引用时请务必注意。

3. 采用能量计量是今后我国天然气贸易交接计量的方向

天然气贸易交接的计量方式有能量（发热量）计量和体积计量两种，而国际上通行的是以能量计量为主，体积计量为辅的计量方式。

近年来我国已经形成多气源、多类型和多路径联网的多元化供气格局，其气源包括管道天然气和煤层气、液化天然气以及煤制气等，这些不同来源的天然气其发热量则有较大差别。

例如，北京目前来自长庆气区的管道天然气低位发热量约为35.0MJ/m^3，来自华北油田的管道天然气低位发热量约为36.3MJ/m^3，而今后来自国外进口的液化天然气低位发热量则为37~40MJ/m^3。但是，多年来国内天然气贸易交接一直按体积计量，并未考虑发热量因素，显然有欠公平合理。目前，我国只有中国海洋石油公司由崖城13-1气田输往香港中华电力公司的天然气，以及进口液化天然气和管道气等国际贸易项目按能量计量与计价进行交接与结算，而欧美等国则普遍采用天然气的发热量作为贸易交接与结算的计量单位。这种计量与计价方式对贸易双方都公平合理，代表天然气贸易交接与结算的发展方向。因此，采用能量（发热量）计量与计价是今后我国天然气贸易应该认真考虑的方式。

崖城13-1气田输往香港中华电力公司销售合同约定的天然气质量要求见表1-5。销售的天然气以高位发热量单位定价（美元/10^6Btu）（1Btu=1.055kJ）。表1-5中高位发热量、沃泊指数等质量指标的意义见本章第四、五节所述。

表 1-5　崖城 13-1 气田输往香港天然气的销售合同要求①

项　　目	质　量　要　求
高位发热量	不低于 49MJ/kg，未经买方同意不高于 60MJ/kg
沃泊指数	不小于 45.6，未经买方同意不大于 55.7
总硫	不大于 50×10^{-6}（约 $27mg/m^3$），以硫化氢当量计
烃露点	在规定交付压力范围内的任何压力下，不高于 13℃
水含量	在标准参比条件下不大于 $0.96 \times 10^{-4} kg/m^3$
颗粒	无粒径大于 $40\mu m$ 的物质

注：①合同对交付温度和压力也有一定要求。

为此，我国已在 2008 年年底发布了国家标准《天然气能量的测定》（GB/T 22723—2008），并于 2009 年 8 月正式实施。该标准的发布和实施标志着我国开展天然气能量计量将有标准可依，为我国天然气计量方式与国际惯例接轨提供了技术支持，在规范天然气能量的测定方法等方面具有积极的意义，势将推动天然气能量计量在我国的全面实施。

第三节　天然气的相特性

在天然气处理过程所处的不同温度、压力条件下，天然气的相态也不相同，即有时是气相或液相，有时则是处于平衡共存的两相（例如气液、液固或气固）甚至是更多的相。

为此，需要了解组成已知的天然气在一定压力、温度下的相特性，例如其压力-摩尔体积（或质量体积）-温度（p-V-T 或 p-v-T）之间的关系图，即描述其在各种压力和温度组合下存在不同相（例如气液两相）的相图。同样，在天然气处理过程中还经常需要进行相平衡计算，从而确定组成已知的天然气在一定压力、温度下平衡共存各相的量和组成，以及预测其热力学性质。

天然气主要是由烃类以及少量非烃类组成的混合物，其组成各不相同。目前，其相图描述及相平衡计算大多采用有关软件中热力学模型由计算机完成。但是，对于某些关键相图（例如，高压凝析气井的井流物），最好是由实验测出其在较窄压力、温度范围内的数据，再通过热力学性质预测和适当描述相结合，将其延伸到更宽的压力、温度范围，从而完成相图的绘制。

关于相平衡计算、相图绘制及预测热力学性质的方法可参考有关文献，此处不再介绍。由于天然气中的水蒸气冷凝后会在体系中出现富水相，天然气中的二氧化碳在低温下还会形成固相，因此，本节将着重介绍天然气处理过程中主要涉及的烃类体系、烃-水体系和烃-二氧化碳体系的相特性。

一、烃类体系相特性

烃类体系的相图可以由实验数据绘制，也可通过热力学模型法预测，或者二者结合。

（一）纯组分体系（一元系）

纯组分（单组分）体系是多组分体系的特殊情况，其典型的 p-V-T 三维相图见图 1-2。由于此图使用不便，经常使用的是其在 p-T 和 p-V 平面上的投影图。其中，纯组分 p-T 图见图 1-3。

图 1-2、图 1-3 中有气、液、固三相，H 点是气、液、固相共存的三相点。HC 线是气-液平衡线，HD 线是固-液平衡线，FH 线是固-气平衡线。其中，HC 线又称蒸气压线。对纯组分而言，HC 线也是泡点线和露点线。它从三相点 H 开始，到临界点 C 终止。

如图 1-2 所示，假定某一加热过程在等压 p_1 下进行，从 m 到 n 点一直是固相，在 n 点（或 o 点）由固相变为液相。由 o 点到 b 点一直是液相，在 b 点（或 d 点）完全气化为饱和蒸气。由 d 点继续等压加热则体系成为过热蒸气或气体。此外，在临界点 C 的右上方则是密相流体区。

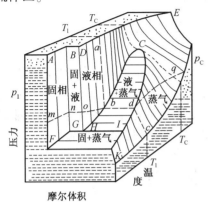

图 1-2　纯组分的 p-V-T 图

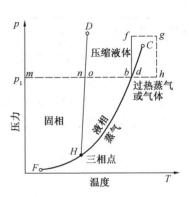

图 1-3　纯组分的 p-T 图

（二）两组分及多组分体系（二元系及多元系）

对于这类体系，就必须把另一变量——组成加到相图中去。然而，对于组成已知的天然气来讲，经常使用的是表明其在气、液平衡时各种压力、温度组合下气、液含量的相图。

图 1-4 是组成已知的两组分体系 p-T 图。图中，由泡点线、临界点和露点线构成的相包络线及其所包围的相包络区位置，取决于体系组成和各组分的蒸气压线。此图与图 1-3 不同处在于两组分体系的泡点线与露点线并不重合但却交汇于临界点，因而在相包络区内还有表示不同气、液含量或气化百分数（或液化百分数）的等气化率（或等液化率）线（图 1-4 中仅表示了 90% 的气化率线）。这些等气化率线均交汇于临界点 C，其位置随体系的组分和含量而变。

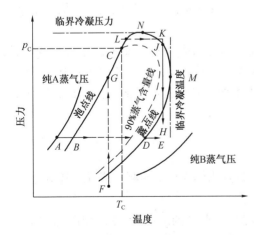

图 1-4　两组分体系的 p-T 图

值得注意的是，两组分体系在高于临界温度 T_C 时仍可能存在饱和液体，直至露点线上最高温度点 M 为止。T_M 是相包络区内气、液能够平衡共存的最高温度，称为临界冷凝温度。同样，在高于临界压力 p_C 时仍可能存在饱和蒸气，直至露点线上最高压力点 N 为止。p_N 是相包络区内气、液能够平衡共存的最高压力，称为临界冷凝压力。T_M 和 p_N 的大小和位置取决于体系中的组分和含量。

正是由于两组分体系的临界点 C、临界冷凝温度点 M 和临界冷凝压力点 N 并不重合，因而在临界点附近的相包络区内会出现反凝析（反常冷凝）或反气化（反常气化）现象，即在等温下降低压力时会使蒸气冷凝(见 *JH* 线)，而在等压下升高温度时可以析出液体(见 *LK* 线)。

天然气属于多组分体系，其相特性与两组分体系基本相同。但是，由于天然气中各组分的沸点差别很大，因而其相包络区就比两组分体系更宽一些。干天然气中组分较少，它的相包络区较窄，临界点在相包络区的左侧。当体系中含有较多丙烷、丁烷、戊烷和更重组分或为凝析气时，临界点将向相包络线顶部移动。

(三) 相特性的实际应用

天然气尤其是储集层流体或井流物的相图无论对于天然气开采还是处理都是非常重要的。现以储集层流体为例说明其应用如下。

储集层和从其采出的流体类型决定于储集层压力、温度在流体相图上的相对位置。图 1-5 表示了五种不同储集层情况。点 *A*、*B*、*C*、*D*、*E* 分别表示储集层或油气井井筒底部的原始条件，而 *A'*、*B'*、*C'*、*D'*、*E'* 则分别表示井口条件。因此，*AA'*、*BB'*、*CC'*、*DD'*、*EE'* 表示的是在开采过程中流体的压力、温度变化情况。

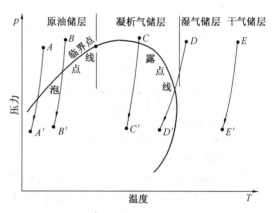

图 1-5 典型的储集层流体相图

储集层 *A* 或 *B* 的流体压力、温度条件均在临界点左侧温度较低的液相区，其采出的流体称为原油。*AA'* 表示的是低气油比的普通原油开采过程。当流体压力、温度按 *AA'* 线变化低于泡点线后就进入两相区，因而会有气体从原油中逸出。但是，也会有个别的原油的 *A'* 点仍高于泡点线，因而就没有气体逸出。

BB' 线表示的是高气油比的原油开采过程。当流体压力、温度按 *BB'* 线变化进入两相区后，将有较多的气体逸出。

CC' 表示的是反凝析流体的开采过程，采出的流体称为凝析气。开采过程中如果储集层压力沿 *CC'* 降至露点线以下时，在储集层中就会有液体析出，一些有价值的较重烃类将会存留在储集层中而无法采出。因此，有的凝析气田常采用注气的方法来保持储集层压力。

DD' 线表示的是湿天然气(富天然气)的开采过程。*D* 点是位于临界冷凝温度右侧的气体或密相流体。流体在开采过程中由于压力、温度降低进入露点线后即会有液体析出。因此，往往不好判断这种储集层是属于凝析气储集层或湿天然气储集层。

EE' 线表示的是干天然气(贫天然气)的开采过程。即使当其采出到地面后，也没有液体析出。

应该指出的是，图 1-5 只是用来表示储集层流体分类的示意图。实际上，除了 *A'*、*B'*、*C'*、*D'*、*E'* 表示的井口温度大致相同外，储集层压力、温度则取决于储集层深度，故 *A*、*B*、*C*、*D*、*E* 点的位置就会不同。此外，由于各种储集层流体的组成差别较大，因而其相图形状、临界点位置及其与开采时流体压力、温度变化曲线的相对位置也不相同。

由此可知，储集层流体或井流物相特性在天然气工业中具有非常重要的意义，而取得准确、可靠的流体试样和组成分析数据，则是应用相特性的关键。虽然目前可以利用有关软件中的热力学模型由计算机完成相图绘制，但前提是必须正确描述流体中少量重烃类(例如 C_7^+)的特性。因为相包络线对流体组成是十分敏感的，而这些少量重烃的特性描述则对露点线的位置影响很大。

现以克拉 2 气田天然气组成数据为例。该气田在编制预可研报告和试采时分析到的天然气组成见表 1-6。

表 1-6　克拉 2 气田天然气组成 %（摩尔分数）

组分或代号	N_2	CO_2	C_1	C_2	C_3	C_4	C_5	C_6
组成 1[①]	0.45	0.65	97.57	0.62	0.41	0.20	0.01	0.05
组成 2[②]	0.5975	0.7208	97.8234	0.5499	0.0488	0.0074	0.0119	0.0053
组分或代号	苯	C_7	甲苯	XF_1[③]	XF_2	XF_3	XF_4	XF_5
组成 1[①]	—	—	—	—	—	—	—	—
组成 2[②]	0.0500	0.0079	0.0070	0.0082	0.0078	0.0040	0.0016	0.0005
组分或代号	XF_6	XF_7	XF_8	XF_9	XF_{10}	XF_{11}	H_2O	H_2S
组成 1[①]	—	—	—	—	—	—	0.04	0.33[④]
组成 2[②]	0.0002	0.0001	0.0000	0.0000	0.0000	0.0000	0.1391	—

注：① 预可研时提供的天然气组成。

② 试采时测试取样分析的天然气组成。

③ XF 代表不同平均沸点的窄馏分。

④ 单位为 mg/m^3。

由表 1-6 可知，由于受取样、样品处理和组分分析方法的限制，组成 1 中只分析到 C_6，且仅为小数点后两位数（而组成 2 中则分析出更重的一些组分，并且是小数点后四位数），因而对描述该天然气的相态特性尤其是烃露点线带来明显误差，所以也就无法合理确定该天然气的处理方案。

组成 2 中将该天然气中的 C_7 以上重组分（约 0.0224%）以更为合理的不同平均沸点的窄馏分描述。其中，虽然 XF_3 以上的重组分含量仅为 0.0064%，而且 $XF_8 \sim XF_{11}$ 等重组分含量仅在小数点后 6 位，尽管其值对一般工程计算意义不大，但对烃露点计算却极为重要。如不考虑 $XF_1 \sim XF_7$ 等重组分，计算的天然气最高烃露点将偏低约 20℃。

类似情况在长庆气区榆林气田天然气组成分析中也曾出现过。

二、烃-水体系相特性

自储集层采出的天然气和采用湿法脱除酸性组分后的天然气中一般都含有饱和水蒸气，或者也称含有饱和水，通常简称含水，其含量则简称为天然气水含量，而将天然气中呈液相存在的水称为液态水或游离水。此游离水或是随天然气一起采出的地层水，或是在开采或处理过程中析出的冷凝水。

此外，自储集层随天然气一起采出的凝液（液烃或凝析油），以及在天然气脱水前析出的液烃或凝析油，通常也被液态水所饱和，即含有溶解水。

水是天然气中有害无益的组分。这是因为：

① 天然气中水的存在，降低了天然气的发热量和管道输送能力。

② 当压力增加或温度降低时，天然气中的水会呈液相析出，不仅在管道和设备中形成积液，增加流动压降，甚至出现段塞流，还会加速天然气中酸性组分对管道和设备的腐蚀。

③ 液态水不仅在温度降低至冰点时会结冰，而且，即使在天然气温度高于冰点但是压力较高时，液态水和过冷水蒸气还会与天然气中的一些气体组分形成固体水合物，严重时会堵塞井筒、阀门、设备和管道，影响井筒、设备及管道的正常运行。

因此，预测天然气及其凝液中的水含量和水合物的形成条件是非常重要的。本书以下主要介绍天然气中水含量的预测，有关水在凝液中溶解度参见有关文献。

（一）天然气水含量

天然气的水含量取决其于压力、温度和组成。压力增加，组成的影响增大，特别是天然气中含有 CO_2、H_2S 时其影响尤为重要。

预测天然气水含量的方法有图解法、热力学模型法和实验法三种：

① 图解法　其中有一类图用于不含酸性组分的贫天然气，即采用基于实验数据的图来查取天然气的水含量。另一类图则用于含酸性组分的天然气。

② 热力学模型法　即采用有关热力学模型由计算机进行精确的三相(气相、富水相和富烃液相)平衡计算来确定各组分(包括水)在三相中的含量。

③ 实验法　详见表 1-7。

实际上，准确预测含硫天然气的水含量是一件十分复杂的事情。这里介绍的方法并不能用于严格的工程设计。即使由最完善的状态方程所求得的结果，其准确性也值得怀疑。因此，在大多数情况下最好还是通过实验数据验证预测的数值。

以下仅介绍一些常用的图解法。

1. 不含酸性组分的天然气(无硫天然气)

不含酸性组分的天然气通常也称无硫天然气。对于含甲烷 70% 以上和少量重烃的无硫贫天然气而言，其水含量(或水露点)目前常用图 1-6 查得。该图在 1958 年第一次发表，并且基于当时的实验数据。图中的气体密度关联方法不适用于含 CO_2、H_2S 的天然气，而且也不适合某些烃类的影响，尤其是压力高于 10MPa 的天然气水含量的预测。此外，该图的水合物形成线是近似的，不能用于预测水合物的形成条件。

应该注意的是，图中采用的气体体积计量参比条件为 15.6℃ 和 101.325kPa。

【例 1-1】　试用图 1-6 确定无硫贫天然气在 66℃、6.9MPa(绝)下的水含量。

【解】　由图 1-6 的主图查得此天然气在相对密度为 0.6 且不与盐水呈平衡时的水含量 W_1 为

$$W_1 = 3.52 kg/10^3 m^3 (15.6℃)$$

对于相对分子质量为 26(其相对密度不为 0.6)的天然气，由图中相对密度校正附图查得校正系数 C_g 为

$$C_g = 0.98$$

对于与 3% 盐水呈平衡的天然气，由图中盐含量校正附图查得校正系数 C_s 为

$$C_s = 0.93$$

因此，对于相对分子质量为 26 且与 3% 盐水呈平衡的无硫贫天然气，其水含量 W_2 为

$$W_2 = 0.98 × 0.93 × 3.52 = 3.27 kg/10^3 m^3 (15.6℃)$$

最后，再将其换算成体积参比条件为 20℃ 和 101.325kPa 下的水含量 W_3 为

$$W_3 = 0.985 × 3.27 = 3.22 kg/10^3 m^3$$

如已知天然气在常压下的水露点，还可由图 1-6 查得在某压力下的水露点，反之亦然。当天然气在常压下的水露点较低(例如，在 CNG 加气站中要求脱水后的天然气水露点在 −70~−40℃ 甚至更低)时，则可由图 1-7 查得某压力下的水露点，反之亦然。图 1-7 系图 1-6 左下侧部分的延伸图。

2. 含酸性组分的天然气(含硫天然气，酸性天然气)

CO_2、H_2S 气体的水含量要高于甲烷或无硫天然气，并且随压力、温度不同其相对值也

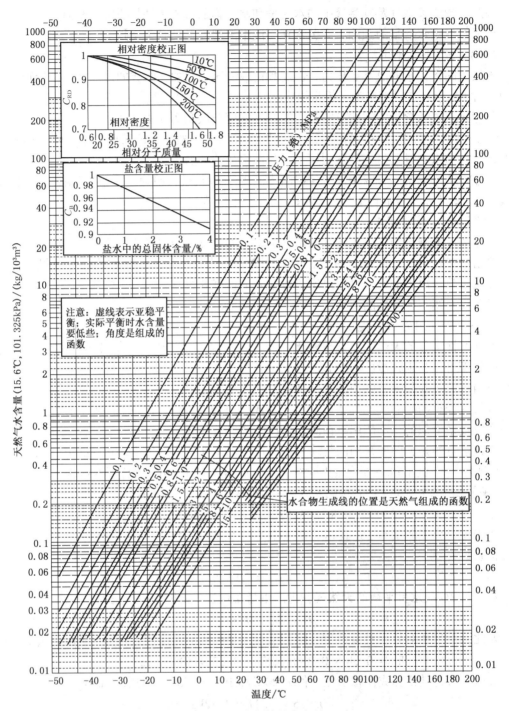

图 1-6　烃类气体的水含量

有明显变化。在各种压力、温度下 CO_2 和 H_2S 气体中的水含量，以及在各种压力下天然气中 CO_2、H_2S 分别在不同温度时的有效水含量的关联图见有关文献。从这些图和其他数据中可知：

①纯 CO_2 和 H_2S 气体中的水含量远高于无硫天然气的水含量，室温下当压力超过 4.8MPa(绝)时更为显著。

14

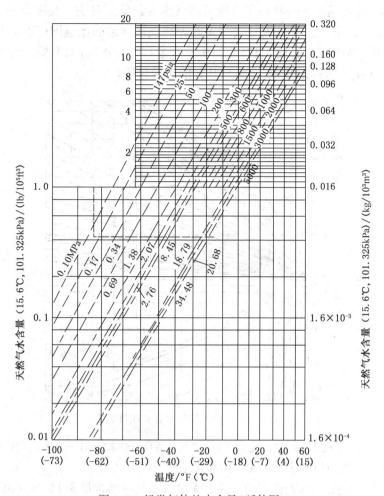

图 1-7 烃类气体的水含量(延伸图)

② 当天然气中含 CO_2 和/或 H_2S 大于 5%,压力高于 4.8MPa(绝)时,则需校正 CO_2、H_2S 对其水含量的影响。CO_2、H_2S 含量和压力越高,这种校正尤为重要。

③ 在 CO_2 或 H_2S 中加入少量 CH_4 或 N_2 时,其水含量较纯 CO_2、H_2S 明显减少。

因此,当天然气中酸性组分大于 5%,压力高于 4.8MPa(绝)时采用图 1-6 就会出现较大误差。此时,对于酸性组分含量在 40% 以下的天然气可用 Campbell 提出的下述公式估计其水含量

$$W = 0.985(y_{HC}W_{HC} + y_{CO_2}W_{CO_2} + y_{H_2S}W_{H_2S}) \tag{1-1}$$

式中　　　W——含硫天然气水含量,$kg/10^3m^3$;

y_{HC}——含硫天然气中烃类组分的摩尔分数;

y_{CO_2},y_{H_2S}——含硫天然气中 CO_2 和 H_2S 的摩尔分数;

W_{HC}——由图 1-6 查得的无硫天然气水含量(已用附图校正),$kg/10^3m^3$(15.6℃);

W_{CO_2},W_{H_2S}——由有关图中查得天然气中 CO_2 和 H_2S 的有效水含量。这些图只适用于图 1-6,而且不是纯 CO_2 和 H_2S 的水含量,$kg/10^3m^3$(15.6℃)。

Campbell 法可用于估计含硫天然气的水含量。

此外，Wichert 等提出了一种确定含硫天然气水含量的图解法。此法由一张无硫天然气水含量图(即图1-6)和一张含硫天然气与无硫天然气水含量的比值图(图1-8)组成，其适用条件为：压力≤70MPa，温度≤175℃，H_2S 含量(摩尔分数)≤55%。当天然气中含有 CO_2 时，须将其 CO_2 含量乘以 0.75 而成为 H_2S 的当量含量。

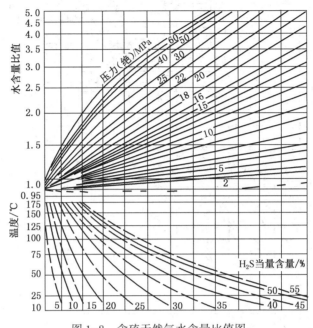

图 1-8　含硫天然气水含量比值图

【例 1-2】　某含硫天然气组成为 CH_4 30%、CO_2 60% 和 H_2S 10%，压力为 8.36MPa (绝)，温度为 107℃，试由图 1-8 确定其水含量。

【解】　首先，由图 1-6 查得相同条件下无硫天然气中水含量为 14.2kg/10^3m^3(15.6℃)。然后，再将含硫天然气中的 CO_2 含量乘以 0.75 而成为 H_2S 的当量含量，故该天然气中 H_2S 的总含量(摩尔分数)为 10%+0.75×60%=55%。

由图 1-8 中的 107℃等温线和 55%等组成线的交点引垂直线向上，与 8.36MPa(绝)等压线相交，再由此交点引水平线在纵坐标求得相应的水含量比值为 1.2。

因此，此含硫天然气的水含量 W=14.20×1.2=17.04kg/10^3m^3(15.6℃)。公开发表的该天然气水含量实验数据为 17.14kg/10^3m^3(15.6℃)。

3. 水合物区域的水含量

图 1-6 是基于析出的水蒸气冷凝相为液态的假设。然而，当温度达到气体水合物形成温度以下时其"冷凝"相将是固体水合物。此时，与水合物呈平衡的气体水含量将低于与亚稳态液体呈平衡的水含量。这是应用图 1-6 需要特别注意的。

水合物的形成是需要一定时间的，其晶体形成速率取决于气体组成、液相中晶核的存在和扰动程度等。这个暂时在"水合物形成期间"存在的液态水称之为"亚稳态液体"。亚稳态水是液态水，但在平衡时以水合物形式存在。在水合物区域中的气体水含量与其组成关系很大。

在设计脱水(尤其是三甘醇脱水)系统时，如果所要求的水露点很低，就要确定气体与水合物呈平衡时的水含量。因为如果采用与亚稳态水呈平衡的水含量，就会对所要求水露点

16

时的气体水含量估计过高。这将会导致脱水系统设计不能达到所要求的露点降。如果没有实验数据，则可采用有关软件中热力学模型法预测气体与水合物呈平衡时的水含量。

4. 天然气水露点/水含量测定

天然气中水露点/水含量的测定方法很多，按计量学原理可分为绝对法和相对法两类；按测定方法可分为化学分析法和仪器测定法两类；按仪器安装方式又可分为在线和非在线两类。天然气水露点/水含量的主要测定方法见表1-7。表中：①电容法、电导法、压电法、红外法、光学法等为在线分析。其中，电容法、电导法、光学法系将传感器直接安装在管道上(in-line)，压电法、红外法系将气样通过取样管线引入安装在现场的仪器中(on-line)。目前这些方法我国尚无标准可依。②电解法、冷却镜面凝析湿度计法等为非在线分析，国内已制定有国家或行业标准，其标准号见表1-7。我国《天然气》(GB 17820—2012)和《车用压缩天然气》(GB 18047—2000)等标准均规定其水露点指标的测定方法为《天然气水露点的测定 冷却镜面凝析湿度计法》(GB/T 17283—1998)。天然气含水量与水露点的换算见GB/T 22634—2008。

表1-7　天然气中水露点/水含量的主要测定方法

测定水含量的绝对法	称量法(ISO/DIS 11541)
	Karl-Fischer法(GB/T 18619.1，ISO 10101)
	电解法(SY/T 7507)
	红外法
测定水含量的相对法	色谱法
	湿度计法：电容法、电压法、电导法、光学法
测定水露点的绝对法	冷却镜面法(GB/T 17283，ISO 6327)

天然气水含量/水露点的测量误差除了取决于试样和测定方法本身的准确度外，还与所测定的天然气中有无干扰物质(例如，固体杂质、油污、雾状液滴、甲醇等)有关。此外，测定20mg/kg以下水含量或-40℃以下的水露点是非常困难的。

(二) 天然气水合物

在水的冰点以上和一定压力下，水和天然气中某些小分子气体可以形成外形像冰、但晶体结构与冰不同的固体水合物。水合物的密度一般在0.8~1.0g/cm³，因而轻于水，重于天然气凝液。除热膨胀和热传导性质外，其光谱性质、力学性质和传递性质与冰相似。在天然气和天然气凝液中形成的水合物会堵塞管道、设备和仪器，抑制或中断流体的流动。

1. 水合物结构和形成条件

天然气水合物(Natural Gas Hydrate，简称NGH)是一种非化学计量型晶体，即水分子(主体分子)借氢键形成具有空间点阵结构(笼形空腔)的晶格，气体分子(客体分子)则在与水分子之间的范德华力作用下填充于点阵的空腔(晶穴)中。

目前公认的天然气水合物结构有结构Ⅰ型、结构Ⅱ型和结构H型三种，见图1-9。客体分子尺寸是决定其能否形成水合物、形成何种结构的水合物，以及水合物的组成和稳定性的关键因素。客体分子尺寸和晶穴尺寸吻合时最容易形成水合物，且其稳定性也较好。客体分子太大则无法进入晶穴，太小则范德华力太弱，也无法形成稳定的水合物。

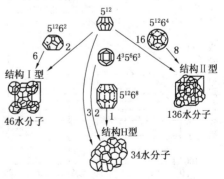

图1-9　天然气水合物的三种单晶结构

但是，在与气体水合物形成体系各相平衡共存的水合物相中，只可能有一种结构的固体水合物存在。

结构Ⅰ型水合物单晶是体心立方结构，包含 46 个水分子，由 2 个小晶穴(五边形十二面体，表示为 5^{12})和 6 个大晶穴(由 12 个五边形和 2 个六边形组成的十四面体，表示为 $5^{12}6^2$)组成，其结构分子式为 $2(5^{12})6(5^{12}6^2)\cdot46H_2O$，所有晶穴都被客体分子占据时的理想分子式为 $8M\cdot46H_2O$(M 表示客体分子)。天然气中相对分子质量较小的烃类分子 CH_4、C_2H_6 以及非烃类分子如 N_2、H_2S 和 CO_2 等可形成稳定的结构Ⅰ型水合物。

结构Ⅱ型水合物单晶是菱形(金刚石结构)立方结构，包含 136 个水分子，由 16 个小晶穴(5^{12})和 8 个大晶穴(由 12 个五边形和 4 个六边形组成的立方对称准球形十六面体，表示为 $5^{12}6^4$)组成，其结构分子式为 $16(5^{12})8(5^{12}6^4)\cdot136H_2O$，所有晶穴都被客体分子占据时的理想分子式为 $24M\cdot136H_2O$。除可容纳 CH_4、C_2H_6 等小分子外，较大的晶穴还可容纳 C_3H_8、$i\text{-}C_4H_{10}$ 和 $n\text{-}C_4H_{10}$ 等相对分子质量较大的烃类分子。

比 $n\text{-}C_4H_{10}$ 更大的正构烷烃不会形成结构Ⅰ型和Ⅱ型水合物，因为它们的分子太大不能使晶格稳定。然而，一些比戊烷更大的异构烷烃和环烷烃却能形成结构 H 型水合物。结构 H 型水合物单晶是简单六方结构，包含 34 个水分子，由 3 个 5^{12} 晶穴、2 个 $4^35^66^3$ 晶穴(扁球形十二面体)和 1 个 $5^{12}6^8$ 晶穴(椭圆球形二十面体)组成，其结构分子式为 $3(5^{12})2(4^35^66^3)1(5^{12}6^8)\cdot34H_2O$，理想分子式为 $6M\cdot34H_2O$。

天然气的组成决定了结构类型。实际上，结构类型并不影响水合物的外观、物性或因水合物产生的其他问题。然而，结构类型会对水合物的形成温度、压力有明显影响。结构Ⅱ型水合物远比结构Ⅰ型水合物稳定。这就是含有 C_3H_8 和 $i\text{-}C_4H_{10}$ 的气体混合物形成水合物的温度，为何高于不含这些组分的类似气体混合物的水合物形成温度的原因。C_3H_8 和 $i\text{-}C_4H_{10}$ 对水合物形成温度的影响可参见图 1-10。

必须注意的是，图 1-10 只能用于初步估计水合物的形成条件。

在一定压力下天然气中存在 H_2S 时可使水合物形成温度显著升高。CO_2 的影响通常则小得多，而且在一定压力下它会使烃类气体混合物的水合物形成温度降低。

影响水合物形成的条件首先要考虑的是：①气体或液体必须处于或低于其水露点，或在饱和条件下(注意，形成水合物时不必有液态水存在)；②温度；③压力；④组成。其次要考虑的是：①处于混合过程；②动力学因素；③晶体形成和聚结的实际场所，例如管子弯头、孔板、温度计套管或管垢等；④盐含量。

通常，当压力增加和/或温度降低至水合物形成条件时都会形成水合物。

2. 无硫天然气水合物形成条件预测

在天然气处理过程中，常常需要知道天然气水合物的形成条件。其中，采用较多的有相对密度法、平衡常数法、热力学模型法和实验法等。相对密度法、平衡常数法仅适用于无硫天然气的预测，而热力学模型法则还可用于含硫天然气的预测。

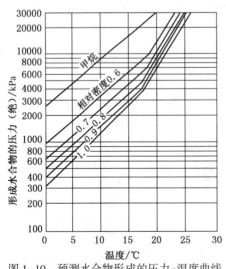

图 1-10 预测水合物形成的压力-温度曲线

（1）相对密度法

图 1-10 是图解的相对密度法（Katz，1945 年）。已知天然气相对密度，可由该图估计一定温度下气体形成水合物的最低压力，或一定压力下形成水合物的最高温度；还可用于估计无硫天然气在没有水合物形成下，可允许的压力升高范围。

由于气体组成对水合物形成条件影响很大，故采用图 1-10 预测时将因组成不同造成显著误差。Loh、Maddox 和 Erbar（1983 年）曾将此法与用 Soave-Redlich – Kwong（SRK）状态方程预测的结果进行比较后发现，对于甲烷和天然气相对密度不大于 0.7 时，二者结果十分接近；而当天然气相对密度在 0.9~1.0 时，二者的结果差别较大。

（2）平衡常数法

用于预测无硫气体和含少量 CO_2 和 H_2S 的天然气水合物形成条件的最可靠方法是需要采用天然气的组成数据。Katz 提出的气-固平衡常数法就是将天然气组成与形成条件关联一起的预测方法，即由气体组成和实验测定的气-固平衡常数来预测水合物的形成条件，其关联式为

$$K_{vs} = y_i / x_{si} \qquad (1-2)$$

式中　K_{vs}——气体混合物中 i 组分的水合物气-固平衡常数；

　　　y_i——气体混合物中 i 组分在气相中的摩尔分数（干基）；

　　　x_{si}——气体混合物中 i 组分在水合物相中的摩尔分数（干基）。

此方程仅限于气体混合物，不适用于纯气体。

形成水合物的初始条件为

$$\sum x_{si} = \sum (y_i / K_{vs}) = 1.0 \qquad (1-3)$$

CH_4、C_2H_6、C_3H_8、$i\text{-}C_4H_{10}$、$n\text{-}C_4H_{10}$、CO_2 和 H_2S 等的 K_{vs} 图见有关文献。$n\text{-}C_4H_{10}$ 本身不能形成水合物，但在气体混合物中可对水合物的形成做出贡献。N_2 及戊烷以上烃类的 K_{vs} 值可视为无限大，因为它们不能形成水合物。但当一些相对分子质量较大的异构烷烃和环烷烃存在时，因其可形成结构 H 型水合物，计算时应谨慎。

当压力超过 7.0~10.0MPa 时不推荐采用 Katz 关联式。

3. 高 CO_2、H_2S 含量的天然气水合物形成条件预测

含硫天然气特别是高 CO_2、H_2S 含量的天然气水合物形成条件，与只含烃类的天然气水合物形成条件有明显不同。在一定压力下，无硫天然气中加入 H_2S 可使其水合物形成温度升高，加入 CO_2 可使水合物形成温度略有降低。

（1）热力学模型法

热力学模型法是建立在相平衡理论和实验研究基础上的一种预测水合物形成条件的方法。目前，几乎所有预测水合物形成条件的方法都是建立在 verder Waals-Platteeuw（vdWP）统计热力学模型的基础上发展起来的。根据相平衡准则，多组分体系处于平衡时每个组分在各相中的压力、温度和化学位（或逸度）相等。其中，化学位相等可表示为

$$\mu_W^H = \mu_W^\alpha \qquad (1-4)$$

式中　μ_W^H——水在水合物相 H（客体分子占据晶穴）内的化学位；

　　　μ_W^α——水在其他平衡共存含水相 α 内的化学位。

如以水在客体分子未占据晶穴的水合物 β 相内的化学位 μ_W^β 为基准态，则可写出

$$\mu_W^\beta - \mu_W^H = \mu_W^\beta - \mu_W^\alpha \qquad (1-5)$$

或

$$\Delta \mu_W^{\beta-H} = \Delta \mu_W^{\beta-\alpha} \qquad (1-6)$$

Saito 和 Kobayshi 首先采用 vdWP 的统计热力学模型计算水合物相内水的化学位。1972 年 Parrish-Prausnitz 改进了上述方法，率先将 vdWP 模型推广到多组分体系的水合物相平衡计算中。之后，又有 Ng-Robinson 以及其他学者对 vdWP 模型加以改进，或提出不同的统计热力学模型。此外，还有一些学者采用 SRK 或 Peng-Robinson(PR) 状态方程计算平衡各相内水的化学位或逸度，并编制成可预测水合物形成条件的软件。

目前，基于状态方程的软件是预测水合物形成条件的最准确方法。与实验数据比较，其准确度一般在±1℃之间。此法通常适用于工程设计。

（2）Baillie 和 Wichert 法

Baillie 和 Wichert 根据 PR 状态方程计算的水合物形成条件提出预测高 H_2S 气体水合物的方法，见图 1-11。Baillie 等指出，当酸性组分总含量在 1%～70%，H_2S 含量在 1%～50%，H_2S/CO_2 比在 1:3～10:1，并对 C_3H_8 含量进行校正后，由该图查得的水合物形成温度值中有 75% 的数据与用 PR 状态方程计算的值相差±1.1℃，90% 的数据相差±1.7℃。图 1-11 也适用于不含酸性组分、C_3H_8 含量高达 70% 的无硫天然气。

【例 1-3】 某天然气，组成见表 1-8，相对分子质量为 19.75，相对密度为 0.682，试采用图 1-11 估计其在 4.2MPa(绝)时形成水合物的温度。

表 1-8 某气田天然气组成 %（体积分数）

组 分	N_2	CO_2	H_2S	C_1	C_2	C_3	iC_4	nC_4	C_5^+
组 成	0.30	6.66	4.18	84.2	3.15	0.67	0.20	0.19	0.40

【解】 步骤如下：

① 从图 1-11 纵坐标开始，在压力 4.2MPa(绝)下作水平线与对应的 H_2S 含量曲线（4.18%）相交；

② 由此交点向下作垂线，与相应的相对密度（0.682）相交于另一点；

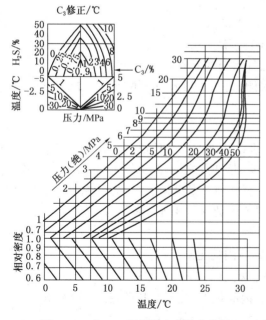

图 1-11 含 H_2S 天然气水合物曲线图

③ 再由此交点沿相对密度附近的参考斜线走向做斜线向下，查取斜线与横坐标交点处的温度（17.5℃）；

④ 由图 1-11 左上方的附图采用插入法对 C_3H_8 含量进行校正：从左侧纵坐标 H_2S 含量（4.18%）向右作水平线与图中对应的 C_3H_8 含量曲线（0.67%）相交，然后由此点向下作垂线与图中对应的等压线交于另一点，再由此点向由（或向左）作水平线与温度纵坐标相交，坐标读数即为 C_3H_8 含量校正值（-1.5℃）。

注意，位于附图左侧的校正值为负值，右侧的校正值为正值。

因此，该天然气的水合物形成温度为 17.5-1.5＝16.0℃。

通过有限的实验数据对比发现，此法预

测结果相当准确可靠，但用于实验数据之外时则应谨慎。

由此可知，Baillie 和 Wichert 法实际上是某一范围内的图解热力学模型法。

（3）液烃中水的溶解度

有关文献提供了基于实验数据的水在无硫液烃中的溶解度。在含硫液烃中，水的溶解度显著升高。

可以用状态方程来估计水在液烃中的溶解度。但是，使用由状态方程求得的结果要谨慎，并在可能条件下采用实验数据来证实。

烃类在水中的溶解度通常远低于水在液烃中的溶解度。

（三）烃-水体系的相图

1982 年 Maddox 和 Erbar 采用 SRK 状态方程对模拟天然气体系进行计算，并将其数据绘制成图 1-12 和图 1-13。

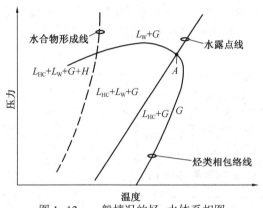

图 1-12　一般情况的烃-水体系相图

L_{HC}—富烃相；L_W—富水相；H—水合物相；G—气相

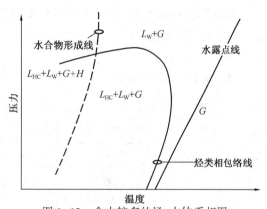

图 1-13　含水较多的烃-水体系相图

L_{HC}—富烃相；L_W—富水相；H—水合物相；G—气相

图 1-12 和图 1-13 中，除了不含水的烃类混合物相包络线外，还有水露点线和水合物形成线。必须说明的是，这些图只是近似表示了烃-水体系的相特性。由图可知，在烃-水体系中存在清晰并互相隔开的四或五个相区。

图 1-12 是一般情况的烃-水体系相特性，图中共有气相（G）、气相+富水液相（$G+L_W$）、气相+富烃液相（$G+L_{HC}$）、气相+富水液相+富烃液相（$G+L_W+L_{HC}$）和气相+富水液相+富烃液相+水合物相（$G+L_W+L_{HC}+H$）等五个相区。由图可知，当体系在压力低于水露点线与相包络线交点处压力值以下等压冷却时，首先有富烃液相析出。

图 1-13 是含水较多的烃-水体系相特性。图中的水露点线在烃露点线的右侧，所以没有气相+富烃液相（$G+L_{HC}$），只有其他四个相区。因此，当含水较多的体系等压冷却时首先有富水液相析出。

此外，当体系温度低于水的三相点时，还会出现冰相。

三、烃-二氧化碳体系相特性

为了保护在低温系统中运行的机械和设备（例如透平膨胀机、脱甲烷塔），除需将天然气脱水外，还必须考虑气体中可能形成的其他半固态物或固态物。气体中存在的胺、甘醇和压缩机润滑油等都会在低温下使系统堵塞。

CO_2 也可在低温系统中形成固体。当天然气中含有较多的 CO_2 而且冷却至某一低温值时，就会出现固体 CO_2（干冰）。固体 CO_2 可使低温系统尤其是透平膨胀机出口和脱甲烷塔顶部堵塞甚至损害，故一定要严防其形成。预测固体 CO_2 形成条件的方法有图解法和热力学模型法，前者用于近似估计，后者用于详细计算。

　　1. 图解法

　　图1-14可用来估计固体 CO_2 形成的条件。首先根据系统压力和温度由图中右上方附图查得系统条件是处于液相区还是气相区。如果在液相区，则形成固体 CO_2 的条件仅与温度有关，即实际 CO_2 含量（摩尔分数）高于该温度下图中虚线（固-液相平衡线）对应的 CO_2 含量（摩尔分数）时，就可形成固体。如果在气相区，则还与压力有关，即根据系统压力和温度，由图中对应的固-气相平衡等压实线查得 CO_2 形成固体的含量。

　　如果流体中 CO_2 含量接近图中查到的形成固体 CO_2 之值，或者系统条件处于图中固体 CO_2 形成的安全区之外时，则应采用热力学模型法进行详细计算。

　　当透平膨胀机出口凝液送至脱甲烷塔顶部塔板时，则 CO_2 会在顶部塔板以下的塔板上浓缩。这意味着凝液最可能出现固体 CO_2 的条件是在顶部塔板以下若干塔板处，而不是透平膨胀机出口。

　　【例1-4】 含 CO_2 的天然气经透平膨胀机膨胀到 2.0MPa、-110℃，试由图1-14确定

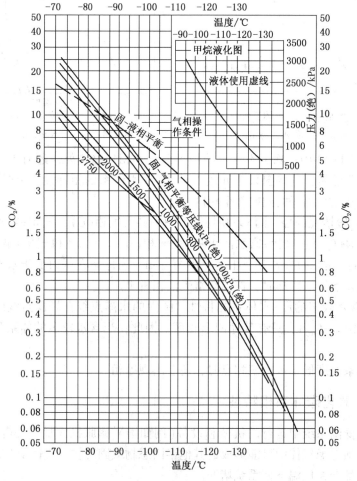

图1-14　固体二氧化碳形成的近似条件

其 CO_2 含量为何值时就会有固体 CO_2 形成？

【解】 先由图1-14查得该系统条件处于液相区，再由固-液相平衡虚线查得在-110℃时液相中 CO_2 含量为 2.5%（摩尔分数）可能出现固体 CO_2。

如果压力相同，但温度为-100℃，则由图1-14查得系统条件处于气相区，由图中对应的固-气相平衡等压实线查得 CO_2 形成固体时的含量为 1.5%（摩尔分数）。

2. 热力学模型法

在相当大范围内具有挥发性物质的混合物在低温下平衡时能以气-液-固三相存在，例如低温下天然气中固相可以是 CO_2、苯和重烃等。在这种情况下通常可认为固相是纯的，即假定溶剂在固相中的溶解度等于零，从而简化计算。此外，流体逸度可由 SRK、PR 等状态方程来确定。

多组分体系处于平衡时，各组分在气、液、固相中的逸度相等。组分 i 在固相中的逸度 f_i^s 等于纯固体 i 的逸度，并可由下式得到，即

$$f_i^s = \phi_i^{sat} p_i^{sat} (PF)_i \tag{1-7}$$

$$(PF)_i = \exp \int_{p_i^{sat}}^{p} \frac{V_i^s \mathrm{d}P}{RT} \tag{1-8}$$

式中　ϕ_i^{sat}——组分 i 固体在饱和压力 p_i^{sat} 下的逸度系数；

p_i^{sat}——组分 i 固体的饱和蒸气压；

$(PF)_i$——组分 i 固体的 Poynting 因子，系考虑到总压 p 不同于 p_i^{sat} 时所加的校正；

V_i^s——组分 i 固体的摩尔体积。

它们都是在温度 T 时的值。

组分 i 在气相、液相中的逸度 f_i^v、f_i^l 可直接从同时适用于气、液相的状态方程求解。因此，已知多组分气体混合物的压力（或温度）和组成时，由式(1-7)求得 f_i^s 和由状态方程求得 f_i^v 并且二者相等时的温度（或压力），即为组分 i 固体开始从组成已知的流体中析出的温度（或压力）。此外，当体系温度、压力和组成已知时，也可由式(1-7)求解组分 i 固体的析出量和流体相的组成。

如果多组分体系为液相或气液两相，也可采用类似的方法来求解。

第四节　天然气处理含义及产品质量要求

一、天然气处理含义

天然气处理是从油、气井矿场分离器分出的天然气在进入输配管道或用户之前必不可少的工艺过程，因而是天然气工业中一个非常主要的组成部分。以往，人们根据工艺过程的目的不同，又将其区分为天然气处理与加工两部分，即：

天然气处理是指为使天然气符合商品质量指标或管道输送要求而采用的那些工艺过程，例如脱除酸性气体（也称脱硫脱碳，即脱除天然气中的酸性组分如 H_2S、CO_2 和有机硫化物等）、脱水、脱凝液（含天然气凝液回收，下同）和脱除固体颗粒等杂质，以及发热量调整、

硫黄回收和尾气处理等过程。在我国，还习惯上把天然气脱酸性气体、脱水、硫黄回收和尾气处理等统称为天然气净化。

天然气加工是指从天然气中回收某些组分，并使之成为商品的那些工艺过程，例如天然气凝液回收、天然气液化以及提氦等过程。

因此，两者的区别在于其目的不同。例如，同样是脱除凝液过程，根据其目的既可能划归天然气处理范畴，也可能划归天然气加工范畴。

但是，随着天然气工业的迅速发展，上述一些工艺过程其处理或加工目的兼而有之，因而就无法区分属于那种范畴而且也没有必要。因此，目前国内除了一些以天然气脱酸性气体、脱水、硫黄回收和尾气处理为主体的工厂仍沿称天然气净化厂外，其他一些包括脱凝液、脱水等在内的工厂都称之为天然气处理厂(站)。

正因为如此，《石油天然气工程初步设计内容规范 第3部分：天然气处理厂工程》(SY/T 0082.3—2006)中对天然气处理厂的术语定义为："对天然气进行脱硫(脱碳)、脱水、凝液回收、硫黄回收、尾气处理或其中一部分的工厂"。

因此，本书中所指的天然气处理的范畴包括了以往提及的天然气处理与加工的内容，因而具有更为广泛的含义，并更符合我国当前的实际情况。

图1-15为油气田上对天然气进行处理的示意框图。按照以往划分，图中的脱酸性气体、硫黄回收和尾气处理过程均属于天然气处理范畴。至于脱水、脱凝液过程，如果其目的是为了控制天然气的水、烃露点(即露点控制)，使其满足商品天然气的质量指标或管道输送要求，则属于天然气处理范畴；如果其目的是为了回收凝液并进一步分离成为商品，则应属于天然气加工范畴。但是，当前我国有些以高压凝析气和湿天然气为原料气的天然气处理厂(站)中采用脱凝液过程的目的，既是为了控制天然气的烃露点，也是为了回收凝液并进一步分离为商品，故目前都将其统称之为天然气处理过程。

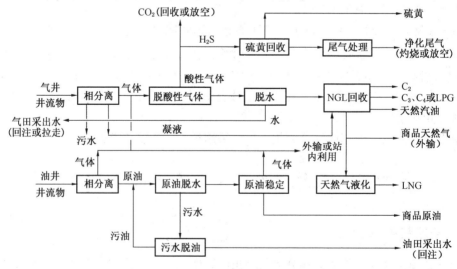

图1-15 天然气处理过程示意框图

必须说明的是，并非所有油、气井来的天然气都经过图1-15中的各个工艺过程。例如，如果天然气中酸性组分含量很少，已经符合商品天然气质量，就可不必脱酸性气体而直接脱水和脱凝液等；如果天然气中含乙烷和更重烃类组分很少，就可直接经预处理后生产液化天然气等。

24

二、商品天然气质量要求

目前，天然气气质标准一般包括发热量、硫化氢含量、总硫含量、二氧化碳含量和水露点 5 项技术指标。在这些指标中，除发热量外其他 4 项均为健康、安全和环境保护方面的指标。因此，商品天然气的气质标准是根据健康、安全、环境保护和经济效益等要求综合制定的。不同国家，甚至同一国家不同地区、不同用途的商品天然气质量要求均不相同，因此，不可能以一个标准来统一。此外，由于商品天然气多通过管道输往用户，又因用户不同，对气体的质量要求也不同。

通常，商品天然气的质量指标主要有以下几项。

（一）发热量（热值）

发热量是表示燃气（即气体燃料）质量的重要指标之一，可分为高位发热量（高热值）与低位发热量（低热值），单位为 kJ/m^3（气体燃料）或 kJ/kg（液体和固体燃料），亦可为 MJ/m^3 或 MJ/kg。不同种类的燃料气，其发热量差别很大。常用燃料低位发热量见表1-9 和表1-10所示。

表1-9　常用固体、液体燃料的低位发热量（概略值）

燃 料	标准煤	烟 煤	无烟煤	焦 炭	重 油	汽 油	柴 油	煤 油
发热量/ （kJ/kg）	29260	25080~ 27170	20900~ 25080	25080~ 28400	41800	43890	42600	43050

表1-10　常用气体燃料的低位发热量（概略值）

燃　气	液化石油气/ （MJ/kg）	天然气/ （MJ/m³）	催化油制气/ （MJ/m³）	炼焦煤气/ （MJ/m³）	混合人工气/ （MJ/m³）	矿井气/ （MJ/m³）
发热量	41.9	35.6	18.9	17.6	14.7	13.4

目前国内外天然气气质标准多采用高位发热量。天然气高位发热量直接反映天然气的使用价值（经济效益），该值可以采用气相色谱分析数据计算，或用燃烧法直接测定。同一天然气的发热量值还与其体积参比条件有关，选用该值时务必注意。

燃气发热量也是用户正确选用燃烧设备或燃具时所必须考虑的一项重要指标。

（二）烃露点

此项要求是用来防止在输气或配气管道中有液烃析出。析出的液烃聚集在管道低洼处，会减少管道流通截面。只要管道中不析出游离液烃，或游离液烃不滞留在管道中，烃露点要求就不十分重要。烃露点一般根据各国具体情况而定，有些国家规定了在一定压力下允许的天然气最高烃露点。一些组织和国家的烃露点控制要求见表1-11。

表1-11　一些组织和国家对烃露点的要求

地区或国家	烃露点的要求
EASSE-Gas（欧洲能量合理交换协会-气体分会）	0.1~7MPa下，烃露点-2℃。2006 年 10 月 1 日实施
加拿大	在 5.4MPa下，-10℃
意大利	在 6MPa 下，-10℃
德国	地温/操作压力
荷兰	压力高达 7MPa 时，-3℃
俄罗斯	温带地区：0℃；寒带地区：夏-5℃，冬-10℃
英国	夏：6.9MPa，10℃。冬：6.9MPa，-1℃

（三）水露点

此项要求是用来防止在输配气管道中有液态水（游离水）析出。液态水的存在会加速天然气中酸性组分（H_2S、CO_2）对钢材的腐蚀，还会形成固态天然气水合物，堵塞管道和设备。此外，液态水聚集在管道低洼处，也会减少管道的流通截面。冬季水会结冰，也会堵塞管道和设备。

水露点一般也是根据各国具体情况而定。在我国，要求商品天然气在输送条件下，其水露点应比最低环境（管道管顶埋地）温度低5℃。有国家则是规定商品天然气中的水含量。

（四）硫含量

此项要求主要是用来控制天然气中硫化物的腐蚀性和对大气的污染，常用 H_2S 含量和总硫含量表示。

天然气中硫化物分为无机硫和有机硫。无机硫指硫化氢（H_2S），有机硫指二硫化碳（CS_2）、硫化羰（COS）、硫醇（CH_3SH、C_2H_5SH）、噻吩（C_4H_4S）、硫醚（CH_3SCH_3）等。天然气中的大部分硫化物为无机硫。

硫化氢及其燃烧产物二氧化硫，都具有强烈的刺鼻气味，对眼黏膜和呼吸道有损坏作用。空气中的硫化氢阈限值为 $15mg/m^3$（10ppm），安全临界浓度为 $30mg/m^3$（20ppm），危险临界浓度为 $150mg/m^3$（100ppm）。SO_2 的阈限值为 $5.4mg/m^3$（2ppm）。

硫化氢又是一种活性腐蚀剂。在高压、高温以及有液态水存在时，腐蚀作用会更加剧烈。硫化氢燃烧后生成二氧化硫和水，也会造成对燃具或燃烧设备的腐蚀。因此，一般要求民用天然气中的硫化氢含量不高于 $6\sim20mg/m^3$。除此之外，对天然气中的总硫含量也有一定要求，我国国家标准《天然气》（GB 17820—2012）要求三类气总硫小于等于 $350mg/m^3$，一、二类气则分别小于等于60和 $200mg/m^3$。

（五）二氧化碳含量

二氧化碳也是天然气中的酸性组分，在有液态水存在时，对管道和设备也有腐蚀性。尤其当硫化氢、二氧化碳与水同时存在时，对钢材的腐蚀更加严重。此外，二氧化碳还是天然气中的不可燃组分。因此，一些国家规定了天然气中二氧化碳的含量（体积分数）不高于 $2\%\sim3\%$。

（六）机械杂质（固体颗粒）

《天然气》（GB 17820—2012）中虽未规定商品天然气中机械杂质的具体指标，但明确指出"天然气中固体颗粒含量应不影响天然气的输送和利用"，这与国际标准化组织天然气技术委员会（ISO/TC 193）1998年发布的《天然气质量指标》（ISO 13686）是一致的。应该说明的是，固体颗粒指标不仅应规定其含量，也应说明其粒径。故中国石油天然气集团公司的企业标准《天然气长输管道气质要求》（Q/SY 30—2002）对固体颗粒的粒径明确规定应小于 $5\mu m$，俄罗斯国家标准（ГОСТ 5542）中则规定固体颗粒 $\leq1mg/m^3$。

（七）其他

其他质量指标，例如还有氧含量等。从我国西南油气田分公司天然气研究院十多年来对国内各油气田所产天然气的分析数据看，从未发现过井口天然气含有氧。但四川、大庆等地区的用户均曾发现商品天然气中含有氧（在短期内），有时其含量还超过2%（体积分数）。这部分氧的来源尚不甚清楚，估计是集输、处理等过程中混入天然气中的。由于氧会与天然气形成爆炸性气体混合物，而且在输配系统中氧也可能氧化天然气中的含硫加臭剂而形成腐蚀性更强的产物，故无论从安全或防腐角度，应对此问题引起足够重视，及时开展调查研究。

国外对天然气中氧含量有规定的国家不多。例如，欧洲气体能量交换合理化协会

（EASEE-gas）规定的"统一跨国输送的天然气气质"将确定氧含量≤0.01%（摩尔分数），德国的商品天然气标准规定氧含量不超过1%（体积分数），俄罗斯国家标准（ГОСТ 5542）也规定不超过1%（体积分数），但全俄行业标准 ГОСТ 51.40 则规定在温暖地区应不超过0.5%（体积分数）。中国石油天然气集团公司企业标准《天然气长输管道气质要求》（Q/SY 30—2002）则规定输气管道中天然气中的氧含量应小于0.5%（体积分数）。

表1-12为国外商品天然气质量要求。表1-13则给出了欧洲气体能量交换合理化协会（EASEE-gas）的"统一跨国输送的天然气气质"。EASEE-gas是由欧洲六家大型输气公司于2002年联合成立的一个组织。该组织在对二十多个国家的73个天然气贸易交接点进行气质调查后于2005年提出一份"统一天然气气质"报告，对欧洲影响较大，并被正在修订的国际标准《ISO 13686—2008》作为一个新的资料性附录引用，即欧洲H类"统一跨国输送的天然气气质"资料。

表1-12 国外商品天然气质量要求

国　家	H$_2$S/ （mg/m^3）	总硫/ （mg/m^3）	CO$_2$/ %	水露点/ （℃/MPa）	高发热量/ （MJ/m^3）
英　国	5	50	2.0	夏4.4/6.9，冬-9.4/6.9	38.84~42.85
荷　兰	5	120	1.5~2.0	-8/7.0	35.17
法　国	7	150	—	-5/操作压力	37.67~46.04
德　国	5	120	—	地温/操作压力	30.2~47.2
意大利	2	100	1.5	-10/6.0	—
比利时	5	150	2.0	-8/6.9	40.19~44.38
奥地利	6	100	1.5	-7/4.0	—
加拿大	6	23	2.0	64mg/m^3	36.5
	23	115		-10/操作压力	36
美　国	5.7	22.9	3.0	110mg/m^3	43.6~44.3
俄罗斯	7.0	16.0[①]	—	夏-3/(-10)，冬-5/(-20)[②]	32.5~36.1

注：① 硫醇。

② 括弧外为温带地区，括弧内为寒冷地区。

表1-13 欧洲H类天然气统一跨国输送气质指标

项　目	最小值	最大值	推荐执行日期
高沃泊指数/（MJ/m^3）	[48.96]	56.92	1/10/2010
相对密度	0.555	0.700	1/10/2010
总硫/（mg/m^3）	—	30	1/10/2006
硫化氢和羰基硫/（mg/m^3）	—	5	1/10/2006
硫醇/（mg/m^3）	—	6	1/10/2006
氧气/%（摩尔分数）	—	[0.01][①]	1/10/2010
二氧化碳/%（摩尔分数）	—	2.5	1/10/2010
水露点(7MPa，绝压)/℃	—	-8	见注②
烃露点(0.1~7MPa，绝压)/℃	—	-2	1/10/2006

注：① EASEE-gas通过对天然气中氧含量的调查，将确定氧含量限定的最大值≤0.01%（摩尔分数）。

② 针对某些交接点可以不严格遵守公共商务准则（CBP）的规定，相关生产、销售和运输方可另行规定水露点，各方也应共同研究如何适应CBP规定的气质指标问题，以满足长期需要。对于其他交接点，此规定值可从2006年10月1日开始执行。

表 1-14 则是我国国家标准《天然气》(GB 17820—2012)中的商品天然气的质量指标。其中，用作城镇燃料的天然气，应符合一类气或二类气的质量指标。

在国外，随着天然气在能源结构中的比重上升以及输气压力增加和输送距离增加，对天然气的质量要求也更加严格。

表 1-14 我国商品天然气质量指标(GB 17820—2012)

项　目		一类	二类	三类
高位发热量/(MJ/m³)	≥	36.0	31.4	31.4
总硫(以硫计)/(mg/m³)	≤	60	200	350
硫化氢/(mg/m³)	≤	6	20	350
二氧化碳/%	≤	2.0	3.0	－
水露点/℃		在交接压力下，水露点应比输送条件下最低环境温度低5℃		

注：1. 本标准中气体体积的标准参比条件是 101.325kPa，20℃。

　　2. 当输送条件下，管道管顶埋地温度为 0℃时，水露点应不高于-5℃。

　　3. 进入输气管道的天然气，水露点的压力应是最高输送压力。

实际上，商品天然气的质量指标应从提高经济效益出发，在满足国家关于健康安全和环境保护等标准的前提下，由供需双方按照需要和可能，在签订供气合同或协议时具体协商确定。

需要强调的是，在《天然气》(GB 17820—2012)标准中同时规定了商品天然气的质量指标和其测定方法，而且这些方法国内均有标准可依，在进行商品天然气贸易交接和质量仲裁时务必注意执行。

如果只是为了符合管道输送要求，则经过处理后的天然气称之为管输天然气，简称管输气。我国《输气管道工程设计规范》(GB 50251—2015)对管输天然气的质量要求是：

① 进入输气管道的气体必须清除机械杂质。

② 水露点应比输送条件下最低环境温度低5℃。

③ 烃露点应低于最低环境温度。

④ 气体中的硫化氢含量不应大于 20mg/m³。

表 1-15 为石油行业标准《煤层气集输与处理运行规范》(SY/T 6829—2011)中的商品煤层气质量指标，实际上相当于表 1-14 中的二类气指标。由于其发布实施不久，国家标准《天然气》(GB 17820—2012)随之发布实施，故目前商品煤层气质量指标均执行后者有关要求。

表 1-15 商品煤层气质量指标(SY/T 6829—2011)

项　目		质量指标
高位发热量/(MJ/m³)	≥	31.4
总硫(以硫计)/(mg/m³)	≤	200
硫化氢/(mg/m³)	≤	20
二氧化碳/%	≤	3.0
氧气/%	≤	0.5
水露点/℃		在最高操作压力下，水露点至少应比管道最低环境温度低5℃

注：本标准中气体体积的标准参比条件是 101.325kPa，20℃。

表 1-16 为《民用煤层气(煤矿瓦斯)》(GB 26569—2011)民用煤层气(煤矿瓦斯)质量指标。

表 1-16　民用煤层气(煤矿瓦斯)质量指标(SY/T 26569—2011)

项　　目	技术指标			
	Ⅰ类	Ⅱ类	Ⅲ类	Ⅳ类
甲烷含量/%(体积分数)	≥90	≥83~90	≥50~83	≥30~50
高位发热量 Q_{gr}/(MJ/m³)	≥34	≥31.4~34	≥22.3~31.4	≥15.5~22.3
总硫含量 S/(mg/m³)	≤100			
硫化氢含量/(mg/m³)	≤6			
水露点/℃	在煤层气交接点的压力和温度条件下,煤层气的水露点应比最低环境温度低5℃			

注:1. 当甲烷含量指标与高位发热量指标发生矛盾时,以甲烷含量指标为分类依据。
　　2. 本标准中气体体积的标准参比条件是 101.325kPa,20℃。
　　3. 供给居民使用的煤层气(煤矿瓦斯)应添加臭味剂。

此外,在《煤层气集输与处理运行规范》(SY/T 6829—2011)中还规定:"煤层气中固体颗粒含量应不影响煤层气的输送和利用,固体颗粒直径应小于 $5\mu m$。"

三、天然气处理主要产品及其质量要求

天然气处理产品主要有液化天然气、天然气凝液、液化石油气、天然汽油(稳定轻烃)等。

典型的天然气及其处理产品的组分见表 1-17。

表 1-17　典型的天然气及其产品组成

名　称 \ 组　成	He等	N_2	CO_2	H_2S	C_1	C_2	C_3	iC_4	nC_4	iC_5	nC_5	C_6	C_7^+
天然气	▲	▲	▲	▲	▲	▲	▲	▲	▲	▲	▲	▲	▲
惰性气体	▲	▲	▲										
酸性气体			▲	▲									
液化天然气		▲			▲	▲	▲	▲	▲				
天然气凝液							▲	▲	▲	▲	▲	▲	▲
液化石油气							▲	▲	▲				
天然汽油									▲	▲	▲	▲	▲
稳定凝析油										▲	▲	▲	▲

(一)液化天然气

液化天然气(Liquefied natural gas, LNG)是由天然气液化制取的,以甲烷为主的液烃混合物。其摩尔组成约为:C_1 80%~95%,C_2 3%~10%,C_3 0%~5%,C_4 0%~3%,C_5^+微量。一般是在常压下将天然气冷冻到约-162℃使其变为液体。

根据生产目的不同,液化天然气可以由油气田原料天然气,或由来自输气管道的商品天然气经处理、液化得到。

由于液化天然气的体积约为其气体体积的 1/625,故有利于输送和储存。随着液化天然

气运输船及储罐制造技术的进步，将天然气液化几乎是目前跨越海洋运输天然气的主要方法，并广泛用于天然气的储存，作为民用燃气调峰和应急气源。此外，LNG不仅可作为石油产品的清洁替代燃料，也可用来生产甲醇、氨及其他化工产品。LNG再气化时的蒸发相变焓(-161.5℃时约为510kJ/kg)还可供制冷、冷藏等行业使用。LNG主要物理性质见表1-18。

表1-18　LNG的主要物理性质

气体相对密度 (空气=1)	沸点/℃ (常压下)	液态密度/(g/L) (沸点下)	高发热量/(MJ/m³[①])	颜　色
0.60~0.70	约-162	430~460	41.5~45.3	无色透明

注：① 指101.325kPa，15.6℃状态下的气体体积。

（二）天然气凝液

天然气凝液(Natural gas liquids，NGLs或NGL)也称为天然气液体，简称凝液，我国习惯称为轻烃。NGL是指从天然气中回收到的液烃混合物，包括乙烷、丙烷、丁烷、戊烷、己烷及庚烷以上烃类等，有时广义地说，从气井井场及天然气处理厂得到的凝析油均属天然气凝液。天然气凝液可直接作为产品，也可进一步分离出乙烷、丙烷、丁烷或丙、丁烷混合物和天然汽油等。天然气凝液及由其得到的乙烷、丙烷、丁烷等烃类是制取乙烯的主要原料。此外，丙烷、丁烷或丙、丁烷混合物不仅是发热量很高(约83.7~125.6MJ/m³)、输送及储存方便、硫含量低的民用燃料，还是汽车的清洁替代燃料，其质量指标见《车用液化石油气》(GB 19159—2012)的有关规定。

（三）液化石油气

液化石油气(Liquefied petroleum gas，LPG)也称为液化气，是指主要由碳三和碳四烃类组成并在常温下处于液态的石油产品。按其来源分为炼厂液化石油气和油气田液化石油气两种。炼厂液化石油气是由炼油厂的二次加工过程所得，主要由丙烷、丙烯、丁烷和丁烯等组成。油气田液化石油气则是由天然气处理过程所得到的，不含烯烃。通常分为商品丙烷、商品丁烷和商品丙、丁烷混合物等。商品丙烷主要由丙烷和少量丁烷及微量乙烷组成，适用于要求高挥发性产品的场合。商品丁烷主要由丁烷和少量丙烷及微量戊烷组成，适用于要求低挥发性产品的场合。商品丙、丁烷主要由丙烷、丁烷和少量乙烷、戊烷组成，适用于要求中挥发性产品的场合。我国液化石油气质量指标见表1-19。

表1-19　我国液化石油气质量指标(GB 11174—2011)

项　　目		质量指标			试验方法
		商品丙烷	商品丙丁烷混合物	商品丁烷	
密度(15℃)/(kg/m³)		报告			SH/T 0221[a]
蒸气压(37.8℃)/kPa	不大于	1430	1380	485	GB/T 12576
组分[b]					
C₃烃类组分(体积分数)/%	不小于	95	—	—	
C₄及C₄以上烃类组分(体积分数)/%	不大于	2.5	—	—	SH/T 0230
(C₃+C₄)烃类组分(体积分数)/%	不小于	—	95	95	
C₅及C₅以上烃类组分(体积分数)/%	不大于	—	3.0	2.0	

项　目		质 量 指 标			试 验 方 法
		商品丙烷	商品丙丁烷混合物	商品丁烷	
残留物					SY/T 7509
蒸发残留物/(mL/100mL)	不大于		0.05		
油渍观察			通过c		
铜片腐蚀(40℃,1h)/级	不大于		1		SH/T 0232
总硫含量/(mg/m³)	不大于		343		SY/T 0222
硫化氢(需满足下列要求之一)					
乙酸铅法			无		SH/T 0125
层析法/(mg/m³)	不大于		10		SH/T 0231
游离水			无		目测d

注: a. 密度也可用 GB/T 12576 方法计算,有争议时以 SH/T 0221 为仲裁方法。

　　b. 液化石油气中不允许人为加入除加臭剂以外的非烃类化合物。

　　c. 按 SY/T 7509 方法所述,每次以 0.1mL 的增量将 0.3mL 溶剂-残留物混合液滴到滤纸上,2min 后在日光下观察,无持久不退的油环为通过。

　　d. 有争议时,采用 SH/T 0221 的仪器及试验条件目测是否存在游离水。

（四）天然汽油

天然汽油也称为气体汽油或凝析汽油,是指天然气凝液经过稳定后得到的,以戊烷及更重烃类为主的液态石油产品。我国习惯上称为稳定轻烃,国外也将其称为稳定凝析油。我国将天然汽油按其蒸气压分为两种牌号,其代号为 1 号和 2 号。1 号产品可作为石油化工原料;2 号产品除作为石油化工原料外,也可用作车用汽油调和原料。它们的质量指标见表1-20。

表 1-20　我国稳定轻烃质量指标(GB 9053—2013)

项　　目		质 量 指 标		实验方法
		1 号	2 号	
饱和蒸气压/kPa		74~200	夏a<74,冬b<88	GB/T 8017
馏　程				
10%蒸发温度/℃	不低于	—	35	
90%蒸发温度/℃	不高于	135	150	GB/T 6536
终馏点/℃	不高于	190	190	
60℃蒸发率/%(体积分数)		实测	—	
硫含量c/%	不大于	0.05	0.10	SH/T 0689
机械杂质及水分		无	无	目测d
铜片腐蚀/级	不大于	1	1	GB/T 5096
赛波特颜色号	不低于	+25		GB/T 3555

注: a. 夏季从 5 月 1 日至 10 月 31 日。

　　b. 冬季从 11 月 1 日至 4 月 30 日。

　　c. 硫含量允许采用 GB/T 17040 和 SH/T 0253 进行测定,但仲裁试验应采用 SH/T 0689。

　　d. 将油样注入 100mL 的玻璃量筒中观察,应当透明,没有悬浮与沉淀的机械杂质和水分。

（五）压缩天然气

压缩天然气(Compressed natural gas,CNG)是经过压缩的高压商品天然气,其主要成分是甲烷。通常多以城镇燃气管网的商品天然气为原料气，经脱硫(如果需要)、脱水和压缩而成。由于它不仅抗爆性能(甲烷的研究法辛烷值约为108)和燃烧性能好，燃烧产物中的温室气体及其他有害物质含量很少，而且生产成本较低，因而是一种很有发展前途的汽车清洁替代燃料。目前，大多灌装在20~25MPa的气瓶中，除一部分送至城镇燃气管网未能到达的居民小区供作燃气外，主要作为汽车燃料，称为车用压缩天然气(Compressed natural gas for vehicle)，其质量指标见表1-21。车用压缩天然气一般采用甲烷值(MN, Methane number)表示点燃式发动机燃料抗爆性的约定数值。

表1-21　我国车用压缩天然气质量指标(GB 18047—2000)

项　　目	技 术 指 标
高位发热量/(MJ/m³)	>31.4
总硫(以硫计)/(mg/m³)	≤200
硫化氢/(mg/m³)	≤15
二氧化碳含量/%	≤3.0
氧气含量/%	≤0.5
水露点/℃	在汽车驾驶的特定地理区域内，在最高操作压力下，水露点不应高于-13℃；当最低气温低于-8℃时，水露点应比最低气温低5℃

注：1. 本标准中气体体积的标准参比条件是101.325kPa，20℃状态下的体积。

　　2. 为确保压缩天然气的使用安全，压缩天然气应有特殊气味，必要时加入适量加臭剂，保证天然气浓度在空气中达到爆炸下限的20%前能被察觉。

此外，车用压缩煤层气(Compressed coalbed methane as vehicle fuel, CCBM as vehicle fuel)则指压缩至高压主要供作汽车燃料的煤层气，其质量指标见表1-22。

表1-22　我国车用压缩煤层气质量指标(GB/T 26127—2010)

项　　目	技 术 指 标	
	Ⅰ类	Ⅱ类
甲烷含量/%(体积分数)	≥90	≥83~90
高位发热量 Q_{gr}/(MJ/m³)	≥34	≥31.4~34
总硫含量 S/(mg/m³)	≤150	
硫化氢含量/(mg/m³)	≤12	
水露点	在煤层气交接点的压力和温度条件下，煤层气的水露点应比最低环境温度低5℃	

注：1. 当甲烷含量指标与高位发热量指标发生矛盾时，以甲烷含量指标为分类依据。

　　2. 本标准中气体体积的标准参比条件是101.325kPa，20℃。

车用压缩天然气在使用时，应考虑其沃泊指数(高华白数)，因为沃泊指数的变化将影响汽车发动机的输出功率和运转情况，而且由于大多数发动机的流量计系统使用孔板，故沃泊指数的变化也会导致空气/燃料比例发生变化。

应该指出的是，上述各标准不仅规定了有关产品的质量指标，也同时规定了国内已有标准可依的测定方法，在进行商品贸易和质量仲裁时务必遵照执行。

至于其他如商品乙烷等，我国目前尚无上述那样由国家或行业标准中提出的质量指标。

四、天然气的危险危害性

目前，我国开采的天然气有的不含硫或低含硫，有的则含硫甚至中、高含硫。含硫天然气（硫化物主要是 H_2S）不仅易燃、易爆，而且是具有毒性的气体混合物。因此，在天然气的处理与利用中可能发生火灾、爆炸和 H_2S 毒害的危险危害事故。

1. 天然气火灾爆炸危险性

天然气处理与利用过程的主要介质为原料天然气及其各种产品。

根据《石油天然气工程设计防火规范》（GB 50183—2015）中对可燃液体、气体火灾危险性分类规定可知（见表1-23），可燃液体是按其蒸气压或闪点的高低，可燃气体是按其爆炸下限大小来分类的。实际上，这些参数均直接反映可燃液体、气体的燃烧及爆炸性能。按照分类规定，天然气及其产品的火灾危险性为：液化石油气、天然气凝液、液化天然气等属于甲A类，天然气、天然汽油（稳定轻烃）、稳定凝析油等属于甲B类，副产品硫黄属于乙B类。此外，H_2S 属于甲B类。

表1-23 油气火灾危险性分类

类	别	特 征
甲	A	37.8℃蒸气压>200kPa的液态烃
	B	1. 闪点<28℃的液体（甲A类和液化天然气除外） 2. 爆炸下限<10%（体积分数）的气体
乙	A	1. 闪点≥28℃至<45℃的液体 2. 爆炸下限≥10%的气体
	B	闪点≥45℃至<60℃的液体
丙	A	闪点≥60℃≤120℃的液体
	B	闪点>120℃的液体

可燃性气体的爆炸极限范围越宽、爆炸下限越低和爆炸上限越高，其爆炸危险性越大。这是因为爆炸极限越宽则出现爆炸条件的几率就高；爆炸下限越低则可燃气体稍有泄漏就会形成爆炸条件；爆炸上限越高则有少量空气渗入容器，就能与容器内的可燃性气体形成爆炸条件。应当指出，可燃性气体的浓度高于爆炸上限时，虽然不会燃烧和爆炸，但当它从容器或管道里逸出，重新接触空气时仍有发生燃烧和爆炸的危险。

由于天然气或其产品的蒸气与空气组成的混合气体爆炸极限范围较宽，爆炸下限较低，因而爆炸危险性也较大。常见可燃物质的爆炸极限见表1-24。

表1-24 常见可燃物质的爆炸极限

可燃物名称	甲烷	乙烷	甲醇	硫化氢	汽油	柴油
爆炸极限/%（体积分数）	5.0~15.0	3.0~12.5	5.5~44.0	4.0~46.0	1.4~7.6	0.6~5.5

因此，天然气处理与利用过程的原料气和产品均属于易燃、易爆物质。

2. 含硫天然气危害性

对于低含硫或不含硫的天然气，主要为烃类混合物，属低毒性气体，但长期接触可导致神经衰弱综合症。

不同气田生产的天然气其组成虽有一些差别，但主要组分是为甲烷，其含量一般在

90%(体积分数，下同)以上。甲烷属单纯窒息性气体，高浓度时人体因缺氧窒息而引起中毒。空气中甲烷浓度达到25%~30%时出现头昏、呼吸加速、运动失调，进而可失去知觉，甚至死亡。

含硫天然气中的硫化物主要是H_2S。H_2S是无色、剧毒和酸性气体，易燃，与空气混合能形成爆炸性混合物，遇明火、高热可引起燃烧爆炸，与浓硝酸、发烟硫酸或其他强氧化剂剧烈反应发生爆炸。它的相对密度为1.176，可在较低处扩散到相当远的地方，遇明火会引起回燃。

H_2S是仅次于氰化物的剧毒、致命的神经性有毒气体，其毒性是CO的5~6倍，是SO_2的7倍。H_2S也是窒息性和刺激性气体，其毒性作用的主要靶器官是中枢神经系统和呼吸系统，也可伴有心脏等多器官损害，对中毒作用最敏感的组织是脑和黏膜接触部位。

H_2S的危害性包括对人体的危害、对环境的危害、对金属材料的腐蚀、加速非金属材料的老化，以及对天然气开采和处理过程所使用化学药剂的污染等。

H_2S对人体的危害程度取决于持续时间(接触人体的时间)、频率(接触人体的频繁程度)、强度(接触人体的气量或浓度)和人体的生理状况。对人体而言，空气中危险临界浓度为150mg/m^3(100ppm)，安全临界浓度为30mg/m^3(20ppm)。因此，一般要求民用天然气中的硫化氢含量不高于6~20mg/m^3。除此之外，对天然气中的总硫含量也有一定要求，我国国家标准《天然气》(GB 17820—2012)要求三类气总硫小等于350mg/m^3，一、二类气则分别不大于60mg/m^3和200mg/m^3。

第五节　用作城镇燃气的天然气互换性和分类

城镇燃气是指质量符合有关标准要求，供给城镇居民、公共服务设施和工业企业生产用作燃料的燃气。城镇燃气一般包括天然气、液化石油气和人工煤气。

不同来源的城镇燃气，由于组成差异，燃烧特性差别大，国际上把城镇燃气分为三族：第一族为人工燃气，第二族为天然气，第三族为液化石油气。

目前，国内用作城镇燃气的天然气主要来自输气管道，其质量应符合《天然气》(GB 17820—2012)的二类质量指标。此外，我国沿海一带城镇采用液化天然气的目前也越来越多。

一、天然气的燃烧特性和稳定燃烧

与人工煤气、液化石油气一样，天然气作为城镇燃气除从健康、安全、环境保护和经济效益等制定其质量指标外，更重要的是还必须符合为保持稳定燃烧而提出的燃烧特性指标。燃烧特性应包括热负荷、火焰稳定、完全燃烧以及可靠的点火等。为此，要控制天然气发热量和组成的变化范围，使其不产生黄焰、回火、离焰、烟气中CO含量不超标甚至析(结)炭等不正常燃烧，并使燃具的热负荷变化处在允许范围内。

不同气源天然气的发热量和组成差异较大，故目前尚无一种燃具不经改动或调整就可适用所有天然气并能保持稳定燃烧。目前国际上惯用的方法是将用作城镇燃气的天然气按发热量和燃烧特性指标进行分类，并提出每一类别天然气不产生黄焰、回火、离焰和烟气中CO含量不超标甚至析炭等不正常燃烧的界限指标。同一类别的天然气之间具有互换性。每一类别的天然气，应使用与之相适应的燃具，从而保证用户对稳定燃烧的要求。

对于新近使用天然气的城镇，首先要确定所用天然气属于哪种类别，然后按这种类别去选择相适应的燃具，从而保证其稳定燃烧。之后，则要求该天然气的变化限定在这种类别天然气的界限指标内。对于已采用某一类别天然气作燃气的城镇，在使用替代气源或应急备用气源时，则要求它们必须属于同一类别天然气，并与已用的天然气具有互换性。

二、天然气的互换性和燃具的适应性

由上可知，燃气由于发热量和组成不同会产生互换性问题。因此，燃气互换性是城镇燃气用户根据使用安全和效率等对燃气提出的一项质量要求，也是国际标准 ISO 13686《天然气质量指标》中与发热量一起明确规定的一项质量指标。

由于我国《天然气》(GB 17820—2012)标准中包括了一类气、二类气(主要用作城镇燃气)和三类气(主要为工业用气)，故在标准中只规定了天然气的高位发热量、硫化氢、总硫、二氧化碳和水露点等质量指标而没有规定其互换性。但是，在我国《城镇燃气分类和基本特性》(GB/T 13611—2006)标准中则明确规定了用作城镇燃气的天然气互换性特性指标。随着我国天然气工业的发展，尤其是天然气作为城镇燃气在千家万户广泛使用，其互换性的重要意义日益为人们所认识。

(一) 燃具的适应性

燃气燃具结构一般不会改动。因此，当天然气的组成、密度或发热量变化时，为使燃具仍能正常使用，只能调节其一次空气系数和热负荷。燃具的燃烧特性、一次空气量和热负荷之间的关系见图 1-16。

所谓燃具的适应性是指其可以稳定燃烧，即不发生黄焰、回火、离焰和烟气中 CO 含量不超标的条件。图 1-16 中由回火、离焰、黄焰和不完全燃烧曲线构成了一个稳定燃烧区域(三角区)即为燃具的稳定燃烧范围。

天然气组成变化时，至少从三方面影响燃具的适应性：①导致燃具热负荷改变而影响燃烧稳定性；②导致燃烧不完全，可能使烟气中 CO 含量增加，甚至会析炭；③使火焰特性(例如其尺寸和形状)发生变化，导致火焰温度不能满足生产要求。

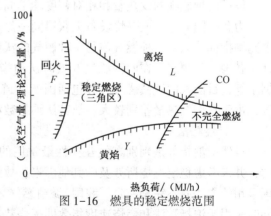

图 1-16　燃具的稳定燃烧范围

(二) 天然气的互换性

具有多种气源的城市，常常会遇到以下两种情况。一种情况是某一地区原来使用的燃气要由性质不同的另一种燃气所代替；另一种情况是在主气源产生紧急事故，或在用气高峰时由于主气源不足，需要在供气系统中混入性质与原有燃气不同的其他燃气。不论发生哪一种情况，都会使用户使用的燃气性质发生改变，从而对燃具的适应性产生影响。

当以组成 B 的天然气替代组成 A 的天然气用作城镇燃气时，若燃具不加改动仍能保持稳定燃烧，则表明天然气 A 和天然气 B 之间具有互换性。天然气的互换性和燃具的适应性是一个问题的两个方面。互换性好的天然气可以降低对燃具的适应性，反之亦然。但是，无论互换性还是适应性都是有一定限度的，为了保证在天然气组成发生变化时燃具仍能保持稳定燃烧，就必须规定天然气的互换性范围。

判别燃气互换性的方法甚多，各国均有其习惯方法。不论何种方法均认定沃泊指数（Wobbe）是判别互换性的主要参数。近 20 种互换性判别方法的主要差别反映在所选的第二个特性参数上，如：AGA（American Gas Association，美国天然气协会）指数、韦弗（Weaver）指数、燃烧势（CP）以及其他一些方法。国际燃气联盟（IGU）推荐采用沃泊指数（高华白数）和燃烧势（CP）或火焰速度指数（S）对燃气进行分类，我国在《城镇燃气分类和基本特性》（GB/T 13611—2006）标准中采用的是沃泊指数和燃烧势。无论采用何种方法或何种特性参数，都是用来确定天然气的类别，并界定该类别天然气在与之适应的燃具上保持稳定燃烧和热负荷的变化范围。

需要指出的是，不同类别的燃气之间不能进行互换，同类别燃气之间有无可能互换也应进行计算分析和试验验证，因为上述两个特性参数仍不能概括互换性的全部内容。此外，互换性并不是可逆的，即 B 燃气可以替代 A 燃气，并不代表 A 燃气就一定可以替代换 B 燃气。

1. 沃泊指数法

沃泊指数法是国际上判别燃气互换性最常用的方法。

沃泊指数（也称华白数）是表示燃气热负荷的特性数据。不同组成的燃气若具有相同（或相近）的沃泊指数，则可认为它们于相同燃烧压力下在燃具中有相同的热负荷。

沃泊指数是代表燃气特性的一个参数。沃泊指数（W）的定义为

$$W = H/\sqrt{d} \qquad (1-9)$$

式中　W——沃泊指数，或称热负荷指数；

　　　H——燃气发热量，kJ/m^3，各国习惯不同，有的取高位发热量，有的取低位发热量，我国《城镇燃气分类和基本特性》（GB/T 13611—2006）标准中采用高位发热量（由其计算到的华白数称为高华白数）；

　　　d——燃气相对密度（设空气的 $d=1$）。

假设两种燃气的发热量和相对密度均不同，但只要它们的沃泊指数相同，就能在同一燃气压力和在同一燃具或燃烧设备上获得同一热负荷。换句话说，沃泊指数是燃气互换性的一个判别指标。只要一种燃气与另一种燃气的沃泊指数相同，则此燃气对另一种燃气具有互换性。各国一般规定，在两种燃气互换时沃泊指数的允许变化率在 ±5%，最高不大于 ±10%。据了解，目前我国城镇燃气气源包括国产管道天然气和煤层气以及进口 LNG 和管道天然气等，由于它们发热量差别较大，故其沃泊指数相差约 25%，远高于上述的允许变化率。

2. 燃烧势法

虽然沃泊指数是判别燃气互换性最常用的方法，但它仅是从热负荷角度来考虑互换性的，并未考虑稳定燃烧所涉及的其他因素，故近年来还提出其他判别燃气互换性的方法。各国采用的方法并不完全一致，我国《城镇燃气分类和基本特性》（GB/T 13611—2006）则规定，同时采用沃泊指数法和燃烧速度指数即燃烧势（CP）法，即两种燃气的沃泊指数和燃烧势两项指标都必须在允许范围内，二者之间才具有互换性。

燃烧势也称德布尔（Delbourg）指数，是反映内焰高度的指数，其计算公式为：

$$CP = K \times [1.0H_2 + 0.6(C_mH_n + CO) + 0.3CH_4]/d^{1/2} \qquad (1-10)$$

式中　　　CP——燃烧势；

H_2，CO，CH_4——燃气中氢、一氧化碳、甲烷体积分数，%；

　　　C_mH_n——燃气中除甲烷以外的碳氢化合物体积分数，%；

　　　d——燃气相对密度（空气 =1）；

K——燃气中氧含量修正系数，$K = 1 + 0.0054O_2{}^2$；

O_2——燃气中氧体积分数，%。

由此可见，当城镇燃气具有多种天然气气源时，如果它们的组成不同其沃泊指数和燃烧势就会不同。此外，即就是它们发热量类似，但沃泊指数和燃烧势也可能差别较大，不一定属于同一互换性范围，故必须将其进行分类，并依此定出与之适应的互换性范围，以保证天然气具有很好的使用效果。

例如，西气东输一线管道各气源中甲烷含量存在较大差异，从 86.98% 到 99.83%，但大部分气源的甲烷含量都大于 90%，基本稳定在 94% 左右，相对密度在 0.55~0.76 之间，基本控制在 0.67 左右，高位发热量控制在 38MJ/m^3，沃泊指数控制在 49MJ/m^3 左右。虽然西气东输一线管道个别气源的气质与其他气源差别较大，但考虑到这些气源的输气量较小，大部分气源的气质情况较为稳定，从总体来说，西气东输一线管道的气质情况较为平稳。

中国石油西南油气田分公司天然气研究院通过燃烧势法对西气东输一线管道沿线 18 个站点的气质互换性情况进行了判定，其结果见表 1-25（根据西气东输一线管道气质平均情况，选用纯甲烷作为基准气）。

表 1-25　燃烧势法判定结果

名　称	沃泊指数变化率	燃烧势误差率	黄焰指数
允许值	±5%	-10~+10	≤210
计算值	-2.58%~2.03%	-2.55~1.29	137.97
结论	合适	合适	合适

由表 1-25 可知，西气东输一线管道沿线气质沃泊指数最大变化率为 -2.58%，小于 ±5%，燃烧势误差率最高为 -2.55，也小于允许范围 -10~+10，黄焰指数的最大值为 137.97，没有超出 210 的极限值。通过德尔布法计算可以认为西气东输一线管道各个气源气质均可互换。

上述探讨都是对于数量非常大的民用燃气具作为研究对象的互换性问题。对于这些民用燃气具，西气东输一线管道目前的气质情况较为稳定，不会对燃气具的燃烧性能造成任何影响。

三、用作城镇燃气的天然气分类

在我国《天然气》(GB 17820—2012)标准中主要根据高位发热量、硫化氢、总硫和二氧化碳含量将天然气分为两类。世界各国商品天然气中硫化氢含量大多控制为 5~23mg/m^3。考虑到在城镇配气和储存过程中，特别是混配和调值时因天然气中可能有水分存在，为防止配气系统的腐蚀和保证居民健康，该标准规定一、二类天然气中硫化氢含量分别不大于 6mg/m^3 和 20mg/m^3。

但是，天然气作为城镇燃气时还应根据沃泊指数和燃烧势分为不同类别。我国《城镇燃气分类和基本特性》(GB/T 13611—2006)中对用作城镇燃气的天然气进行了分类和规定了其互换性范围。该标准将城镇燃气按照沃泊指数（高华白数）及燃烧势分为天然气、人工煤气和液化石油气三大族十三类。其中，矿井气、沼气因其燃烧特性接近天然气，故在该标准中列入天然气内，包括矿井气、沼气在内的天然气按沃泊指数和燃烧势范围从低至高分为 3T、4T、6T、10T 和 12T 五类。其中，3T、4T 为矿井气，6T 为沼气，10T 和 12T 为天然气。

同时符合这两个标准的天然气分类见表 1-26。需要指出的是，由于《天然气》(GB

17820—2012)标准的体积参比条件是 101.325kPa、20℃，而《城镇燃气分类和基本特性》（GB/T 13611—2006)标准的参比条件是 101.325kPa、15℃，故表 1-26 中注明了沃泊指数由 20℃换算到 15℃的换算系数。

表1-26　同时符合这两个标准的天然气分类

分类	沃泊指数（高华白数）				燃烧势	
	GB/T 13611—2006 规定值（参比条件为 101.325kPa、15℃）		换算值（参比条件为 101.325kPa、20℃）		GB/T 13611—2006 规定值	
	标准/（MJ/m³）	范围/（MJ/m³）	标准/（MJ/m³）	范围/（MJ/m³）	标准	范围
10T	41.52	39.06~44.84	40.79	33.87~44.05	33.0	31.0~34.3
12T	50.73	45.67~54.78	49.83	44.86~53.81	40.3	36.3~69.3

注：沃泊指数由 20℃换算到 15℃的换算系数为 1.0180。

四、我国城镇多气源供气示例

现以上海为例。上海是我国最早实现多元化供气的城市，其主气源早期系来自东海平湖油田的天然气（简称东气），之后则主要是西气东输一线管道来的天然气（简称西气）。此外，还有来自新疆和国外的 LNG 作为应急备用气源，依据各种来气的互换性混配后供用户使用。按照规划，今后新增气量除主要来自西气东输一线管道来气及进口 LNG 外，还有川气东送管道以及西气东输二线管道来气。供应上海的各种天然气组成及有关参数见表 1-27。

表1-27　各气源天然气气质及相关参数表

项　目		西气东输一线	到港 LNG（贫）	到港 LNG（富）	川气东送	西气东输二线
摩尔分数/%	CH_4	96.23	96.64	89.39	97.058	92.55
	C_2H_6	1.77	1.97	5.76	0.158	3.95
	C_3H_8	0.30	0.34	3.30	0.019	0.34
	iC_4	0.14	0.07	0.78	0.000	0.12
	nC_4		0.08	0.66	0.000	0.09
	iC_5	0.13	0.00	0.00	0.000	0.22
	nC_5		0.00	0.00	0.000	0.00
	C_6^+	0.00	0.00	0.00	0.000	0.00
	N_2	0.96	0.90	0.11	0.709	0.84
	CO_2	0.47	0.00	0.00	2.029	1.89
相对密度		0.578	0.572	0.634	0.577	0.606
高位发热量/（MJ/m³）		38.71	38.64	42.46	37.81	39.58
沃泊指数/（MJ/m³）		50.82	51.00	53.13	49.71	50.78
燃烧势		37.68	38.12	39.27	36.46	37.15
燃气类别		12T	12T	12T	12T	12T

注：表中密度、高位发热量、沃泊指数体积参比条件均为 101.325kPa、15℃。

根据表 1-27 中各气源来气的燃烧特性可知，西气东输、贫 LNG、富 LNG、川气东送和西气东输二线管道的天然气都属于 12T。贫 LNG、富 LNG、川气东送、西气东输二线管道的天然气和西气东输一线管道天然气互换时，其沃泊指数变化范围均在±5%范围之内，燃烧势也很相近,故其主气源虽是西气东输一线管道天然气,但其他气源与其均具有互换性。各气源来气既可按压力级制和用气对象分片供气,必要时也可混配使用,详见本书第七章所述。多年来上海多气源天然性互换性的实践也充分证明了这点。目前,我国用作城镇燃气的天然气源多元化的趋势日益明显,故各种天然气的互换性也更为人们所重视。

需要说明的是,对于国内其他采用多种天然气供气的城镇,因来气组成和互换性与上海不一定相同,故应依据其具体情况制定合理的混配方案。尤其是国外的 LNG 组成差别很大,我国各地进口的 LNG 的沃泊指数可能相差达 25%(例如广东进口的 LNG 沃泊指数最大值为52.2MJ/m³,福建进口的 LNG 沃泊指数最小值为 41.8MJ/m³)。然而,我国目前对 LNG 质量又无标准可依,质量要求仅处在合同的文本阶段。此外,我国的《天然气》标准只涉及高位发热量、H_2S、总硫和 CO_2 含量等参数,如果没有很好规划,势必产生互换性问题。

因此,在规划城镇替代气源和应急备用气源时应考虑燃气的互换性,以及替代气源和应急备用气源与城镇主气源混合时燃气沃泊指数和燃烧势的变化问题,从而保证整个燃气供应系统的安全和可靠。

第六节 综合能耗及其计算方法

节能减排是我国发展经济的一项长远国策。我国于 2008 年 4 月 1 日起实施的《节约能源法》中明确指出,所称能源是指煤炭、原油、天然气、生物质能和电力、热力以及其他直接或者通过加工、转换而取得有用能的各种资源;所称节能是指加强用能管理,采取技术上可行、经济上合理以及环境和社会可以承受的措施,从能源生产到消费各个环节,降低能耗,减少损失和污染物排放,制止浪费,有效、合理地利用能源。

因此,正确理解综合能耗的定义与掌握其计算方法则对包括天然气处理厂及其装置在内的企业实现节能有着非常重要的意义。

一、综合能耗的定义

综合能耗是指用能单位在统计报告期内实际消耗的各种能源实物量,按规定的计算方法和单位分别折算后的总和。

对企业,综合能耗是指统计报告期内主要生产系统、辅助生产系统和附属生产系统的综合能耗总和。企业中主要生产系统的能耗量应以实测为准。

综合能耗计算的能源指用能单位实际消耗的各种能源,包括一次能源(例如原煤、原油、天然气等)、二次能源(例如煤气、成品油、液化石油气、电力、热力等)。耗能工质(例如新水、软化水、压缩空气、氮气等)消耗的能源也属于综合能耗计算种类。能源的计量应符合《用能单位能源计量器具配备和管理通则》(GB 17167)的要求。所消耗的各种能源不得重计或漏计。

计算范围是指用能生产活动实际消耗的各种能源。对企业,包括主要生产系统、辅助生产系统和附属生产系统以及用作原料的能源。

二、综合能耗的分类与计算方法

1. 综合能耗的分类

综合能耗分为四种,即综合能耗、单位产值综合能耗、产品单位产量综合能耗、产品单位产量可比综合能耗等。在天然气处理厂及其生产装置中经常采用的是综合能耗和产品单位产量综合能耗。

2. 综合能耗的计算

综合能耗按下式计算：

$$E = \sum_{i=1}^{n} (e_i \times \rho_i) \qquad (1-11)$$

式中　E——综合能耗；

　　　e_i——生产和服务活动中消耗的第 i 种能源实物量；

　　　ρ_i——第 i 种能源的折算系数，按能源的当量值或能源等价值折算；

　　　n——消耗的能源品种数。

天然气处理厂及其生产装置通常均采用能源当量值表示其综合能耗。

3. 单位产值综合能耗的计算

单位产值综合能耗是指统计报告期内，综合能耗与期内用能单位总产值或工业增加值的比值，按下式计算：

$$e_g = \frac{E}{G} \qquad (1-12)$$

式中　e_g——单位产值综合能耗；

　　　G——统计报告期内产出的总产值或增加值。

4. 产品单位产量综合能耗的计算

产品单位产量综合能耗是指统计报告期内，用能单位生产某种产品或提供某种服务的综合能耗与同期该合格产品产量(工作量、服务量)的比值。产品单位产量综合能耗简称单位产品综合能耗。

某种产品(或服务)单位产量综合能耗按下式计算：

$$e_j = \frac{E_j}{P_j} \qquad (1-13)$$

式中　e_j——第 j 种产品单位产量综合能耗；

　　　E_j——第 j 种产品的综合能耗；

　　　P_j——第 j 种产品的合格产品量。

对同时生产多种产品的情况，应按每种产品实际耗能量计算；在无法分别对每种产品进行计算时，折算成标准产品统一计算，或按产量与能耗量的比例分摊计算。

天然气处理厂及其某些生产装置多采用原料气单位处理量综合能耗的当量值，一般是每处理 $1 \times 10^4 m^3$ 原料气的综合能耗当量值(MJ 或 GJ)。

5. 产品单位产量可比综合能耗的计算

产品单位产量可比综合能耗只适用于同行业内部对产品能耗的相互比较之用，计算方法应在专业中和相关的能耗计算办法中，由各专业主管部门予以具体规定。

由于天然气处理厂及其生产装置也是一次能源生产企业，如按能源等价值将天然气及其产品(如原料气、产品气、凝液以及液化石油气、天然汽油)等的能源消耗分别按其实物量和低位发热量折算为标准煤量时很不方便，故均采用能源当量值表示综合能耗，即天然气及其产品等一次能源直接按其实物量和低位发热量计算能源消耗，二次能源及耗能工质按其实物量及能源等价值折算为标准煤量后，再以 1kg 标准煤(1kgce)的低位发热量等于 29307kJ

计算其能耗。

关于各种能源折算标准煤的参考系数和耗能工质能源等价值的具体数值见《综合能耗计算通则》（GB 2589—2008）。但是需要注意的是，由于科技和生产水平的不断提高，耗能工质能源等价值或当量值是在不断降低的。

上述有关综合能耗的应用和计算，也适用于本书第七章所述的天然气发电和化工等企业。

参 考 文 献

1 张抗. 中国天然气供需形势与展望. 天然气工业，2014，34(1)：10~17.
2 邱中健，等. 中国非常规天然气的战略地位. 天然气工业，2012，32(1)：1~5.
3 刘成林，等. 新一轮全国煤层气资源评价方法与结果. 天然气工业，2009，29(11)：130~132.
4 王红霞，等. 沁水盆地煤层气田与苏里格气田的集输工艺对比. 天然气工业，2009，29(11)：104~108.
5 徐文渊，蒋长安，主编. 天然气利用手册(第二版). 北京：中国石化出版社，2006.
6 王遇冬主编. 天然气处理与加工工艺. 北京：石油工业出版社，1999.
7 李劲松，等. 崖城13-1气田处理工艺和销售模式. 天然气工业，2011，31(8)：27~31.
8 黄维和，等. 天然气能量计量体系在中国的建设和发展. 石油与天然气化工，2011，40(2)：103~108.
9 陈赓良. 天然气能量计量的技术进展. 石油与天然气化工，2015，44(1)：1~7.
10 罗勤. 天然气能量计量在我国应用的可行性与实践. 天然气工业，2014，34(2)：123~129.
11 郑欣，等. 影响低温法控制天然气露点的因素分析. 天然气工业，2006，26(8)：123~125.
12 GPSA. Engineering Data Book. 13th Eduthion，Tulsa，Ok.，2012.
13 王开岳主编. 天然气净化工艺. 北京：石油工业出版社，2005.
14 陈赓良. 测定天然气水蒸气含量/水露点的方法与仪器. 石油仪表，2000，14(4)：43~46.
15 樊栓狮. 天然气水合物储存与运输技术. 北京：化学工业出版社，2005.
16 童景山. 流体的热物理性质. 北京：中国石化出版社，1996.
17 罗勤，等. 天然气国家标准实施指南. 北京：中国标准出版社，2006.
18 常宏岗主编. 天然气气质管理与能量计量. 北京：石油工业出版社，2008.
19 项友谦. 燃气热力工程常用数据手册. 北京：中国建筑工业出版社，2000.
20 国家安全生产监督管理总局. 石油天然气安全规程(AQ 2012—2007). 北京：煤炭工业出版社，2007.
21 陈赓良，等. 管输天然气的质量指标及其标准化. 石油工业技术监督，2005，21(3)：17~19.
22 罗勤，等. 国际标准《ISO 13686 天然气质量指标》修订浅析. 石油与天然气化工，2010(1)：68~69、74.
23 张宝隆. 对我国城镇燃气天然气质量指标的探讨. 上海煤气，2002(5)：4~9.
24 李猷嘉. 正确处理天然气质量中的燃气互换性问题(第一部分). 城市燃气，2008(3)：6~10.
25 李猷嘉. 正确处理天然气质量中的燃气互换性问题(第二部分). 城市燃气，2008(4)：3~10.
26 李帆，等. 城市应急备用气源的燃气互换性探讨. 煤气与热力. 2009，29(5)：28~31.
27 王红霞，等. 北京地区多气源天然气互换性的探讨. 石油规划设计，2010，21(2)：18~20.
28 国家质量监督检验检疫总局，等. 综合能耗计算通则(GB 2589—2008). 北京：中国标准出版社，2008.
29 周里，等. 天然气互换性判别方法研究. 石油与天然气化工，2013，42(6)：642~646.

第二章 天然气脱硫脱碳

如前所述，有的天然气中还含有硫化氢(H_2S)、二氧化碳(CO_2)、硫化羰(COS)、硫醇(RSH)和二硫化物($RSSR'$)等酸性组分。通常，将酸性组分含量超过商品气质量指标或管输要求的天然气称为酸性天然气或含硫天然气(sour gas)。

天然气中含有酸性组分时，不仅在开采、处理和储运过程中会造成设备和管道腐蚀，而且用作燃料时会污染环境，危害用户健康；用作化工原料时会引起催化剂中毒，影响产品收率和质量。此外，天然气中CO_2含量过高还会降低其发热量。因此，当天然气中酸性组分含量超过商品气质量指标或管输要求时，必须采用合适的方法将其脱除至规定值以内。脱除的这些酸性组分混合物称为酸气(acid gas)，其主要成分是H_2S、CO_2，并含有少量烃类。从酸性天然气中脱除酸性组分的工艺过程统称为脱硫脱碳或脱酸气。如果此过程主要是脱除H_2S和有机硫化物则称之为脱硫；主要是脱除CO_2则称之为脱碳。原料气经湿法脱硫脱碳后，还需脱水(有时还需脱油)和脱除其他有害杂质(例如脱汞)。脱硫脱碳、脱水后符合有关质量指标或要求的天然气称为净化气，脱水前的天然气称为湿净化气。脱除的酸气一般还应回收其中的硫元素，即所谓硫黄回收(硫回收)。当回收硫黄后的尾气不符合大气污染物排放标准时，还应对尾气进行处理。

当采用深冷分离的方法从天然气中回收天然气凝液(NGL)或生产液化天然气(LNG)时，由于对气体中的CO_2含量要求很低，这时就应采用深度脱碳的方法。

第一节 脱硫脱碳方法的分类与选择

一、脱硫脱碳方法的分类

天然气脱硫脱碳方法很多，这些方法一般可分为化学溶剂法、物理溶剂法、化学-物理溶剂法、直接转化法和其他类型方法等。

1. 化学溶剂法

化学溶剂法系采用碱性溶液与天然气中的酸性组分(主要是H_2S、CO_2)反应生成某种化合物，故也称化学吸收法。吸收了酸性组分的碱性溶液(通常称为富液)在再生时又可使该化合物将酸性组分分解或释放出来。这类方法中最具代表性的是采用有机胺的醇胺(烷醇胺)法以及有时也采用的无机碱法，例如活化热碳酸钾法。

目前，醇胺法是最常用的天然气脱硫脱碳方法。属于此法的有一乙醇胺(MEA)法、二乙醇胺(DEA)法、二甘醇胺(DGA)法、二异丙醇胺(DIPA)法、甲基二乙醇胺(MDEA)法，以及空间位阻胺、混合醇胺、配方醇胺溶液(配方溶液)法等。活化热碳酸钾法则广泛用于脱除合成气中的CO_2。

醇胺法采用的溶液主要由烷醇胺与水组成。

2. 物理溶剂法

此法系利用某些溶剂对气体中H_2S、CO_2等与烃类溶解度的巨大差别而将酸性组分脱除，故也称物理吸收法。物理溶剂法一般在高压和较低温度下进行，适用于酸性组分分压高(大于 345kPa)的天然气脱硫脱碳。此外，此法还具有可大量脱除酸性组分，溶剂不易变质，比热容小，腐蚀性小以及可脱除有机硫(COS、CS_2 和 RSH)等优点。由于物理溶剂对天然气中的重烃有较大的溶解度，故不宜用于重烃含量高的天然气，且多数方法因受再生程度的限制，净化度(即原料气中酸性组分的脱除程度)不如化学溶剂法。当净化度要求很高时，需采用汽提法等再生措施。

目前，常用的物理溶剂法有多乙二醇二甲醚法(Selexol 法)、碳酸丙烯酯法(Fluor 法)、冷甲醇法(Rectisol 法)等。

物理吸收法的溶剂通常靠多级闪蒸进行再生，不需蒸汽和其他热源，还可同时使气体脱水。

3. 化学-物理溶剂法

这类方法采用的溶液是醇胺、物理溶剂和水的混合物，兼有化学溶剂法和物理溶剂法的特点，故又称混合溶液法或联合吸收法。目前，典型的化学-物理吸收法为砜胺法(Sulfinol)法，包括 DIPA-环丁砜法(Sulfinol-D 法、砜胺Ⅱ法)、MDEA-环丁砜法(Sulfinol-M 法，砜胺Ⅲ法)。此外，还有 Amisol、Selefining、Optisol 和 Flexsorb 混合 SE 法等。

4. 直接转化法

这类方法以氧化-还原反应为基础，故又称氧化-还原法或湿式氧化法。它借助于溶液中的氧载体将碱性溶液吸收的 H_2S 氧化为元素硫，然后采用空气使溶液再生，从而使脱硫和硫回收合为一体。此法目前虽在天然气工业中应用不多，但在焦炉气、水煤气、合成气等气体脱硫及尾气处理方面却广为应用。由于溶剂的硫容量(即单位质量或体积溶剂能够吸收的硫的质量)较低，故适用于原料气压力较低及处理量不大的场合。属于此法的主要有钒法($ADA-NaVO_3$ 法、栲胶-$NaVO_3$ 法等)、铁法(Lo-Cat 法、Sulferox 法、EDTA 络合铁法、FD 及铁碱法等)，以及 PDS 等方法。

上述诸法因都采用液体脱硫脱碳，故又统称为湿法。其主导方法是胺法和砜胺法，采用的溶剂主要性质见表 2-1。

表 2-1　主要胺法和砜胺法溶剂性质

溶　剂	MEA	DEA	DIPA	MDEA	环丁砜
分子式	$HOC_2H_4NH_2$	$(HOC_2H_4)_2NH$	$(HOC_3H_6)_2NH$	$(HOC_2H_4)_2NCH_3$	$\begin{array}{l}CH_2\text{—}CH_2 \\ \qquad\qquad SO_2 \\ CH_2\text{—}CH_2\end{array}$
相对分子质量	61.08	105.14	133.19	119.17	120.14
相对密度	$d_{20}^{20}=1.0179$	$d_{20}^{30}=1.0919$	$d_{20}^{45}=0.989$	$d_{20}^{20}=1.0418$	$d_{20}^{30}=1.2614$
凝点/℃	10.2	28.0	42.0	−23	27.6
沸点/℃	170.4	268.4(分解)	248.7	247	285
闪点(开杯)/℃	93.3	137.8	123.9	129.4	176.7
折射率(n_D^{20})	1.4539	1.4776	1.4542(45℃)	1.469	1.4820(30℃)
蒸气压(20℃)/Pa	28	<1.33	<1.33	<1.33	0.6
黏度/mPa·s	24.1(20℃)	350(20℃) (90%溶液)	198(45℃)	101(20℃)	10.286(30℃)
比热容/[kJ/(kg·K)]	2.54(20℃)	2.51(15.5℃)	2.89(30℃)	2.24(15.6℃)	1.47(30℃)
热导率/[W/(m·K)]	0.256(20℃)	0.220(20℃)		0.275(20℃)	0.197(38℃)
气化热/(kJ/kg)	419(101.3kPa)	670(9.73kPa)	430(101.3kPa)	476(101.3kPa)	525(100℃)
水中溶解度(20℃)	完全互溶	96.4%	87.0%	完全互溶	完全互溶

5. 其他类型方法

除上述方法外，目前还可采用分子筛法、膜分离法、低温分离法及生物化学法等脱除 H_2S 和有机硫。此外，非再生的固体(例如海绵铁)、液体以及浆液脱硫剂则适用于 H_2S 含量低的天然气脱硫。其中，可以再生的分子筛法等又称为间歇法。加气站的天然气脱硫(如果需要)一般即采用非再生的固体法。

膜分离法借助于膜在分离过程中的选择性渗透作用脱除天然气的酸性组分，目前有 AVIR、Cynara、杜邦(DuPont)、Grace 等法，大多用于从 CO_2 含量很高的天然气中分离 CO_2。

上述主要脱硫脱碳方法的工艺性能见表 2-2。

表 2-2　气体脱硫脱碳方法性能比较

方　　　法	脱除 H_2S 至 4×10^{-6}(体积分数) ($5.7mg/m^3$)	脱除 RSH、COS	选择性脱除 H_2S	溶剂降解(原因)
伯醇胺法	是	部分	否	是(COS、CO_2、CS_2)
仲醇胺法	是	部分	否	一些(COS、CO_2、CS_2)
叔醇胺法	是	部分	是[2]	否
化学-物理法	是	是	是[2]	一些(CO_2、CS_2)
物理溶剂法	可能[1]	略微	是[2]	否
固定床法	是	是	是[2]	否
液相氧化还原法	是	否	是	高浓度 CO_2
电化学法	是	部分	是	否

注：① 某些条件下可以达到。

② 部分选择性。

二、脱硫脱碳方法的选择

在选择脱硫脱碳方法时，图 2-1 作为一般性指导是有用的。由于需要考虑的因素很多，不能只按绘制图 2-1 的条件去选择某种脱硫脱碳方法，也许经济因素和局部情况会支配某一方法的选择。

1. 需要考虑的因素

脱硫脱碳方法的选择会影响整个处理厂的设计，包括酸气排放、硫黄回收、脱水、NGL 回收、分馏和产品处理方法的选择等。在选择脱硫脱碳方法时应考虑的主要因素有：①对硫化物排放或尾气处理的要求；②原料气中酸气组分的类型、含量和潜硫量；③净化气的质量要求；④酸气质量要求；⑤酸气的温度、压力和净化气的输送温度、压力；⑥原料气处理量和原料气中的烃类含量；⑦脱除酸气所要求的选择性；⑧液体产品(例如 NGL)质量要求；⑨投资、操作、技术专利费用；⑩有害副产物的处理。

我国和一些国家对硫化物排放或尾气处理的要求见本书第四章。现对其他一些因素介绍如下：

(1) 原料气中酸性组分的类型、含量和潜硫量

对原料气组成进行准确分析的重要性无论怎样强调都不过分。脱硫脱碳方法的选择和经济性取决于对气体中所有组分的准确认识。

天然气中如果含有 COS、CS_2 和 RSH(即使含量很低)等，它们对气体处理工艺则具有显著的影响。原料气中潜硫量的影响见后。

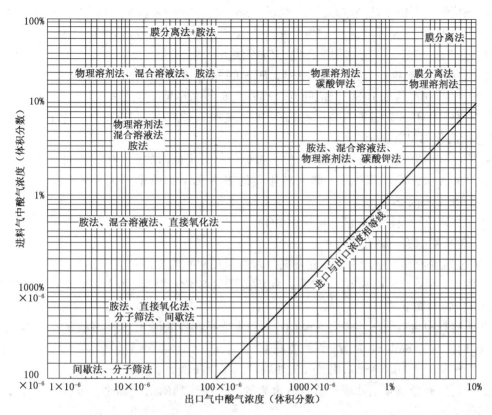

图 2-1　天然气脱硫脱碳方法选择指导

原料气中酸气分压高（345kPa）时提高了选择物理溶剂法的可能性，而重烃的大量存在却降低了选择物理溶剂法的可能性。酸气分压低和净化度要求高时，通常需要采用醇胺法脱硫脱碳。

又如，在下游的 NGL 回收过程中，气体中的 H_2S、CO_2、RSH 以及其他硫化物主要将会进入 NGL。如果在回收 NGL 之前不从天然气中脱除这些组分，就要对 NGL 进行处理，以符合产品质量指标。

（2）酸气组成

作为硫黄回收装置的原料气——酸气，其组成是必须考虑的一个因素。如果酸气中的 CO_2 浓度大于 80% 时，就应考虑采用选择性脱 H_2S 方法的可能性，包括采用多级脱硫过程。

水含量和烃类含量高时，将对硫黄回收装置的设计与操作带来很多问题。因此，必须考虑这些组分对气体处理方法的影响。本书将在第四章中对此详述。

（3）pH 值的控制

控制电解质水溶液的 pH 值对大多数脱硫脱碳方法是非常重要的。需要指出的是，当 pH 值等于 7 时所有弱酸或弱碱溶液都可能不是中性的。使其中和所需的 pH 值将随酸的性质而变化，但通常会小于或大于 7。

2. 选择原则

根据国内外工业实践，以下原则可供选择各种醇胺法和砜胺法脱硫脱碳时参考。

（1）一般情况

对于处理量比较大的脱硫脱碳装置首先应考虑采用醇胺法的可能性，即

① 原料气中碳硫比较高(CO_2/H_2S 摩尔比>6)时，为获得适用于常规克劳斯硫黄回收装置的酸气(酸气中 H_2S 浓度低于 15% 时无法进入该装置)而需要选择性脱 H_2S，以及其他可以选择性脱 H_2S 的场合，应选用选择性 MDEA 法。

② 原料气中碳硫比较高，且在脱除 H_2S 的同时还需脱除相当量的 CO_2 时，可选用 MDEA 和其他醇胺(例如 DEA)组成的混合醇胺法或合适的配方溶液法。

③ 原料气中 H_2S 含量低、CO_2 含量高且需深度脱除 CO_2 时，可选用合适的 MDEA 配方溶液法(包括活化 MDEA 法)。

④ 原料气压力低，净化气的 H_2S 质量指标严格且需同时脱除 CO_2 时，可选用 MEA 法、DEA 法、DGA 法或混合醇胺法。如果净化气的 H_2S 和 CO_2 质量指标都很严格，则可采用 MEA 法、DEA 法或 DGA 法。

⑤ 在高寒或沙漠缺水地区，可选用 DGA 法。

（2）需要脱除有机硫化物

当需要脱除原料气中的有机硫化物时一般应采用砜胺法，即：

① 原料气中含有 H_2S 和一定量的有机硫需要脱除，且需同时脱除 CO_2 时，应选用 Sulfinol-D 法(砜胺Ⅱ法)。

② 原料气中含有 H_2S、有机硫和 CO_2，需要选择性地脱除 H_2S 和有机硫且可保留一定量的 CO_2 时应选用 Sulfinol-M 法(砜胺Ⅲ法)。

③ H_2S 分压高的原料气采用砜胺法处理时，其能耗远低于醇胺法。

④ 原料气如经砜胺法处理后其有机硫含量仍不能达到质量指标时，可继之以分子筛法脱有机硫。

（3）H_2S 含量低的原料气

当原料气中 H_2S 含量低、按原料气处理量计的潜硫量(t/d)不大、碳硫比高且不需脱除 CO_2 时，可考虑采用以下方法，即：

① 潜硫量在 $2 \sim 10t/d$ 之间，可考虑选用直接转化法，例如 Lo-Cat 法、ADA-NaVO$_3$法和 PDS 法等；

② 潜硫量小于 2t/d 时，可选用非再生类方法，例如固体氧化铁法、氧化铁浆液法等。

（4）高压、高酸气含量的原料气

高压、高酸气含量的原料气可能需要在醇胺法和砜胺法之外选用其他方法或者采用几种方法的组合。

① 主要脱除 CO_2 时，可考虑选用膜分离法、物理溶剂法或活化 MDEA 法。

② 需要同时大量脱除 H_2S 和 CO_2 时，可先选用选择性醇胺法获得富含 H_2S 的酸气去克劳斯装置，再选用混合醇胺法或常规醇胺法以达到净化气质量要求。

③ 需要大量脱除原料气中的 CO_2 且同时有少量 H_2S 也需脱除时，可先选膜分离法，再选用醇胺法以达到处理要求。

以上只是选择天然气脱硫脱碳方法的一般原则，在实践中还应根据具体情况对几种方案进行技术经济比较后确定某种方案。

本章在第二节中将以美国 Basin 天然气处理厂等工艺装置构成为例，从中说明上述原则的实际应用。

第二节 醇 胺 法

醇胺法是目前最常用的天然气脱硫脱碳方法。据统计，20 世纪 90 年代美国采用化学溶剂法的脱硫脱碳装置处理量约占总处理量的 72%，其中又绝大多数是采用醇胺法。

20 世纪 30 年代最先采用的醇胺法溶剂是三乙醇胺(TEA)，因其反应能力和稳定性差已不再采用。目前，主要采用的是 MEA、DEA、DIPA、DGA 和 MDEA 等溶剂。其中，MEA、DGA 是伯醇胺，DEA、DIPA 是仲醇胺，MDEA 则是叔醇胺。

醇胺法适用于天然气中酸性组分分压低和要求净化气中酸性组分含量低的场合。由于醇胺法使用的是醇胺水溶液，溶液中含水可使被吸收的重烃降低至最少程度，故非常适用于重烃含量高的天然气脱硫脱碳。MDEA 等醇胺溶液还具有在 CO_2 存在下选择性脱除 H_2S 的能力。

醇胺法的缺点是有些醇胺与 COS 和 CS_2 的反应是不可逆的，会造成溶剂的化学降解损失，故不宜用于 COS 和 CS_2 含量高的天然气脱硫脱碳。醇胺溶液本身并无腐蚀性，但在天然气中的 H_2S 和 CO_2 等的作用下会对碳钢产生腐蚀。此外，醇胺作为脱硫脱碳溶剂，其富液(即吸收了天然气中酸性组分后的溶液)在再生时需要加热，不仅能耗较高，而且在高温下再生时也会发生热降解，所以损耗较大。

一、醇胺与 H_2S、CO_2 的主要化学反应

醇胺化合物分子结构特点是其中至少有一个羟基和一个胺基。羟基可降低化合物的蒸气压，并能增加化合物在水中的溶解度，因而可配制成水溶液；而胺基则使化合物水溶液呈碱性，以促进其对酸性组分的吸收。化学吸收法中常用的醇胺化合物有伯醇胺(例如 MEA、DGA，含有伯胺基—NH_2)、仲醇胺(例如 DEA、DIPA，含有仲胺基=NH)和叔醇胺(例如 MDEA，含有叔胺基≡N)三类，可分别以 RNH_2、R_2NH 及 $R_2R'N$(或 R_3N)表示。

作为有机碱，上述三类醇胺均可与 H_2S 发生以下反应：

$$2\ RNH_2(或\ R_2NH,\ R_3N) + H_2S \rightleftharpoons (RNH_3)S[\ 或(R_2NH_2)_2S,\ (R_3NH)_2S\ ]$$

$$(2-1)$$

根据气液传质的双膜理论，这些反应在临近界面处液膜内极窄的表面即可完成，并在界面和液相中均达到平衡。

然而，这三类醇胺与 CO_2 的反应则有所不同。伯醇胺和仲醇胺可与 CO_2 发生以下两种反应：

$$2\ RNH_2(或\ R_2NH) + CO_2 \rightleftharpoons RNHCOONH_3R(或\ R_2NCOONH_2R) \quad (2-2)$$

$$2RNH_2(或\ R_2NH) + CO_2 + H_2O \rightleftharpoons (RNH_3)_2CO_3[\ 或(R_2NH_2)_2CO_3\ ] \quad (2-3)$$

式(2-2)的反应生成氨基甲酸盐，是主要反应；式(2-3)的反应生成碳酸盐，是次要反应。

由于叔胺的 ≡N 上没有活泼氢原子，故仅能生成碳酸盐，而不能生成氨基甲酸盐：

$$2\ R_2R'N + CO_2 + H_2O \rightleftharpoons (R_2R'NH)_2CO_3 \quad (2-4)$$

以上这些反应均是可逆反应，在高压和低温下反应将向右进行，而在低压和高温下反应则向左进行。这正是醇胺作为主要脱硫脱碳溶剂的化学基础。

上述各反应式表示的只是反应的最终结果。实际上，整个化学吸收过程包括了H_2S和CO_2由气体向溶液中的扩散（溶解）、反应（中间反应及最终反应）等过程。例如，反应（2-1）的实质是醇胺与H_2S离解产生的质子发生的反应，反应（2-2）的实质是CO_2与醇胺中活泼氢原子发生的反应，反应（2-4）的实质是酸碱反应，它们都经历了中间反应的历程。

此外，无论伯醇胺、仲醇胺或叔醇胺，它们与H_2S的反应都可认为是瞬时反应，而醇胺与CO_2的反应则因情况不同而有区别。其中，伯醇胺、仲醇胺与CO_2按式（2-2）发生的反应很快，而叔醇胺与CO_2按式（2-4）发生的酸碱反应，由于CO_2在溶液中的溶解和生成中间产物碳酸氢胺的时间较长而很缓慢。因此，MDEA与H_2S的反应是受气膜控制的瞬时反应，而MDEA与CO_2的反应则是近似物理吸收的慢反应，这也许是叔醇胺在H_2S和CO_2同时存在下对H_2S具有很强选择性的原因。

醇胺除与气体中的H_2S和CO_2反应外，还会与气体中存在的其他硫化物（如COS、CS_2、RSH）以及一些杂质发生反应。其中，醇胺与CO_2、漏入系统中空气的O_2等还会发生降解反应（严格地说是变质反应，因为降解系指复杂有机化合物分解为简单化合物的反应，而此处醇胺发生的不少反应却是生成更大分子的变质反应）。醇胺的降解不仅造成溶液损失，使溶液的有效醇胺浓度降低，增加了溶剂消耗，而且许多降解产物使溶液腐蚀性增强，容易发泡，以及增加了溶液的黏度。

二、常用醇胺溶剂性能比较

醇胺法特别适用于酸气分压低和要求净化气中酸气含量低的场合。由于采用的是水溶液可减少重烃的吸收量，故此法更适合富含重烃的气体脱硫脱碳。

通常，MEA法、DEA法、DGA法又称为常规醇胺法，基本上可同时脱除气体中的H_2S、CO_2；MDEA法和DIPA法又称为选择性醇胺法，其中MDEA法是典型的选择性脱H_2S法，DIPA法在常压下也可选择性地脱除H_2S。此外，配方溶液目前种类繁多，性能各不相同，分别用于选择性脱H_2S，在深度或不深度脱除H_2S的情况下脱除一部分或大部分CO_2，深度脱除CO_2，以及脱除COS等。

（一）一乙醇胺（MEA）

MEA可用于低吸收压力和净化气质量要求严格的场合。

MEA可从气体中同时脱除H_2S和CO_2，因而没有选择性。净化气中H_2S的浓度可低达$5.7mg/m^3$。在中低压情况下CO_2浓度可低达100×10^{-6}（体积分数）。MEA也可脱除COS、CS_2，但是需要采用复活釜，否则反应是不可逆的。即就是有复活釜，反应也不能达到完全可逆，故会导致溶液损失和在溶液中出现降解产物的积累。

MEA的酸气负荷上限通常为$0.3\sim0.5mol$酸气/molMEA，溶液质量浓度一般限定在$10\%\sim20\%$。如果采用缓蚀剂，则可使溶液浓度和酸气负荷显著提高。由于MEA蒸气压在醇胺类中最高，故在吸收塔、再生塔中蒸发损失量大，但可采用水洗的方法降低损失。

（二）二乙醇胺（DEA）

DEA不能像MEA那样在低压下使气体处理后达到管输要求，而且也没有选择性。

如果酸气含量高而且总压高，则可采用具有专利权的SNPA-DEA法。此法可用于高压且有较高H_2S/CO_2比的酸气含量高的气体。专利上所表示的酸气负荷为$0.9\sim1.3mol$酸气/molDEA。

尽管所报道的 DEA 酸气负荷高达 $0.8 \sim 0.9$ mol 酸气/molDEA，但大多数常规 DEA 脱硫脱碳装置因为腐蚀问题而在很低的酸气负荷运行。

与 MEA 相比，DEA 的特点为：①DEA 的碱性和腐蚀性较 MEA 弱，故其溶液浓度和酸气负荷较高，溶液循环量、投资和操作费用较低，典型的 DEA 酸气负荷($0.35 \sim 0.8$ mol 酸气/molDEA)远高于常用的 MEA 的酸气负荷($0.3 \sim 0.4$ mol 酸气/molMEA)；②由于 DEA 生成不可再生的降解产物数量较少，故不需要复活釜；③DEA 与 H_2S 和 CO_2 的反应热较小，故溶液再生所需的热量较少；④DEA 与 COS、CS_2 反应生成可再生的化合物，故可在溶液损失很小的情况下部分脱除 COS、CS_2。

(三)二甘醇胺(DGA)

DGA 是伯醇胺，不仅可脱除气体和液体中的 H_2S 和 CO_2，而且可脱除 COS 和 RSH，故广泛用于天然气和炼厂气脱硫脱碳。DGA 可在压力低于 0.86MPa 下将气体中的 H_2S 脱除至 $5.7 \mathrm{mg/m^3}$。此外，与 MEA、DEA 相比，DGA 对烯烃、重烃和芳香烃的吸收能力更强。因此，在 DGA 脱硫脱碳装置的设计中应采用合适的活性炭过滤器。

与 MEA 相比，DGA 的特点为：①溶液质量分数可高达 $50\% \sim 70\%$，而 MEA 溶液浓度仅 $15\% \sim 20\%$；②由于溶液浓度高，所以溶液循环量小；③重沸器蒸汽耗量低。

DGA 溶液质量浓度在 50% 时的凝点为 -34℃，故可适用于高寒地区。由于降解反应速率大，所以 DGA 系统需要采用复活釜。此外，DGA 与 CO_2、COS 的反应是不可逆的，生成 N, N-二甘醇脲，通常称为 BHEEU。

(四)甲基二乙醇胺(MDEA)

MDEA 是叔醇胺，可在中、高压下选择性脱除 H_2S 以符合净化气的质量指标或管输要求。但是，如果净化气中的 CO_2 含量超过要求则需进一步处理。

选择性脱除 H_2S 的优点是：①由于脱除的酸气量减少而使溶液循环量降低；②再生系统的热负荷低；③酸气中的 H_2S/CO_2 摩尔比可高达含硫原料气的 $10 \sim 15$ 倍。由于酸气中 H_2S 浓度较高，有利于硫黄回收。

此外，叔醇胺与 CO_2 的反应是反应热较小的酸碱反应，故再生时需要的热量较少，因而用于大量脱除 CO_2 是很理想的。这也是一些适用于大量脱除 CO_2 的配方溶液(包括活化 MDEA 溶液)的主剂是 MDEA 的原因所在。

采用 MDEA 溶液选择性脱硫不仅由于循环量低而可降低能耗，而且单位体积溶液再生所需蒸汽量也显著低于常规醇胺法。

(五)二异丙醇胺(DIPA)

DIPA 是仲胺，对 H_2S 具有一定的选择性，与 CO_2、COS 发生变质反应的能力大于 MEA、DEA 和 DGA。DIPA 可用于从液化石油气中脱除 H_2S 和 COS。

(六)配方溶液

配方溶液是一种新的醇胺溶液系列，通常以 MDEA 为主剂，加入少量一种或多种助剂以改善其某种或某方面性能的溶液体系。与大多数醇胺溶液相比，由于采用配方溶液可减少设备尺寸和降低能耗而广为应用，目前常见的配方溶液产品有 Dow 化学公司的 GAS/SPEC™，联碳(Union Carbide)公司的 UCARSOL™，猎人(Huntsman)公司的 TEXTREAT™ 等。配方溶液通常具有比 MDEA 更好的优越性。有的配方溶液可以选择性地脱除 H_2S 低至 4×10^{-6}(体积分数)，而只脱除一小部分 CO_2；有的配方溶液则可从气体中深度脱除 CO_2 以符合深冷分离工艺的需要；有的配方溶液还可在选择性脱除 H_2S 低至 4×10^{-6}(体积分数)的同时,将高 CO_2 含量气体中的 CO_2 脱除至 2%。

表 2-3 醇胺法溶液主要工艺参数

项 目	MEA	DEA	SNPA-DEA	DGA	Sulfinol	MDEA
酸气负荷/[m³(15.6℃)/L,38℃],正常范围①	0.0230~0.0320	0.0285~0.0375	0.0500~0.0585	0.0350~0.0495	0.030~0.1275	0.022~0.056
酸气负荷/(mol/mol 胺),正常范围②	0.33~0.40	0.35~0.65	0.72~1.02	0.25~0.3	—	0.20~0.55
贫液残余酸气负荷(mol/mol 胺),正常范围③	0.12±	0.08±	0.08±	0.10±	—	0.005~0.01
富液酸气负荷/(mol/mol 胺),正常范围②	0.45~0.52	0.43~0.73	0.8~1.1	0.35~0.40	—	0.4~0.55
溶液质量浓度/%,正常范围	15~25	25~35	25~30	50~70	3 种组分,组成可变化	40~50
火管加热重沸器表面平均热流率/(kW/m²)	25.0~31.9	25.0~31.9	25.0~31.9	25.0~31.9	25.0~31.9	25.0~31.9
重沸器温度④/℃,正常范围	107~127	110~127	110~121	121~132	110~138	110~132
反应热⑤(估计)/(kJ/kg H_2S)	1420	1290	1190	1570	不适用	1230
反应热⑤(估计)/(kJ/kg CO_2)	1920	1700	1520	2000	不适用	1425

注:① 取决于酸气分压和溶液浓度。
　② 取决于酸气分压和溶液腐蚀性,对于腐蚀性系统仅为 60% 或更低值。
　③ 随再生塔顶部回流比而变,低的贫液残余酸气负荷要求再生塔塔板或回流比更多,并导致重沸器热负荷更大。
　④ 重沸器温度取决于溶液浓度、火炬和放空管线背压和所要求的残余 CO_2 含量。
　⑤ 反应热随酸气负荷、溶液浓度而变化。表中为平均值。

（七）空间位阻胺

埃克森(Exxon)公司在 20 世纪 80 年代开发的 Flexsorb 溶剂是一种空间位阻胺。它通过空间位阻效应和碱性来控制胺与 CO_2 的反应。目前已有很多型号的空间位阻胺,分别用于不同情况下的天然气脱硫脱碳。

醇胺法脱硫脱碳溶液主要工艺参数见表 2-3。表中数据仅供参考,实际设计中还需考虑许多具体因素。表中富液酸气负荷指离开吸收塔底富液中酸性组分含量;贫液残余酸气负荷指离开再生塔贫液中残余酸性组分含量;酸气负荷则为溶液在吸收塔内所吸收的酸性组分含量,即富液酸气负荷与贫液酸气负荷之差。它们的单位均为 mol(H_2S+CO_2)/mol 胺。酸气负荷是醇胺法脱硫脱碳工艺中一个十分重要的参数,溶液的酸气负荷应根据原料气组成、酸性组分脱除要求、醇胺类型和吸收塔操作条件等确定。

必须说明的是,上述酸气(主要是 H_2S、CO_2)负荷的表示方法仅对同时脱硫脱碳的常规醇胺法才是确切的,而对选择性脱除 H_2S 的醇胺法来讲,由于要求 CO_2 远离其平衡负荷,故应采用 H_2S 负荷才有意义。鉴于目前仍普遍沿用原来的表示方法,故本文在介绍选择性脱除 H_2S 时还引用酸气负荷一词。

三、醇胺法工艺流程、设备与参数

醇胺法和砜胺法的典型工艺流程和设备基本相同。

(一)工艺流程

醇胺法脱硫脱碳的典型工艺流程见图2-2。由图可知，该流程由吸收、闪蒸、换热和再生(汽提)四部分组成。其中，吸收部分是将原料气中的酸性组分脱除至规定指标或要求；闪蒸部分是将富液(即吸收了酸性组分后的溶液)在吸收酸性组分的同时还吸收的一部分烃类通过降压闪蒸除去；换热是回收离开再生塔的热贫液热量；再生是将富液中吸收的酸性组分解吸出来成为贫液循环使用。

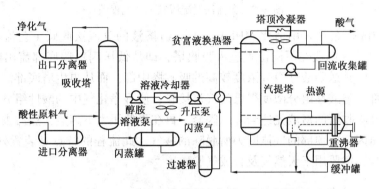

图2-2　醇胺法和砜胺法典型工艺流程图

图2-2中，原料气经进口分离器除去游离的液体和携带的固体杂质后进入吸收塔的底部，与由塔顶自上而下流动的醇胺溶液在塔板上逆流接触，脱除其中的酸性组分。离开吸收塔顶部的是含饱和水的湿净化气，经出口分离器除去携带的溶液液滴后出装置。通常，都要将此湿净化气脱水后再作为商品气或管输，或去下游的 NGL 回收装置或 LNG 生产装置。

由吸收塔底部流出的富液降压后(当处理量较大时，可设置液力透平回收高压富液能量，用以使贫液增压)进入闪蒸罐，以脱除被醇胺溶液吸收的烃类。然后，富液经过滤器进贫富液换热器，利用热贫液将其加热后进入在低压下操作的再生塔上部，使大部分酸性组分在再生塔顶部塔板上从富液中闪蒸出来。随着溶液自上而下流至底部，溶液中残余的酸性组分就会被在重沸器中加热气化的气体(主要是水蒸气)进一步汽提出来。因此，离开再生塔底部的是贫液，只含少量未汽提出来的残余酸性气体。此热贫液经贫富液换热器、溶液冷却器冷却和贫液泵增压，温度降至比塔内气体烃露点高5~6℃，然后进入吸收塔循环使用。有时，贫液在换热与增压后也经过一个过滤器。

从富液中汽提出来的酸性组分和水蒸气离开再生塔顶部，经冷凝器冷却与冷凝后，冷凝水作为回流返回再生塔顶部。由回流罐分出的酸气根据其组成和流量，或去硫黄回收装置，或压缩后回注地层以提高原油采收率，或经处理去焚烧等。

实际上在图2-2的典型流程基础上，还可根据需要衍生出一些其他流程。

例如，在图2-3所示的分流流程中，由再生塔中部引出一部分半贫液(已在塔内汽提出绝大部分酸性组分但尚未在重沸器内进一步汽提的溶液)送至吸收塔的中部，而经过重沸器汽提后的贫液仍送至吸收塔的顶部。此流程虽然增加了一些设备与投资，但对酸性组分含量高的天然气脱硫脱碳装置却可显著降低能耗。

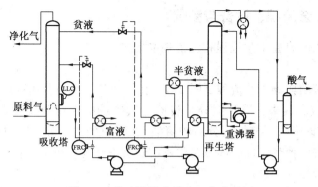

图 2-3　分流法脱硫脱碳工艺流程图

图 2-4 是 BASF 公司采用活化 MDEA(aMDEA)溶液的分流法脱碳工艺流程。该流程中活化 MDEA 溶液分为两股在不同位置进入吸收塔,即从低压闪蒸罐底部流出的是未完全汽提好的半贫液,将其送到酸性组分浓度较高的吸收塔中部;而从再生塔底部流出的贫液则进入吸收塔的顶部,与酸性组分浓度很低的气流接触,使湿净化气中的酸性组分含量降低至所要求之值。离开吸收塔的富液先适当降压闪蒸,再在更低压力下闪蒸,然后去再生塔内进行汽提,离开低压闪蒸罐顶部的气体即为所脱除的酸气。此流程的特点是装置处理量可提高,再生的能耗较少,主要用于天然气及合成气脱碳。

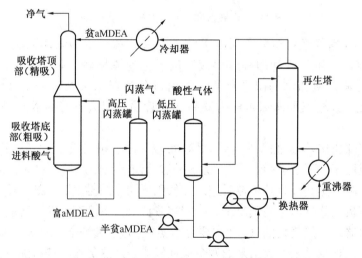

图 2-4　BASF 公司活化 MDEA 溶液分流法脱碳工艺流程

又如,加拿大 Simonette 天然气处理厂脱硫脱碳装置处理量为 $240 \times 10^4 \mathrm{m}^3/\mathrm{d}$,根据原料气压力不同,分别进入高压(6.9MPa,20 层塔板)和低压(1.8MPa,27 层塔板)吸收塔。由二者塔底流出的 MDEA 富液混合后再去闪蒸罐、贫富液换热器和再生塔。离开再生塔底的贫液经换热、冷却和增压后分别去高压和低压吸收塔。

(二) 主要设备

1. 高压吸收系统

高压吸收系统由原料气进口分离器、吸收塔和湿净化气出口分离器等组成。

吸收塔可为板式塔或填料塔,前者常用浮阀塔板。

浮阀塔的塔板数应根据原料气中 H_2S、CO_2 含量、净化气质量指标经计算确定。通常,其实际塔板数在 14～20 块。对于选择性醇胺法（例如 MDEA 溶液）来讲，适当控制溶液在塔内停留时间（限制塔板数或溶液循环量）可使其选择性更好。这是由于在达到所需的 H_2S 净化度后，增加吸收塔塔板数实际上几乎只是使溶液多吸收 CO_2，故在选择性脱 H_2S 时塔板应适当少些，而在脱碳时塔板则可适当多些。采用 MDEA 溶液选择性脱 H_2S 时净化气中 H_2S 含量与理论塔板数的关系见图 2-5。

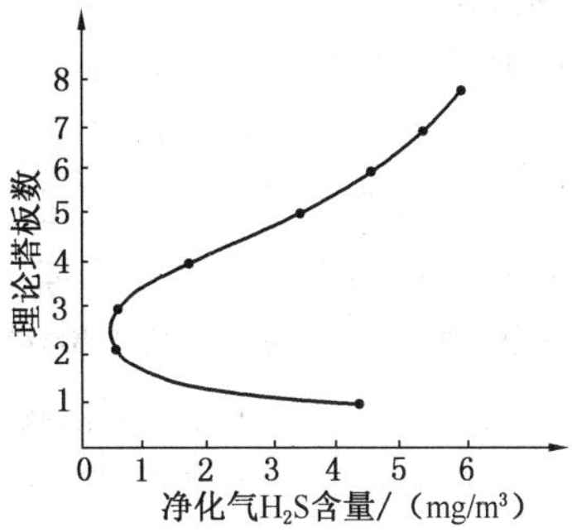

图 2-5　净化气 H_2S 含量与理论塔板数的关系

塔板间距一般为 0.6m，塔顶设有捕雾器，顶部塔板与捕雾器的距离为 0.9～1.2m。吸收塔的最大空塔气速可由 Souders-Brown 公式确定，见公式（2-5）。降液管流速一般取 0.08～0.1m/s。

$$v_g = 0.0762 \left[(\rho_1 - \rho_g)/\rho_g \right]^{0.5} \qquad (2-5)$$

式中　v_g——最大空塔气速，m/s；

ρ_1——醇胺溶液在操作条件下的密度，kg/m^3；

ρ_g——气体在操作条件下的密度，kg/m^3。

为防止液泛和溶液在塔板上大量发泡，由公式（2-5）求出的气速应分别降低 25%～35% 和 15%，然后再由降低后的气速计算塔径。

由于 MEA 蒸气压高，所以其吸收塔和再生塔的胺液蒸发损失量大，故在贫液进料口上常设有 2～5 块水洗塔板，用来降低气流中的胺液损失，同时也可用来补充水。但是，采用 MDEA 溶液的脱硫脱碳装置通常也采用向再生塔底部通入水蒸气的方法来补充水。

2. 低压再生系统

低压再生系统由再生塔、重沸器、塔顶冷凝器等组成。此外，对伯醇胺等溶液还有复活釜。

（1）再生塔　与吸收塔类似，可为板式塔或填料塔，塔径计算方法相似，但需选取塔顶和塔底气体流量较大者确定塔径。塔底气体流量为重沸器产生的汽提水蒸气流量（如有补充水蒸气，还应包括其流量），塔顶气体量为塔顶水蒸气（包括回流液蒸气）和酸气流量之和。

再生塔的塔板数也应经计算确定。通常，在富液进料口下面约有 20～24 块塔板，板间距一般为 0.6m。有时，在进料口上面还有几块塔板，用于降低溶液的携带损失。

再生塔的作用是利用重沸器提供的水蒸气和热量使醇胺和酸性组分反应生成的化合物逆向分解，从而将酸性组分解吸出来。水蒸气对溶液还有汽提作用，即降低气相中酸性组分的分压，使更多的酸性组分从溶液中解吸，故再生塔也称汽提塔。

汽提蒸汽量取决于所要求的贫液质量（贫液中残余酸气负荷）、醇胺类型和塔板数。蒸汽耗量大致为 0.12～0.18t/t 溶液。小型再生塔的重沸器可采用直接燃烧的加热炉（火管炉），火管表面热流率为 20.5～26.8kW/m²，以保持管壁温度低于 150℃。大型再生塔的重沸器可采用蒸汽或热媒作热源。对于 MDEA 溶液，重沸器中溶液温度不宜超过 127℃。当采用火管炉时，火管表面平均热流率应小于 35kW/m²。

重沸器的热负荷包括：①将醇胺溶液加热至所需温度的热量；②将醇胺与酸性组分反应生成的化合物逆向分解的热量；③将回流液（冷凝水）汽化的热量；④加热补充水（如果采用的话）的热量；⑤重沸器和再生塔的散热损失。通常，还要考虑 15%～20% 的安全裕量。

再生塔塔顶排出气体中水蒸气摩尔数与酸气摩尔数之比称为该塔的回流比。水蒸气经塔顶冷凝器冷凝后送回塔顶作为回流。含饱和水蒸气的酸气去硫黄回收装置，或去回注或经处理与焚烧后放空。对于伯醇胺和低 CO_2/H_2S 的酸性气体，回流比为 3；对于叔醇胺和高 CO_2/H_2S 的酸性气体，回流比为 1.2。

（2）复活釜　由于醇胺会因化学反应、热分解和缩聚而降解，故而采用复活釜使降解的醇胺尽可能地复活，即从热稳定性的盐类中释放出游离醇胺，并除去不能复活的降解产物。复活釜也有助于除去悬浮固体、酸和铁化合物。MEA 等伯胺由于沸点低，可采用半连续蒸馏的方法，将强碱（例如质量浓度为 10% 的氢氧化钠或碳酸氢钠溶液）和再生塔重沸器出口的一部分贫液（一般为总溶液循环量的 1%~3%）混合（使 pH 值保持在 8~9）送至复活釜内加热，加热后使醇胺和水由复活釜中蒸出。为防止热降解产生，复活釜升温至 149℃ 加热停止。降温后，再将复活釜中剩余的残渣（固体颗粒、溶解的盐类和降解产物）除去。采用 MDEA 溶液和 Sulfinol-M（砜胺Ⅲ）溶液时可不设复活釜。

3. 闪蒸和换热系统

闪蒸和换热系统由富液闪蒸罐、贫富液换热器、溶液冷却器及贫液增压泵等组成。

（1）贫富液换热器和贫液冷却器　贫富液换热器一般选用管壳式或板式换热器。富液走管程。为了减轻设备腐蚀和减少富液中酸性组分的解吸，富液出换热器的温度不应太高。此外，对富液在碳钢管线中的流速也应加以限制。对于 MDEA 溶液，所有溶液管线内流速应低于 1m/s，吸收塔至贫富液换热器管程的流速宜为 0.6~0.8m/s；对于砜胺溶液，富液管线内流速宜为 0.8~1.0m/s，最大不超过 1.5m/s。不锈钢管线由于不易腐蚀，富液流速可取 1.5~2.4m/s。

贫液冷却器的作用是将换热后贫液温度进一步降低。一般采用管壳式换热器或空气冷却器。采用管壳式换热器时贫液走壳程，冷却水走管程。

（2）富液闪蒸罐　富液中溶解有烃类时容易发泡，酸气中含有过多烃类时还会影响克劳斯硫黄回收装置的硫黄质量。为使富液进再生塔前尽可能地解吸出溶解的烃类，可设置一个或几个闪蒸罐。通常采用卧式罐。闪蒸出来的烃类作为燃料使用。当闪蒸气中含有 H_2S 时，可用贫液来吸收。

闪蒸压力越低，温度越高，则闪蒸效果越好。目前吸收塔操作压力在 4~6MPa，闪蒸罐压力一般在 0.5MPa。对于两相分离（原料气为贫气，吸收压力低，富液中只有甲烷、乙烷），溶液在罐内停留时间为 10~15min；对于三相分离（原料气为富气，吸收压力高，富液中还有较重烃类），溶液在罐内的停留时间为 20~30min。

为保证下游克劳斯硫黄回收装置硫黄产品质量，采用 MDEA 溶液时设置的富液闪蒸罐应保证再生塔塔顶排出的酸气中烃类含量不应超过 2%（体积分数）；采用砜胺法时，设置的富液闪蒸罐应保证再生塔塔顶排出的酸气中烃类含量不应超过 4%（体积分数）。

（三）工艺参数

1. 溶液循环量

醇胺溶液循环量是醇胺法脱硫脱碳中一个十分重要的参数，它决定了脱硫脱碳装置诸多设备尺寸、投资和装置能耗。

在确定醇胺法溶液循环量时，除了凭借经验估计外，还必须有 H_2S、CO_2 在醇胺溶液中的热力学平衡溶解度数据。自 1974 年 Kent 和 Eisenberg 等首先提出采用拟平衡常数法关联实验数据以确定 H_2S、CO_2 在 MEA、DEA 水溶液中的平衡溶解度后，近几十年来国内外不少学者又系统地采用实验方法测定了 H_2S、CO_2 在不同分压、不同温度下在不同浓度的 MEA、DEA、DIPA、DGA、MDEA 和砜胺溶液中的平衡溶解度，并进一步采用数学模型法关联这些实验数据，使之由特殊到一般因而扩大了其使用范围。

酸性天然气中一般会同时含有 H_2S 和 CO_2，而 H_2S 和 CO_2 与醇胺的反应又会相互影响，即其中一种酸性组分即使有微量存在，也会使另一种酸性组分的平衡分压产生很大差别。只有一种酸性组分（H_2S 或 CO_2）存在时其在醇胺溶液中的平衡溶解度远大于 H_2S 和 CO_2 同时存在时的数值。

目前，H_2S 和 CO_2 同时存在时在 MEA、DEA、DIPA、DGA 和 MDEA 等水溶液中的平衡溶解度可通过数学模型计算，也可从有关文献中查取。

现以常规醇胺法（同时脱除 H_2S 和 CO_2）为例，其溶液循环量的手工计算方法如下：

① 选择合适的醇胺溶液和浓度。

② 根据原料气组成，计算 H_2S、CO_2、RSH 以及其他硫化物的分压。

③ 估计吸收塔塔底富液出口温度。由于吸收过程是放热的，该温度一般比原料气进口温度高 10~20℃。

④ 从图表中查取或采用数学模型计算原料气中 H_2S、CO_2 等在富液中吸收达到平衡时的负荷。这就需要有不同条件下 H_2S、CO_2 等酸性组分在各种醇胺溶液中的平衡溶解度数据。这些数据还应考虑到 H_2S 和 CO_2 同时存在时的相互影响。

⑤ 从动力学角度考虑，H_2S 和 CO_2 等在富液中的实际溶解度（富液酸气负荷）不可能达到平衡值，所以需要根据经验确定其实际溶解度。对于富液，其酸气负荷大致是平衡溶解度的 70%~80%；对于贫液，其残余酸气负荷因醇胺类型不同而异。表 2-3 数据可供参考。

⑥ 根据富液酸气负荷和贫液残余酸气负荷确定溶液的净酸气负荷。

⑦ 根据溶液的净酸气负荷和原料气中酸性组分流量，计算醇胺溶液循环量。

⑧ 根据溶液的净酸气负荷，计算 H_2S、CO_2 等被溶液吸收时的反应热和溶解热。

⑨ 估计贫液进吸收塔的温度和湿净化气出吸收塔的温度（比原料气进吸收塔的温度高 8~17℃或比贫液高 0~8℃）。

⑩ 对吸收塔进行热平衡计算，核对所有假定是否合适。如不合适，应根据相互关系重新假定和计算。

MEA、DEA、DGA 和 MDEA 等溶液的循环量也可按照下述公式快速估算：

$$（溶液循环量，m^3 溶液/h）= K \times [原料气体积流量，10^6 m^3(15.6℃)/d]$$
$$\times（原料气中被脱除的酸性组分体积分数，\%）$$

式中　K——醇胺溶液循环量计算系数，$(m^3 溶液/h)/[10^6 m^3(15.6℃)$ 原料气/d]（原料气中被脱除的酸性组分体积分数，%）。其值见表 2-4。

【例 2-1】　某压力为 6.3MPa（绝）的天然气，流量为 $1.42 \times 10^6 m^3$（15.6℃）/d，其 H_2S 和 CO_2 含量分别为 0.5% 和 2.0%，需用 15.3%（质量分数）的 MEA 溶液将 H_2S 脱除到 $5.72mg/m^3$ 以符合管输气要求。假定原料气进吸收塔温度为 32℃，贫液进塔温度为 43℃，吸收塔底富液中酸气负荷为平衡溶解度的 70%，试求溶液循环量。

表 2-4　醇胺溶液循环量计算系数 K[①]

溶　剂	MEA	DEA		DGA	MDEA
		一般负荷	高负荷		
溶液质量浓度/%	20	30	35	60	50
酸气负荷/(mol/mol 醇胺)	0.35	0.50	0.70	0.30	0.40
K	16.44	11.63	7.62	10.26	10.02

注：①表中 K 值适用于压力高于 2.70MPa 及温度低于 49℃ 的吸收塔。

【解】

（1）塔底富液中酸气负荷的确定　因吸收过程中放热，取溶液温升为17℃，故离开吸收塔底富液温度为60℃。

根据H_2S、CO_2分压，由有关图中查得60℃时H_2S、CO_2在MEA溶液中的平衡溶解度分别为0.096molH_2S/molMEA和0.565molCO_2/molMEA，故在吸收塔底部富液中的酸气负荷为

$$\alpha_{H_2S} = 0.096 \times 0.70 = 0.0672 (molH_2S/molMEA)$$

$$\alpha_{CO_2} = 0.565 \times 0.70 = 0.3955 (molCO_2/molMEA)$$

由实际生产经验（或查有关图表）知，汽提后贫液中残余酸气负荷为

$$\alpha^0_{H_2S} = 0.0025 (molH_2S/molMEA)$$

$$\alpha^0_{CO_2} = 0.1275 (molCO_2/molMEA)$$

因此，溶液的净酸气负荷为

$$\Delta\alpha_{H_2S} = 0.0672 - 0.0025 = 0.0647 (molH_2S/molMEA)$$

$$\Delta\alpha_{CO_2} = 0.3955 - 0.1275 = 0.2680 (molCO_2/molMEA)$$

（2）溶液循环量的确定　如不考虑湿净化气中微量的H_2S、CO_2，则原料气中所有的H_2S、CO_2均为MEA溶液吸收，即脱除的酸气量为

$$q_{mol(H_2S)} = \frac{0.005 \times 1.42 \times 10^6}{24 \times 22.4} = 13.21 (kmol/h)$$

$$q_{mol(CO_2)} = \frac{0.02 \times 1.42 \times 10^6}{24 \times 22.4} = 52.83 (kmol/h)$$

$$q_{mol(H_2S)} + q_{mol(CO_2)} = 52.83 + 13.21 = 66.03 (kmol/h)$$

质量浓度为15.3%的MEA溶液相当于2.5kmolMEA/m^3溶液。由于溶液净酸气负荷合计为（0.2680+0.0647）=0.3327mol(CO_2+H_2S)/molMEA，故需MEA溶液的摩尔流量为

$$q_{mol(MEA)} = 66.03/0.3327 = 198.5 (kmol/h)$$

或需质量浓度为15.3%的MEA溶液体积流量（即溶液循环量）为

$$q_{v(MEA)} = 198.5/2.5 = 79.39 (m^3/h)$$

对于酸性天然气中同时含有H_2S、CO_2而采用选择性脱除H_2S的场合，由于使CO_2的吸收量远离平衡值，故H_2S的吸收量可以提高，此时就无法采用上述方法计算溶液循环量。为此，国内有人提出H_2S负荷第二平衡程度的概念及计算选择性吸收过程溶液循环量的方法。

目前，天然气脱硫脱碳的工艺计算普遍采用有关软件由计算机完成。但是，在使用这些软件时应注意其应用范围，如果超出其应用范围进行计算，就无法得出正确的结果，尤其是缺少类似脱硫脱碳装置实际生产数据对比时更需注意。

2. 压力和温度

吸收塔操作压力一般在4~6MPa，主要取决于原料气进塔压力和净化气外输压力要求。降低吸收压力虽有助于改善溶液选择性，但压力降低也使溶液负荷降低，装置处理能力下

降，因而不应采用降低压力的方法来改善选择性。

再生塔一般均在略高于常压下操作，其值视塔顶酸气去向和所要求的背压而定。为避免发生热降解反应，重沸器中溶液温度应尽可能较低，其值取决于溶液浓度、压力和所要求的贫液残余酸气负荷。不同醇胺溶液在重沸器中的正常温度范围见表2-3。

通常，为避免烃类在吸收塔中冷凝，贫液温度应较塔内气体烃露点高5~6℃，因为烃类的冷凝析出会使溶液严重发泡。所以，应该核算吸收塔入口和出口条件下的气体烃露点。这是由于脱除酸性组分后，气体的烃露点升高。还应该核算一下，在吸收塔内由于温度升高、压力降低，气体有无反凝析现象。

采用 MDEA 溶液选择性脱 H_2S 时贫液进吸收塔的温度不宜高于50℃。但是，也不宜低于30℃。

由于吸收过程是放热的，故富液离开吸收塔底和湿净化气离开吸收塔顶的温度均会高于原料气温度。塔内溶液温度变化曲线与原料气温度和酸性组分含量有关。MDEA溶液脱硫脱碳时吸收塔内溶液温度变化曲线见图2-6。由图2-6可知，原料气中酸性组分含量低时主要与原料气温

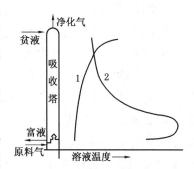

图2-6 吸收塔内溶液温度曲线
1—低酸气浓度；2—高酸气浓度

度有关，溶液在塔内温度变化不大；原料气中酸性组分含量高时，还与塔内吸收过程的热效应有关。此时，吸收塔内某处将会出现温度最高值。

对于 MDEA 法来说，塔内溶液温度对其吸收 H_2S、CO_2 的影响有两个方面：①溶液黏度随温度变化。温度过低会使溶液黏度增加，易在塔内出现拦液，从而影响吸收过程中的传质速率；②MDEA 与 H_2S 的反应是瞬间反应，其反应速率很快，故温度主要是影响 H_2S 在溶液中的平衡溶解度，而不是其反应速率。但是，MDEA 与 CO_2 的反应较慢，故温度对其反应速率影响很大。温度升高，MDEA 与 CO_2 的反应速率显著增加。因此，MDEA 溶液用于选择性脱 H_2S 时，宜使用较低的吸收温度；如果用于脱硫脱碳，则应适当提高原料气进吸收塔的温度。这是因为，较低的原料气温度有利于选择性脱除 H_2S，但较高的原料气温度则有利于加速 CO_2 的反应速率。通常，可采用原料气与湿净化气或贫液换热的方法来提高原料气的温度。

3. 气液比

气液比是指单位体积溶液所处理的气体体积量（ m^3/m^3 ），它是影响脱硫脱碳净化度和经济性的重要因素，也是操作中最易调节的工艺参数。

对于采用 MDEA 溶液选择性脱除 H_2S 来讲，提高气液比可以改善其选择性，因而降低了能耗。但是，随着气液比提高，净化气中的 H_2S 含量也会增加，故应以保证 H_2S 的净化度为原则。

4. 溶液浓度

溶液浓度也是操作中可以调节的一个参数。对于采用 MDEA 溶液选择性脱除 H_2S 来讲，在相同气液比时提高溶液浓度可以改善选择性，而当溶液浓度提高并相应提高气液比时，选择性改善更为显著。

但是，溶液浓度过高将会增加溶液的腐蚀性。此外，过高的 MDEA 溶液浓度会使吸收

塔底富液温度较高而影响其 H_2S 负荷。

四、醇胺法脱硫脱碳装置操作注意事项

醇胺法脱硫脱碳装置运行一般比较平稳，经常遇到的问题有溶剂降解、设备腐蚀和溶液发泡等。因此，应在设计与操作中采取措施防止和减缓这些问题的发生。

1. 溶剂降解

醇胺降解大致有化学降解、热降解和氧化降解三种，是造成溶剂损失的主要原因。

化学降解在溶剂降解中占有最主要地位，即醇胺与原料气中的 CO_2 和有机硫化物发生副反应，生成难以完全再生的化合物。MEA 与 CO_2 发生副反应生成的碳酸盐可转变为噁唑烷酮，再经一系列反应生成乙二胺衍生物。由于乙二胺衍生物比 MEA 碱性强，故难以再生复原，从而导致溶剂损失，而且还会加速设备腐蚀。DEA 与 CO_2 发生类似副反应后，溶剂只是部分丧失反应能力。MDEA 是叔胺，不与 CO_2 反应生成噁唑烷酮一类降解产物，也不与 COS、CS_2 等有机硫化物反应，因而基本不存在化学降解问题。

MEA 对热降解是稳定的，但易发生氧化降解。受热情况下，氧可能与气流中的 H_2S 反应生成元素硫，后者进一步和 MEA 反应生成二硫代氨基甲酸盐等热稳定性的降解产物。DEA 不会形成很多不可再生的化学降解产物，故不需复活釜。此外，DEA 对热降解不稳定，但对氧化降解的稳定性与 MEA 类似。

避免空气进入系统(例如溶剂罐充氮保护、溶液泵入口保持正压等)及对溶剂进行复活等，都可减少溶剂的降解损失。在 MEA 复活釜中回收的溶剂就是游离的及热稳定性盐中的 MEA。

以往人们认为 MDEA 的变质反应是很轻微的。但是近年来的生产实践和实验研究表明，确实存在 MDEA 的氧化变质产物、与 CO_2 反应的变质产物以及热变质产物。经常提到的热稳定盐一部分是 MDEA 氧化产物有机酸与醇胺形成的盐(例如甲酸盐、草酸盐等)，另一部分是 H_2S 的氧化产物(例如硫代硫酸盐、硫酸盐等)，以及地层水和补充水带入系统的盐(例如氯化物、硝酸盐等)。在天然气处理过程中，MDEA 变质以氧化变质为主，与 CO_2、COS、CS_2 和 RSH 的化学变质都很轻微，但 SO_2 对 MDEA 的变质影响较大。溶液温度过高不仅会导致 MDEA 热变质，也会加速其他变质反应，故生产中应加强系统中的 SO_2、O_2 和再生温度的监控。

2. 设备腐蚀

醇胺溶液本身对碳钢并无腐蚀性，只是酸气进入溶液后才产生的。

醇胺法脱硫脱碳装置存在有均匀腐蚀(全面腐蚀)、电化学腐蚀、缝隙腐蚀、坑点腐蚀(坑蚀，点蚀)、晶间腐蚀(常见于不锈钢)、选择性腐蚀(从金属合金中选择性浸析出某种元素)、磨损腐蚀(包括冲蚀和气蚀)、应力腐蚀开裂(SCC)及氢腐蚀(氢蚀，氢脆)等。此外，还有应力集中氢致开裂(SOHIC)。

其中可能造成事故甚至是恶性事故的是局部腐蚀，特别是应力腐蚀开裂、氢腐蚀、磨损腐蚀和坑点腐蚀。醇胺法装置容易发生腐蚀的部位有再生塔及其内部构件、贫富液换热器中的富液侧、换热后的富液管线、有游离酸气和较高温度的重沸器及其附属管线等处。

酸性组分是最主要的腐蚀剂，其次是溶剂的降解产物。溶液中悬浮的固体颗粒(主要是

腐蚀产物如硫化铁)对设备、管线的磨损，以及溶液在换热器和管线中流速过快，都会加速硫化铁膜脱落而使腐蚀加快。设备应力腐蚀是由 H_2S、CO_2 和设备焊接后的残余应力共同作用下发生的，在温度高于 90℃ 的部位更易发生。

通常，气流中高 H_2S/CO_2 比的腐蚀性低于低 H_2S/CO_2 比的腐蚀性。H_2S 浓度范围在 10^{-6} 级，而 CO_2 含量在 2% 或更高时其腐蚀特别严重。这种腐蚀属于化学反应过程，是温度和液体流速的函数。溶液的类型和浓度对腐蚀速率有很大影响。较浓的溶液和较高的酸气负荷其腐蚀性更强。

H_2S 在水中离解形成弱酸。酸与铁反应形成了不溶的硫化铁。硫化铁会粘附在金属壁上形成保护膜从而防止进一步腐蚀。但此防护膜容易被冲蚀，暴露的新鲜金属会进一步受到化学腐蚀。

二氧化碳在游离水中会形成碳酸。碳酸将和铁反应，生成易溶的碳酸氢铁。一旦加热该碳酸氢铁就会释放出二氧化碳和不溶的碳酸铁或水解成氧化铁。若有 H_2S 存在，将与氧化铁反应生成硫化铁。

高液体流速能冲蚀硫化铁保护层而加快腐蚀速率。一般来说，富液管线的设计速度是贫液速度的 50%。由于温度和腐蚀的关系，重沸器、贫富胺液换热器的富液侧、再生塔顶冷凝管线的腐蚀速率将很高。

降解产物也产生腐蚀。有人提出其腐蚀机理是，当加热时降解产物是铁的螯合剂，而当冷却时铁的螯合物则变得不稳定，在 H_2S 存在时形成硫化铁。伯胺被认为比仲胺更具腐蚀性，因为伯胺的降解物是很强的螯合剂。

热稳定性盐(HSS)的阴离子易取代硫化铁的硫离子，从而破坏致密的硫化铁保护膜，造成设备和管线腐蚀。此外，热稳定性盐还会在高温部位分解生成氢离子，并与铁反应造成严重腐蚀。

热溶液系统的应力腐蚀开裂最为严重，但开裂也可能出现在冷却器和贫、富液物流中。焊后热处理(PWHT)可以防止这种形式的开裂。由于腐蚀反应中产生氢而会出现湿的硫化物应力腐蚀和鼓泡。氢气易于聚集在钢材的缺陷处而引起氢致开裂(HIC)，有时还会出现应力集中氢致开裂(SOHIC)。

为防止或减缓腐蚀，在设计与操作中应考虑以下因素：

① 尽可能维持最低的重沸器温度，重沸器中的管束或火管上方应保持足够的液位，例如管束浸埋深度最小为 150mm，以免管束局部过热加剧腐蚀。

② 将酸气负荷和溶液浓度控制在满足净化要求的最低值。

③ 设置机械过滤器(固体过滤器)和活性炭过滤器，以除去溶液中的固体颗粒、烃类和降解产物。过滤器应除去所有大于 $5\mu m$ 的颗粒。活性炭过滤器的前后均应设置机械过滤器。推荐富液采用全量过滤器，至少不低于溶液循环量的 25%。有些装置对富液、贫液都进行全量过滤，包括在吸收塔和富液闪蒸罐之间也设置过滤器。

④ 控制管线中溶液流速，减少溶液流动中的湍流和局部阻力。

⑤ 确保补充水的水质符合要求。如果允许，可以采用水蒸气作为补充水。

⑥ 合理选材，即一般部位采用碳钢，但贫富液换热器的富液侧(管程)、富液管线、重沸器、再生塔的内部构件(例如顶部塔板)和酸气回流冷凝器等采用奥氏体不锈钢。管材表面温度超过 120℃ 时，应考虑采用 1Cr18Ni9Ti 钢。

⑦ 对与酸性组分接触的碳钢设备和管线应进行焊后热处理以消除应力，避免应力腐蚀开裂。

⑧ 其他。如采用原料气分离器和过滤器，防止地层水及气体所携带的杂质进入醇胺溶液中。因为地层水中的氯离子可加速坑点腐蚀、应力腐蚀开裂和缝间腐蚀；溶液缓冲罐和储罐用惰性气体或净化气保护；再生保持较低压力，尽量避免溶剂热降解等。此外，有的装置还采用水蒸气清洗，防止氢脆。

3. 溶液发泡

醇胺降解产物、溶液中悬浮的固体颗粒、原料气中携带的游离液(烃或水)、化学剂(缓蚀剂、泡排剂、表面活性剂等)和润滑油等，都是引起溶液发泡的原因。溶液发泡会使脱硫脱碳效果变坏，甚至使处理量剧降直至停工。因此，除应对原料气携带的固、液杂质进行有效过滤分离外，在开工和运行中都要保持溶液清洁，加强贫富醇胺液过滤，除去溶液中的硫化铁、烃类和降解产物等，并且定期进行清洗。新装置通常用碱液和去离子水冲洗，老装置则需用酸液清除铁锈。有时，也可适当加入消泡剂，但这只能作为一种应急措施。根本措施是查明发泡原因并及时排除。

4. 补充水分

由于离开吸收塔的湿净化气和离开再生塔回流冷凝器的湿酸气都含有饱和水蒸气，而且湿净化气离塔温度远高于原料气进塔温度，故需不断向系统中补充水分。小型装置可定期补充即可，而大型装置(尤其是酸气量很大时)则应连续补充水分。补充水可随回流一起打入再生塔，也可打入吸收塔顶的水洗塔板或贫液泵前的缓冲罐，或者以蒸汽方式通入再生塔底部。

为防止氯化物和其他杂质随补充水进入系统，引起腐蚀、发泡和堵塞，补充水水质的最低要求为：总硬度 < 50mg/L，固体溶解物总量(TSD) < 100×10^{-6}(质量分数，下同)，氯 < 2×10^{-6}，钠 < 3×10^{-6}，钾 < 3×10^{-6}，铁 < 10×10^{-6}。

5. 溶剂损耗

醇胺损耗量是醇胺法脱硫脱碳装置重要经济指标之一。溶剂损耗主要为蒸发(处理NGL、LPG 时为溶解)、携带、降解和机械损失等。根据国内外醇胺法天然气脱硫脱碳装置的运行经验，醇胺损耗量通常不超过 $50kg/10^6m^3$。实际上，目前国内处理厂脱硫脱碳装置的溶剂损耗量一般均小于 $30kg/10^6m^3$。

五、醇胺法脱硫脱碳工艺的应用

如前所述，MDEA 是一种在 H_2S、CO_2 同时存在下可以选择性脱除 H_2S(即在几乎完全脱除 H_2S 的同时仅脱除部分 CO_2)的醇胺。自 20 世纪 80 年代工业化以来，经过 20 多年的发展，目前已形成了以 MDEA 为主剂的不同溶液体系：①MDEA 水溶液，即传统的 MDEA 溶液；②MDEA-环丁砜溶液，即 Sulfinol-M 法或砜胺Ⅲ法溶液，在选择性脱除 H_2S 的同时具有很好的脱除有机硫的能力；③MDEA 配方溶液，即在 MDEA 溶液中加有改善其某些性能的助剂；④混合醇胺溶液，如 MDEA-MEA 溶液和 MDEA-DEA 溶液，具有 MDEA 法能耗低和 MEA、DEA 法净化度高的能力；⑤活化 MDEA 溶液，加有提高溶液吸收 CO_2 速率的活化剂，可用于脱除大量 CO_2，也可同时脱除少量的 H_2S。

它们既保留了 MDEA 溶液选择性强、酸气负荷高、溶液浓度高、化学及热稳定性好、腐蚀低、降解少和反应热小等优点，又克服了单纯 MDEA 溶液在脱除 CO_2 或有机硫等方面的不足，可针对不同天然气组成特点、净化度要求及其他条件有针对性地选用，因而使每一脱硫脱碳过程均具有能耗、投资和溶剂损失低，酸气中 H_2S 浓度高，对环境污染少和工艺灵活、适应性强等优点。

目前，这些溶液体系已广泛用于：①天然气及炼厂气选择性脱除 H_2S；②天然气选择性脱除 H_2S 及有机硫；③天然气及合成气脱除 CO_2；④天然气及炼厂气同时脱除 H_2S、CO_2；⑤硫黄回收尾气选择性脱除 H_2S；⑥酸气中的 H_2S 提浓。

由此可见，以 MDEA 为主剂的溶液体系几乎可以满足不同组成天然气的净化要求，再加上 MDEA 法能耗低、腐蚀性小的优点，使之成为目前广泛应用的脱硫脱碳工艺。

但是，有些情况下采用常规醇胺法仍是合适的。例如，当净化气作为 NGL 回收装置或 LNG 生产装置的原料气时，由于这些装置要求原料气中的 CO_2 含量很低，故必须深度脱除其中的 CO_2。此时，就可考虑采用常规醇胺法脱硫脱碳的可能性。

此外，为了提高酸气中 H_2S 浓度，有时可以采用选择性醇胺和常规醇胺（例如 MDEA 和 DEA）两种溶液串接吸收的脱硫脱碳工艺，即二者不相混合，而按一定组合方式分别吸收。这时，就需对 MDEA 和 DEA 溶液各种组合方式的效果进行比较后才能作出正确选择。本节后面还将介绍 MDEA 和 DEA 两种溶液串接吸收法的工业应用。

（一）常规醇胺法的应用

现以美国 Basin 天然气处理厂工艺装置构成为例，从中说明常规醇胺法的实际应用。

该厂辖属 Marathon 油公司，总处理量为 $850×10^4 m^3/d$，原料气组成见表 2-5，其改造后的全厂工艺流程方框图见图 2-7。

根据原料气性质，该厂除了生产符合质量指标的商品天然气，还从原料气中回收 NGL 作为产品，故要求将其水分、H_2S、CO_2 和有机硫化物含量脱除至允许值以内，并尽可能使 NGL 中的 CH_4/C_2H_6（摩尔比）保持一定比值（1.2）。

表 2-5　Basin 天然气处理厂原料气组成　　　　%（干基，体积分数）

组分	N_2	CO_2	H_2S	C_1	C_2	C_3	C_4	C_5	C_6^+	甲硫醇	乙硫醇	丙硫醇	丁硫醇
组成	0.72	0.62	0.81	88.01	5.45	2.01	1.10	0.42	0.76	50.8	128.2	81.7	34.3

注：所有硫醇体积浓度均为表中值 $×10^{-6}$。

由表 2-5 可知，由于原料气中含有水分、H_2S、CO_2 和有机硫化物（硫醇），故必须深度脱硫脱碳和脱水才可去 NGL 回收装置，以保证干气和液烃产品（NGL）中的水分、H_2S、CO_2 和有机硫化物含量符合质量指标。

为此，原料气进厂脱除游离的液烃后分为两股处理。其中，大部分原料气（约 $680×10^4 m^3/d$）去主流程中的 DGA1（1# 二甘醇胺）脱硫脱碳装置和 TEG（三甘醇）脱水装置，先经 DGA1 脱硫脱碳装置将原料气中的 H_2S、CO_2 分别脱至 $4×10^{-6}$ 和 $50×10^{-6}$（体积分数），再经 TEG 脱水装置脱除湿净化气中大部分水分，最后经分子筛脱水装置深度脱水，以满足 NGL 回收装置对气体中 H_2S、CO_2 含量和水露点的要求。NGL 回收装置采用透平膨胀机制冷，产品为干气和 NGL。另一小部分原料气（约 $170×10^4 m^3/d$）则去 DGA2（2# 二甘醇胺）脱硫脱碳装置，将原料气中的 H_2S、CO_2 也分别脱至 $4×10^{-6}$ 和 $50×10^{-6}$（体积分数）后，湿的富净化气再经分子筛脱水脱硫醇装置，除使气体水露点符合要求外，还因脱除硫醇使其总硫含量降低，然后与 NGL 回收装置的干气混合后增压外输，混合后的气体总硫含量符合商品气质量指标。

此外，一部分增压后的干气作为再生气去两套分子筛装置对床层进行再生，再生废气经 Selexol 脱硫装置脱除气流中的硫醇尤其是重硫醇后返回原料气中一起处理，从而使 NGL 产品中的总硫含量低于 150×10^{-6}（体积分数）。离开 Selexol、DGA1 和 DGA2 等脱硫装置的酸气则去硫黄回收装置和回注（见图 2-7）。

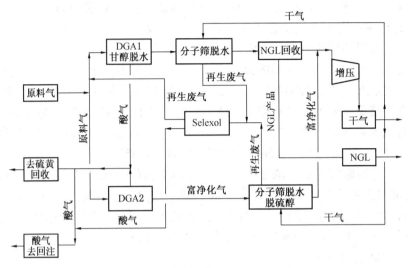

图 2-7 Basin 天然气处理厂工艺流程方框图

图 2-7 中有关甘醇和分子筛脱水以及 NGL 回收的原理和工艺将在以后章节中介绍。

此外，我国海南海燃公司所属 LNG 工厂在对原料气预处理时也采用 DGA 法深度脱除其中的 CO_2。

（二）活化 MDEA 法的应用

通常，活化 MDEA 法也可用于天然气深度脱碳，将原料气中的 CO_2 含量脱除至符合 NGL 回收装置或 LNG 生产装置的要求。

1. 英国气体（British Gas）公司突尼斯 Hannibai 天然气处理厂

该厂原料气量为 $713 \times 10^4 m^3/d$（15.6℃，下同），来自地中海距海岸约 113km 的 Miskar 气田。设计生产 $490 \times 10^4 m^3/d$ 商品气，其 N_2 含量小于 6.5%，烃露点低于-5℃，水含量小于 80×10^{-6}（质量分数），压力为 7.5MPa。

由 Miskar 气田来的原料气中含有 16% 以上的 N_2 和 13% 以上的 CO_2，必须将 N_2 脱除至小于 6.5% 以满足商品气的要求，水、BTEX（苯、甲苯、乙苯和二甲苯）及 CO_2 等也必须脱除至很低值，以防止在脱氮装置（NRU）低温系统中有固体析出。设计的原料气组成见表 2-6，Hannibai 天然气处理厂全厂工艺流程框图见图 2-8。

表 2-6 Hannibai 天然气处理厂设计原料气组成 %（干基，体积分数）

组分	N_2	CO_2	H_2S	C_1	C_2	C_3	C_4	C_5	C_6	BTEX	C_7	C_8	C_9^+
组成	16.903	13.588	0.092	63.901	3.349	0.960	0.544	0.289	0.138	0.121	0.057	0.019	0.006

在海上生产设施中，脱水后的气体与湿凝析油混合后经海底管线送至岸上的处理厂。首先进入该厂的液塞捕集器，将气体与凝析油进行分离。分出的凝析油去稳定装置稳定后送至储罐，然后装车外运。

来自液塞捕集器的气体进入活化 MDEA 脱碳装置，采用质量浓度为 50% 的活化 MDEA

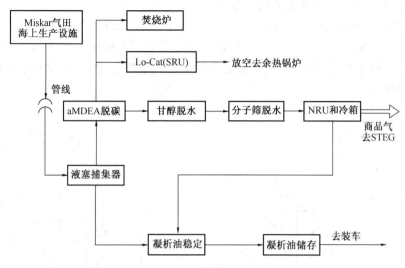

图 2-8 Hannibai 天然气处理厂工艺流程框图

溶液,将气体中的 CO_2 脱除至 200×10^{-6}(质量分数)以下。由再生塔顶脱出的酸气中含有相当量的 H_2S,送至 Lo-Cat 装置转化为硫黄。离开活化 MDEA 脱碳装置的湿净化气先去 TEG 脱水装置脱除其中的大部分水分,再去分子筛脱水装置脱除残余的水分。脱水后的干气送至脱氮装置,将其中的 N_2 脱除至符合商品气质量要求后去突尼斯电力煤气公司(STEG),脱出的 N_2 放空。脱氮装置的低温系统最低温度约为 $-131℃$。

2. 印度尼西亚 PT Badak NGL 公司 Badak 液化天然气厂

该厂共有 8 列 LNG 生产线,每列生产线由醇胺法脱碳、脱水和脱汞、凝液分馏、制冷和液化等 5 套装置组成。最早的两列生产线按原料气中含有 $5.88\% CO_2$ 和微量 H_2S 进行设计,目前全部生产线可处理 CO_2 含量为 8% 的原料气。离开脱碳装置吸收塔的湿净化气中 CO_2 设计含量最大为 50×10^{-6}(体积分数),实际均小于 15×10^{-6}(体积分数)。

$1977 \sim 1989$ 年时该厂最早采用 MEA 溶液脱碳,由于应力腐蚀开裂经常造成设备损坏,故以后更换为 MDEA-A 溶液。更换溶液后不仅避免了应力腐蚀开裂,而且由于 CO_2 与 MDEA 反应热较小,富液再生时蒸汽耗量也相应减少。但是,CO_2 很易在低压区逸出而产生碳酸腐蚀,并在高温部位经常出现片状的碳酸铁腐蚀产物。为此,又在一套脱碳装置改用加有活化剂的 MDEA-B 溶液进行了一年多的工业试验,结果表明 CO_2 脱除效果很好,溶液中铁离子含量很低也很稳定,而且脱除相同数量的 CO_2 时溶剂的补充量和再生用的蒸汽量均比 MDEA-A 溶液要少。该厂前后采用三种不同溶液时的工艺参数见表 2-7。

表 2-7 采用 MEA、MDEA-A 和 MDEA-B 溶液的工艺参数

参 数	LNG 流量/（m^3/h）	净化气中 CO_2 含量/10^{-6}（体积分数）	溶液循环量/（m^3/h）	溶液质量浓度/%	贫液负荷/（mol/mol）	富液负荷/（mol/mol）	蒸汽耗量/（t/h）	溶剂补充量/（m^3/月）
MEA	620	15	1000	20	0.12	0.41	125	3.66
MDEA-A	725	<10	1050	35	0.019	0.34	120	2.23
MDEA-B	725	<10	750	40	0.012	0.42	96	1.19

63

3. 中国海洋石油公司湛江分公司东方1-1气田陆上终端

我国海洋石油公司湛江分公司东方1-1气田陆上终端于2003年和2005年先后建成两套 $8 \times 10^8 m^3/a$ 脱碳装置，采用活化MDEA溶液(国产，活化剂为哌嗪)分流法脱除 CO_2。第二套脱碳装置工艺流程图见图2-9。两套装置的设计参数、原料气组成设计值和运行时实际值分别见表2-8和表2-9。

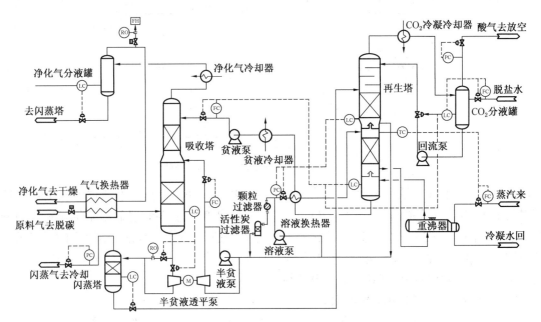

图2-9　东方终端第二套脱碳装置工艺流程图

表2-8　东方1-1气田陆上终端脱碳装置设计参数

装置	规模/(m³/a)	压力/MPa	温度/℃	原料气 CO_2 含量/%	净化气 CO_2 含量/%
第一套	8×10^8	4.0	40	19.71	≤1.5
第二套	8×10^8	4.0	40	30.0	≤1.5

表2-9　东方1-1气田陆上终端脱碳装置原料气组成　%(体积分数，干基)

类　　别	C_1	C_2	C_3	C_4	C_5	C_6^+	CO_2	H_2S	N_2
第一套设计值	61.97	1.23	0.24	0.06	0.03	0.00	19.71	0.00	16.75
第二套设计值	55.58	0.71	0.24	0.06	0.03	0.00	30.00	0.00	13.78
运行实际值	59.45	0.62	0.19	0.09	0.05	0.11	19.93	0.00	19.56

第二套脱碳装置自投产以来运行稳定，虽曾出现过溶液系统铁离子浓度持续上升、管线异常振动和半贫液泵严重气蚀等问题，但在2008年经过整改后已取得显著改进。

(三) MDEA配方溶液法的应用

MDEA配方溶液是近年来广泛采用的一类气体脱硫脱碳溶液。它以MDEA为主剂，复配有各种不同的化学剂来增加或抑制MDEA吸收 CO_2 的动力学性能。因此，有的配方溶液可比MDEA具有更好的脱硫选择性，有的配方溶液也可比其他醇胺溶液具有更好的脱除 CO_2 效果。在溶液中复配的这些助剂同时也影响着MDEA的反应热和汽提率。

与 MDEA 和其他醇胺溶液相比,生产厂商声称采用 MDEA 配方溶液脱硫脱碳可明显降低溶液循环量和能耗,而且其降解率和腐蚀性也较低,故目前已在国外获得广泛应用。在国内,由于受配方溶液品种、价格等因素影响,在天然气工业中目前仅有重庆天然气净化总厂长寿分厂、忠县天然气净化厂等选用过脱硫选择性更好的 MDEA 配方溶液(CT8-5)。其中,长寿分厂采用 MDEA 配方溶液后可使酸气中 H_2S 含量由采用 MDEA 溶液时的 30.48%(计算值)提高至 39.04%。此外,长庆靖边气田根据其含硫天然气中酸性组分所具有的特点,要求采用既可大量脱除 CO_2,又可深度脱除 H_2S 的脱硫脱碳溶液,故在第三天然气净化厂(以下简称三厂)由国外引进的脱硫脱碳装置上曾采用了配方溶液。

该装置已于 2003 年年底建成投产,设计处理量为 $300\times10^4 m^3/d$,原料气为进装置压力为 5.5~5.8MPa,温度为 3~18℃,其组成见表 2-10。

表 2-10　三厂脱硫脱碳装置原料气与净化气组成　　%(干基,体积分数)

组分	C_1	C_2	C_3	C_4	C_5	C_6^+	He	N_2	H_2S	CO_2
原料气[①]	93.598	0.489	0.057	0.008	0.003	0.002	0.028	0.502	0.028	5.286
原料气[②]	93.563	0.597	0.047	0.006	0.001	0.000	0.020	0.252	0.025	5.489
净化气	96.573	0.621	0.048	0.006	0.001	0.000	0.021	0.311	0.38[③]	2.418

注:①设计值。

②投产后实测值。

③单位为 mg/m^3。

由表 2-10 可知,第三天然气净化厂原料气中 CO_2 与 H_2S 含量分别为 5.286% 和 0.028%,CO_2/H_2S(摩尔比)高达 188.8(设计值)。其中,CO_2 与 H_2S 含量与已建的第二天然气净化厂(以下简称二厂)原料气相似,如表 2-11 所示。

表 2-11　长庆靖边气田酸性天然气中 CO_2、H_2S 含量

组分/%(体积分数)	CO_2	H_2S	CO_2/H_2S(摩尔比)
二厂	5.321	0.065	81.9
三厂	5.286	0.028	188.8

注:均为设计采用值。

由此可知,第三天然气净化厂与第二天然气净化厂原料气中的 CO_2 含量差别不大;H_2S 含量虽略低于二厂,但二者数值都很低且均处于同一数量级内。因此,可以认为二者原料气中 CO_2、H_2S 含量基本相同。但是,由于已建的二厂脱硫脱碳装置采用选择性脱硫的 MDEA 溶液,因而溶液循环量较大,能耗较高。

为了解决三厂脱硫脱碳装置在设计能力下的运行情况,2004 年年初对其进行了满负荷性能测试,测试结果的主要数据见表 2-12。为作比较,表 2-12 也同时列出有关主要设计数据。

由表 2-12 可知,第三天然气净化厂脱硫脱碳装置在满负荷下测试的溶液循环量与设计值基本相同,但测试得到的吸收塔湿净化气出口温度(55℃)却远比设计值高,分析其原因主要是原料气中的 CO_2 实际含量(一般在 5.49% 左右)大于设计值的缘故。这与闪蒸塔的闪蒸气量(125m^3/h)和再生塔的酸气量(3750m^3/h)均大于设计值的结果是一致的。

此外,测试得到的净化气中的 CO_2 实际含量均小于 2.9%,符合商品气的质量要求。这

一结果也表明，在原料气中 CO_2 实际含量大于设计值的情况下，采用与设计值相同的溶液循环量仍可将 CO_2 脱除到 3% 以下。

表 2-12 三厂脱硫脱碳装置主要设计与满负荷性能测试数据

部 位	原料气			脱硫脱碳塔			闪蒸塔		再生塔		
参 数	处理量/ ($10^4 m^3$/d)	压力/ MPa	温度/ ℃	溶液循环量/ (m^3/h)	净化气温度/ ℃	贫液进塔温度/ ℃	闪蒸气量/ (m^3/h)	压力/ MPa	塔顶温度/ ℃	塔底温度/ ℃	酸气量/ (m^3/h)
设计值	300	5.5	26.6	63.3	43.3	43.3	85.8	0.55	95.8	119.6	3334
测试值	300	5.4	27	63.2	55	40	125	0.55	86	122	3750

此外，该装置还针对天然气脱硫脱碳与选择性脱硫的不同特点，在工艺流程上也做了一些修改，其示意图见图 2-10。投产后的实践表明，采用的工艺流程总体来说是成功的。

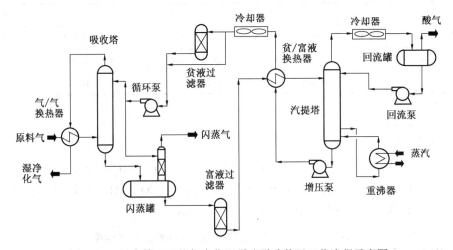

图 2-10 长庆第三天然气净化厂脱硫脱碳装置工艺流程示意图

但是，该装置自投产后也发现胺液再生系统腐蚀严重、吸收塔内由于经常发泡导致拦液频繁等问题。溶液腐蚀性严重的主要原因是酸气负荷偏高(设计值为 0.496mol/mol，实际值高达 0.70mol/mol)，其原因是：①吸收塔塔板溢流堰过高，溶液在塔内停留时间较长；②采用的 MDEA 配方溶液对酸气的吸收能力强；③原料气中 CO_2 实际含量(2004 年以来在 5.70%~6.07%)大于设计值。为此，在 2007 年时降低了该装置吸收塔塔板的溢流堰高度(由 75mm 降为 66mm)，并将溶液全部更换为质量浓度为 50% 的国产 MDEA 溶液，从而使得溶液酸气负荷基本控制在 0.52~0.60mol/mol。之后，又在 2009 年将吸收塔由浮阀塔板改用径向侧导喷射塔板，拦液现象明显减少，酸气负荷进一步降低，吸收塔运行平稳，再生系统腐蚀减轻，装置存在问题基本得以解决。

由此可知，是否选用 MDEA 配方溶液应综合考虑其直接效益以及可能产生的负面影响和对长期运行带来的问题等定。

(四)混合醇胺溶液(MDEA+DEA)法的应用

采用混合醇胺溶液(MDEA+DEA)的目的是在基本保持溶液低能耗的同时提高其脱除 CO_2 的能力或解决在低压下运行时的净化度问题。由于可以使用不同的醇胺配比，故混合醇胺法具有较大的灵活性。

在 MDEA 溶液中加入一定量的 DEA 后，不仅 DEA 自身与 CO_2 反应生成氨基甲酸盐(其反应速率远高于 MDEA 与 CO_2 反应生成碳酸盐的反应速率),而且据文献报道,其在混合醇胺溶液体系中按"穿梭"机理进行反应。即 DEA 在相界面吸收 CO_2 生成氨基甲酸盐,进入液相后将 CO_2 传递给 MDEA,"再生"了的 DEA 又至界面,如此在界面和液相本体间穿梭传递 CO_2。此外,对于含 DEA 的混合溶液,因其平衡气相具有较低的 H_2S 和 CO_2 分压,因而可在吸收塔顶达到更好的净化度。

如前所述,由于长庆第一和第二天然气净化厂原料气中的 H_2S 含量低而 CO_2 含量较高,脱硫脱碳装置主要目的是脱除大量 CO_2 而不是选择性脱除 H_2S。因此,2003 年新建的 $400×10^4 m^3/d$ 脱硫脱碳装置则采用混合醇胺溶液(设计浓度为 45% MDEA+5% DEA,投产后溶液中 DEA 浓度根据具体情况调整)。

第二天然气净化厂两套脱硫脱碳装置原设计均采用 MDEA 溶液(设计浓度为 50%),在投产后不久经过室内和现场试验,分别在 2002 年和 2004 年也改用 MDEA+DEA 的混合醇胺溶液(设计溶液总浓度为 45%,实际运行时溶液中 DEA 浓度也根据具体情况调整)。其中,第二套脱硫脱碳装置在 2003 年通过满负荷性能测试后,至今运行情况基本稳定。该装置某一年经过整理后的运行数据见表 2-13。

表 2-13　二厂第二套脱硫脱碳装置某年运行情况[1]

运行情况	运行时间/(h/a)	处理气量/($10^4 m^3/d$)	MDEA 循环量/(m^3/h)	原料气 H_2S/(mg/m^3)	原料气 CO_2/%	汽提气量/(m^3/d)	净化气 H_2S/(mg/m^3)	净化气 CO_2/%	H_2S 脱除率/%	CO_2 脱除率/%
设计值	8000	375	150	920	5.321	528	≤20	≤3.0	97.8	43.6
实际运行	7687	291	78	762	5.34	546	5	2.9	99	50

注:① DEA 浓度为 3.25% 左右,胺液浓度 40% 左右。

二厂脱硫脱碳装置采用 MDEA 溶液和 MDEA+DEA 混合醇胺溶液的技术经济数据对比见表 2-14。

表 2-14　二厂采用混合醇胺溶液与 MDEA 溶液脱硫脱碳技术经济数据对比

溶液	处理量[1]/($10^4 m^3/d$)	溶液循环量/(m^3/h)	原料气 H_2S/(mg/m^3)	原料气 CO_2/%	净化气 H_2S/(mg/m^3)	净化气 CO_2/%	循环泵耗电量/(kW/d)	再生用蒸汽量/(t/d)
混合醇胺	391.01	82.74	756.05	5.53	8.05	2.76	6509.43	343.02
MDEA	391.89	128.23	793.85	5.59	2.34	2.76	9901.86	403.15

注:① 单套装置名义处理量为 $400×10^4 m^3/d$,设计处理量为 $375×10^4 m^3/d$,实际运行值根据外输需要进行调整。

由表 2-14 可知,在原料气气质基本相同并保证净化气气质合格的前提下,装置满负荷运行时混合醇胺溶液所需循环量约为 MDEA 溶液循环量的 64.5%,溶液循环泵和再生用汽提蒸汽量也相应降低,装置单位能耗($MJ/10^4 m^3$ 天然气)约为 MDEA 溶液的 83.31%。

此外,第一天然气净化厂最初建设的 5 套脱硫脱碳装置由于原料气气质的变化(CO_2 含量设计值为 3.03%,但投产后实际大于 5%),净化气中的 CO_2 含量不能达到质量指标。为此,2005 年在保证平稳运行的前提下将第三套脱硫脱碳装置采用混合醇胺溶液(MDEA+DEA)进行了两台溶液循环泵并联时最大脱硫脱碳能力的试验。结果表明,此时最大处理能力为 $150×10^4 m^3/d$。当处理量高于 $150×10^4 m^3/d$ 时,净化气中的 CO_2 含量大于 3%。但是,如将此净化气与已建 $400×10^4 m^3/d$ 脱硫脱碳装置的净化气混合后则可符合《天然气》(GB 17820—2012)规定的二类气质指标。

由于 DEA 是伯胺，腐蚀性较强，故在现场进行混合醇胺溶液试验前后还分别在室内和现场测定了溶液的腐蚀速率。结果表明，混合醇胺溶液的腐蚀速率虽较 MDEA 溶液偏大，但仍在允许范围之内。

一厂、二厂混合醇胺法脱硫脱碳装置的主要设计和实际运行数据见表 2-15。

表 2-15　一厂、二厂混合醇胺法脱硫脱碳装置主要设计与实际运行数据

装置位置	数据来源	处理量/($10^4 m^3/d$)	溶液浓度/%（质量分数）	溶液循环量/(m^3/h)	净化气酸性组分含量	
					H_2S/(mg/m^3)	CO_2/%
一厂	设计值	400	45（MDEA）+5（DEA）	190	≤20	<0.5
	实际值	330~380	总浓度50±2（DEA 为 2.3%[①]）	110~130	1~5	1.05~2.0
二厂	设计值	400[②]	45（MDEA）	150	≤20	≤3
	实际值	200~350[②]	总浓度46±2（DEA 为 3.4%[①]）	80~100	≤1	2.0~2.9

注：① 实际运行时溶液中 DEA 浓度根据具体情况调整，表中为 2009 年年初数据。
② 单套装置名义处理量，设计处理量为 $375×10^4 m^3/d$，实际运行值根据外输需要进行调整。

由此可知，在处理量、原料气质、溶液浓度基本相同并保证净化气气质合格的前提下，一厂新建的混合醇胺溶液脱硫脱碳装置和二厂改用混合醇胺溶液脱硫脱碳的装置均表现出良好的脱硫脱碳性能及技术经济性。因此，分别于 2013 年和 2014 年建成投产的长庆第四和第五天然气净化厂脱硫脱碳装置(各工套，每套处理量为 $450×10^4 m^3/d$)均采用 MDEA+DEA 混合醇胺溶液。

此外，二厂在 2008 年 6 月将其一套脱硫脱碳装置吸收塔(共 20 层塔板)进料层下 18 层浮阀塔板全改为径向侧导喷射塔板，最高处理量曾达 $380×10^4 m^3/d$，溶液循环量为 $96.6 m^3/h$，装置至今运行平稳，吸收塔内拦液现象明显减少。之后，又将另外一套脱硫脱碳装置和一厂的一套 $200×10^4 m^3/d$ 脱硫脱碳装置吸收塔浮阀塔板改为径向侧导喷射塔板。

需要说明的是，一厂原有 5 套脱硫脱碳装置投产后虽因原料气中 CO_2 含量高于设计值，导致净化气的实际 CO_2 含量高达 3.5%~4.0%，但由于之后建设的 $400×10^4 m^3/d$ 天然气脱硫脱碳装置的净化气实际 CO_2 含量约为 1%（设计值小于 0.5%），故混合后的外输商品气中 CO_2 含量仍符合要求。

有人曾采用 TSWEET 软件对混合醇胺法在高压或低压下脱硫脱碳进行了研究，其条件为：MDEA/MEA 质量浓度(%)为 50/0~45/5；MDEA/DEA 质量浓度为 50/0~42/8；压力为 11.6MPa 和 2.9MPa；H_2S 浓度为 0.1%~1%（体积分数）；CO_2 浓度为 5%~10%（体积分数）。计算结果表明，在高压下混合醇胺法较 MDEA 法无明显优势，但随压力下降 MDEA 法可能无法达到所要求的 CO_2 指标，在原料气 H_2S 浓度大于 0.1% 时，净化气中的 H_2S 浓度也可能不合格，而使用混合醇胺法在低压下仍可达到所需的净化度。

（五）MDEA 与 DEA 溶液串接吸收法的应用

俄罗斯阿斯特拉罕天然气处理厂原料气中 H_2S 含量为 25%，CO_2 含量为 14%，原来采用 SNPA-DEA 或 MDEA+DEA 混合醇胺溶液脱硫脱碳时，几乎全部 CO_2 都进入酸气，致使酸气中 H_2S 含量仅为 60% 左右。为了提高酸气中的 H_2S 含量，在 1999 年将一套脱硫脱碳装置进行改造，采用 MDEA 选择性脱硫与 DEA 脱硫脱碳组合工艺，即用 MDEA 溶液和 DEA 溶液分

别进行吸收，前者为选择性脱硫，后者为脱硫脱碳，其结果是大部分CO_2既不进入酸气，也不进入净化气，而是单独排放，从而使酸气中的H_2S含量提高至72%。该装置改造后的新工艺流程示意图见图2-11。

由图2-11可知，原料气先进入高压吸收塔1，采用45%（质量分数）MDEA溶液选择性脱硫，然后进入高压吸收塔2，又以35%（质量分数）的DEA溶液脱硫脱碳，塔2顶部的湿净化气再去脱水。高压吸收塔1的MDEA富液去再生塔5，再生塔5顶部的酸气去克劳斯硫黄回收装置，中部半贫液去吸收塔1和凝析油稳定气低压吸收塔4，底部贫液去贫酸气提浓塔3上部。高压吸收塔2底部的DEA贫液去再生塔6，塔6顶部气体去贫酸气提浓塔3的下部，塔6底部贫液去吸收塔2。贫酸气提浓塔3塔顶为CO_2气体，送至焚烧炉后焚烧后排放，塔3底部溶液与塔5中部的半贫液汇合后去吸收塔1。

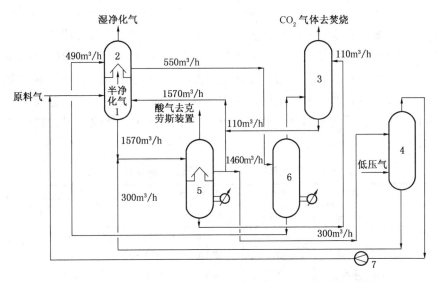

图2-11 阿斯特拉罕天然气处理厂串接吸收法工艺流程示意图

1—MDEA吸收塔；2—DEA吸收塔；3—DEA酸气提浓塔；

4—低压吸收塔；5—MDEA再生塔；6—DEA再生塔；7—压缩机

该装置的物料组成和主要工艺参数见表2-16。

表2-16 阿斯特拉罕串接吸收法脱硫脱碳装置物料组成和主要参数

物流名称	组成/%（体积分数）				温度/℃	压力/kPa	流量/（kmol/h）
	C_1	CO_2	H_2S	H_2O			
塔1原料气	62.77	13.97	23.10	0.16	31	6600	10000
塔1顶部半净化气	84.39	13.96	1.33	0.31	54	6600	7391
塔2顶部湿净化气	99.77	0.04	<6.3mg/m³	0.19	45	6600	7391
塔5顶部酸气	0.06	20.4	72.3	7.24	50	180	3287
塔3顶部CO_2气体	1.89	93.0	0.04	5.07	45	180	1272

由表2-16可知，采用串接吸收法脱硫脱碳后，酸气中H_2S含量由59.4%增加到72.3%，最后使硫黄总收率提高了0.18%。

（六）选择性 MDEA 法在我国天然气工业中的应用

目前，国内外已普遍采用选择性 MDEA 法脱除天然气中的 H_2S，以下仅重点介绍 MDEA 法选择性脱硫在我国天然气工业中的应用。

1. 一般应用概况

自 1986 年重庆天然气净化总厂垫江分厂采用 MDEA 溶液进行压力选择性脱硫工业试验取得成功以来，我国陆续有川渝气田的渠县、磨溪、长寿分厂和长庆第一、第二天然气净化厂采用选择性 MDEA 法脱硫的工业装置投产，其运行数据见表 2-17。由这些脱硫装置得到的湿净化气再经三甘醇脱水后作为商品气外输。

由表 2-17 可知，就原料气组成而言，渠县和长寿天然气净化分厂应该选用选择性脱硫的 MDEA 溶液，而磨溪天然气净化厂虽未必需要选用，但仍可取得节能效果。至于长庆第一和第二天然气净化厂，由于其原料气中的 H_2S 含量低（但亦需脱除）而 CO_2 含量则较高，故主要目的应该是脱除大量 CO_2 而不是选择性脱除 H_2S，故选用选择性脱硫的 MDEA 溶液就会造成溶液循环量和能耗过高。因此，长庆第一天然气净化厂之后新建的 $400×10^4 m^3/d$ 和第一、二天然气净化厂改换溶液的几套脱硫脱碳装置采用的则是混合醇胺溶液，第三天然气净化厂引进的脱硫脱碳装置原来采用的是 MDEA 配方溶液。这些事实充分说明，目前我国天然气脱硫脱碳工艺已经发展到以选择性 MDEA 法脱硫为主，其他 MDEA 法方法兼而有之的新阶段。

表 2-17　国内 MDEA 溶液选择性脱硫装置运行数据

装置位置	重庆天然气净化总厂		川中油气田磨溪天然气净化厂		长庆气区靖边、乌审旗气田	
	渠　县	长　寿[①]	引　进	基　地	一　厂	二　厂
处理量/（$10^4 m^3/d$）	405	404.04	44.26	80.35	204.4	373.6
[H_2S]原料气/%	0.484	0.218	1.95	1.95	0.03	0.0643
[CO_2]/%	1.63	1.880	0.14	0.14	5.19	5.612
溶液质量浓度/%	47.3	39.4	45	40	45	40[③]
气液比/（m^3/m^3）	4440	4489	1844	1860	5678	2812
吸收压力/MPa	4.2	4.3	4.0	4.0	4.64	5.01
吸收塔板数	14 及 9	8	20	20	13[②]	14[②]
原料气温度/℃	19	15	10	10	6	12
贫液温度/℃	32	32	42	40	28.6	44
[H_2S]净化气/（mg/m^3）	6.24	6.9	10.74	1.54	4.61	0.38
[H_2S]酸气/%	43.85	36.3	94	94	4.78	2.33

注：① 使用 CT8-5 配方溶液。

② 主进料板板数。

③ MDEA 溶液浓度一般在 40%～45%，此处按 40% 计算有关数据。

此外，我国蜀南气矿荣县天然气净化厂现有两套处理能力为 $25×10^4 m^3/d$ 的脱硫脱碳装置，分别于 1998 年及 2000 年建成投产。原料气中 H_2S 含量为 1.45%～1.60%（体积分数），CO_2 含量为 5.4%～5.9%，原来采用质量浓度为 45% 的 MDEA 溶液脱硫脱碳。为了进一步提高净化气质量及酸气中的 H_2S 含量，后改用由 37%MDEA、8%TBEE（一种为叔丁胺基乙氧基乙醇化合物的空间位阻胺）和 55%水复配成的混合胺溶液。在压力 1.03～1.2MPa、温度为 36～45℃下脱硫脱碳，溶液循环量为 6～9 m^3/h，气液比为 1050～1150，经处理后的净化气

中 H_2S 含量 $\leqslant 10mg/m^3$，脱除率达 99.99%，CO_2 共吸率 $\leqslant 20\%$（体积分数），比原来采用 MDEA 溶液时降低 40%~45%，酸气中 H_2S 含量由 40% 提高到 45%。

2. 高含硫天然气脱硫脱碳

我国川渝气区罗家寨、普光气田的天然气均为高含硫天然气。高含硫天然气处理工艺具有介质腐蚀性强、产品率低、单位能耗高和危险等级高等特点。因此，采用安全可靠、技术先进、经济合理的处理工艺尤为重要。

（1）高含硫天然气处理工艺方案

目前，国外对高含硫天然气处理通常采用以下工艺方案：

① 当原料气中有机硫含量高（为满足总硫要求，必须脱除有机硫）时，由于脱硫脱碳装置与尾气处理装置采用的脱硫脱碳溶剂不同，普遍采用图 2-12 所示的工艺方案。

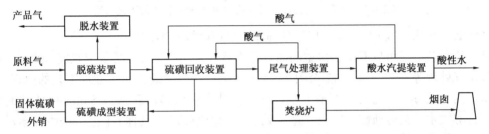

图 2-12　脱硫脱碳装置需脱除有机硫时的工艺方案

图 2-12 中脱硫脱碳装置采用 Sulfinol-M 法、脱水装置采用 TEG 法、硫黄回收装置采用二级克劳斯（Claus）法、尾气处理装置采用标准 SCOT 法（溶液采用 MDEA 溶液）。有关克劳斯（Claus）法、SCOT 法的详细介绍见第四章。

② 当原料气中有机硫含量低（将 H_2S 脱除后，总硫即可满足要求）时，由于脱硫装置与尾气处理装置采用的脱硫溶剂相同，为降低工程投资和装置能耗，普遍采用图 2-13 所示的工艺方案。

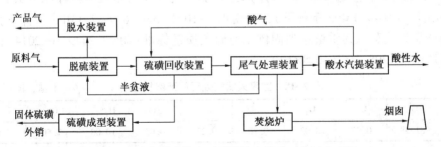

图 2-13　脱硫脱碳装置不需脱除有机硫时的工艺方案

图 2-13 中脱硫脱碳装置采用 MDEA 法、脱水装置采用 TEG 法、硫黄回收装置采用二级 Claus 法、尾气处理装置采用串级 SCOT 法。

③ 原料气中有机硫含量高的高含硫天然气处理工艺方案发展趋势。针对尾气处理装置脱硫吸收塔底半贫液再吸收酸气能力强的特点，为降低整个工厂总溶液循环量及工程投资和操作费用，将 H_2S 和有机硫的脱除分两步完成（见图 2-14），即首先利用尾气处理装置的 MDEA 半贫液在脱硫脱碳装置 I 中部分脱除原料气中的 H_2S 和有机硫，大大降低进入脱硫脱碳装置 II 的 H_2S 含量，然后在脱硫脱碳装置 II 中采用 Sulfinol-M 脱除剩余的 H_2S 和有机硫。

脱硫脱碳装置 I 采用 MDEA 法、脱硫装置 II 采用 Sulfinol-M 法、脱水装置采用 TEG 法、

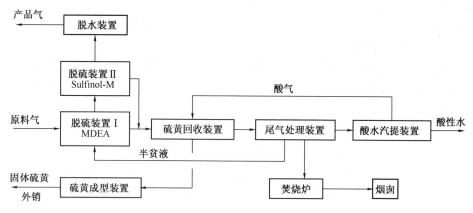

图 2-14 脱硫脱碳装置分两步脱除 H_2S 和有机硫的工艺方案

硫黄回收装置采用二级 Claus 法、尾气处理装置采用串级 SCOT 法。

从上述工艺方案可以看出，典型的高含硫天然气处理厂一般包括脱硫脱碳、脱水、硫黄回收和尾气处理等工艺。图 2-12 至图 2-14 表示的只是高含硫天然气处理工艺的原理方案，实际采用的工艺方案虽会与其有所差别，但主流技术仍然是醇胺法或 Sulfinol-M 法脱硫脱碳、三甘醇脱水、克劳斯硫黄回收、尾气处理(还原吸收法或其他)工艺。这些方案对各类含硫原料气均具有较好的适应性和技术经济性能，因而得到广泛应用。

(2) 罗家寨气田等高含硫天然气

中国石油宣汉天然气处理厂共设置 5 列主体生产线，每列规模为 $300 \times 10^4 m^3/d$(设计值，下同)。一期工程先建设 3 列，总规模为 $900 \times 10^4 m^3/d$。原料气来自罗家寨和滚子坪气田高含硫天然气，典型组成见表 2-18(其中 COS 含量 $264 mg/m^3$，有机硫含量 $308 mg/m^3$)，进厂压力为 $7.1 \sim 7.3 MPa$，温度为 $10 \sim 35 ℃$。处理后的净化气为 $741 \times 10^4 m^3/d$，其质量要求为：H_2S 含量 $\leq 20 mg/m^3$，总硫含量(以硫计) $\leq 200 mg/m^3$，CO_2 含量 $\leq 3\%$(体积分数)，水露点 $\leq -10℃$(出厂 $6.9 \sim 7.1 MPa$ 条件下)，烃露点 $< -10℃$(出厂 $6.9 \sim 7.1 MPa$ 条件下)。此外，该厂的副产品为硫黄，其质量达到固体工业硫黄质量标准(GB/T 2449.1—2014)优等品指标，硫黄产量为 $1208.7 t/d$($40.8 \times 10^4 t/a$)。

表 2-18 宣汉天然气处理厂天然气组成　　%(干基，体积分数)

组 分	C_1	C_2	C_3	N_2	H_2	He	H_2S[①]	CO_2[②]	合计
组 成	81.38	0.07	0.02	0.70	0.23	0.02	10.08	7.50	100.00

注：① H_2S 含量变化范围为 $9.5\% \sim 11.5\%$。

② CO_2 含量变化范围为 $7.0\% \sim 8.0\%$。

由于宣汉天然气处理厂高含硫天然气中有机硫含量较高($308 mg/m^3$)，需要在脱除 H_2S 的同时也脱除有机硫才能符合商品气对总硫含量的要求，故原料气先直接采用 Sulfinol-M 法脱硫脱碳，之后采用的其他处理工艺方案则与图 2-14 相同。

该厂脱硫脱碳装置采用的 Sulfinol-M 溶液质量组成为：MDEA50%，环丁砜 15%，水 35%。溶液循环量为 $416 m^3/h$，其中约 47% 为贫液，53% 为半贫液，溶液循环泵采用能量回收透平。湿净化天然气送至脱水装置，采用质量浓度为 99.7% 的 TEG 脱水。酸气去硫黄回收装置，采用二级转化常规克劳斯(Claus)法，装置硫黄最大产量约 460t/d。离开硫黄回收装置的尾气去尾气处理装置，采用串级 SCOT 法处理，其脱硫吸收塔使用的 Sulfinol-M 贫液来自上游的脱硫脱碳装置，Sulfinol-M 富液（即半贫液）返回脱硫脱碳装置吸收塔中部进一步吸收原料气中的酸性组分。来自脱硫脱碳装置再生塔底部的贫液一部分去吸收塔顶部，另一部分则去尾气处理装置脱硫吸收塔。

（3）普光气田高含硫天然气

普光气田高含硫天然气地面集输管网主体工程采用全湿气加热保温混输工艺，集气站或井口不脱水，气液混输到净化厂进行气液分离。集输管网采用专用抗硫管材。

中国石化中原油田普光分公司天然气净化厂共设置 6 列 12 套主体生产线，每列规模为 $500×10^4 m^3/d$（设计值，下同），现已全部投产。原料气为普光气田高含硫天然气，压力为 8.2MPa，温度为 30 ~ 40℃，H_2S 含量为 14.14%，CO_2 含量为 8.63%，有机硫含量为 340.6mg/m^3，故采用 MDEA 溶液串接吸收法脱硫脱碳，其工艺流程图见图 2-15。

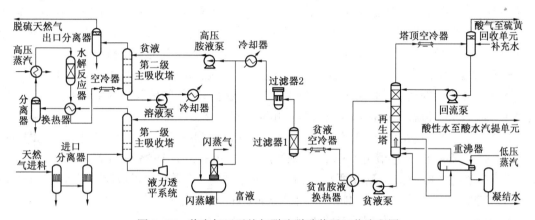

图 2-15 普光气田天然气脱硫脱碳装置工艺流程图

由图 2-15 可知，来自集气站的原料气进入脱硫脱碳装置经进口分离器脱除游离液和固体杂质后，先去第一级主吸收塔，采用质量浓度为 50% 的 MDEA 溶液选择性脱硫。离开塔顶的半净化气先经气液分离和加热升温后进入水解反应器脱除 COS，再经换热降温后进入第二级主吸收塔将 H_2S 脱除至 6mg/m^3。第二级主吸收塔塔顶的湿净化气去脱水装置，塔底的 MDEA 溶液经过增压和降温后进入第一级主吸收塔顶部。

第一级主吸收塔塔底的富液先经液力透平驱动高压贫液泵以回收能量，然后再进入闪蒸罐。闪蒸气去尾气焚烧炉，罐底富液经换热升温后去再生塔。再生塔顶部的酸气去硫黄回收装置，底部贫液经换热降温、过滤和增压后进入第二级主吸收塔循环使用。

该工艺的特点是：①采用 Blach & Veatch 公司中间冷却吸收塔专利技术，在控制气体中 CO_2 含量的同时也能满足对 H_2S 的含量要求；②采用固定床反应器脱除 COS，以满足对总硫含量的要求；③采用液力透平回收高压富液能量。

脱硫脱碳和脱水后的净化气质量为：H_2S 含量 ≤6mg/m^3，总硫含量（以硫计）≤200mg/m^3，CO_2 含量≤3%（体积分数），水露点 ≤-15℃（出厂 8.0MPa 条件下），烃露点＜-15℃（出厂 8.0MPa 条件下）。

来自脱硫脱碳装置的湿净化气去三甘醇脱水装置（每列两套），酸气去二级克劳斯装置回收硫黄。由克劳斯装置来的尾气去尾气处理装置（采用还原吸收法），而由脱硫脱碳、尾气处理和克劳斯装置来的酸水则去酸水汽提装置（每列两套）处理后回循环水系统，汽提出的酸气返回尾气处理装置回收 H_2S。

第三节　砜胺法及其他脱硫脱碳方法

在天然气脱硫脱碳工艺中，除主要采用醇胺法外，还广泛采用其他方法。例如，物理溶剂法中有 Selexol 等法，化学-物理溶剂法主要是砜胺法，直接转化法中有 Lo-Cat 法，间歇法中有海绵铁法、分子筛法，以及 20 世纪 80 年代发展起来的膜分离法等。以下仅重点介绍一些常用或有代表性的脱硫脱碳方法。

一、砜胺法(Sulfinol 法)

砜胺法(Sulfinol 法)的脱硫脱碳溶液由环丁砜(物理溶剂)、醇胺(DIPA 或 MDEA 等化学溶剂)和水复配而成，兼有物理溶剂法和化学溶剂法二者的特点。其操作条件和脱硫脱碳效果大致上与相应的醇胺法相当，但物理溶剂的存在使溶液的酸气负荷大大提高，尤其是当原料气中酸性组分分压高时此法更为适用。此外，此法还可脱除有机硫化物。

Sulfinol 法自问世以来，由于能耗低、可脱除有机硫、装置处理能力大、腐蚀轻、不易发泡和溶剂变质少的优点，因而被广为应用，现已成为天然气脱硫脱碳的主要方法之一。砜胺法脱硫脱碳工艺流程和设备与醇胺法基本相同，见图 2-2。

自 20 世纪 60 年代壳牌公司开发成功 Sulfinol-D 法(砜胺Ⅱ法)后，我国在 70 年代中期即将川渝气田的卧龙河脱硫装置溶液由 MEA-环丁砜溶液(砜胺Ⅰ法)改为 DIPA-环丁砜溶液(砜胺Ⅱ法)，随后又推广至川西南净化二厂和川西北净化厂。之后，又进一步将引进的脱硫装置溶液由 DIPA-环丁砜溶液改为壳牌公司开发的 MDEA-环丁砜溶液(Sulfinol-M 法，砜胺Ⅲ法)。

1. 川渝气田引进脱硫装置改换溶液前后运行情况比较

引进脱硫装置自 1980 年投产后不久，由于原料气中 H₂S 含量下降和 CO₂ 含量上升而带来诸多问题，包括克劳斯装置原料酸气 H₂S 含量下降、装置能耗增加和系统蒸汽难以平衡等。这种趋势如果继续发展将使装置所在整个工厂无法正常运行。

经分析，采用 MDEA-环丁砜溶液代替 DIPA-环丁砜溶液可在一定程度上改善工厂现状，缓解装置面临困难。为此，在一系列侧线试验基础上，拆除吸收塔的部分塔板，更换系统溶液，其运行数据及二者比较见表 2-19。

表 2-19　引进装置两种 Sulfinol 法运行数据比较

方　法		Sulfinol-M	Sulfinol-D	
醇胺∶环丁砜∶水(质量分数)		40∶45∶15	40∶45∶15	
原料气	$H_2S/\%$	2.63	2.71	2.67
	$CO_2/\%$	1.04	1.03	1.06
	有机硫/(mg/m³)	647	—	647
净化气	$H_2S/(mg/m^3)$	5.0	>20	4.0
	$CO_2/\%$	0.51	—	6.6(mg/m³)
	有机硫/(mg/m³)	183.5	—	109.4
酸　气	$H_2S/\%$	79.9	66.7	67.3
	$CH_4/\%$	1.20	1.49	1.60
气　液　比		877	829	773
吸收塔塔板数		23	35	35
蒸汽耗量/(t/h)		16.0	22.2	22.2

2. 国外 Sulfinol-M 法装置运行情况

荷兰 Emmen 天然气处理厂脱硫装置采用 Sulfinol-M 法，其实际运行数据见表 2-20。

表 2-20　Emmen 天然气处理厂 Sulfinol-M 法脱硫装置运行数据

处理量/ ($10^4 m^3/d$)	压力/MPa	原料气中酸性组分含量/%		净化气中 H_2S 含量/(mg/m^3)	共吸率/%	酸气中 H_2S 含量/%
		H_2S	CO_2			
400	6.5	0.44	4.25	3.7	37.6	>40
400	6.5	0.15	2.87	3.1	39.2	>40

由表 2-20 可知，装置所处理的两种原料气的碳硫比(摩尔比)分别为 9.66 和 19.1，虽然 CO_2 共吸率达到 35%~40%，但如果所吸收的 H_2S 和 CO_2 在再生时全部解吸出来，所得酸气中 H_2S 浓度也分别只有 20% 和 10% 左右。表中酸气 H_2S 浓度大于 40% 是由于将富液在低压下闪蒸解吸出一部分 CO_2 后再进入再生系统，其流程见图 2-16。

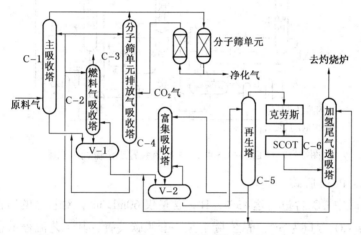

图 2-16　Emmen 天然气处理厂脱硫装置工艺流程示意图

二、多乙二醇二甲醚法(Selexol 法)

物理溶剂法系利用天然气中 H_2S 和 CO_2 等酸性组分与 CH_4 等烃类在溶剂中的溶解度显著差别而实现脱硫脱碳的。与醇胺法相比，其特点是：①传质速率慢，酸气负荷决定于酸气分压；②可以同时脱硫脱碳，也可以选择性脱除 H_2S，对有机硫也有良好的脱除能力；③在脱硫脱碳同时可以脱水；④由于酸气在物理溶剂中的溶解热低于其与化学溶剂的反应热，故溶剂再生的能耗低；⑤对烃类尤其是重烃的溶解能力强，故不宜用于 C_2H_6 以上烃类尤其是重烃含量高的气体；⑥基本上不存在溶剂变质问题。

由此可知，物理溶剂法应用范围虽不可能像醇胺法那样广泛，但在某些条件下也具有一定技术经济优势。

常用的物理溶剂有多乙二醇二甲醚、碳酸丙烯酯、甲醇、N-甲基吡咯烷酮和多乙二醇甲基异丙基醚等。其中，多乙二醇二甲醚是物理溶剂中最重要的一种脱硫脱碳溶剂，分子式为 $CH_3(OCH_2CH_2)_nCH_3$。此法是美国 Allied 化学公司首先开发的，其商业名称为 Selexol 法，溶剂分子式中的 n 为 3~9。国内系南京化工研究院开发的 NHD 法，溶剂分子式中的 n 为 2~8。

物理溶剂法一般有两种基本流程，其区别主要在于再生部分。当用于脱除大量 CO_2 时，由于对CO_2的净化度要求不高，故可仅靠溶液闪蒸完成再生。如果需要达到较严格的H_2S净化度，则在溶液闪蒸后需再汽提或真空闪蒸，汽提气可以是蒸汽、净化气或空气，各有利弊。

Selexol法工业装置实例如下：

1. 德国NEAG-ⅡSelexol法脱硫装置

该装置用于从H_2S和CO_2分压高的天然气选择性脱除H_2S和有机硫，其工艺流程示意图见图2-17。原料气中H_2S和CO_2含量分别为9.0%和9.5%，有机硫含量为$230×10^{-6}$（体积分数，下同），脱硫后的净化气中H_2S含量为$2×10^{-6}$，CO_2含量为8.0%，有机硫含量为$70×10^{-6}$。

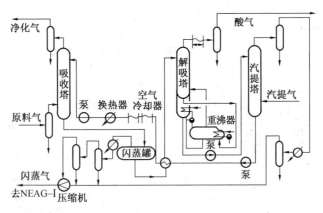

图2-17　NEAG-ⅡSelexol法脱硫装置工艺流程示意图

2. 美国Pikes Peak脱碳装置

该装置原料气中CO_2含量高达43%，H_2S含量仅$60mL/m^3$，对管输的净化气要求是H_2S含量为$6mL/m^3$，CO_2含量为3%，故实际上是一套脱碳装置，其工艺流程示意图见图2-18。

由图可知，原料气和高压闪蒸气混合后先与净化气换热，温度降至4℃再进入吸收塔与Selexol溶剂逆流接触，脱除H_2S和CO_2后的净化气从塔顶排出。富液经缓冲罐后先后在高压、中压和低压闪蒸罐内闪蒸出气体。其中，高压闪蒸气中烃类含量多，经压缩后与原料气

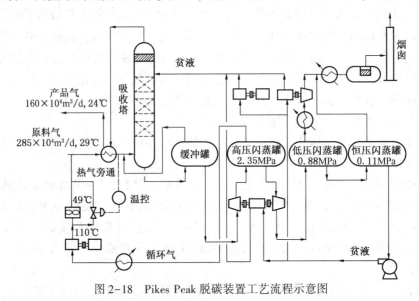

图2-18　Pikes Peak脱碳装置工艺流程示意图

混合，而中压、低压闪蒸气主要是 CO_2，从烟囱放空。低压闪蒸后的贫液增压后返回吸收塔循环使用。

Pikes Peak 脱碳装置的典型运行数据见表 2-21。

表 2-21　Pikes Peak 脱碳装置的典型运行数据

物流	原料气	循环气	进塔气	产品气	放空气
流量/($10^4 m^3/d$)	285	60	345	160	125
压力/MPa	6.9	6.9	6.9	6.7	0.1
温度/℃	29	49	4	24	24
CO_2/%	44.0	70.9	48.7	2.8	96.5
H_2S/$\times 10^{-6}$	60.0	32.2	55.0	5.4	129.3
CH_4/%	54.7	28.2	50.1	95.3	3.0
CO_2 脱除率96.3%		H₂S 脱除率94.5%		烃类总损失率2.72%	

由表 2-21 可知，由于高压闪蒸气中烃类含量多，尽管经压缩后与原料气混合返回吸收塔，但装置的烃类总损失率仍达到 2.72%。因此，烃类损失大是物理溶剂的一个重要缺点。

三、Lo-Cat 法

直接转化法采用含氧化剂的碱性溶液脱除气流中的 H_2S 并将其氧化为单质硫，被还原的氧化剂则用空气再生，从而使脱硫和硫黄回收合为一体。由于这种方法采用氧化-还原反应，故又称氧化-还原法或湿式氧化法。

直接转化法可分为以铁离子为氧载体的铁法、以钒离子为氧载体的钒法以及其他方法。Lo-Cat 法属于直接转化法中的铁法。

与醇胺法相比，其特点为：①醇胺法和砜胺法酸气需采用克劳斯装置回收硫黄，甚至需要尾气处理装置，而直接转化法本身即可将 H_2S 转化为单质硫，故流程简单，投资低；②主要脱除 H_2S，仅吸收少量的 CO_2；③醇胺法再生时蒸汽耗量大，而直接转化法则因溶液硫容（单位质量或体积溶剂可吸收的硫的质量）低、循环量大，故其电耗高；④基本无气体污染问题，运行中产生的少量硫代硫酸盐类等夹杂在硫黄浆液中，其中一部分经过滤脱水后随废液排出。

限于篇幅，以下仅介绍铁法中的 Lo-Cat 法。

Lo-Cat 法是一种可再生的脱硫工艺，采用铁离子络合物液体催化剂，在常温下将 H_2S 溶于水后，电离成 HS^- 和 H^+。溶液中的催化剂 Fe^{3+} 与 HS^- 发生氧化-还原反应，直接转化为元素硫，而 Fe^{3+} 则被还原为亚铁离子 Fe^{2+}。然后，用空气将 Fe^{2+} 氧化为 Fe^{3+}，使催化剂恢复活性循环使用。

Lo-Cat 法主要反应如下：

吸收（氧化）反应

H_2S 吸收：　　　　　　　　$H_2S(g) + H_2O(l) \Longleftrightarrow H_2S(aq) + H_2O(aq)$　　　　(2-6)

H_2S 电离：　　　　　　　　$H_2S(aq) \Longleftrightarrow HS^- + H^+$　　　　(2-7)

HS^- 氧化：　　　　　　　　$HS^- + 2Fe^{3+} \longrightarrow S(s) + 2Fe^{2+} + H^+$　　　　(2-8)

再生（还原）反应

O_2 吸收：　　　　　　　　$1/2O_2(l) + H_2O(aq) \Longleftrightarrow O_2(aq) + H_2O(aq)$　　　　(2-9)

Fe^{2+} 再生：		$1/2O_2(aq)+2Fe^{2+}+H_2O \longrightarrow 2Fe^{2+}+2OH^-$		(2-10)
主要副反应		$2HS^-+2O_2 \longrightarrow S_2O_3^{2-}+H_2O$		(2-11)
总反应		$H_2S(g)+1/2O_2(g) \longrightarrow H_2O(l)+S(s)$		(2-12)

美国 ARI 公司开发的第一代 Lo-Cat 法可用来处理多种含 H_2S 气体，适用于潜硫量在 0.2~20t/d 含硫气体的脱硫，硫回收率通常可达 99.9%，净化尾气中的 H_2S 含量可低至 10×10^{-6}（体积分数）。反应器内溶液 pH 值在 8.0~8.5 时最佳，其总铁离子含量为 500×10^{-6}（质量分数）。在反应器内得到的硫黄浆液浓度为 5%~15%，经过滤脱水后所产硫黄饼纯度根据过滤方式不同而异。

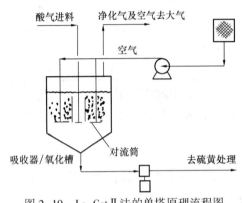

图 2-19　Lo-Cat Ⅱ法的单塔原理流程图

Lo-Cat 法有常规流程（双塔流程）和自循环流程（单塔流程）两种流程，用于不同性质的原料气。双塔流程用于易燃（例如含硫天然气等）或不能与空气混合的气体脱硫，一塔吸收，一塔再生；单塔流程常用于处理不易燃的，可以与空气混合的各种含 H_2S 低压废气（例如醇胺法酸气、克劳斯装置加氢尾气等不易燃气体），其吸收与再生在一个塔内同时进行，称之为"自动循环"的 Lo-Cat 法。目前，第二代工艺 Lo-Cat Ⅱ法主要采用单塔流程，最大规模装置的硫黄回收量已达 10t/d。图 2-19 为 Lo-Cat Ⅱ法的单塔流程图。

该法的技术特点是：①原料适应性强。在原料酸气量波动较大及 H_2S 含量在 0~100%范围内的工况下都能正常运行。例如，可用于处理醇胺法脱硫脱碳装置 H_2S 含量小于 30%的酸气。②净化率高。硫回收率一般可达 99.9%，最高可达 99.97%~99.99%。③操作条件温和，为液相、常温、常压反应过程。工艺过程中所有反应都可在室温下进行并满足化学平衡条件，无燃烧反应过程。④投资低。主要设备和自控仪表较少，故装置的投资较低，占地少。特别适合于酸气潜硫量小的条件下使用，代替 Claus 硫黄回收装置。此外，用于处理醇胺法脱硫脱碳装置的酸气时，不需另设尾气处理装置，从而节省了投资和操作费用。但是，此法最大缺点是产品硫黄（一般硫含量 65%~70%，质量分数）达不到《工业硫黄 第一部分：固体产品》（GB/T 2449.1—2014）质量要求。

Lo-Cat 法专用化学剂的理化性质见表 2-22。

表 2-22　Lo-Cat 法专用化学剂的理化性质

项目	ARI340 铁催化剂	ARI350 螯合剂	ARI400 生物除菌剂	ARI600 表面活性剂
外观	深红色液体	亮黄色液体	浅棕色液体	清澈液体
气味	氨水味	淡氨气味	淡芳香味	淡酒精味
pH 值	约9.3	11 左右(1%溶液)	6.5 左右	7.5 左右
沸点/℃	>100	104	100	96
冰点/℃	-8	-25	0	0
蒸气压/kPa	约47	3.3	5.0	5.0
相对密度(水=1.0)	1.26	1.3	0.96	1.02
挥发性/%	55	58	89	69
溶解性	可与水以任何比例混合，不与脂肪类混合			

我国蜀南气矿隆昌天然气净化厂由于原料酸气中 H_2S 含量为 $3g/m^3$，潜硫量略低于 $1.2t/d$，处于适用 Lo-Cat 法的潜硫量范围内，故在 2001 年引进了一套自动循环的 Lo-Cat Ⅱ 装置处理 MDEA 法脱硫装置排出的酸气。所用溶液除含有络合铁催化剂 ARI-340 外，还加有 ARI-350 螯合稳定剂、ARI-400 生物除菌剂以及促使硫黄聚集沉降的 ARI-600 表面活性剂。此外，在运行初期和必要时还须加入 ARI-360K 降解抑制剂(稳定剂)。溶液所用碱性物质为 KOH，其质量分数为 45%。有时还需加入消泡剂 EC-9079A。

图 2-19 中的反应器内溶液的自动循环系靠吸收液与再生液的密度差而实现的。对流筒吸收区中溶液因 H_2S 氧化为元素硫，密度增加而下沉，筒外溶液则因空气(其量远多于酸气量)鼓泡而密度降低，不断上升进入对流筒。

装置中采用了不锈钢、硅橡胶、高密度聚乙烯及氯化乙烯等防腐材料。为防止硫黄堵塞，装置定时用空气清扫。表 2-23 给出了该装置的设计与实际操作参数。

表 2-23　隆昌天然气净化厂 Lo-Cat Ⅱ 装置参数

项目	酸气量/(m^3/h)	酸气中 H_2S 浓度/%(体积分数)	溶液中铁离子浓度/%(质量分数)	pH 值	溶液电位/mV	排放气中 H_2S 浓度/10^{-6}(体积分数)	硫黄产量/(t/d)
设计	150(90~165)	23	0.050	8~9	−175~−250	10	1.2
实际	60~90	6~10	0.045~0.050	8~9	−150~−250	5	—

陕西延长石油集团延安炼油厂硫黄回收装置也采用 Lo-Cat 法脱硫工艺。原料气为酸性水汽提气，设计流量为 $1162m^3$/h，H_2S 含量为 40.22%，实际运行流量为 $900~1100m^3$/h，H_2S 含量为 30%~36%。

该装置已在 2008 年 5 月投产。硫饼浓度设计为 65%(质量分数)，实际可达 70%；排放尾气中 H_2S 含量设计为 $10×10^{-6}$(质量分数)，投产后尾气中 H_2S 实际含量低于 $10×10^{-6}$。此外，长庆第三天然气净化厂在 2011 年建成投产的硫黄回收装置也采用 Lo-Cat 法脱硫工艺，硫黄产量为 2.61t/d。第四天然气净化厂的 Lo-Cat 法硫黄回收装置也正在建设中，硫黄产量(设计值)为 9.2t/d。

四、其他方法

除了上述物理溶剂法脱硫脱碳外，还有分子筛法、膜分离法、低温分离法以及微生物法等方法。

1. 分子筛法

分子筛对于极性分子即使在低浓度时也有相当高的吸附容量，其对一些化合物的吸附强度按递减顺序为：$H_2O>NH_3>CH_3OH>CH_3SH>H_2S>COS>CO_2>CH_4>N_2$。

因此，分子筛也可用来从气体

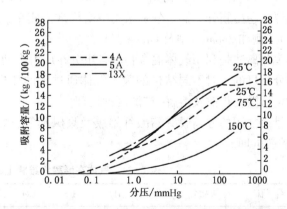

图 2-20　H_2S 在 4A、5A 和 13X 分子筛上的吸附等温线

(1mmHg = 133.325Pa)

中脱除硫化物。当用于选择性脱除 H_2S 时，可将 H_2S 脱除到 $6mg/m^3$。分子筛还可用来同时脱水及脱有机硫，或用来脱除 CO_2。

纯 H_2S 在几种类型分子筛上的吸附等温线见图 2-20。如果 H_2S 在混合物中，其吸附容量将会降低。

图 2-21 为分子筛脱硫的综合工艺流程图。由于分子筛床层再生时可使床层上脱附出来的 H_2S 浓缩到流量较低的再生气流中，故必须将此再生气流进行处理或去火炬焚烧后排放。在再生过程中，再生气流中的 H_2S 浓度将会出现一个最高值，大约是原料气中 H_2S 浓度的 30 倍。操作时，可将出现 H_2S 高峰值时的再生气流送往火炬，其余的再生气流则可返回原料气中。

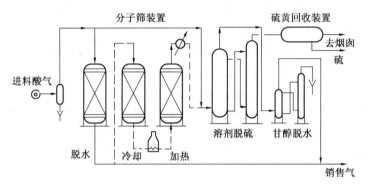

图 2-21 分子筛脱硫的综合工艺流程图

含 CO_2 的气体在分子筛床层上脱硫时可能发生的反应为

$$CO_2 + H_2S \Longrightarrow COS + H_2O \tag{2-13}$$

此反应是可逆的，即温度和浓度会影响反应平衡。在吸附周期中可生成 COS，较高的温度也有利于 COS 生成。通常，生成 COS 的反应主要发生在气体出口的床层处，因为此处的气体基本不含水，故促使反应向右方进行。另外，再生过程中期也易生成 COS。为此，可采用对 COS 生成没有催化作用的分子筛(例如，Cosmin 105A)。

2. 膜分离法

20 世纪 50 年代开发的膜分离法先是在液体分离等工业领域应用，70 年代后开始由 Dow 化学公司和 Monsanto 公司用于气体分离。目前，用于气体分离的主要有中空纤维型膜分离器和螺旋卷型膜分离器，分别采用中空纤维型膜单元(例如 DuPont 及 Prism 型)和螺旋卷型膜单元(例如 Separex 型及 Grace 型)。

膜分离法是利用气体混合物中各组分在压力推动下通过分离膜时的传递速率不同，从而达到分离目的。对不同结构的膜，气体通过膜的传递扩散方式也不同，因而分离机理也各异，包括微孔扩散及溶解-扩散两种机理。

目前常用的分离膜有醋酸纤维膜及聚砜膜等，属于非多孔膜，气体通过膜的机理为溶解-扩散机理。

表 2-24 气体在醋酸纤维膜上的相对渗透系数

气 体	水蒸气	He	H_2	H_2S	CO_2	O_2	CO	CH_4	N_2	C_2H_6
相对渗透系数	100	15	12	10	6	1	0.3	0.2	0.18	0.10

表 2-24 为一些气体在醋酸纤维膜上的相对渗透系数。表中任何两组分相对渗透系数之比即为二者间的分离因子。例如，H_2S 对 CH_4 的分离因子是 50，CO_2 对 CH_4 的分离因子是 30，即 H_2S、CO_2 对 CH_4 均有较大的分离因子，故可利用膜分离法从天然气中分离 H_2S、

CO_2。但是，即使分离因子很大时分离也不完全，即通过膜分离单元的渗透气中仍会含有一些残余气组分，而未通过膜分离单元的残余气(净化气)中也含有一些渗透气组分。膜分离法除可用于脱硫脱碳外，还可用于脱水。

图 2-22 和图 2-23 分别为中空纤维型膜单元和螺旋卷型膜单元示意图，其性能比较见表 2-25。二者虽各有优缺点，但总起来说螺旋卷型膜单元价格稍贵而性能更好。

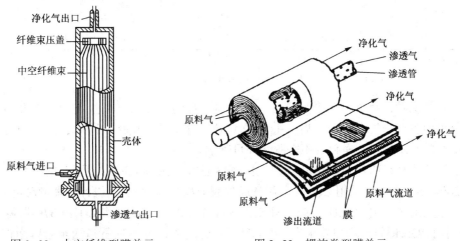

图 2-22　中空纤维型膜单元　　　　　图 2-23　螺旋卷型膜单元

表 2-25　两种膜分离单元性能比较

性　　能	单位面积价格	需要的膜面积	选择性渗透层厚度	膜的渗透性
中空纤维型	较低	较多	较厚	较差
螺旋卷型	较高	较少	较薄	较好

膜分离法用于气体分离的特点是：①分离过程不发生相变，能耗低，但因少量烃类进入渗透气中而有烃类损失问题；②不使用化学药剂，副反应少，基本上不存在腐蚀问题；③设备简单，占地面积小，操作容易。因此，当原料气中 CO_2 等酸性组分含量越高时，采用膜分离法分离 CO_2 等组分在经济上越有利，故膜分离法对 CO_2 等酸性组分含量高的原料气分离有着广泛的应用前景。

1994 年美国气体研究所(GRI)对膜分离法用于天然气处理的评价表明，采用单级膜分离可将天然气中的 CO_2 浓度由 5% 降低至 2% 以下，同时可将水含量从 $1.075g/m^3$ 降低至 $0.1123g/m^3$ 以下，从而达到管输指标。但是，烃类损失率(放空气中烃类量占原料气中烃类量的分数)较高，约为 10%。

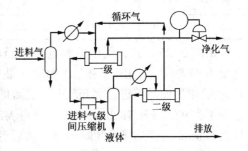

图 2-24　两级膜分离装置工艺流程示意图

为此，当原料气中 CO_2 含量较高时，由于一级分离难以达到管输指标且烃类损失会更大，此时可采用两级膜分离，即将一级分离所得的渗透气压缩后去二级膜分离。这样，既可提高放空气中的 CO_2 浓度，又可回收其中的烃类而降低烃类损失。图 2-24 为美国 1993 年投产的一套两级膜分离装置的流程示意图。该装置的物流组成和工艺参数见表2-26。

表2-26 两级膜分离装置物流组成和工艺参数

物　流	压力/MPa	温度/℃	组成(干基)/%(体积分数)				流量/($10^3m^3/d$)
			CO_2	CH_4	N_2	C_2^+	
原料气	6.51	30.0	11.0	86.3	0.6	2.1	845
放空气[①]	0.04	34.4	81.1	18.7	0.1	0.1	99
净化气[②]	6.40	35.0	1.9	95.2	0.6	2.3	746

注：① 即渗透气。

② 即残余气，要求CO_2小于2%，水蒸气小于$0.0644kg/m^3$。

从运行情况看，经过一级膜分离后，烃类损失量约为原料气中烃类含量的24%；经过二级膜分离回收渗透气中的烃类后，平均烃类损失量降至2.06%。同时，由于膜分离装置还具有良好的脱水效果，净化气不需脱水即可管输。

位于暹罗湾马来西亚和泰国联合开发区A18区块Cakerawala海上平台的天然气生产设施，自2004年底以来即采用Cynara半渗透膜的膜分离装置(两套，设计处理量总计为$1982×10^4m^3/d$)脱除原料气中的CO_2，膜设计压力为4.34MPa。原设计将CO_2由37%脱除至15%(实际上小于23%即符合用户要求)，再经增压后通过270km海底管道送至泰国南部，主要用于马来西亚和泰国的发电和化工。之后虽然用户一度又要求商品气中CO_2含量小于10%，但该装置仍可达到。

膜分离法除用于从天然气中脱除CO_2外，还可从天然气中脱除H_2S。但是，对含H_2S的天然气，目前的膜分离特性决定了其净化度不可能很高，故难以达到严格的H_2S质量指标。此时，可采用膜分离法与醇胺法组合流程，先用膜分离法脱除大量的H_2S和CO_2，再用醇胺法脱除残余的H_2S，使其达到指标要求。

例如，美国Occidental Oil & Gas公司在20世纪末期建设的Mallet脱CO_2处理厂即采用了膜分离法与MDEA和AP-MDEA法的组合流程。该厂原料气为CO_2驱油伴生气，压力为0.17MPa，处理量为$2.89×10^6m^3/d$，组成见表2-27，全厂工艺流程方框图见图2-25。

表2-27 Mallet处理厂膜分离装置原料气组成　　　%(体积分数)

组　分	CO_2	N_2	H_2S	C_1	C_2	C_3	C_4	C_5	C_6^+	总烃
组　成	89.9	0.7	0.3	3.8	1.8	1.5	1.1	0.5	0.4	9.1

由图2-25可知，低压原料气进厂经增压后先去膜分离装置，富含烃类的渗余气(CO_2含量为77%)再经MDEA和AP-MDEA装置进一步脱除H_2S和CO_2，使烃类气体中CO_2小于1.5%后作为商品销售。离开膜分离装置的高CO_2含量的渗透气(高压和低压渗透气中CO_2含量分别为97.5%和98.0%)，以及来自MDEA和AP-MDEA装置的酸气汇合一起经再增压后先去Selexol装置选择性脱除H_2S，然后经TEG装置脱水和再增压后作为CO_2商品气出厂。CO_2商品气中的CO_2含量大于95%，H_2S含量小于$100×10^{-6}$(体积分数)，水含量小于$0.4g/10^3m^3$。

此外，美国Separex公司还将螺旋卷型膜单元用于海上开发平台的天然气脱水，在7.8MPa、38℃下脱水后的天然气水露点可达-48℃。

国外一些气体膜分离器特性见表2-28。

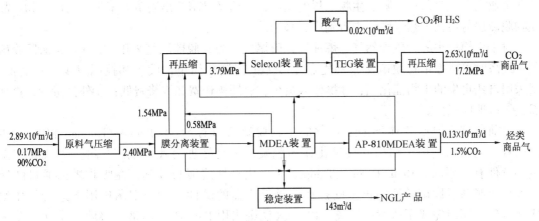

图 2-25 Mallet 脱 CO_2 处理厂工艺流程方框图

表 2-28 国外气体膜分离器特性

制造公司	UOP	Permea	Ube	Generon
商品名	Separex	Prism	Ube	Generon
膜材料	醋酸纤维素	聚酰亚胺	聚酰亚胺	聚烯烃
膜结构	非对称	非对称复合膜	非对称复合膜	熔融纺丝致密膜
组件类型	螺旋卷式	中空纤维	中空纤维	中空纤维
极限温度/℃	60	120	100	45
操作压力/MPa	8.4	16.0	13.0	1.4

3. 低温分离法

处理含有大量 H_2S 和 CO_2 的气体混合物(例如 CO_2 驱油的伴生气)时,需要分离大量酸气并回收天然气凝液。此时,虽然低温分离法能耗很高,但采用该法也可能具有竞争力。通常广泛采用的低温分离法是美国 Koch 工艺系统公司的 Ryan/Holmes 法。

表 2-29 Ryan/Holmes 法装置运行数据

项 目	流量/ ($10^4 m^3$/d)	组 成/%(体积分数)						
		CO_2	H_2S	C_1	C_2	C_3	C_4^+	N_2
原料气	206.3	85.97	0.11	4.96	2.58	2.25	4.06	0.07
燃料气	9.4	1.99	—	96.07	—	0.05	0.35	1.53
CO_2	180.3	98.04	50×10^{-6}	0.64	1.20	0.11	0.01	—
NGL(液)	745m^3/d	2.75	1.37	—	19.02	26.69	50.18	

低温分离法的难点是低温系统可能形成固体 CO_2 及产生 CO_2-C_2 共沸物问题。Ryan/Holmes 法中采用 C_4^+ 凝液作为添加剂的方法妥善解决了这些问题。

此法有两塔、三塔和四塔流程,用于不同产品结构。表 2-29 为一采用 Ryan/Holmes 法的装置在 CO_2 驱油高峰年时的运行数据。

4. 生物脱硫法

近年来生物脱硫法已有大量报道。由于该法具有成本低、安全、脱硫效率高等特点,国外在工业上已广为采用。随着生物工程的发展，目前又已培育出脱硫效率更高的微生物，故生物脱硫法将会在天然气脱硫中得到广泛采用。

对于规模较小的含硫天然气、炼油厂含硫尾气，当其脱硫酸气采用常规 Claus 法回收硫黄不经济时可考虑生物脱硫法，其优点是：①工艺流程简单，设备和控制点少，投资低；②采用自然再生的生物催化剂；③操作人员少，后期操作费和维修费低；④外排量少，更环保；⑤占地面积少。

目前处理含 H_2S 气体已经工业化的生物脱硫法只有 Shell-Paques/Thiopaq 和 Bio-SR 法两种，它们均利用了细菌间接氧化作用脱硫，只是处理溶液的脱硫、再生方式和细菌生存条件有所不同。Shell-Paques/Thiopaq 法采用碱性溶液吸收剂，在吸收塔内通过酸碱中和反应脱硫，脱硫溶液的再生则是在生物反应器的碱性环境中细菌作用下进行氧化生成元素硫，同时完成了硫黄的分离。Bio-SR 法则采用 $Fe(SO_4)_3$ 溶液在吸收塔中通过铁离子的氧化还原来脱硫，并同时生成硫黄；脱硫溶液分离硫黄后进入生物反应器的酸性环境中细菌作用下氧化再生。尽管这两种方法都实现了工业应用，但目前以采用 Shell-Paques/Thiopaq 法的工业装置较多，操作经验丰富，而且已成功用于含硫天然气脱硫。另外，Shell-Paques/Thiopaq 法是一个不可逆反应，H_2S 脱除率极高并且没有 SO_2 排放，同时其生物反应器在常温、常压下运行，安全环保。因此，对于中低含硫天然气的脱硫，选用 Shell-Paques/Thiopaq 法较好。

图 2-26 为加拿大 Bantry 天然气处理厂脱硫装置采用的 Shell-Paques 生物脱硫法工艺流程图。该装置已于 2002 年投产，其设计数据见表 2-30。

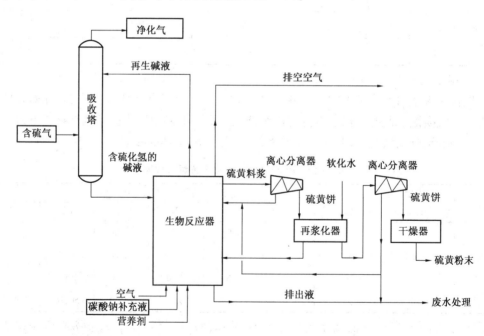

图 2-26　Bantry 天然气处理厂生物脱硫法工艺流程示意

含 H_2S 气体在吸收塔内与含硫细菌的碳酸钠水溶液进行接触，H_2S 溶解在碱液中并随碱液进入生物反应器中。在生物反应器的充气环境下，H_2S 被硫杆菌家族的细菌氧化成元素硫，并以料浆形式从生物反应器中析出，进一步干燥成硫黄粉末，或经熔融成为商品硫黄。

表 2-30　Bantry 天然气处理厂微生物法脱硫装置设计数据[①]

项　　目	原料气				净化气 H_2S 含量/%	产硫量/(t/d)	脱硫率/%
	处理量/(m³/d)	压力/MPa	温度/℃	H_2S 含量/%			
冬季低压	32.15×10⁴	0.59	4	0.202	<4×10⁻⁶	1	99.5
夏季高压	32.15×10⁴	1.38	10	0.202	<4×10⁻⁶	1	99.5

注：① 表中 H_2S 含量均为体积分数。

据称，Shell-Paques 生物脱硫法的技术规格为：①含硫天然气中 H_2S 浓度范围为 50×10^{-6}（体积分数，下同）到 100%（处理量小时）；②天然气压力为 $0.1\sim10$MPa；③生物反应器容积为 $5\sim2000$m³；④产硫量在 30t/d 以下，但在 $30\sim50$t/d 时仍有经济效益；⑤净化气中的 H_2S 含量可降至 4×10^{-6}；⑥硫黄回收率可达 99.9%（质量分数）以上，硫黄产品的纯度可达 99.97%（可选择）。

我国某生化公司柠檬酸厂为利用污水处理设施产生的沼气发电，在 2004 年引进了 Shell-Paques 公司的生物脱硫技术将沼气的 H_2S 含量从 14000mg/m³ 降至 250×10^{-6}（体积分数，设计要求值），并生产硫黄。据了解，该生物脱硫装置自投产以来运行基本正常。

需要指出的是，尽管生物脱硫法具有较明显的优势，但它也存在其自身的弱点。由于依赖细菌的生化作用来加快脱硫反应的进行，故反应速度较慢，溶液硫容较小，因而循环量和生物反应器体积较大，增加了公用工程消耗，而且随着处理量增加，经济性变差。

2014 年 4 月，中国石油西南油气田分公司天然气研究院在川西北净化厂完成了国内首个天然气生物脱硫法现场试验，对试验的各项参数、运行稳定性等指标进行了考核，势将推动生物脱硫法在国内天然气处理中的广泛应用。

参 考 文 献

1　王遇冬主编．天然气处理与加工工艺．北京：石油工业出版社，1999.

2　王开岳主编．天然气净化工艺．北京：石油工业出版社，2005.

3　徐文渊，蒋长安主编．天然气利用手册(第二版).北京：中国石化出版社，2006.

4　GPSA. Engineering Data Book. 13th Edution, Tulsa, Ok., 2012.

5　陈赓良等．天然气脱硫脱碳工艺的选择．天然气与石油，2014，32(12)：29~34.

6　VMarkE. Treesh et al. Marathon uses mol sieve to remove mercaptan from gas stream. Oil & Gas Journal, 2006, 104(15)：62~65.

7　EdLata et al. Canadian experience shows actual operations needed to guide of amine simulator. Oil & Gas Journal, 2009, 107(26)：62~65.

8　D. Law. New MDEA Design in gas plant improves sweetening, reduces CO_2. Oil & Gas Journal, 1994, 92(35)：83~85.

9　M. S. DuPart et al. Understanding corrosion in alkanolamine gas treating plants(part 1). Hydrocarbon Processing, 1993, 91(4)：75~80.

10　M. S. DuPart et al. Understanding corrosion in alkanolamine gas treating plants (part 2). Hydrocarbon Processing, 1993, 91(5)：89~94.

11　国家发展和改革委员会．天然气净化厂设计规范(SY/T 0011-2007).北京：石油工业出版社，2008.

12　F. S. Manning et al. Oilfield processing of petroleum, Vol. I：Natural Gas. Tulsa, Ok.：PennWell Books, 1991.

13 王遇冬，等．长庆气田含硫天然气脱硫工艺技术研究．天然气工业，2002，22(6)：92~96.

14 颜晓琴，等．关于 MDEA 在天然气净化过程中变质特点的探讨．石油与天然气化工，2009，38(4)：308~312.

15 Von McCallum. New Mexico gas processing plants add filtration to improve amine operations. Oil & Gas Journal, 2005, 103(16)：60~63.

16 Sutopo et al. Twenty years experience in controlling corrosion in amine unit. Badak LNG Plant. Corrosion 2000：Paper 00497/1~13.

17 Mark E. Bothamley. Study evaluates two amine options for gas sweetening. Oil & Gas Journal, 2006, 104 (29)：62~67.

18 Steve Joneset al. GPA research data help save time, money in BG plant design. Oil & Gas Journal, 2000, 98 (3)：48~55.

19 李必忠，等．东方终端二期脱碳装置运行问题浅析及解决办法．石油与天然气化工，2008，37(5)：401~405.

20 付敬强．CT8-5 选择性脱硫溶液在四川长寿天然气净化分厂使用效果评估．石油与天然气化工，1999，25(3)：184~186.

21 王登海，等．长庆气田天然气采用 MDEA 配方溶液脱硫脱碳．天然气工业，2005，25(4)：154~156.

22 李时宣，等．长庆气田天然气净化工艺技术介绍．天然气工业，2005，25(4)：150~153.

23 党晓峰，等．酸气负荷对脱硫脱碳装置平稳运行的影响分析．天然气工业，2008，28(增刊B)：142~145.

24 李亚萍，等．MDEA/DEA 脱硫脱碳混合溶液在长庆气区的应用．天然气工业，2009，29(10)：107~110.

25 郭揆常主编．矿场油气集输与处理．北京：中国石化出版社，2010.

26 赵玉君，等．CJST 塔盘在天然气胺法脱硫脱碳装置的应用．石油与天然气化工，2009，38(6)：490~493，500.

27 缪明富，等．俄罗斯高酸性天然气净化工艺技术评价．石油与天然气化工，2004，33(4)：261~269.

28 周文．混合胺脱硫溶剂工业的应用．天然气与石油，2006，24(2)：39~40.

29 刘家洪，等．高含硫天然气净化厂设计特点．天然气与石油，2006，24(3)：52~55.

30 何生厚．高含硫化氢和二氧化碳天然气田开发工程技术．北京：中国石化出版社，2008.

31 徐双全，等．Lo-Cat 工艺技术在隆昌天然气净化厂的应用．石油与天然气化工，2004，33(1)：24~27.

32 汪家铭，等．Lo-Cat 硫回收工艺技术及其应用远景．天然气与石油，2011，29(3)：30~34.

33 刘宏伟，等．Lo-Cat 硫黄回收技术在炼厂硫黄回收装置中的应用．石油与天然气化工，2009，38(4)：322~326.

34 刘茉娥，等．膜分离技术．北京：化学工业出版社，1998.

35 AlanCallision et al. Offshore processing plant uses membranes for CO_2 removal. Oil & Gas Journal, 2007, 105 (20)：41~47.

36 Gary Blizzard David Parro et al. Mallet gas processing facility uses membranes to efficiently separate CO_2. 2005, 103(14)：48~53.

37 白金莲，等．微生物法去除 H_2S 的研究进展．石油与天然气化工，2008，37(3)：209~213.

38 张绍东等主编．国内外石油技术进展(十一五)——地面工程．北京：中国石化出版社，2012.

第三章　天然气脱水

天然气脱水是指从天然气中脱除饱和水蒸气或从天然气凝液(NGL)中脱除溶解水的过程。脱水的目的是：①防止在处理和储运过程中出现水合物和液态水；②符合天然气产品的水含量(或水露点)质量指标；③防止腐蚀。因此，在天然气露点控制(或脱油脱水)、天然气凝液回收、液化天然气及压缩天然气生产等过程中均需进行脱水。此外，采用湿法脱硫脱碳后的净化气也需要脱水。对于距离天然气处理厂较远的酸性天然气，如果在集气管道中可能出现游离水时也可在集气站先脱水。

天然气及其凝液的脱水方法有吸收法、吸附法、低温法、膜分离法、气体汽提法和蒸馏法等。本章着重介绍天然气脱水常用的吸收法、吸附法和低温法。此外，防止天然气水合物形成的方法也在本章中一并介绍。

采用湿法脱硫脱碳时，含硫天然气一般是先脱硫脱碳再脱水。此时，脱硫脱碳后的天然气中 H_2S 和 CO_2 等酸性组分含量一般已符合管输要求或商品气质量指标。

第一节　防止天然气水合物形成的方法

防止天然气水合物形成的方法有三种：一是在天然气压力和水含量一定时，将含水的天然气加热，使其加热后的水含量处于不饱和状态。目前在气井井场采用加热器即为此法一例。当设备或管道必须在低于水合物形成温度以下运行时，就应采用其他两种方法：一种是利用吸收法或吸附法脱水，使天然气水露点降低到设备或管道运行的最低温度以下；另一种则是向气流中加入化学剂。目前常用的化学剂是热力学抑制剂，但自 20 世纪 90 年代以来研制开发的动力学抑制剂和防聚剂也日益受到人们的重视与应用。

天然气脱水是防止水合物形成的最好方法，但出于实际情况和经济上考虑，一般应在处理厂(站)内集中进行。否则，则应考虑加热和加入化学剂的方法。

关于脱水方法将在本章下面各节中介绍，此处主要讨论加入化学剂法。

一、热力学抑制剂法

水合物热力学抑制剂是目前广泛采用的一种防止水合物形成的化学剂。向天然气中加入这种化学剂后，可以改变水在水合物相内的化学位，从而使水合物的形成条件移向较低的温度或较高的压力范围，即起到抑制水合物形成的作用。

常见的热力学抑制剂有电解质水溶液(如 $CaCl_2$ 等无机盐水溶液)、甲醇和甘醇类有机化合物。以下仅讨论常用的甲醇、乙二醇、二甘醇等有机化合物抑制剂。

(一) 使用条件及注意事项

对热力学抑制剂的基本要求是：①尽可能大地降低水合物的形成温度；②不和天然气中的组分发生化学反应；③不增加天然气及其燃烧产物的毒性；④完全溶于水，并易于再生；⑤来源充足，价格便宜；⑥凝点低。实际上，完全满足这些条件的抑制剂是不存在的，目前常用的抑制剂只是在某些主要方面满足上述要求。

气流在降温过程中可能会析出冷凝水。在气流中注入可与冷凝水混合互溶的甲醇或甘醇后，则可降低水合物的形成温度。甲醇和甘醇都可从其水溶液相（通常称为含醇污水）中回收、再生和循环使用，其在使用和再生中损耗掉的那部分则应定期或连续予以补充。

在温度高于-40℃并连续注入的情况下，采用甘醇（一般为其水溶液）比采用甲醇更为经济，因为回收甲醇需要采用蒸馏的方法。而在温度低于-40℃的低温条件下，一般则选用甲醇，因为甘醇的黏度较大，故与液烃分离困难。

水合物抑制剂一般采用乙二醇、二甘醇和三甘醇。由于乙二醇成本低、黏度小且在液烃中的溶解度低，因而是最常用的甘醇类抑制剂。

为了保证抑制效果，必须在气流冷却至形成水合物温度前就注入抑制剂。例如，在低温法脱水中应将甘醇类抑制剂喷射到气体换热器内管板表面上，这样就可随气流在管内流动。当气流析出冷凝水时，已经存在的抑制剂就和冷凝水混合以防止水合物的形成。应该注意的是，必须保证注入的抑制剂在低于气体水合物形成温度下运行的换热器内每根管子和管板处都有良好的分散性。

甲醇、乙二醇、二甘醇等有机化合物抑制剂的主要理化性质见表3-1。

表3-1 常见有机化合物抑制剂主要理化性质[①]

性 质		甲醇（MeOH）	乙二醇（EG）	二甘醇（DEG）	三甘醇（TEG）
分子式		CH_3OH	$C_2H_6O_2$	$C_4H_{10}O_3$	$C_6H_{14}O_4$
相对分子质量		32.04	62.1	106.1	150.2
常压沸点/℃		64.5	197.3	244.8	285.5
蒸气压（25℃）/Pa		12.3（20℃）	12.24	0.27	0.05
相对密度	25℃	0.790	1.110	1.113	1.119
	60℃		1.085	1.088	1.092
凝点/℃		-97.8	-13	-8	-7
黏度	（25℃）/(mPa·s)	0.52	16.5	28.2	37.3
	（60℃）/(mPa·s)		4.68	6.99	8.77
比热容（25℃）/[J/(g·K)]		2.52	2.43	2.3	2.22
闪点（开口）/℃		12	116	124	177
理论分解温度/℃			165	164	207
与水溶解度（20℃）		互溶	互溶	互溶	互溶
性状		无色、易挥发、易燃、有中等毒性	无色、无臭、无毒黏稠液体	同EG	同EG

注：① 这些性质是纯化合物或典型产品的实验结果，不能与产品规范混淆，或认为是产品规范。

1. 甲醇

一般来说，甲醇适用于气量小、季节性间歇或临时设施采用的场合。如按水溶液中相同质量浓度抑制剂引起的水合物形成温度降来比较，甲醇的抑制效果最好，其次为乙二醇，再次为二甘醇，见表3-2。

表3-2 甲醇和乙二醇对水合物形成温度降（Δt）的影响[①]

质量分数/%		5	10	15	20	25	30	35
温度降/℃	MeOH	2.1	4.5	7.2	10.1	13.5	17.4	21.8
	EG	1.0	2.2	3.5	4.9	6.6	8.5	10.6

注：① 由Hammerschmidt公式计算求得。

采用甲醇作抑制剂时，由于其沸点低，注入气流中的甲醇有相当一部分仍保持气相，因而造成的连续蒸发损失较大，其量大约是含醇污水中甲醇的2~3倍。

一般情况下可不考虑从含醇污水中回收甲醇，但必须妥善处理以防污染环境。当甲醇用量较大时，则应考虑将含醇污水送至蒸馏再生系统回收甲醇(产品中甲醇的质量浓度大于95%即可)。此时，应该注意的是：①如果在气井井口向采气管线注入甲醇，由于地层水、凝析油的存在，需要根据水质情况(例如，含有凝析油、悬浮物、矿化度高、pH值偏低，因而呈酸性等)首先进行预处理以减少蒸馏再生系统设备和管线的腐蚀、结垢和堵塞；②集气(含采气)、处理工艺和运行季节不同时，含醇污水量、污水的某些性质以及甲醇含量也有较大差别；③对于含低分子醇类的含醇污水体系，采用Wilson、NRTL方程对蒸馏再生系统的甲醇精馏塔进行气-液平衡计算可获得较好的结果。

目前，我国长庆气区等已有多套从含醇污水中回收甲醇的蒸馏再生装置在运行。

由于甲醇易燃，其蒸气与空气混合会形成爆炸性气体，并且具有中等程度毒性，可通过呼吸道、食道和皮肤侵入人体，当体内剂量达到一定值时即会出现中毒现象甚至导致死亡，所以在使用甲醇做抑制剂时必须采取相应的安全措施。

2. 甘醇类

甘醇类抑制剂无毒，沸点远高于甲醇，因而在气相中蒸发损失少，可回收循环使用，适用于气量大而又不宜采用脱水的场合。使用甘醇类抑制剂时应注意以下事项：①注入甘醇的喷嘴必须保证将甘醇喷射成非常细小的雾滴。布置喷嘴时应考虑气流使锥形喷雾面收缩的影响，以使甘醇雾滴覆盖整个气流截面并与气流充分混合。喷嘴一般应安装在距降温点上游的最小距离处，以防甘醇雾滴聚结；②由于黏度较大，特别是低温下有液烃(即凝析油)存在时，会使甘醇水溶液(富甘醇)与液烃分离困难，增加了甘醇类抑制剂在液烃中的携带损失。为此，需要将它们加热至30~60℃在甘醇水溶液-液烃分离器中进行分离；③如果系统(管线或设备)温度低于0℃，注入甘醇类抑制剂时还必须根据图3-1判断抑制剂水溶液在此浓度和温度下有无"凝固"的可能性。虽然此处所谓凝固只是成为黏稠的糊状体，并不是真正冻结成固体，但却严重影响了气液两相的流动与分离。因此，最好是保持抑制剂水溶液中甘醇的质量浓度在60%~70%。实际上，只要能保证分离效果，也可根据具体情况采用较低的富甘醇-液烃

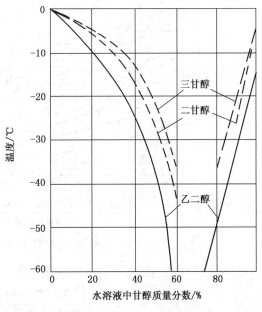

图3-1　甘醇水溶液的凝点

分离温度。例如，我国某气田天然气处理厂脱水脱油装置的富甘醇-液烃分离温度即为-10℃。但是，由于分离开的甘醇和液烃还要分别去加热再生和加热稳定(或分馏)，故还是以选用较高的分离温度为宜。

一般来说，采用甲醇作抑制剂时投资费用较低，但因其蒸发损失较大，故运行费用较高。采用乙二醇作抑制剂时投资费用较高，但运行费用较低。此外，甲醇可作为临时性解堵

剂，在一定程度上溶解已经形成的水合物。

气流所携带的地层水中电介质对水合物的形成有一定抑制作用。但是，为了防止某些电介质对水合物抑制剂的污染，降低甘醇蒸馏再生系统的热负荷和减缓腐蚀，应该在注入抑制剂前首先脱除游离水。

（二）注入抑制剂的低温法工艺流程

通常，低温法可以同时脱油脱水以控制天然气的水、烃露点，有关此法的详细介绍见本章第二节。

（三）水合物抑制剂用量的确定

注入气流中的抑制剂用量，不仅要满足防止在水溶液相中形成水合物的量，还必须考虑气相中与水溶液相呈平衡的抑制剂含量，以及抑制剂在液烃中的溶解量。

1. 抑制剂的气相损失量

由于甲醇沸点低，故其蒸发量很大。甲醇在气相中的蒸发损失可由图 3-2 估计。该图可外推至 4.7MPa 压力以上，但在较高压力下由图 3-2 估计的气相损失偏低。甘醇蒸发损失甚小，其量可以忽略不计。

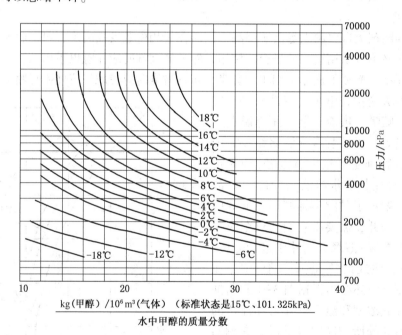

图 3-2　甲醇气相含量与液相含量之比

由图 3-2 中查得的横坐标 α 为在系统出口条件下气、液相甲醇含量比值，即

$$\alpha = \frac{\text{甲醇在气相中的质量分数}(\text{kg}/10^6\text{m}^3)}{\text{甲醇在水溶液相中的质量分数}(\%)}$$

2. 抑制剂在水溶液相中所需的量

水溶液相中抑制剂的最低浓度可由 Hammerschmidt 在 1939 年提出的半经验公式进行估算，也可采用有关热力学模型由计算机完成。Hammerschmidt 半经验公式为

$$C_{\mathrm{m}} = \frac{M\Delta t}{K + M\Delta t} \tag{3-1}$$

式中　C_{m}——抑制剂在水溶液相中所需的最低质量分数；

Δt——根据工艺要求而确定的天然气水合物形成温度降,℃;

M——抑制剂的相对分子质量;

K——常数,甲醇为 1297,甘醇类为 2222。

公式(3-1)不能用于水溶液中甲醇质量浓度大于 20%~25% 和甘醇类质量浓度大于 60%~70% 的情况。

当甲醇质量浓度达到 50% 左右时,采用 Nielsen-Bucklin 公式计算更为准确。

$$\Delta t = -72\ln(1 - C_{mol}) \qquad (3-2)$$

式中 C_{mol}——达到给定的天然气水合物形成温度降,甲醇在水溶液相中所需的最低摩尔分数。

计算出抑制剂在水溶液相中的最低浓度后,可由下式求得水溶液相中所需的抑制剂用量 q_L,即

$$q_L = \frac{C_m q_W}{C_1 - C_m} \qquad (3-3)$$

式中 C_1——注入的含水抑制剂中抑制剂的质量分数;

q_W——系统中析出的冷凝水量,kg/d;

q_L——水溶液相中所需的抑制剂用量,kg/d。

3. 抑制剂在液烃中的溶解损失

甲醇在液烃中的溶解损失和甲醇浓度、系统温度有关。系统温度和甲醇浓度越高其溶解度越大,通常可由有关图中查得。

甘醇类抑制剂的主要损失是在液烃中的溶解损失、再生损失和因甘醇类与液烃乳化造成分离困难而引起的携带损失等。甘醇类在液烃中的溶解损失还与其相对分子质量有关。相对分子质量越大,溶解度越大。甘醇类在液烃中的溶解损失一般在 0.01~0.07L/m³(甘醇类/液烃)。在含硫液烃中甘醇类抑制剂的溶解损失约是不含硫液烃的 3 倍。乙二醇在液烃中的溶解度极小,通常设计使用的溶解度是 40g/m³ 液烃。

注入的抑制剂质量浓度一般为:甲醇 100%(由甲醇蒸馏再生装置得到的甲醇产品浓度大于 95% 即可),乙二醇 70%~80%,二甘醇 80%~90%。注入的抑制剂应进行回收、再生和循环使用,但甲醇用量较少时并不回收。

由于生产过程中存在一些不确定因素,所以实际甘醇注入量应大于理论计算值。国外有人认为:①向湿气管道中注入的实际甘醇量在设计时可取计算值,但是应考虑比最低环境温度低 5℃ 的安全裕量;②如向气/气换热器中的管板或向透平膨胀机入口气流中注入甘醇时,则在设计甘醇注入和再生系统时应考虑注入的实际甘醇量可高达计算值的 3 倍。但是,为防止透平膨胀机损坏,最高甘醇注入量不应大于总进料量的 1%(质量分数)。国内有关标准则指出,注入的甘醇质量浓度宜为 80%~85%,与冷凝水混合后在水溶液相中甘醇质量浓度宜为 50%~60%。

甲醇的注入量在设计时一般取计算值的 2~3 倍。具体用量应在实际运行中调整确定。

【例 3-1】 某海上平台的天然气输送条件为:$2.83 \times 10^6 \text{m}^3/\text{d}(15.6℃)$,38℃,8.3MPa(绝),经管线送到陆地时为 4℃,6.2MPa(绝)。天然气形成水合物的温度为 18℃,析出的凝析油量为 56m³/10^6m³(15.6℃)。凝析油的密度为 778kg/m³,相对分子质量为 140。试计算在管线中为防止水合物形成所需的甲醇用量及采用 80% 乙二醇溶液的用量。

【解】

1. 采用甲醇作抑制剂

① 由图 1-6 查得天然气由海上平台输送和到达陆地时的水含量分别为 $0.850\text{kg}/10^3\text{m}^3$（15.6℃）和 $0.152\text{kg}/10^3\text{m}^3$（15.6℃），故析出的冷凝水量 q_W 为

$$q_\text{W} = (2.83 \times 10^6)(0.850 - 0.152)/10^3 = 1975\text{kg/d}$$

已知 Δt 为 14℃，甲醇相对分子质量为 32，分别由公式（3-1）和公式（3-2）计算水溶液相中所需甲醇的最低质量分数为 0.255 和 0.275（由摩尔分数换算而得），并按 0.275 进行以后的计算。

由公式（3-2）计算水溶液相中所需的甲醇（浓度为 100%）流量 q_L 为

$$q_\text{L} = \frac{0.275 \times 1975}{1 - 0.275} = 749\text{kg/d}$$

② 由图 3-3 估计 4℃和 6.2MPa（绝）时甲醇在气相中的蒸发损失量 q_G 为

$$q_\text{G} = (16.8 \times 10^{-6})(2.83 \times 10^6)(0.275 \times 100) = 1310\text{kg/d}$$

③ 估计甲醇在液烃中溶解损失

在 4℃和水溶液相中甲醇质量分数为 0.27 时，由有关图中查得甲醇在液烃中的溶解质量为 0.046%，故甲醇在液烃中的溶解损失 q_H 为

$$q_\text{H} = (2.83 \times 10^6)(56/10^6)(778)(0.00046) = 56\text{kg/d}$$

④ 甲醇注入量 $\sum q$ 总计

$$\sum q = 749 + 1310 + 56 = 2115\text{kg/d}$$

由此可知，甲醇在气相中蒸发损失远大于其在水溶液相中量。此外，甲醇在液烃中的溶解损失也是不可忽略的。

2. 采用 80%（质量）乙二醇作抑制剂

已知 Δt 为 14℃，乙二醇相对分子质量为 62，由公式（3-1）计算水溶液相中所需乙二醇的最低质量分数为 0.28，再由公式（3-3）所需的乙二醇水溶液（质量分数为 0.80）流量 q_L 为

$$q_\text{L} = \frac{0.28 \times 1975}{0.80 - 0.28} = 1063\text{kg/d}$$

乙二醇在气相中的蒸发损失和在液烃中的溶解损失可忽略不计。

目前，甲醇、乙二醇对天然气水合物的抑制效果多采用有关软件计算。

Moshfehian 等采用五种计算方法（包括 ProMax、HYSYS 模拟计算及 Hammerschmidt、Nielsen-Bucklin、Moshfeghian-Maddox 三种简捷计算）对七种不同组成天然气分别注入甲醇或乙二醇后抑制效果的计算值与实验值进行比较后认为：①在模拟计算之前应先了解其用于实际过程的准确性；②对于甲醇，采用 ProMax 模拟计算的水合物形成温度下限是-60℃（相应的甲醇最高质量浓度为 70%），而采用 HYSYS 模拟计算则是-32℃（相应的甲醇最高质量浓度为 50%）；③对于乙二醇，采用 ProMax、HYSYS 模拟计算给出准确结果的温度可低至-18℃，相应的乙二醇最高质量浓度为 50%；④采用三种简捷方法计算甲醇抑制效果时，给出准确结果的温度可低至-7℃，相应的甲醇最高质量浓度为 25%。温度更低（或甲醇浓度更高）时，Hammerschmidt 法计算值与实验值误差就很大，而 Moshfeghian-Maddox 法的计算值的准确性好于 Nielsen-Bucklin 法的计算结果；⑤采用三种简捷方法计算乙二醇抑制效果时，

给出准确结果的温度可低至-18℃，相应的乙二醇最高质量浓度为50%。

二、动力学抑制剂和防聚剂法

传统的热力学抑制剂法虽然已使用多年，但由于抑制剂在水溶液中所要求的浓度很高，因而用量较多。为了进一步降低成本，自20世纪90年代以来人们又在研制一些经济实用和符合环保要求的新型水合物抑制剂，即动力学抑制剂和防聚剂。其中，有的已在现场试验与使用，取得了比较满意的结果。

1. 动力学抑制剂

这类抑制剂注入后并不影响水合物形成的热力学条件，但却可推迟水合物成核和晶体生长的时间，因而也可起到防止水合物堵塞管道的作用。由于其在水溶液中所需要的最低质量浓度很低(小于0.5%)，故尽管其价格很高，但运行成本还是比热力学抑制剂低。

动力学抑制剂是一些水溶性或水分散性聚合物。属于这类抑制剂的有 N-乙烯基吡咯烷酮(五元环)、羟乙基纤维素(六元环)和 N-乙烯基己内酰胺等聚合物。它们在水合物成核和生长初期吸附到水合物颗粒表面，从而防止颗粒达到有利于生长的临界尺寸，或使已经达到临界尺寸的颗粒缓慢生长。由于目前已经研制开发和现场试验的动力学抑制剂抑制效果有限，故尚未广泛应用。

2. 防聚剂

这类抑制剂虽然不能防止水合物的形成，但却可以防止水合物颗粒聚结及在管道上粘附。这样，水合物就不会在管道中沉积，而呈浆状随油、水在管道内输送。

防聚剂是一些聚合物和表面活性剂，仅在水、油同时存在时才会防止水合物在管道中聚结或沉积。属于这类抑制剂的有烷基芳香族磺酸盐及烷基聚苷等。同样，由于其在水溶液相中所需要的最低质量浓度很低(小于0.5%)，故尽管其价格很高，但运行成本还是比热力学抑制剂低。目前由于防聚剂效果有限，故也未广泛应用。

第二节　低温法脱油脱水

低温法是将天然气冷却至烃露点以下某一低温，得到一部分富含较重烃类的液烃(即天然气凝液或凝析油)，并在此低温下使其与气体分离，故也称冷凝分离法。按提供冷量的制冷系统不同，低温法可分为膨胀制冷(包括节流制冷和透平膨胀机制冷)、冷剂制冷和联合制冷法三种。

除回收天然气凝液时采用低温法外，目前也多用于含有重烃的天然气同时脱油(即脱液烃或脱凝液)脱水，使其水、烃露点符合商品天然气质量指标或管道输送的要求，即通常所谓的天然气露点控制或低温法脱油脱水。

为防止天然气在冷却过程中由于析出冷凝水而形成水合物，一种方法是在冷却前采用吸附法脱水，另一种方法是加入水合物抑制剂。前者用于冷却温度很低的天然气凝液回收过程；后者用于冷却温度不是很低的天然气脱油脱水过程，即天然气在冷却过程中析出的冷凝水和抑制剂水溶液混合后随液烃一起在低温分离器中脱除(即脱油脱水)，因而同时控制了气体的水、烃露点。本节仅介绍用于天然气脱油脱水的低温法。

自20世纪中期以来，国内外有不少气田在井口、集气站或处理厂中采用低温法控制天然气的露点。

一、低温法脱油脱水工艺及应用

1. 膨胀制冷法

此法是利用焦耳-汤姆逊效应(即节流效应)将高压气体膨胀制冷获得低温,使气体中部分水蒸气和较重烃类冷凝析出,从而控制了其水、烃露点。这种方法也称为低温分离(LTS或LTX)法,大多用于高压凝析气井井口有多余压力可供利用的场合。

图3-3为采用乙二醇作抑制剂的低温分离(LTS或LTX)法工艺流程图。此法多用来同时控制天然气的水、烃露点。

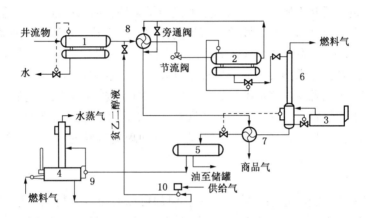

图3-3 低温分离法工艺流程

1—游离水分离器;2—低温分离器;3—重沸器;4—乙二醇再生器;5—醇油分离器;
6—稳定塔;7—油冷却器;8—换热器;9—调节器;10—乙二醇泵

由凝析气井来的井流物先进入游离水分离器脱除游离水,分离出的原料气经气/气换热器用来自低温分离器的冷干气预冷后进入低温分离器。由于原料气在气/气换热器中将会冷却至水合物形成温度以下,所以在进入换热器前要注入贫甘醇(即未经气流中冷凝水稀释因而浓度较高的甘醇水溶液)。

原料气预冷后再经节流阀产生焦耳-汤姆逊效应,温度进一步降低至管道输送时可能出现的最低温度或更低,并且在冷却过程中不断析出冷凝水和液烃。在低温分离器中,冷干气(即水、烃露点符合管道输送要求的气体)与富甘醇(与气流中冷凝水混合后浓度被稀释了的甘醇水溶液)、液烃分离后,再经气/气换热器与原料气换热。复热后的干气作为商品气外输。

由低温分离器分出的富甘醇和液烃送至稳定塔中进行稳定。由稳定塔顶部脱出的气体供站场内部作燃料使用,稳定后的液体经冷却器冷却后去醇油分离器。分离出的稳定凝析油去储罐。富甘醇去再生器,再生后的贫甘醇用泵增压后循环使用。

目前我国除凝析气外,一些含有少量重烃的高压湿天然气当其进入集气站或处理厂的压力高于干气外输压力时,也采用低温法脱油脱水。例如,塔里木气区迪那2凝析气田天然气处理厂处理量(设计值,下同)为1515×10⁴m³/d,原料气进厂压力为12MPa,温度为40℃,干气外输压力为7.1MPa。为此,处理厂内共建设4套400×10⁴m³/d低温分离法脱油脱水装置,其工艺流程与图3-3基本相同。原料气经集气装置进入脱油脱水装置后,注入乙二醇作为水合物抑制剂,先经气/气换热器用来自干气聚结器的冷干气预冷至0℃,再经节流阀膨胀制冷至-20℃去低温分离器进行气液分离,分出的干气经聚结器除去所携带的雾状醇、油液滴，再进入气/气换热器复热后外输，凝液则去分馏系统生产液化石油气及天然汽油（稳定轻烃）。由集气装置及脱油脱水装置低温分离器前各级气液分离器得到的凝析油在处理厂经稳定后得到的稳定凝析油与分馏系统得到的液化石油气、天然汽油分别作为产品经管道外输。又如，塔里木气区克拉2气田和长庆气区榆林气田无硫低碳天然气由于含有少量C_5^+重烃，属于高压湿天然气。为了使进入输气管道的气体水、烃露点符合要求，也分别在天然气处理厂和集气站中采用低温分离法脱油脱水。

需要指出的是，当原料气与外输气之间有压差可供利用时，采用低温分离法控制外输气的水、烃露点无疑是一种简单可行的方法。但是，由于此法的低温分离器温度一般仅为−10～−20℃，如果原料气(高压凝析气)中含有相当数量的丙烷、丁烷等组分时，则在此分离条件下大部分丙烷、丁烷未予回收而直接去下游用户，既降低了天然气处理厂的经济效益，也使宝贵的丙烷、丁烷资源未能得到合理利用。在美国，20世纪七八十年代就曾有一些天然气处理厂建在输气管道附近，以管道天然气为原料气，在保证天然气发热量符合质量指标的前提下，从中回收C_2^+作为产品销售，然后再将回收C_2^+烃类后的天然气返回输气管道。

2. 冷剂制冷法

20世纪七八十年代，我国有些油田将低压伴生气增压后采用低温法冷却至适当温度，从中回收一部分液烃，再将低温下分出的干气(即露点符合管道输送要求的天然气)回收冷量后进入输气管道。由于原料气无压差可供利用，故而采用冷剂制冷。此时，大多采用加入乙二醇或二甘醇抑制水合物的形成，在低温下同时脱油脱水。例如，1984年华北油田建成的南孟天然气露点控制站，先将低压伴生气压缩至2.0MPa后，再经预冷与氨制冷冷却至0℃去低温分离器进行三相分离。分出的气体露点符合输送要求，通过油田内部输气管道送至永清天然气集中处理厂，与其他厂(站)来的天然气汇合进一步回收凝液后，再将分出的干气经外输管道送至北京作为民用燃气。

此外，当一些高压湿天然气需要进行露点控制却又无压差可利用时，也可采用冷剂制冷法。如长庆气区榆林、苏里格气田的几座天然气处理厂即对进厂的湿天然气采用冷剂制冷的方法脱油脱水，使其水、烃露点符合管输要求后，经陕京输气管道送至北京等地。榆林天然气处理厂脱油脱水装置采用的工艺流程见图3-4。

图3-4中的原料气流量为$600×10^4 m^3/d$，压力为4.5～5.2MPa，温度为3～20℃，并联进入两套脱油脱水装置(图中仅为其中一套装置的工艺流程)。根据管输要求，干气出厂压力应大于4.0MPa，在出厂压力下的水露点应小于等于−13℃。为此，原料气首先进入过滤

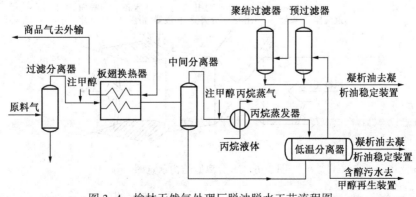

图3-4 榆林天然气处理厂脱油脱水工艺流程图

95

分离器除去固体颗粒和游离液，然后经板翅式换热器构成的冷箱预冷至-10~-15℃后去中间分离器分出凝液。来自中间分离器的气体再经丙烷蒸发器冷却至-20℃左右进入旋流式低温三相分离器，分出的气体经预过滤器和聚结过滤器进一步除去雾状液滴后，再去板翅式换热器回收冷量升温至0~15℃，压力为4.2~5.0MPa，露点符合要求的干气然后经集配气总站进入陕京输气管道。离开丙烷蒸发器的丙烷蒸气经压缩、冷凝后返回蒸发器循环使用。

低温分离器的分离温度需要在运行中根据干气的实际露点进行调整，以保证在干气露点符合要求的前提下尽量降低获得更低温度所需的能耗。

需要指出的是，目前我国塔里木气区克拉2、迪那2和长庆气区苏里格、榆林等气田的天然气处理厂虽均采用低温法脱油脱水，但当原料气为凝析气时，为了尽可能多地回收天然气凝液，则应通过工艺流程优化和露点控制要求等综合确定所需最佳低温分离温度。

3. 超音速喷嘴制冷法

超音速分离技术是1997年由Shell石油公司等发展起来的天然气脱水技术，之后该公司又与Beacom风险投资公司共同成立了研究与推广此项技术的Twister BV公司。2003年第一个工业化脱水系统在马来西亚B11海上平台安装应用。该脱水系统包括6个超音速分离器，每个分离器的处理能力约为$280×10^4 m^3/d$，总处理能力接近$850×10^4 m^3/d$（有备用分离器），压力降为25%~30%，出口水露点达10℃。

超音速分离器(3S分离器)主要由Laval喷管、旋流器和扩压管等部件组成，其中Laval喷管是超音速分离器的核心部分，其性能的好坏决定分离效率的高低。根据Laval喷管位置布置不同，可以将其分为两类：先膨胀后旋流型分离器和先旋流后膨胀型分离器。目前广泛应用的有荷兰壳牌公司的TwisterⅡ型和俄罗斯Translang公司的3S分离器，两者都是先旋流后膨胀型，结构分别如图3-5和图3-6所示。采用3S分离器的天然气脱油脱水工艺流程示意图见图3-7。

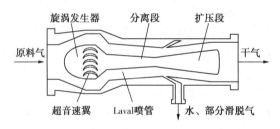

图3-5 TwisterⅡ型分离器结构示意图

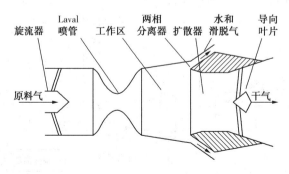

图3-6 3S分离器结构示意图

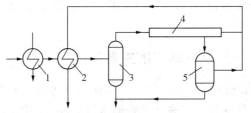

图 3-7　3S 分离器脱油脱水工艺流程示意图

1—进口冷却器；2—气/气换热器；3—进口分离器；4—超音速分离器；5—气液分离器

3S 分离器的工作原理是：天然气首先在 Laval 喷管入口旋流器作用下产生旋涡，随着喷管半径减小，旋涡强度增强，气体在 Laval 喷管喉部绝热膨胀至音速，温度骤降，天然气中的水蒸气和较重烃类凝结成液滴，在旋转产生的切向速度和离心力作用下，液滴被"甩"到管壁上形成凝液膜，携带少量滑脱气由两相分离器出口流出，干气则进入扩散器减速、升温，压力恢复至初始压力的 70%~80% 由出口流出。随凝液一起流出的少量滑脱气则在超音速分离器外部的气液分离器(见图 3-7)中分出，并于干气汇合经气/气换热器复热后外输。

由于气流在喷嘴中停留时间非常短，水合物不容易形成和发展；也可能是高速气流破坏了水合物的形成，或者两者都起一定的作用。

因此，3S 分离器的性能特点是将绝热膨胀制冷、旋流式气液分离和气体再增压集于一个密闭紧凑的系统内完成，具有密闭无泄漏、不需加水合物抑制剂、结构紧凑、简单可靠等优点。3S 分离器制冷法与节流阀制冷法相比，其制冷和分离效率高且能耗低；与冷剂制冷法相比，设备简单，没有大的转动部件，投资和运行费用较低，可在短时间内启动和停止，能耗较低。

从 2004 年起先后有多套工业化的超音速分离器在俄罗斯西西伯利亚凝析气田等地投入运行。2011 年 6 月中国石油塔里木油田分公司牙哈凝析气处理厂采用由俄罗斯引进的 3S 超音速分离器(2 套并联)投产运行。现场采用 3S 分离器与 J-T 阀并联以便相互切换，其工艺流程见图 3-8 所示。该项目设计天然气入口压力为 10.85MPa，处理量 $360×10^4 m^3/d$，干气和凝液出口压力 7.0 MPa；投运时实际天然气入口压力 9.60 MPa，处理量 $380×10^4 m^3/d$，干气和凝液出口压力 6.94 MPa，水露点和烃露点分别为 -46.4℃和 -38.2℃。在未对其工艺参数进行优化的情况下，与同工况采用节流阀制冷的低温法比较，凝液量增加 50t/d，而且节流阀制冷的低温法其干气水露点和烃露点仅分别为 -19.2℃和 -6.9℃。

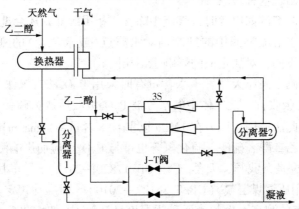

图 3-8　3S 分离器与 J-T 阀并联脱油脱水工艺流程示意图

有关低温法采用的膨胀制冷及冷剂制冷原理、工艺设备选型等本书将在第五章中详细介绍。

二、影响低温法控制天然气露点的主要因素

图 3-3 和图 3-4 的低温分离器在一定压力和低温下进行三相分离，使烃类凝液和含抑制剂的水溶液从低温分离器中分离出来。尽管通常将低温分离器内视为一个平衡的气液分离过程，即认为其分离温度等于分离出的干气在该压力下的水、烃露点，但是实际上干气的露点通常均高于此分离温度，分析其主要原因如下。

（1）取样、样品处理、组分分析和工艺计算误差以及组成变化和运行波动等造成的偏差。

天然气取样、样品处理、组分分析和工艺计算误差，以及组成变化和运行波动等因素均会造成偏差，尤其是天然气中含有少量碳原子数较多的重烃时，这些因素可能造成的偏差就更大。

必须指出的是，露点线上的临界冷凝温度取决于天然气中最重烃类的性质，而不是其总量。因此，在取样分析中如何测定最重烃类的性质，以及进行模拟计算时如何描述最重烃类的性质，将对露点线上的临界冷凝温度影响很大。

天然气组分分析误差对确定该天然气的露点控制方案的影响已在第一章中介绍，此处不再多述。

（2）低温分离器对气流中微米级和亚微米级雾状液滴的分离效率不能达到 100%。

由于低温分离器对气流中微米级和亚微米级雾状水滴和烃液滴的分离效率不能达到100%，这些雾状液滴将随干气一起离开分离器，经换热升温后或成为气相或仍为液相进入输气管道或下游生产过程中。气流中这些液烃雾滴多是原料天然气中的重烃，即使其量很少，但却使气流的烃露点明显升高，并会在输气管道某管段中析出液烃。低温分离器分出的冷干气实际烃露点与其分离温度的具体差别视原料气组成和所采用的低温分离器分离条件和效率而异。如果低温分离器、预过滤器及聚结过滤器等的内构件在运行中发生损坏，则分离效率就会更差。

同样，气流中所携带的雾状水滴也会使其水露点升高。但是，如果采用吸附法（例如分子筛）脱水，由于脱水后的气体水露点很低（一般低于 $-60℃$），在低温系统中不会有冷凝水析出，因而也就不会出现这种现象。

当加入水合物抑制剂例如甲醇时，气流中除含气相甲醇外，还会携带含有抑制剂的水溶液雾滴。气相甲醇和水溶液雾滴中的抑制剂对水露点（或水含量）的测定值也有较大影响。而且，由于测定方法不同，对测定值的影响也不相同。

例如，目前现场测定高压天然气中水含量有时采用 P_2O_5 法。该法是将一定量的气体通过装填有 P_2O_5 颗粒的吸收管，使气体中的水分被 P_2O_5 吸收后成为磷酸，吸收管增加的质量即为气体的水含量。此法适用于压力在 1MPa 以上且水含量 $\geqslant 10mg/m^3$ 的天然气，但由于天然气中所含的甲醇、乙二醇、硫醇、硫化氢等也可与 P_2O_5 反应而影响测定效果。

需要再次强调的是，我国《天然气》（GB 17820—2012）、《车用压缩天然气》（GB 18047—2000）和《车用压缩煤层气》（GB/T 26127—2010）等标准均规定其水露点指标的测定方法为《天然气水露点的测定 冷却镜面凝析湿度计法》（GB/T 17283—2014）。当采用冷却镜面凝析湿度计法测定水露点时，如果测试样品中含有甲醇，由此法测得的是甲醇和水混合

物的露点，故务必采取措施防止气样中干扰杂质（如固体颗粒、油污、甲醇等）引起的测定误差。

一般来说，在平稳运行时由低温分离器、预过滤器及聚结过滤器分出的冷干气实际水露点与其分离温度的差值为3~7℃甚至更高，具体差别则视所采用的抑制剂性质及低温分离器等的分离效率等而异。

根据《输气管道工程设计规范》（GB 50251—2015）规定，进入输气管道的气体水露点应比输送条件下最低环境温度低5℃，烃露点应低于最低环境温度，这样方可防止在输气管道中形成水合物和析出液烃。因此，在考虑上述因素后的低温分离器实际分离温度通常应低于气体所要求的露点温度。

正是由于上述原因使得低温分离器的实际分离温度应该低于气体所要求的露点温度。为了降低获得更低温度所需的能耗，无论是采用膨胀制冷还是冷剂制冷法的低温法脱油脱水工艺，都应采用分离效率较高的气液分离设备，从而缩小实际分离温度与气体所要求露点温度的差别。例如，低温分离器采用旋流式气液分离器，在低温分离器后增加聚结过滤器等以进一步除去气体中雾状液滴等。

必须指出的是，究竟采用多低的分离温度、多高分离效率的气液分离和捕雾设备等，应在进行技术经济综合论证后确定。

（3）一些凝析气或湿天然气脱除部分重烃后仍具有反凝析现象，其烃露点在某一范围内随压力降低反而增加。

天然气的水露点随压力降低而降低，其他组分对其影响不大。但是，天然气的烃露点与压力关系比较复杂，先是在反凝析区内的高压下随压力降低而升高，达到最高值（临界冷凝温度）后又随压力降低而降低。

现以塔里木气区克拉2气田为例，其天然气组成见表1-4。由表1-4中的组成2可知，该天然气为含有少量重烃的湿天然气，经集气、处理后，干气通过管道送往输气管道首站交接。经过计算及方案优化，进入天然气处理厂的压力为12.1MPa，干气出厂压力为9.4MPa。所要求的商品气露点为：烃露点-5℃（在输气管道1.6~10MPa的输送压力范围内），水露点-10℃（12MPa下）。因此，需要对进入处理厂的天然气脱油脱水以控制其露点。

在确定脱油脱水工艺方案时，曾考虑将进厂的天然气先采用膨胀制冷（压力由12.1MPa节流至9.4MPa），再采用冷剂制冷将其再冷至-30℃后进行气液分离。如仅从分离温度来讲，此低温足可满足商品气的露点要求。但由于此时所分离出的干气仍具有反凝析现象，随着压力降低其烃露点反而升高，最高约达28℃。而且，这种反凝析现象正好出现在输气管道的压力范围内，势必会在某一管段中析出液烃，因而对输气管道带来不利影响。

由此可知，只降低分离温度而不改变分离压力还不能满足商品气的烃露点要求，为此又考虑了其他方案。据计算，如将进厂气压力由12.1MPa节流膨胀至6.36MPa，温度相应降至-30℃以下进行低温分离，此时由低温分离器分出的干气虽仍具有反凝析现象，但其最高烃露点仅为-5℃，完全可以满足输气管道压力范围内对商品气的烃露点要求。此方案不足之处是需将干气增压至9.4MPa方可满足外输压力要求，未能充分利用进厂天然气的压力能。

又如，塔里木气区迪那2凝析气田油气处理厂采用低温分离法脱油脱水，外输商品天然气要求水露点在10MPa下<-5℃，烃露点在4MPa下<5℃，6MPa下<0℃，7MPa下<-5℃。由于原料气有反凝析现象，其在不同低温分离压力下商品气的的水、烃露点见表3-3。

表 3-3　不同分离压力下商品气的水、烃露点

方案	分离压力/MPa	分离温度/℃	4MPa 烃露点/℃	6MPa 烃露点/℃	7MPa 烃露点/℃	10MPa 水露点/℃
	8.85	−18.8	16	8	4	−8
1	8.85	−25	16	8	4	−14
	8.85	−30	16	8	4	−18
2	8.0	−25	4	−2	−9	
	8.0	−20	7	−6	0	−5
3	7.1	−20	−1	−8	−15	−5

由表 3-3 可知，在分离压力为 8.85MPa 时，只降低分离温度对烃露点几乎没有影响；如果分离压力为 8.0MPa，其分离温度不能高于−25℃，且因水、烃露点与所要求之值接近，如果低温分离效果和操作发生波动则外输商品气质量难以保证。由于气田与西气东输管道交气压力为 5.8MPa，油气处理厂商品气出厂只需达到 6.8MPa 即可，故低温分离压力确定为 7.1MPa，分离温度则为−20℃。

第三节　吸收法脱水

吸收法脱水是根据吸收原理，采用一种亲水液体与天然气逆流接触，从而吸收气体中的水蒸气而达到脱水目的。用来脱水的亲水液体称为脱水吸收剂或液体干燥剂，也简称干燥剂。

脱水前天然气的水露点(以下简称露点)与脱水后干气的露点之差称为露点降。人们常用露点降表示天然气的脱水深度。

脱水吸收剂应该对天然气中的水蒸气有很强的亲和能力，热稳定性好，不发生化学反应，容易再生，蒸气压低，黏度小，对天然气和液烃的溶解度低，发泡和乳化倾向小，对设备无腐蚀，同时还应价格低廉，容易得到。常用的脱水吸收剂是甘醇类化合物，尤其是三甘醇因其露点降大，成本低和运行可靠，在甘醇类化合物中经济性最好，因而广为采用。

甘醇法脱水与吸附法脱水相比，其优点是：①投资较低；②系统压降较小；③连续运行；④脱水时补充甘醇比较容易；⑤甘醇富液再生时，脱除 1kg 水分所需的热量较少。与吸附法脱水相比，其缺点是：①天然气露点要求低于−32℃时，需要采用汽提法再生；②甘醇受污染和分解后有腐蚀性；③当天然气中酸性组分较多且压力相当高时，甘醇也会"溶解"到气体中。

一般说来，除在下述情况之一时采用吸附法外，采用三甘醇脱水将是最普遍而且可能是最好的选择：①脱水目的是为了符合管输要求，但又不宜采用甘醇脱水的场合(例如，酸性天然气脱水)；②高压(超临界状态) CO_2 脱水。因为此时 CO_2 在三甘醇溶液中溶解度很大；③冷却温度低于−34℃的气体脱水，例如天然气凝液回收和天然气液化等过程；④同时脱油脱水以符合水、烃露点要求。

当要求天然气露点降在 30~70℃时，通常应采用甘醇脱水。甘醇法脱水主要用于使天然气露点符合管道输送要求的场合，一般建在集中处理厂(湿气来自周围气井和集气站)、输气首站或天然气脱硫脱碳装置的下游。

此外，当天然气水含量较高但又要求深度脱水时，还可先采用三甘醇脱除大部分水，再

采用分子筛深度脱除其残余水的方法。例如，本书第二章中介绍的美国 Basin 天然气处理厂即如此。

一、甘醇脱水工艺及应用

由于三甘醇脱水露点降大、成本低、运行可靠以及经济效益好，故广泛采用。现以三甘醇为例，对吸收法脱水工艺和设备进行介绍。

（一）三甘醇脱水工艺及设备

1. 工艺流程

图 3-9 为典型的三甘醇脱水装置工艺流程。该装置由高压吸收系统和低压再生系统两部分组成。通常将再生后提浓的甘醇溶液称为贫甘醇，吸收气体中水蒸气后浓度降低的甘醇溶液称为富甘醇。

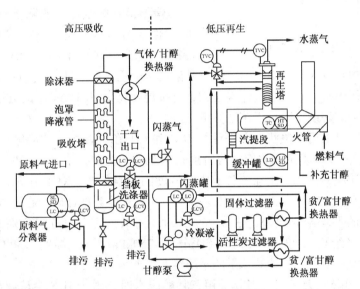

图 3-9　三甘醇脱水工艺流程图

图 3-9 中的吸收塔(脱水塔、接触塔)为板式塔，通常选用泡罩(泡帽)塔板或浮阀塔板。由再生系统来的贫甘醇先经冷却和增压进入吸收塔顶部塔板后向下层塔板流动，由吸收塔外的分离器和塔内洗涤器(分离器)分出的原料气进入吸收塔的底部向上层塔板流动，二者在塔板上逆流接触时使气体中的水蒸气被甘醇溶液所吸收。吸收塔顶部设有捕雾器(除沫器)以脱除出口干气所携带的甘醇液滴，从而减少甘醇损失。吸收了气体中水蒸气的富甘醇离开吸收塔底部，经再生塔精馏柱顶部回流冷凝器盘管和贫/富甘醇换热器加热后，在闪蒸罐内分离出富甘醇中的大部分溶解气，然后再经织物过滤器(除去固体颗粒，也称滤布过滤器或固体过滤器)、活性炭过滤器(除去重烃、化学剂和润滑油等液体)和贫/富甘醇换热器进入再生塔，在重沸器中接近常压下加热以蒸出所吸收的水分，并由精馏柱顶部排向大气或去放空系统。再生后的贫甘醇经缓冲罐、贫/富甘醇换热器、气体/甘醇换热器冷却和用泵增压后循环使用。

由闪蒸罐(也称闪蒸分离器)分出的闪蒸气主要为烃类气体，一般作为再生塔重沸器的燃料，但含 H_2S 的闪蒸气则应经焚烧后放空。

为保证再生后的贫甘醇质量浓度在 99% 以上，通常还需向重沸器中通入汽提气。汽提

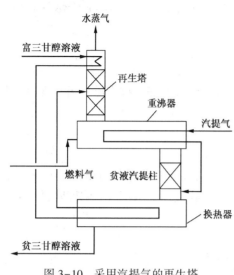

图 3-10 采用汽提气的再生塔

气一般是出吸收塔的干气，将其通入重沸器底部或重沸器与缓冲罐之间的贫液汽提柱（见图 3-10），用以搅动甘醇溶液，使滞留在高黏度溶液中的水蒸气逸出，同时也降低了水蒸气分压，使更多的水蒸气蒸出，从而将贫甘醇中的甘醇浓度进一步提高。除了采用汽提法外，还可采用共沸法和负压法等。

甘醇泵可以是电动泵、液动泵或气动泵。当为液动泵时，一般采用吸收塔来的高压富甘醇作为主要动力源，其余动力则靠吸收塔来的高压干气补充。

甘醇溶液在吸收塔中脱除天然气中水蒸气的同时，也会溶解少量的气体。例如，在 6.8MPa 和 38℃时每升三甘醇可溶解 $8.0 \times 10^{-3} m^3$ 的无硫天然气。如果气体内含有大量的 H_2S 和 CO_2，其溶解度会更高些。纯 H_2S 和 CO_2 在三甘醇中的溶解度可从有关图中查得。对于气体混合物，可按混合物中 H_2S 和 CO_2 的分压从这些图中估计其溶解度。实际溶解度一般低于该估算值。

目前，虽然可以采用有关状态方程计算 H_2S 和 CO_2 在三甘醇中的溶解度，但因 H_2S 和 CO_2 是极性组分，故要准确预测它们的溶解度是困难的。为此，Alireza Bahadori 等人根据实验数据提出分别计算 H_2S 和 CO_2 在三甘醇中溶解度的经验公式。对于 H_2S，其应用范围为：50kPa（绝）< H_2S 分压 < 2000kPa（绝），温度 < 130℃。与实验数据比较，在不同温度下由该经验公式计算结果的平均绝对误差为 3.0296%；对于 CO_2，其应用范围分别为 20kPa（绝）< CO_2 分压 ≤ 750kPa（绝），温度 < 80℃ 以及 CO_2 分压 > 750kPa（绝），温度 < 130℃。与实验数据比较，在不同温度下由该公式计算结果的平均绝对误差为 1.9394%。

对于含 H_2S 的酸性天然气，当其采用三甘醇脱水时，由于 H_2S 会溶解到甘醇溶液中，不仅使溶液 pH 值降低并引起腐蚀，而且也会与三甘醇反应使其变质，故离开吸收塔的富甘醇去再生系统前应先进入一个气提塔，用不含硫的净化气或其他惰性气体气提。脱除的 H_2S 和吸收塔顶脱水后的酸性气体汇合后去脱硫脱碳装置。

2. 主要设备

由图 3-9 可知，甘醇脱水装置的主要设备有吸收塔、再生塔等。

（1）吸收塔　吸收塔通常由底部的洗涤器、中部的吸收段和顶部的捕雾器组成一个整体。当原料气较脏且含游离液体较多时，最好将洗涤器与吸收塔分开设置。吸收塔吸收段一般采用泡帽塔板，也可采用浮阀塔板或规整填料。泡帽塔板适用于像甘醇吸收塔中这样的黏性液体和低液气比场合，在气体流量较低时不会发生漏液，也不会使塔板上液体排干。但是，如果采用规整填料，其直径和高度会更小一些，操作弹性也较大。近几年来，我国川渝气区川东矿区和长庆气区靖边气田引进的三甘醇脱水装置吸收塔即采用了浮阀塔板和规整填料。其中，靖边气田第三天然气净化厂三甘醇脱水装置规模为 $300 \times 10^4 m^3/d$。

当采用板式塔时，由理论塔板数换算为实际塔板数的总塔板效率一般为 25% ~ 30%。当采用填料塔时，等板高度（HETP）随三甘醇循环流率、气体流量和密度而变，设计时一般可取 1.5m。但当压力很高气体密度超过 $100kg/m^3$ 时，按上述数据换算的结果就偏低。

由于甘醇溶液容易发泡，故板式塔的板间距不应小于 0.45m。最好是 0.6~0.75m。捕雾器用于除去 ≥5μm 的甘醇液滴，使干气中携带的甘醇量小于 0.016g/m³。捕雾器到干气出口的间距不宜小于吸收塔内径的 0.35 倍，顶层塔板到捕雾器的间距则不应小于塔板间距的 1.5 倍。

（2）洗涤器（分离器）　进入吸收塔的原料气一般都含有固体和液体杂质。实践证明，即使吸收塔与原料气分离器位置非常近，也应该在二者之间安装洗涤器。此洗涤器可以防止新鲜水或盐水、液烃、化学剂或水合物抑制剂以及其他杂质等大量和偶然进入吸收塔中。即就是这些杂质数量很少，也会给吸收和再生系统带来很多问题：①溶于甘醇溶液中的液烃可降低溶液的脱水能力，并使吸收塔中甘醇溶液发泡。不溶于甘醇溶液的液烃也会堵塞塔板，并使重沸器表面结焦；②游离水增加了甘醇溶液循环流率、重沸器热负荷和燃料用量；③携带的盐水（随天然气一起采出的地层水）中所含盐类，可使设备和管线产生腐蚀，沉积在重沸器火管表面上还可使火管表面局部过热产生热斑甚至烧穿；④化学剂（例如缓蚀剂、酸化压裂液）可使甘醇溶液发泡，并具有腐蚀性。如果沉积在重沸器火管表面上，也可使其局部过热；⑤固体杂质（例如泥沙、铁锈）可促使溶液发泡，使阀门、泵受到侵蚀，并可堵塞塔板或填料。

（3）闪蒸罐（闪蒸分离器）　甘醇溶液在吸收塔的操作温度、压力下，还会吸收一些天然气中的烃类，尤其是包括芳香烃在内的重烃。闪蒸罐的作用就是在低压下分离出富甘醇中所吸收的这些烃类气体，以减少再生塔精馏柱的气体和甘醇损失量，并且保护环境。当采用电动溶液泵时，则从吸收塔来的富甘醇中不会溶解很多气体。但是当采用液动溶液泵时，由于这种泵除用吸收塔来的高压富甘醇作为主要动力源外，还要靠吸收塔来的高压气作为补充动力，故由闪蒸罐中分离出的气体量就会显著增加。

如果原料气为贫气，在闪蒸罐中通常没有液烃存在，故可选用两相（气体和甘醇溶液）分离器，液体在罐中的最小停留时间为 5~10min。如果原料气为富气，在闪蒸罐中将有液烃存在，故应选用三相（气体、液烃和甘醇溶液）分离器。由于液烃会使溶液乳化和发泡，故液体在罐中的停留时间应为 20~30min。为使闪蒸气不经压缩即可作为燃料或汽提气，并保证富甘醇有足够的压力流过过滤器和换热器等设备，闪蒸罐的压力一般在 0.27~0.62MPa。

当需要在闪蒸罐中分离液烃时，可将吸收塔来的富甘醇先经贫/富甘醇换热器等预热至一定温度使其黏度降低，以有利于液烃-富甘醇的分离。但是，预热温度过高反而使液烃在甘醇中的溶解度增加，故此温度最好在 38~66℃。

（4）再生塔　通常，将再生系统的精馏柱、重沸器和装有换热盘管的缓冲罐（有时也在其中设有相当于图 3-9 中的贫/富甘醇换热器）统称为再生塔。由吸收系统来的富甘醇在再生塔的精馏柱和重沸器内进行再生提浓。

对于小型脱水装置，常将精馏柱安装在重沸器的上部，精馏柱内一般充填 1.2~2.4m 高的填料，大型脱水装置也可采用塔板。精馏柱顶部设有冷却盘管作为回流冷凝器，以使柱内上升的一部分水蒸气冷凝，成为柱顶回流，从而控制柱顶温度，并可减少甘醇损失。回流冷凝器的热负荷可取重沸器内将甘醇所吸收的水分全部汽化时热负荷的 25%~30%。只在冬季运行的小型脱水装置也可在柱顶外部安装垂直的散热翅片产生回流。这种方法比较简单，但却无法保证回流量稳定。

重质正构烷烃几乎不溶于三甘醇，但是芳香烃在三甘醇中的溶解度相当大，故在吸收塔的操作条件下大量芳香烃将被三甘醇吸收。因此，当甘醇溶液所吸收的重烃中含有芳香烃时，这些芳香烃会随水蒸气一起从精馏柱顶排放至大气，造成环境污染和安全危害。所以，应将含芳香烃的气体引至外部的冷却器和分离器中使芳香烃冷凝和分离后再排放，排放的冷凝液应符合有关规定。或者，将该气体过热后直接焚烧实现无污染排放。

重沸器的作用是提供热量将富甘醇加热至一定温度，使富甘醇所吸收的水分汽化并从精馏柱顶排出。此外，还要提供回流热负荷以及补充散热损失。

重沸器通常为卧式容器，既可以是采用闪蒸气或干气作燃料的直接燃烧加热炉（火管炉），也可以是采用热媒（例如水蒸气、导热油、燃气透平或发动机的废气）的间接加热设备。

采用三甘醇脱水时，重沸器火管表面热流密度一般是 18~25kW/m²，最高不超过 31kW/m²。由于三甘醇在高温下会分解变质，故其在重沸器中的温度不应超过 204℃，管壁温度也应低于 221℃（如果为二甘醇溶液，则其在重沸器中的温度不应超过 162℃）。当采用水蒸气或热油作热源时，热流密度则由热源温度控制。热源温度推荐为 232℃。无论采用何种热源，重沸器内的甘醇溶液液位应比传热管束顶部高 150mm。

甘醇脱水装置是通过控制重沸器温度以获得所需的贫甘醇浓度。温度越高，则再生后的贫甘醇浓度越大（见图 3-11）。例如，当重沸器温度为 204℃ 时，贫三甘醇的质量浓度为 99.1%。此外，海拔高度也有一定影响。如果要求的贫甘醇浓度更高，就要采用汽提法、共沸法或负压法。

由图 3-11 可知，在相同温度下离开重沸器的贫甘醇浓度比常压（0.1MPa）下沸点曲线估计值高，这是因为甘醇溶液在重沸器中再生时还有溶解在其中的烃类解吸与汽提作用。

3. 工艺参数

优良的设计方案和合适的工艺参数是保证甘醇脱水装置安全可靠运行的关键，吸收和再生系统主要设备的主要工艺参数如下。

（1）吸收塔

吸收塔的脱水负荷和效果取决于原料气的流量、温度、压力和贫甘醇的浓度、温度及循环流率。

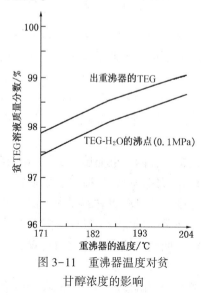

图 3-11　重沸器温度对贫甘醇浓度的影响

① 原料气流量　吸收塔需要脱除的水量(kg/h)与原料气量直接有关。吸收塔的塔板通常均在低液气比的"吹液"区操作，如果原料气量过大，将会使塔板上的"吹液"现象更加恶化，这对吸收塔的操作极为不利。但是，对于填料塔来讲，由于液体以润湿膜的形式流过填料表面，因而不受"吹液"现象的影响。

② 原料气温度、压力　由于原料气量远大于甘醇溶液量，所以吸收塔内的吸收温度近似等于原料气温度。吸收温度一般为 15~48℃，最好为 27~38℃。

原料气进吸收塔的温度、压力决定了其水含量和需要脱除的水量。由图 1-6 可知，在低温高压下天然气中的水含量较低，因而吸收塔的尺寸小。但是，低温下甘醇溶液更易发泡，黏度也增加。因此，原料气的温度不宜低于 15℃。然而，如果原料气是来自胺法脱硫脱碳后的湿净化气，当温度大于 48℃ 时，由于气体中水含量过高，增加脱水装置的负荷和甘醇的气化损失，而且甘醇溶液的脱水能力也降低(见图 3-12)，故应先冷却后再进入吸收塔。

三甘醇吸收塔的压力一般在 2.5 ~ 10MPa。如果压力过低(例如小于 0.50MPa)，由于甘醇脱水负荷过高(原料气水含量高)，应将低压气体增压后再去脱水。

③ 贫甘醇进吸收塔的温度和浓度 贫甘醇的脱水能力受到水在天然气和贫甘醇体系中气液平衡的限制。图 3-12 为离开吸收塔干气的平衡露点、吸收温度(脱水温度)和贫三甘醇质量浓度的关系图。由图 3-12 可知，当吸收温度(近似等于原料气温度)一定时，随着贫甘醇浓度增加，出塔干气的平衡露点显著下降。此外，随着吸收温度降低，出塔干气的平衡露点也下降。但是如前所述，温度降低将使甘醇黏度增加，发泡增多。

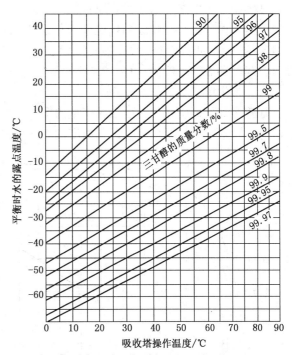

图 3-12　不同三甘醇浓度下干气
平衡水露点与吸收温度的关系

应该注意的是，图 3-12 预测的平衡露点比实际露点低，其差值与甘醇循环流率、理论塔板数有关，一般为 6~11℃。压力对平衡露点影响甚小。由于图 3-12 纵坐标的平衡露点是基于冷凝水相为亚稳态液体的假设，但在很低的露点下冷凝水相(水溶液相)将是水合物而不是亚稳态液体，故此时预测的平衡露点要比实际露点低 8~11℃，其差值取决于温度、压力和气体组成。

贫甘醇进吸收塔的温度应比塔内气体温度高 3~8℃。如果贫甘醇温度比气体低，就会使气体中的一部分重烃冷凝，促使溶液发泡。反之，贫甘醇进塔温度过高，甘醇气化损失和出塔干气露点就会增加很多。

④ 甘醇循环流率　原料气在吸收塔中获得的露点降随着贫甘醇浓度、甘醇循环流率和吸收塔塔板数(或填料高度)的增加而增加。因此，选择甘醇循环流率时必须考虑贫甘醇进吸收塔时的浓度、塔板数(或填料高度)和所要求的露点降。

在操作压力和温度不变时，它们之间的关系可归纳为：

a. 循环流率和塔板数固定时，甘醇浓度愈高则露点降愈大，通常这是提高露点降最有效的途径。

b. 循环流率和甘醇浓度固定时，塔板数愈多则露点降愈大，但一般情况下实际塔板数不超过 10 块。塔板效率大致在 25%~40% 之间。

c. 塔板数和甘醇浓度固定时，循环流率愈大则露点降愈大，但循环流率升高至一定值后，露点降的增加值明显减少，且循环流率过大会导致重沸器超负荷，动力消耗过大，故通常最高不超过 0.033m³/kg(水)。

甘醇循环流率通常用每吸收原料气中 1kg 水分所需的甘醇体积量(m³)来表示,故实际上应该是比循环率。三甘醇循环流率一般选用 0.02~0.03m³/kg 水,也有人推荐为 0.015~0.04m³/kg 水。如低于 0.012m³/kg 水,就难以使气体与甘醇保持良好的接触。当采用二甘醇时,其循环流率一般为 0.04~0.10m³/kg 水。

(2)再生塔

甘醇溶液的再生深度主要取决于重沸器的温度,如果需要更高的贫甘醇浓度则应采用汽提法等。通常采用控制精馏柱顶部温度的方法可使柱顶放空的甘醇损失减少至最低值。

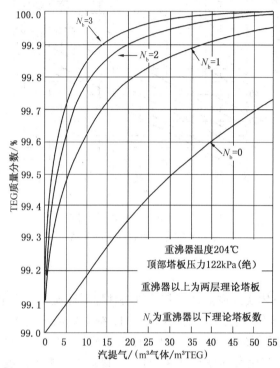

图 3-13 汽提气量对三甘醇浓度的影响

① 重沸器温度 离开重沸器的贫甘醇浓度与重沸器的温度和压力有关。由于重沸器一般均在接近常压下操作,所以贫甘醇浓度只是随着重沸器温度增加而增加。三甘醇和二甘醇的理论热分解温度分别为 206.7℃ 和 164.4℃,故其重沸器内的温度分别不应超过 204℃ 和 162℃。

② 汽提气 当采用汽提法再生时,可用图 3-13 估算汽提气量。如果汽提气直接通入重沸器中(此时,重沸器下面的理论板数 $N_b = 0$),贫三甘醇质量浓度可达 99.6%。如果采用贫液汽提柱,在重沸器和缓冲罐之间的溢流管(高约 0.6~1.2m)充填有填料,汽提气从贫液汽提柱下面通入,与从重沸器来的贫甘醇逆向流动,充分接触,不仅可使汽提气量减少,而且还使贫甘醇质量浓度高达 99.9%。

③ 精馏柱温度 柱顶温度可通过调节柱顶回流量使其保持在 99℃ 左右。柱顶温度低于 93℃ 时,由于水蒸气冷凝量过多,会在柱内产生液泛,甚至将液体从柱顶吹出;柱温度超过 104℃ 时,甘醇蒸气会从柱顶排出。如果采用汽提法,柱顶温度可降至 88℃。

三甘醇脱水装置操作温度推荐值见表 3-4。

表 3-4 三甘醇脱水装置操作温度推荐值

部　位	原料气进吸收塔	贫甘醇进吸收塔	富甘醇进闪蒸罐	富甘醇进过滤器	富甘醇进精馏柱	精馏柱顶部	重沸器	贫甘醇进泵
温度/℃	27~38	高于气体 3~8	38~93 (宜选 65)	38~93 (宜选 65)	93~149 (宜选 149)	99(有汽提气时为 88)	177~204 (宜选 193)	<93 (宜选<82)

(二)三甘醇脱水工艺的应用

1. 四川龙门气田天然气脱水

图 3-14 为四川龙门气田天东 9 井站的 100×10⁴m³/d 三甘醇脱水装置工艺流程图。由图可知,除无贫液汽提柱以及富甘醇换热流程不同外,其他均与图 3-9 类似。

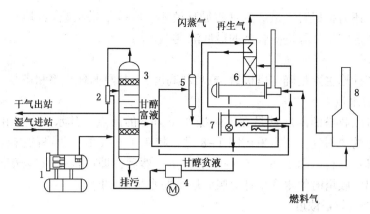

图 3-14 龙门气田天东 9 井站三甘醇脱水装置工艺流程图

1—过滤分离器；2—气体/贫甘醇换热器；3—吸收塔；
4—甘醇泵；5—闪蒸罐；6—重沸器和精馏柱；7—缓冲罐；8—焚烧炉

2. 长庆气区含硫天然气脱水

长庆气区靖边和乌审旗等气田含硫天然气中的 CO_2 与 H_2S 含量见表 2-11。由于各集气站去净化厂的集气干线较长(最长约 72km)，在干线中析出冷凝水后不仅会形成水合物，而且还可对管线造成严重腐蚀。因此，由集气支线来的含硫天然气均在集气站采用三甘醇脱水后再去净化厂。集气站规模为 $(10\sim40)\times10^4m^3/d$ 不等，脱水压力为 4.9~5.2MPa，温度为 12~22℃。

由集气干线进入第一、二、三净化厂的原料气经脱硫脱碳后成为湿净化气，故再次采用三甘醇脱水符合商品天然气要求后外输。

3. 山西沁水盆地煤层气脱水

山西沁水盆地煤层气由于不含 C_3 以上重烃，不需脱油，故该煤层气田中央处理厂将来自集气站的煤层气先增压至 5.8~6.0MPa，再采用三甘醇脱水使其水露点符合商品气要求后经外输管道末站进一步增压至 10MPa 进入西气东输一线管道。

西气东输管道金坛地下储气库采出的高压湿天然气也采用三甘醇脱水，共两套脱水装置设计，处理量均为 $150\times10^4m^3/d$，压力为 8~9MPa。

4. 川东北高酸性气田天然气脱水

川东北高酸性气田天然气中 H_2S 含量平均为 13.2%(摩尔分数，下同)，最高为 17.06%；CO_2 含量平均为 6.95%，最高为 8.88%。集气管道的设计压力为 9.9MPa，温度高达 60℃，气田水中 Cl^- 浓度为 4000mg/L，而且总矿化度和 HCO_3^- 含量都较高，故此湿气对碳钢的腐蚀性很强。为此，该气田将各单井站的酸性天然气集中脱水成为干气后再去集气干线。

5. 美国 Basin 和突尼斯 Hannibai 天然气处理厂天然气脱水

美国 Basin 和突尼斯 Hannibai 天然气处理厂工艺流程框图见图 2-7 和图 2-8。原料气进厂经脱硫脱碳后先采用三甘醇脱除其中大部分水分，再采用分子筛脱除残余的水分，然后再去 NGL 回收或 NRU(脱氮)装置。

二、甘醇脱水工艺计算

进行甘醇脱水工艺计算时，首先需要确定以下数据：①原料气流量，m^3/h；②原料气进吸收塔的温度，℃；③吸收塔压力，MPa；④原料气组成或密度以及酸性组分(H_2S、CO_2)含量；⑤要求的露点降，或干气离开吸收塔的露点。

除此之外，还需根据脱水量选定甘醇循环流率、吸收塔塔板数(或填料高度)，以及根据要求的露点降选定贫甘醇进吸收塔的最低浓度。

（一）吸收塔

吸收塔工艺计算主要是确定塔板数(或填料高度)、甘醇循环流率和塔径。

1. 吸收塔脱水量

湿原料气进吸收塔的温度就是在该塔操作压力下的露点，其水含量可由图1-6查得。对于含酸性组分的原料气，则需采用图1-8进行校正。干气出吸收塔的露点可根据工艺或管道输送要求确定，再由图1-6等查得其水含量。然后，即可根据原料气流量、原料气进吸收塔和干气出吸收塔时的水含量计算吸收塔的脱水量(kg/h)。

2. 贫甘醇进吸收塔浓度

离开吸收塔的干气露点或原料气要求的露点降取决于贫甘醇进塔浓度、甘醇循环流率、吸收塔的理论板数和操作条件等。

工业实践表明，吸收塔操作压力低于1.7MPa时，出塔干气露点降与操作压力关系不大，操作压力每提高0.7MPa，露点降仅增加0.5℃。吸收塔操作温度对出塔干气露点有较大影响，但因原料气质量流量远大于甘醇质量流量，故可认为吸收塔内有效吸收温度大致与原料气温度相当，且通常吸收塔内各部位的温差不超过2℃。因此，降低出塔干气露点的主要途径是提高贫甘醇溶液浓度和降低原料气温度，但后者实际上很难实现，而且甘醇溶液较黏稠，不宜在过低温度下操作(不低于10℃)，故提高甘醇浓度是关键因素。

已知原料气进塔温度和所要求的干气露点时，可由图3-12确定贫甘醇进吸收塔时必须达到的最低浓度。无论吸收塔理论板数和甘醇循环流率如何，低于此浓度时离开吸收塔的干气就不能达到预定的露点。

图3-12纵坐标为干气平衡露点，即吸收塔塔顶气体与进塔贫甘醇在顶层塔板充分接触并达到平衡时的露点。由于离开吸收塔的干气实际露点高于平衡露点，故应将干气实际露点减去二者差值求得平衡露点后，再由图3-12确定贫甘醇进吸收塔时的最低浓度。

3. 原料气在吸收塔中的脱水率

原料气在吸收塔中的脱水深度也可用其脱水率δ表示，其定义为

$$\delta = (W_{in} - W_{out})/W_{in} \qquad (3-4)$$

式中 W_{in}——原料气进吸收塔时的水含量，$kg/10^6 m^3$；

W_{out}——干气离开吸收塔时的水含量，$kg/10^6 m^3$。

当吸收塔理论板数分别为1、1.5、2、2.5和3(约相当于4、6、8、10和12块实际板数)时，贫甘醇浓度、甘醇循环流率和脱水率的关系见图3-15至图3-19。因此，当原料气所要求的露点降、吸收塔温度、压力等参数已知时，可由图3-15至图3-19选择合适的贫甘醇浓度、甘醇循环流率和吸收塔塔板数或填料高度。

实际上，也可按原料气经过前4块实际塔板时的露点降为33℃，然后每再经过一块实际塔板的露点降为4℃的经验值来估计原料气经过吸收塔的露点降。

如果需要详细计算所需的理论板数，可绘出修正的McCabe-Thiele图，用以确定三甘醇吸收塔的理论板数，然后除以总的塔板效率即可得到所需的实际板数。实际证明，任何甘醇吸收塔至少要有4块实际塔板才有良好的脱水效果，一般采用4~12块。小型脱水装置吸收塔内通常有4~6块塔板，大型脱水装置吸收塔内通常有8块甚至更多塔板。例如，长庆气区第一天然气净化厂五套200×10⁴m³/d和第二天然气净化厂两套400×10⁴m³/d三甘醇脱水

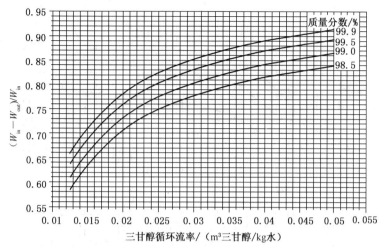

图 3-15 不同浓度三甘醇循环流率与脱水率关系图($N=1$)

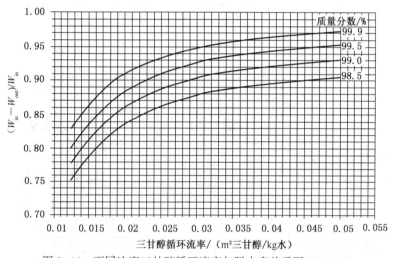

图 3-16 不同浓度三甘醇循环流率与脱水率关系图($N=1.5$)

装置吸收塔采用 10 层泡罩塔板。

4. 吸收塔直径

板式吸收塔的允许空塔气速可按 Souders-Brown 公式确定，即

$$v_c = K[(\rho_1 - \rho_g)/\rho_g]^{0.5} \tag{3-5}$$

式中　v_c——允许空塔气速，m/s；

　　　　ρ_1——甘醇在操作条件下的密度，kg/m^3；

　　　　ρ_g——气体在操作条件下的密度，kg/m^3；

　　　　K——经验常数，见表 3-5。

表 3-5　经验常数 K 值

泡罩塔板间距/mm	K 值	泡罩塔板间距/mm	K 值
500	0.043	750	0.052
600	0.049	规整填料	0.091~0.122[1]

注：①取决于填料密度和商品要求。

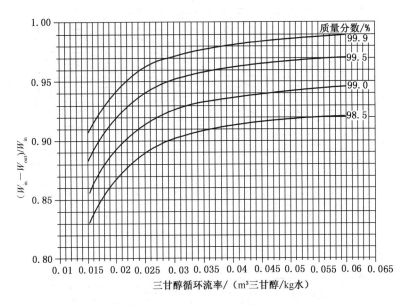

图 3-17 不同浓度三甘醇循环流率与脱水率关系图($N=2$)

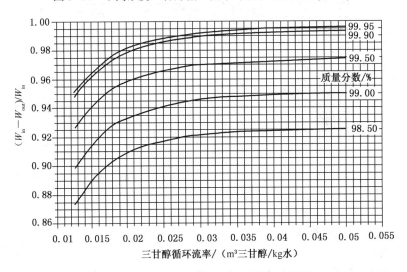

图 3-18 不同浓度三甘醇循环流率与脱水率关系图($N=2.5$)

当采用规整填料时,也可由 F_s 值来确定甘醇吸收塔的直径,即

$$F_s = v_c \sqrt{\rho_g} \tag{3-6}$$

F_s 值一般为 3.0~3.7。

【例 3-2】 某天然气流量为 $0.85 \times 10^6 m^3$(15.6℃)/d,相对密度为 0.65,在 38℃ 和 4.1MPa(绝)下进入吸收塔,要求干气出塔时的水含量为 110kg/$10^6 m^3$(15.6℃),三甘醇循环流率选用 0.025m^3/kg,甘醇溶液在操作条件下的密度为 1119.7kg/m^3,气体在操作条件下的密度为 32.0kg/m^3,气体的压缩因子为 0.92,试估算达到上述要求时吸收塔泡罩塔板数或规整填料高度以及直径。

【解】 ① 由图 3-12 估算所需的三甘醇浓度。

由图 1-6 查得干气在 4.1MPa(绝)、38℃ 和水含量为 110kg/$10^6 m^3$ 时的露点为 -4℃。假

110

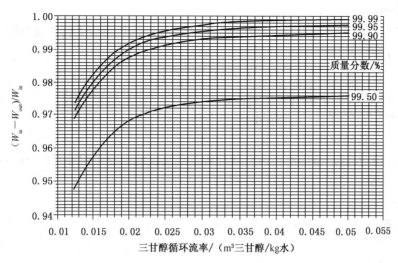

图 3-19   不同浓度三甘醇循环流率与脱水率关系图($N=3$)

定平衡露点比实际露点低 6℃，则由图 3-12 查得贫三甘醇进吸收塔浓度约为 99%。

② 由图 3-15 至图 3-17 估算理论板数。

由图 1-6 查得原料气在 4.1MPa(绝)、38℃时的水含量为 1436kg/10^6m³，故吸收塔的脱水率为

$$\delta = (1436 - 110)/1436 = 0.922$$

由图 3-16 纵坐标查得在 $N=1.5$、甘醇循环流率为 0.025m³/kg 和贫甘醇浓度为 99% 时脱水率为 0.885；由图 3-19 纵坐标查得在 $N=2$、甘醇循环流率为 0.025m³/kg 和贫甘醇浓度为 99% 时脱水率为 0.925。因此，选用 $N=2$。

对于泡罩塔板，两块理论塔板相当于 8 块实际塔板，板间距取 0.6m。

对于规整填料，两块理论塔板相当于高度为 3m 的填料。

③ 吸收塔直径计算。

对于板间距为 0.6m 的泡罩塔，由公式(3-5)求得其允许空塔气速 v_c 为

$$v_c = 0.049[(1119.7 - 32.0)/32.0]^{0.5} = 0.2845\text{m/s}$$

气体在吸收塔内的实际流量 q_{ac} 为

$$q_{ac} = 0.85 \times 10^6 \frac{0.92 \times 101.325 \times (273 + 38)}{24 \times 4100 \times (273 + 15.6)} = 866.5\text{m}^3/\text{h} = 0.2407\text{m}^3/\text{s}$$

吸收塔的截面积 $F=0.2407/0.2845=0.846$m²

吸收塔采用泡罩塔板时的直径 $d = \left(\dfrac{4\times 0.846}{\pi}\right)^{0.5} = 1.04$m

如采用规整填料，K 值取 0.091，则按上述方法计算的吸收塔直径为 0.76m。

如按公式(3-6)计算，F_s 值取 3.0，则吸收塔直径也为 0.76m。

(二) 再生塔

1. 精馏柱

富甘醇再生过程实质上是甘醇和水两组分混合物的蒸馏过程。甘醇和水的沸点差别很大，又不生成共沸物，故较易分离。因此，精馏柱的理论板数一般为 3 块，即底部重沸器、填料段和顶部回流冷凝器各 1 块。富甘醇中吸收的水分由精馏柱顶排放大气，再生后的贫甘

醇由重沸器流出。

精馏柱一般选用不锈钢填料，其直径 D 可根据柱内操作条件下的气速和喷淋密度计算，也可按下式来估算

$$D = 247.7 \sqrt{L_T q_W} \tag{3-7}$$

式中　D——精馏柱直径，mm；

　　　L_T——甘醇循环流率，m^3/kg 水；

　　　q_W——吸收塔的脱水量，kg/h。

精馏柱顶部的回流冷凝器热负荷可取甘醇溶液吸收的水分在重沸器内全部汽化所需的热负荷的 $25\% \sim 30\%$。

2. 重沸器

重沸器的热负荷 Q_R 可由下式计算

$$Q_R = L_T q_W Q_C \tag{3-8}$$

式中　Q_R——重沸器的热负荷，kJ/h；

　　　Q_C——循环 $1m^3$ 甘醇所需的热量，kJ/m^3。

也可根据脱水量由下述经验公式估算

$$Q'_R = 2171 + 275 L'_T \tag{3-9}$$

式中　Q'_R——脱除 1kg 水分所需的重沸器热负荷，kJ/kg 水；

　　　L'_T——甘醇循环流率，L/kg。

其他符号意义同上。

由公式(3-9)计算的结果通常比实际值偏高。

采用汽提法时，汽提气通常是在重沸器内预热后通入汽提柱，或在预热后直接通入重沸器底部。汽提气量可由图 3-13 确定。当重沸器温度为 204℃、汽提气直接通入重沸器中时，可将贫三甘醇质量浓度从 99.1% 提高至 99.5%。如将汽提气通入汽提柱中时效果更好，贫三甘醇的浓度可达 99.9%。但是，采用汽提气时也增加了操作费用，因而只在必要时才使用。

【例 3-3】　接【例 3-2】，假定进入再生塔的富三甘醇温度为 150℃，重沸器温度为 200℃，三甘醇的平均密度为 $1114kg/m^3$，平均比热容为 $2.784kJ/(kg \cdot K)$，水的汽化相变焓为 2260kJ/kg，试计算以 $1m^3$ 三甘醇为基准的重沸器热负荷。

【解】　将 $1m^3$ 三甘醇由 150℃ 加热到 200℃ 所需的显热 Q_s 为

$$Q_s = 1114 \times 2.784(200 - 150) = 155MJ/m^3$$

将 $1m^3$ 三甘醇吸收的水汽化所需要的相变焓 Q_v 为

$$Q_v = 2260/0.025 = 90MJ/m^3$$

精馏柱顶部的回流冷凝器热负荷取甘醇溶液吸收的水分在重沸器内全部汽化所需热负荷的 25%，则回流冷凝器热负荷 Q_c 为

$$Q_c = 0.25 \times 90 = 22.5MJ/m^3$$

包括 10% 热损失的总热负荷 $Q_R = 1.1(155+90+22.5) = 294MJ/m^3$

三、提高贫甘醇浓度的方法

除最常用的汽提法、负压法外，目前还有一些可提高甘醇浓度的专利方法如下。

1. DRIZO 法

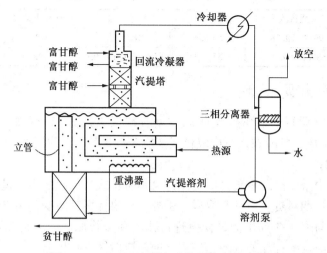

图 3-20　DRIZO 法再生系统工艺流程示意图

DRIZO 法即共沸法，见图 3-20 所示。此法是采用一种可气化的溶剂作为汽提剂。离开重沸器汽提柱的汽提气(溶剂蒸气)与从精馏柱出来的水蒸气和 BTEX(即苯、甲苯、乙苯和二甲苯)蒸气一起冷凝后，再将水蒸气排放到大气。DRIZO 法的优点是所有 BTEX 都得以回收，三甘醇的浓度可达 99.999%，而且不需额外的汽提气。

DRIZO 法适用于需提高甘醇浓度而对现有脱水装置进行改造，或需要更好地控制 BTEX 和 CO_2 排放的场合。

2. CLEANOL+法

CLEANOL+法中包含了提高甘醇浓度和防止空气污染的两项措施。该法采用的汽提剂是 BTEX，在重沸器中气化后作为汽提气与水蒸气一起离开精馏柱顶去冷凝分离。分出的 BTEX 经蒸发干燥后循环使用，含 BTEX 的冷凝水经汽化后回收其中的 BTEX，回收 BTEX 后的净水再去处理。

CLEANOL+法可获得浓度为 99.99% 的贫甘醇。此法不使用任何外部汽提气，而且无 BTEX 或 CO_2 排放。此法可很容易地用于一般的甘醇再生系统中。

3. COLDFINGER 法

COLDFINGER 法不使用汽提气，而是利用一个插入到缓冲罐气相空间的指形冷却管将气相中的水、烃蒸气冷凝，从而提高了贫甘醇浓度。冷凝水和液烃从收液盘中排放到储液器内，并周期性地泵送到进料中。COLDFINGER 法再生系统工艺流程示意图见图 3-21。

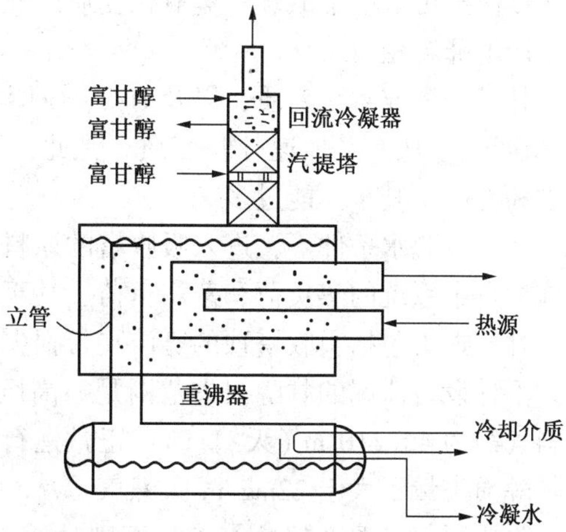

图 3-21　COLDFINGER 法再生系统
工艺流程示意图

COLDFINGER 法可获得的贫三甘醇浓度为 99.96%。

其他还有 PROGLY、ECOTEG 法等，这里就不再一一介绍。

几种不同再生方法可以达到的三甘醇浓度见表 3-6。

表 3-6　不同再生方法可达到的三甘醇浓度

再生方法	三甘醇质量浓度/%	露点降/℃	再生方法	三甘醇质量浓度/%	露点降/℃
汽提法	99.2~99.98	55~83	DRIZO 法	99.99 以上	100~122
负压法	99.2~99.9	55~83	COLDFINGER 法	99.96	55~83

四、几点注意事项

在甘醇脱水装置运行中经常发生的问题是甘醇损失过大和设备腐蚀。原料气中含有 CO_2、液体、固体杂质，甘醇在运行中氧化或变质等都是其主要原因。

1. 甘醇质量和损失

在设计和操作中采取措施避免甘醇受到污染是防止或减缓甘醇损失过大和设备腐蚀的关键。在操作中除应定期对贫、富甘醇取样分析外，如果怀疑甘醇受到污染，还应随时取样分析，并将分析结果与表 3-7 列出的最佳值进行比较和查找原因。氧化或降解变质的甘醇在复活后重新使用之前及新补充的甘醇在使用之前都应对其进行检验。

表 3-7　三甘醇质量的最佳值

参　数	pH 值[①]	氯化物/(mg/L)	烃类[②]/%	铁离子[②]/(mg/L)	水[③]/%	固体悬浮物[②]/(mg/L)	发泡倾向	颜色及外观
富甘醇	7.0~8.0	<600	<0.3	<15	3.5~7.5	<200	泡沫高度，10~20mm；破沫时间，5s	洁净，浅色到黄色
贫甘醇	7.0~8.0	<600	<0.3	<15	<1.5	<200		

注：① 富甘醇中因溶有酸性气体，故其 pH 值较低。
　　② 由于过滤器效果不同，贫、富甘醇中烃类、铁离子及固体悬浮物含量会有区别。烃含量为质量分数。
　　③ 贫、富甘醇的水含量(质量分数)相差为 2%~6%。

甘醇长期暴露在空气中会氧化变质而具有腐蚀性。因此，储存甘醇的容器采用干气或惰性气体保护可有助于减缓甘醇氧化变质。此外，当三甘醇在重沸器中加热温度超过 204℃ 时也会产生降解变质。

甘醇降解或氧化变质，以及 H_2S、CO_2 溶解在甘醇中反应所生成的腐蚀性物质会使甘醇 pH 值降低，从而又加速甘醇变质。为此，可加入硼砂、三乙醇胺和 NACAP 等碱性化合物来中和，但是其量不能过多。

在一般脱水条件下，进入吸收塔的原料气中 40%~60% 的甲醇可被三甘醇吸收。这将额外增加再生系统的热负荷和蒸汽负荷，甚至会导致再生塔液泛。

甘醇损失包括吸收塔顶的雾沫夹带损失、吸收塔和再生塔的气化损失以及设备泄漏损失等。不计设备泄漏的甘醇损失范围是：高压低温原料气约为 $7L/10^6 m^3$(天然气)~低压高温原料气约为 $40L/10^6 m^3$(天然气)。正常运行时，三甘醇损失量一般不大于 $15mg/m^3$ 天然气，二甘醇损失量不大于 $22mg/m^3$ 天然气。

除非原料气温度超过 48℃，否则甘醇在吸收塔内的气化损失很小。但是，在低压时这种损失很大。

2. 原料气中酸性组分含量

湿天然气中含有 CO_2 和 H_2S 等酸性组分时，应根据其分压大小采取相应的腐蚀控制措施。例如，原料气中 CO_2 分压小于 0.021MPa 时，不需腐蚀控制；CO_2 分压为 0.021~0.21MPa 时，可采取控制富甘醇溶液 pH 值、注入缓蚀剂或采用耐腐蚀材料等措施；CO_2 分压大于 0.21MPa 时，有关设备一般可采取防腐措施。

此外，对于压力高于 6.1MPa 时的 CO_2 脱水系统，其甘醇损失明显大于天然气脱水系统。这是因为三甘醇在密相 CO_2 内的溶解度高，故有时采用对 CO_2 溶解度低的丙三醇脱水。

第四节　吸附法脱水

吸附是指气体或液体与多孔的固体颗粒表面接触时，气体或液体分子与固体表面分子之间相互作用而停留在固体表面上，使气体或液体分子在固体表面上浓度增大的现象。被吸附的气体或液体称为吸附质，吸附气体或液体的固体称为吸附剂。当吸附质是水蒸气或水时，此固体吸附剂又称为固体干燥剂，也简称干燥剂。

根据气体或液体与固体表面之间的作用不同，可将吸附分为物理吸附和化学吸附两类。

物理吸附是由流体中吸附质分子与吸附剂表面之间的范德华力引起的，吸附过程类似气体液化和蒸气冷凝的物理过程。其特征是吸附质与吸附剂不发生化学反应，吸附速度很快，瞬间即可达到相平衡。物理吸附放出的热量较少，通常与液体气化和蒸气冷凝的相变焓相当。气体在吸附剂表面可形成单层或多层分子吸附，当体系压力降低或温度升高时，被吸附的气体可很容易地从固体表面脱附，而不改变气体原来的性状，故吸附和脱附是可逆过程。工业上利用这种可逆性，通过改变操作条件使吸附质脱附，达到使吸附剂再生并回收或分离吸附质的目的。

吸附法脱水就是采用吸附剂脱除气体混合物中水蒸气或液体中溶解水的工艺过程。

通过使吸附剂升温达到再生的方法称为变温吸附（TSA）。通常，采用某加热后的气体通过吸附剂使其升温再生，再生完毕后再用冷气体使吸附剂冷却降温，然后又开始下一个循环。由于加热、冷却时间较长，故 TSA 多用于处理气体混合物中吸附质含量较少或气体流量很小的场合。通过使体系压力降低使吸附剂再生的方法称为变压吸附（PSA）。由于循环快速完成，通常只需几分钟甚至几秒钟，因此处理量很高。天然气吸附法脱水通常采用变温吸附进行再生。

化学吸附是气体或液体中吸附质分子与吸附剂表面的分子起化学反应，生成表面络合物的结果。这种吸附所需的活化能大，故吸附热也大，接近化学反应热，比物理吸附大得多。化学吸附具有选择性，而且吸附速度较慢，需要较长时间才能达到平衡。化学吸附是单分子吸附，而且多是不可逆的，或需要很高温度才能脱附，脱附出来的吸附质分子又往往已发生化学变化，不复具有原来的性状。

固体吸附剂的吸附容量（当吸附质是水蒸气时，又称为湿容量）与被吸附气体（即吸附质）的特性和分压、固体吸附剂的特性、比表面积、空隙率以及吸附温度等有关，故吸附容量（通常用 kg 吸附质/100kg 吸附剂表示）可因吸附质和吸附剂体系不同而有很大差别。所以，尽管某种吸附剂可以吸附多种不同气体，但不同吸附剂对不同气体的吸附容量往往有很大差别，亦即具有选择性吸附作用。因此，可利用吸附过程这种特点，选择合适的吸附剂，使气体混合物中吸附容量较大的一种或几种组分被选择性地吸附到吸附剂表面上，从而达到与气体混合物中其他组分分离的目的。

在天然气凝液回收、天然气液化装置和汽车用压缩天然气（CNG）加气站中，为保证低温或高压系统的气体有较低的水露点，大多采用吸附法脱水。此外，在天然气脱硫过程中有时也采用吸附法脱水。由于这些吸附法脱水、脱硫均为物理吸附，故下面仅讨论物理吸附，并以介绍天然气吸附法脱水为主。

吸附法脱水装置的投资和操作费用比甘醇脱水装置要高，故其仅用于以下场合：①高含硫天然气；②要求的水露点很低；③同时控制水、烃露点；④天然气中含氧。如果低温法中的温度很低，就应选用吸附法脱水而不采用注甲醇的方法。

一、吸附剂的类型与选择

虽然许多固体表面对于气体或液体或多或少具有吸附作用，但用于天然气脱水的干燥剂应具有下列物理性质：①必须是多微孔性的，具有足够大的比表面积(其比表面积一般都在 $500 \sim 800 m^2/g$)。比表面积愈大，其吸附容量愈大；②对天然气中不同组分具有选择性吸附能力，即对所要脱除的水蒸气具有较高的吸附容量，这样才能达到对其分离(即脱除)的目的；③具有较高的吸附传质速度，可在瞬间达到相平衡；④可经济而简便地进行再生，且在使用过程中能保持较高的吸附容量，使用寿命长；⑤颗粒大小均匀，堆积密度大，具有较高的强度和耐磨性；⑥具有良好的化学稳定性、热稳定性，价格便宜，原料充足等。

（一）吸附剂的类型

目前，常用的天然气干燥剂有活性氧化铝、硅胶和分子筛三类。一些干燥剂的物理性质见表3-8。

表3-8 一些干燥剂的物理性质①

干 燥 剂	硅胶 Davison03	活性氧化铝 Alcoa(F-200)	H、R型硅胶 Kali-chemie	分子筛 Zeochem
孔径/10^{-1}nm	$10 \sim 90$	15	$20 \sim 25$	3，4，5，8，10
堆积密度/(kg/m³)	720	$705 \sim 770$	$640 \sim 785$	$690 \sim 750$
比热容/[kJ/(kg·K)]	0.921	1.005	1.047	0.963
最低露点/℃	$-50 \sim -96$	$-50 \sim -96$	$-50 \sim -96$	$-73 \sim -185$
设计吸附容量/%	$4 \sim 20$	$11 \sim 15$	$12 \sim 15$	$8 \sim 16$
再生温度/℃	$150 \sim 260$	$175 \sim 260$	$150 \sim 230$	$220 \sim 290$
吸附热/(kJ/kg)	2980	2890	2790	4190(最大)

注：① 表中数据仅供参考，设计所需数据应由制造厂商提供。

1. 活性氧化铝

活性氧化铝是一种极性吸附剂，以部分水合与多孔的无定形 Al_2O_3 为主，并含有少量其他金属化合物，其比表面积可达 $250 m^2/g$ 以上。例如，F-200活性氧化铝的组成为：Al_2O_3 94%、H_2O 5.5%、Na_2O 0.3%及 Fe_2O_3 0.02%。

由于活性氧化铝的湿容量大，故常用于水含量高的气体脱水。但是，因其呈碱性，可与无机酸发生反应，故不宜用于酸性天然气脱水。此外，因其微孔孔径极不均匀，没有明显的吸附选择性，所以在脱水时还能吸附重烃且在再生时不易脱除。通常，采用活性氧化铝干燥后的气体露点可达-70℃。

2. 硅胶

硅胶是一种晶粒状无定形氧化硅，分子式为 $SiO_2 \cdot nH_2O$，其比表面积可达 $300 m^2/g$。Davison03型硅胶的化学组成见表3-9。

表3-9　硅胶化学组成(干基)

名 称	SiO₂	Al₂O₃	TiO₂	Fe₂O₃	Na₂O	CaO	ZrO₂	其他
组成/%	99.71	0.10	0.09	0.03	0.02	0.01	0.01	0.03

硅胶为极性吸附剂,它在吸附气体中的水蒸气时,其量可达自身质量的50%,即使在相对湿度为60%的空气流中,微孔硅胶的湿容量也达24%,故常用于水含量高的气体脱水。硅胶在吸附水分时会放出大量的吸附热,易使其破裂产生粉尘。此外,它的微孔孔径也极不均匀(见图3-22),没有明显的吸附选择性。采用硅胶干燥后的气体露点可达-60℃。

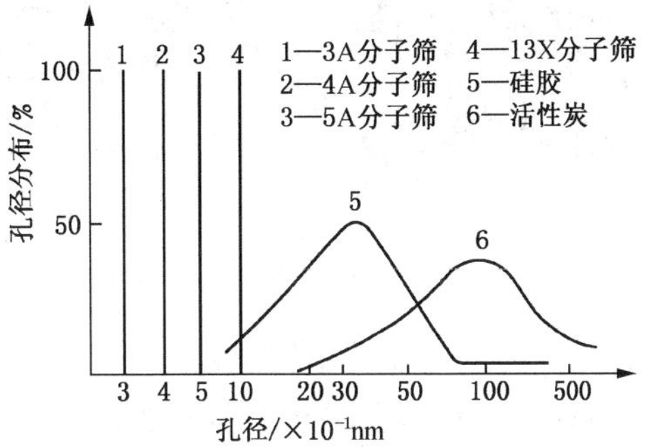

图3-22　常用吸附剂孔径分布

3. 分子筛

目前常用的分子筛系人工合成沸石,是强极性吸附剂,对极性、不饱和化合物和易极化分子特别是水有很大的亲和力,故可按照气体分子极性、不饱和度和空间结构不同对其进行分离。

分子筛的热稳定性和化学稳定性高,又具有许多孔径均匀的微孔孔道和排列整齐的空腔,故其比表面积大(800~1000m²/g),且只允许直径比其孔径小的分子进入微孔,从而使大小和形状不同的分子分开,起到了筛分分子的选择性吸附作用,因而称之为分子筛。

人工合成沸石是结晶硅铝酸盐的多水化合物,其化学通式为

$$Me_{x/n}[(AlO_2)_x(SiO_2)_y] \cdot mH_2O$$

式中　Me——正离子,主要是 Na^+、K^+ 和 Ca^{2+} 等碱金属或碱土金属离子;

x/n——价数为 n 的可交换金属正离子 Me 的数目;

m——结晶水的物质的量。

根据分子筛孔径、化学组成、晶体结构以及 SiO_2 与 Al_2O_3 的物质的量之比不同,可将常用的分子筛分为 A 型、X 型、Y 型和 AW 型几种。A 型基本组成是硅铝酸钠,孔径为0.4nm(4Å),称为4A分子筛。用钙离子交换4A分子筛中钠离子后形成0.5nm(5Å)孔径的孔道,称为5A分子筛。用钾离子交换4A分子筛中钠离子后形成0.3nm(3Å)孔径的孔道,称为3A分子筛。X 型基本组成也是硅铝酸钠,但因晶体结构与 A 型不同,形成约1.0nm(10Å)孔径的孔道,称为13X分子筛。用钙离子交换13X分子筛中钠离子后形成约0.8nm(8Å)孔径的孔道,称为10X分子筛。Y 型与 X 型具有相同的晶体结构,但其化学组成(SiO_2/Al_2O_3之比)与 X 型不同,通常多用做催化剂。AW 型为丝光沸石或菱沸石结构,系抗酸性分子筛,AW-500 型孔径为0.5nm(5Å)。

几种常用分子筛化学组成见表3-10。A 型、X 型和 Y 型分子筛晶体结构见图3-23。

表3-10　几种常用分子筛化学组成

型 号	SiO₂/Al₂O₃(物质的量之比)	孔径/10⁻¹nm	化 学 式
3A	2	3~3.3	$K_{7.2}Na_{4.8}[(AlO_2)_{12}(SiO)_{12}] \cdot mH_2O$
4A	2	4.2~4.7	$Na_{12}[(AlO_2)_{12}(SiO)_{12}] \cdot mH_2O$
5A	2	4.9~5.6	$Ca_{4.5}Na_3[(AlO_2)_{12}(SiO)_{12}] \cdot mH_2O$
10X	2.3~3.3	8~9	$Ca_{60}Na_{26}[(AlO_2)_{86}(SiO)_{106}] \cdot mH_2O$
13X	2.3~3.3	9~10	$Na_{86}[(AlO_2)_{86}(SiO)_{106}] \cdot mH_2O$
NaY	3.3~6	9~10	$Na_{56}[(AlO_2)_{56}(SiO)_{136}] \cdot mH_2O$

117

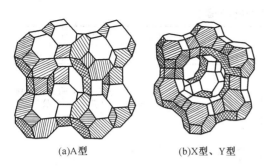

(a)A型　　　　　(b)X型、Y型

图 3-23　A、X 和 Y 型分子筛晶体结构

由于分子筛表面有很多较强的局部电荷，因而对极性分子和不饱和分子具有很大的亲和力，是一种孔径均匀的强极性干燥剂。

水是强极性分子，分子直径为 0.27～0.31nm，比 A 型分子筛微孔孔径小，因而 A 型分子筛是气体或液体脱水的优良干燥剂，采用分子筛干燥后的气体露点可低于-100℃。在天然气处理过程中常见的几种物质分子的公称直径见表 3-11。表 3-11 中称为公称直径的原因，是因为这些分子并非球形，而且可在微孔孔道中被挤压。

目前，裂解气脱水多用 3A 分子筛，天然气脱水多用 4A 或 5A 分子筛。天然气脱硫醇时可选用专用分子筛(例如 RK-33 型)，pH 值小于 5 的酸性天然气脱水时可选用 AW 型分子筛。

表 3-11　常见的几种物质分子公称直径

分　子	H_2	CO_2	N_2	H_2O	H_2S	CH_3OH	CH_4	C_2H_6	C_3H_8	$nC_4～nC_{22}$	$iC_4～iC_{22}$
公称直径/ 10^{-1} nm	2.4	2.8	3.0	3.1	3.6	4.4	4.0	4.4	4.9	4.9	5.6

4. 复合吸附剂

复合吸附剂就是同时使用两种或两种以上的吸附剂。

如果使用复合吸附剂的目的只是脱水，通常将硅胶或活性氧化铝与分子筛在同一干燥器内串联使用，即湿原料气先通过上部的硅胶或活性氧化铝床层，再通过下部的分子筛床层。目前，天然气脱水普遍使用活性氧化铝和 4A 分子筛串联的双床层，其特点是：①湿气先通过上部活性氧化铝床层脱除大部分水分，再通过下部分子筛床层深度脱水从而获得很低露点。这样，既可以减少投资，又可保证干气露点；②当气体中携带液态水、液烃、缓蚀剂和胺类化合物时，位于上部的活性氧化铝床层除用于气体脱水外，还可作为下部分子筛床层的保护层；③活性氧化铝再生时的能耗比分子筛低；④活性氧化铝的价格较低；⑤可以降低再生温度，故使分子筛使用寿命延长。在复合吸附剂床层中活性氧化铝与分子筛用量的最佳比例取决于原料气流量、温度、水含量和组成、干气露点要求、再生气组成和温度以及吸附剂的形状和规格等。

此外，还可根据不同原料气组成(例如湿净化气、含 H_2S 和 CO_2 或含重烃和硫醇的天然气)采用由不同类型分子筛(包括 3A、4A、5A 和 13X)和活性氧化铝构成的复合脱水床层。

如果同时脱除天然气中的水分和少量硫醇，则可将两种不同用途的分子筛床层串联布置，即含硫醇的湿原料气先通过上部脱水的分子筛床层，再通过下部脱硫醇的分子筛床层，从而达到脱水脱硫醇的目的。

(二) 吸附剂的选择

通常，应从脱水要求、使用条件和寿命、设计湿容量以及价格等方面选择吸附剂。

与活性氧化铝、硅胶相比，分子筛用做干燥剂时具有以下特点：①吸附选择性强，即可按物质分子大小和极性不同进行选择性吸附；②虽然当气体中水蒸气分压(或相对湿度)高时其湿容量较小，但当气体中水蒸气分压(或相对湿度)较低，以及在高温和高气速等苛刻条件下，则具有较高的湿容量(见图3-24、图3-25及表3-12)；③由于可以选择性地吸附水，可避免因重烃共吸附而失活，故其使用寿命长；④不易被液态水破坏；⑤再生时能耗高；⑥价格较高。

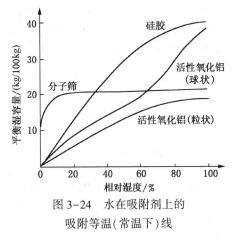

图 3-24　水在吸附剂上的
吸附等温(常温下)线

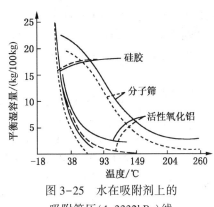

图 3-25　水在吸附剂上的
吸附等压(1.3332kPa)线

由图3-24可知，当相对湿度小于30%时，分子筛的平衡湿容量比其他干燥剂都高，这表明分子筛特别适用于气体深度脱水。此外，虽然在相对湿度较大时硅胶的平衡湿容量比较高，但这是指静态吸附而言。天然气脱水是在动态条件下进行的，这时分子筛的湿容量则可超过其他干燥剂。表3-12就是在压力为0.1MPa和气体入口温度为25℃、相对湿度为50%时不同气速下分子筛与硅胶湿容量(质量分数)的比较。图3-25则是水在几种干燥剂上的吸附等压线(即在1.3332kPa水蒸气分压下处于不同温度时的平衡湿容量)。图中虚线表示干燥剂在吸附开始时有2%残余水的影响。由图3-25可知，在较高温度下分子筛仍保持有相当高的吸附能力。

表 3-12　气体流速对吸附剂湿容量的影响

气体流速/(m/min)		15	20	25	30	35
吸附剂湿容量/%	分子筛(绝热)	17.6	17.2	17.1	16.7	16.5
	硅胶(恒温)	15.2	13.0	11.6	10.4	9.6

由此可知，对于相对湿度大或水含量高的气体，最好先用活性氧化铝、硅胶预脱水，然后再用分子筛脱除气体中的剩余水分，以达到深度脱水的目的。或者，先用三甘醇脱除大量的水分，再用分子筛深度脱水。这样，既保证了脱水要求，又避免了在气体相对湿度大或水含量高时由于分子筛湿容量较小，需要频繁再生的缺点。由于分子筛价格较高，故对于低含硫气体，当脱水要求不高时，也可只采用活性氧化铝或硅胶脱水。如果同时脱水脱硫醇，则可选用两种不同用途的分子筛。

常用分子筛的性能见表3-13和表3-14。

表 3-13　常用 A、X 型分子筛性能及用途[①]

分子筛型号	3A		4A		5A		10X		13X	
形　状	条	球	条	球	条	球	条	球	条	球
孔径/10^{-1}nm	~3	~3	~4	~4	~5	~5	~8	~8	~10	~10

分子筛型号	3A		4A		5A		10X		13X	
堆密度/(g/L)	≥650	≥700	≥660	≥700	≥640	≥700	≥650	≥700	≥640	≥700
压碎强度/N	20~70	20~80	20~80	20~80	20~55	20~80	30~50	20~70	45~70	30~70
磨耗率/%	0.2~0.5	0.2~0.5	0.2~0.4	0.2~0.4	0.2~0.4	0.2~0.4	≤0.3	≤0.3	0.2~0.4	0.2~0.4
平衡湿容量[②]/%	≥20.0	≥20.0	≥22.0	≥21.5	≥22.0	≥24.0	≥24.0	≥24.0	≥28.5	≥28.5
包装水含量(付运时)/%	<1.5	<1.5	<1.5	<1.5	<1.5	<1.5	<1.5	<1.5	<1.5	<1.5
吸附热(最大)/(kJ/kg)	4190	4190	4190	4190	4190	4190	4190	4190	4190	4190
吸附分子	直径<0.3nm 的分子，如 H_2O、NH_3、CH_3OH		直径<0.4nm 的分子，如 C_2H_5OH、H_2S、CO_2、SO_2、C_2H_4、C_2H_6 和 C_3H_6		直径<0.5nm 的分子，如左侧各分子、C_3H_8、n-C_4H_{10}~$C_{22}H_{46}$、n-C_4H_9OH 及更大醇类		直径<0.8nm 的分子，如左侧各分子及异构烷烃、烯烃及苯		直径<1.0nm 的分子，如左侧各分子及二正丙基胺	
排除分子	直径>0.3nm 的分子，如 C_2H_6		直径>0.4nm 的分子，如 C_3H_8		直径>0.5nm 的分子，如异构化合物及四碳环状化合物		二正丁基胺及更大分子		三正丁基及更大分子	
用 途	① 不饱和烃如裂解气、丙烯、丁二烯、乙炔干燥；② 极性液体如甲醇、乙醇干燥		空气、天然气、专用气体、稀有气体、溶剂、烷烃、制冷剂等气体或液体的深度干燥		①天然气干燥、脱硫、脱 CO_2；② PSA 过程(N_2/O_2 分离、H_2 纯化)；③ 正构烷烃分离、脱硫、脱 CO_2		① 芳烃分离；② 脱有机硫		① 原料气净化(同时脱除水及 CO_2)；② 天然气、液化石油气、液烃的干燥、脱硫(脱除 H_2S 和 RSH)；③ 一般气体干燥	

注：① 表中数据取自锦中分子筛有限公司等产品技术资料，用途未全部列入表中。
　　② 平衡湿容量指在 2.331kPa 和 25℃下每千克活化的吸附剂吸附水的千克数。

表 3-14　AW-500、RK-33 型分子筛性能[①]

类 型	形 状	直径/mm	孔径/10^{-1}nm	堆积密度/(g/L)	吸附热/(kJ/kg)	平衡湿容量[②]/%	付运时水含量/%	压碎强度/N
AW-500	球	1.6	5	705	3372	20	<2.5	35.6
	球	3.2	5	705	3372	19.5	<2.5	80.1
RK-33	球	—	—	609	—	28	<1.5	31.3

注：① 表中数据取自上海环球(UOP)分子筛有限公司产品技术资料。
　　② 平衡湿容量指在 2.331kPa 和 25℃下每千克活化的吸附剂吸附水的千克数。

二、吸附法脱水工艺的应用

与吸收法相比，吸附法脱水适用于要求干气露点较低的场合，尤其是分子筛，常用于汽车用压缩天然气的生产(CNG加气站)和采用深冷分离的天然气凝液(NGL)回收、天然气液化等过程中。

采用不同干燥剂的天然气脱水工艺流程基本相同，干燥器(脱水塔)都采用固定床。由于干燥器床层在脱水操作中被水饱和后，需要再生脱除干燥剂所吸附的水分，故为了保证脱水装置连续运行，至少需要两个干燥器。在两塔(即两个干燥器)流程中，一台干燥器进行天然气脱水，另一台干燥器进行干燥剂再生(加热和冷却)，然后切换操作。在三塔或多塔流程中，其切换流程则有所不同。

（一）NGL回收装置中的天然气脱水

当采用低温法的目的是为了回收天然气凝液时，由于这类装置需要在较低温度(对于浅冷分离的NGL回收装置，一般为-15～-35℃；对于深冷分离的NGL回收装置，一般低于-45℃，甚至低达-100℃以下)下回收和分离NGL，为了防止在装置的低温系统形成水合物和冻堵，故必须采用吸附法脱水。此时，吸附法脱水系统是NGL回收装置中的一个组成部分，其工艺流程见图3-26。脱水深度应根据装置低温系统中的天然气温度和压力有所不同。对于采用深冷分离的NGL回收装置，通常都要求干气水含量低至1×10^{-6}(体积分数，下同)或$0.748mg/m^3$，约相当于干气露点为-76℃，故均选用分子筛作干燥剂。

1. 工艺流程

图3-26为NGL回收装置中普遍采用的气体脱水两塔工艺流程。一台干燥器在脱水时原料气上进下出，以减少气流对床层的扰动，另一台干燥器在再生时再生气下进上出，这样既可以脱除靠近干燥器床层上部被吸附的物质，并使其不流过整个床层，又可以确保与湿原料气接触的下部床层得到充分再生，而下部床层的再生效果直接影响流出床层干气的露点。然后，两台干燥器切换操作。如果采用湿气(例如原料气)再生与冷却，为保证分子筛床层下部再生效果，再生气与冷却气应上进下出。

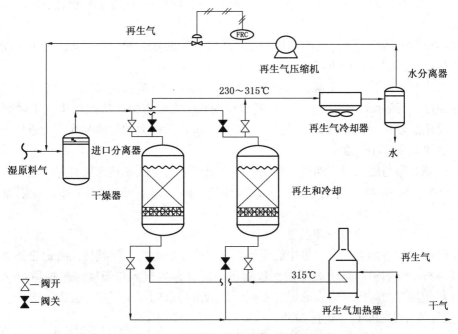

图3-26 吸附法脱水两塔工艺流程图

121

在脱水时，干燥器床层不断吸附气体中的水分直至最后整个床层达到饱和，此时就不能再对湿原料气进行脱水。因此，必须在干燥器床层未达到饱和之前就进行切换，即将湿原料气改进入另一个已经再生好的干燥器床层，而刚完成脱水操作的干燥器床层则改用再生气进行再生。

干燥器再生气可以是湿原料气，也可以是脱水后的高压干气或外来的低压干气（例如NGL回收装置中的脱甲烷塔塔顶气）。为使干燥剂再生更完全，保证干气有较低露点，一般应采用干气作再生用气。再生气量约为原料气的5%~10%。

当采用高压干气作再生气时，可以经加热后直接去干燥器将床层加热，使干燥剂上吸附的水分脱附，并将流出干燥器的气体冷却，使脱附出来的水蒸气冷凝与分离。由于此时分出的气体是湿气，故增压返回湿原料气中（见图3-26）；也可以是将再生气先增压（一般增压0.28~0.35MPa）再加热去干燥器，然后冷却、分水并返回湿原料气中；还可以根据干气外输要求（露点、压力），再生气不需增压，经加热后去干燥器，然后冷却、分水，靠控制进输气管线阀门前后的压差使这部分湿气与干气一起外输。当采用低压干气作再生气时，因脱水压力远高于再生压力，故在干燥器切换时应控制升压与降压速度，一般宜小于0.3MPa/min。

床层加热完毕后，再用冷却气使床层冷却至一定温度，然后切换转入下一个脱水周期。由于冷却气是采用不加热的干气，故一般也是下进上出。但是，有时也可将冷却干气自上而下流过床层，使冷却干气中的少量水蒸气被床层上部干燥剂吸附，从而最大限度降低脱水周期中出口干气的水含量。

2. 工艺参数

（1）原料气进干燥器温度

由图3-25可知，吸附剂的湿容量与床层吸附温度有关，即吸附温度越高，吸附剂的湿容量越小。为保证吸附剂有较高的湿容量，进入床层的原料气温度不宜超过50℃。

（2）脱水周期

干燥器床层的脱水周期（吸附周期）应根据原料气的水含量、空塔流速、床层高径比、再生气能耗、干燥剂寿命等进行技术经济比较后确定。

对于两塔脱水流程，干燥器脱水周期一般为8~24h，通常取8~12h。如果原料气的相对湿度小于100%，脱水周期可大于12h。脱水周期长，意味着再生次数较少，干燥剂使用寿命长，但是床层较长，投资较高。对于压力不高、水含量较大的气体脱水，为避免干燥器尺寸过大，脱水周期宜小于8h。

再生周期时间与脱水周期相同。在两塔脱水流程中再生气加热床层时间一般是再生周期的50%~65%。以8h再生周期为例，大致是加热时间4.5h，冷却时间3h，备用和切换时间0.5h。

（3）再生周期的加热与冷却温度

再生时床层加热温度越高，再生后干燥剂的湿容量也越大，但其使用寿命也越短。床层加热温度与再生气加热后进干燥器的温度有关，而此再生气入口温度应根据原料气脱水深度、干燥剂使用寿命等因素综合确定。不同干燥剂所要求的再生气进口温度上限为：分子筛315℃；活性氧化铝300℃；硅胶245℃。

加热完毕后即将冷却气通过床层使其冷却，一般在冷却气出干燥器的温度降至50℃即可停止冷却。冷却温度过高，由于床层温度较高，干燥剂湿容量将会降低；反之，冷却温度

122

过低，将会增加冷却时间。如果是采用湿原料气再生，冷却温度过低时还会使床层上部干燥剂被冷却气中的水蒸气预饱和。

图 3-27 为采用两塔流程的吸附法脱水装置 8h 再生周期(包括加热和冷却)的温度变化曲线。曲线 1 表示再生气进干燥器的温度 T_H，曲线 2 表示加热和冷却过程中离开干燥器的气体温度，曲线 3 则表示湿原料气温度。

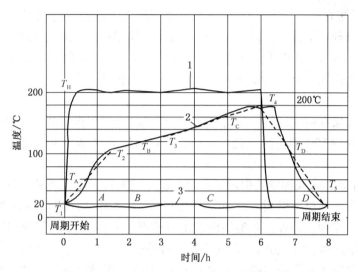

图 3-27 再生加热和冷却过程温度变化曲线

由图 3-27 可知，再生开始时加热后的再生气进入干燥器加热床层和容器，出床层的气体温度逐渐由 T_1 升至 T_2，大约在 116~120℃ 时床层中吸附的水分开始大量脱附，故此时升温比较缓慢。设计中可假定大约在 121~125℃ 的温度下脱除全部水分。待水分全部脱除后，继续加热床层以脱除不易脱附的重烃和污物。当再生时间在 4h 或 4h 以上，离开干燥器的气体温度达到 180~230℃ 时床层加热完毕。热再生气温度 T_H 至少应比再生加热过程中所要求的最终离开床层的气体出口温度 T_4 高 19~55℃，一般为 38℃。然后，将冷却气通入床层进行冷却，当床层温度大约降至 50℃ 时停止冷却。

3. 主要设备

主要设备有干燥器、再生气加热器、冷却器和水分离器以及再生气压缩机等。现仅将干燥器的结构介绍如下。

干燥器的结构见图 3-28。由图可知，干燥器由床层支承梁和支承栅板、顶部和底部的气体进、出口管嘴和分配器(这是因为脱水和再生分别是两股物流从两个方向流过干燥剂床层，故顶部和底部都是气体进、出口)、装料口、排料口以及取样口、温度计插孔等组成。

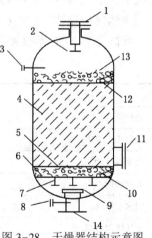

图 3-28 干燥器结构示意图

1—入口/装料口；2，9—挡板；3，8—取样口及温度计插孔；4—分子筛；5，13—瓷球；6—滤网；7—支撑梁；10—支撑栅；11—排料口；12—浮动滤网；14—出口

在支承栅板上有一层 10~20 目的不锈钢滤网，以防止干燥剂和瓷球随气流下沉。滤网上放置的瓷球通常为两层，上层瓷球直径一般为 6mm，下层瓷球直径一般为 12mm，总高为 150~200mm。支承栅板下的支承梁应能承受床层的静载荷(干燥剂等的质量)和动载荷(气体流动压降)。

干燥剂的形状、大小应根据吸附质不同而异。对于天然气脱水，通常使用的分子筛颗粒是球状和条状(圆形或三叶草形截面)。常用的球状规格是 $\phi 3 \sim 8mm$，条状(即圆柱状)规格是 $\phi 1.6 \sim 3.2mm$。

干燥器尺寸会影响床层压降。对于气体吸附来讲，其床层高径比不应小于1.6。气体通过床层的设计压降一般应小于35kPa，最好不大于55kPa。

分配器(有时还有挡板)的作用是使进入干燥器的气体(尤其是流量很大的原料气)以径向、低速流向干燥剂床层，从而减少对床层的扰动。床层顶部也放置瓷球，瓷球直径一般为12mm，高100~150mm，其作用是改善进口气流的分布并防止因涡流引起干燥剂的移动和破碎，以及防止再生周期气流向上流动时对干燥剂颗粒的提举。瓷球层下面是一层起支承作用的不锈钢浮动滤网。

由于干燥剂床层在再生加热时温度较高，故干燥器需要保温。器壁外保温比较容易，但内保温可以降低大约30%的再生能耗。然而，一旦内保温衬里发生龟裂，气体就会走短路而不经过床层。

20世纪80年代以来我国陆续引进了几套处理量较大且采用深冷分离的NGL回收装置，这些装置均选用分子筛作干燥剂。目前，国内也有很多采用浅冷或深冷分离的NGL回收装置选用分子筛作干燥剂。另外，海南福山油田目前有一套小型NGL回收装置在运行，由于原料气中 CO_2 含量高达20%~30%，故选用抗酸性分子筛。

我国某天然气液化装置采用硅胶和分子筛复合吸附剂脱水脱苯，其再生气进床层温度仅为220℃(设计值)。又如，国外某公司通过试验指出，采用活性氧化铝和分子筛复合吸附剂脱水并改进其循环工艺等，可使分子筛寿命延长。

我国为哈萨克斯坦扎那若尔油气处理新厂设计与承建的天然气脱水脱硫醇装置设计处理量为 $315 \times 10^4 m^3/d$，采用了复合分子筛床层的干燥器，上层为RK-38型分子筛，主要作用是脱水，下层为RK-33型分子筛，主要作用是脱硫醇。

天然气液化装置中的脱水系统工艺流程与上述介绍基本相同，此处就不再多述。

我国几套NGL回收和天然气液化装置分子筛干燥器的基本数据见表3-15。

表3-15 我国几套分子筛干燥器基本数据

项 目	广东珠海①	辽河油田②	大庆莎南②	中原油田②
处理量/(m³/h)	26150	50000	29480	41666
吸附压力/MPa	4.27	3.40	4.10	4.21
吸附温度/℃	34	35	38	27
吸附周期/h	12	8	8	8
脱水总量/kg	334	524	337	300
设计吸附容量/%	8	8.22	7.85	7.79
干燥器台数	2	2	2	2
分子筛型号	4A	4A	4A	4A
分子筛直径/mm	3	3	3	3.5
干燥器内径/m	1.6	1.9	1.54	1.7
床层高度/m	3.94	3.55	3.5	2.57

项 目	广东珠海①	辽河油田②	大庆莎南②	中原油田②
床层压降/kPa	28.9			
吸附操作线速/(m/s)	0.082	0.142	0.11	0.111
再生气进口温度/℃	280	290	230	240
再生气出床层温度/℃	220	—	180	180
再生气压力/MPa	2.1	0.72	1.95	1.23
再生气用量/(m³/h)	2450	—	—	—
原料气含水量	饱和	饱和	饱和	饱和
脱水后气体含水量/10⁻⁶	1	1	1	1
分子筛产地	上海 UOP	日本	德国	德国

注：① 天然气液化装置。

　　② NGL 回收装置。

这里需要说明的是，当原料气的水含量、床层吸附周期和高径比、干燥剂的有效湿容量等确定后，应按照本节后面介绍的方法进行吸附脱水工艺计算。

此外，为防止含水凝液在低温系统冻堵，沙特阿拉伯 Uthmaniyah 天然气处理厂 NGL 回收装置中将预冷后在三相分离器分出的湿原料气和含水液烃分别采用分子筛脱水，工艺流程见图 3-29。由于该装置改进了分子筛干燥器床层配置(图 3-30)和采用两步再生工艺(先用 121℃的再生气体预热床层 90min，再用 260℃的再生气体加热床层)，故使分子筛使用寿命延长一倍。

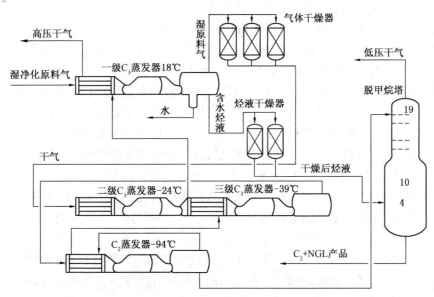

图 3-29　Uthmaniyah 天然气处理厂 NGL 回收工艺流程图

(二) CNG 加气站中的天然气脱水

CNG 加气站的原料气一般为来自输气管线的商品天然气，在加气站中增压至 20~25MPa 并冷却至常温后，再在站内储存与加气。充装在高压气瓶(约 20MPa)中的 CNG，用作燃料时须从高压减压至常压或负压，再与空气混合后进入汽车发动机中燃烧。由于减压时有节流

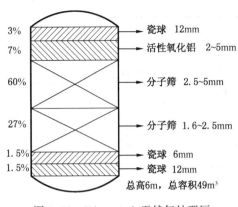

3%	瓷球 12mm
7%	活性氧化铝 2~5mm
60%	分子筛 2.5~5mm
27%	分子筛 1.6~2.5mm
1.5%	瓷球 6mm
1.5%	瓷球 12mm

总高6m，总容积49m³

图 3-30 Uthmaniyah 天然气处理厂
干燥器床层配置

效应，气体温度将会降至-30℃以下。为防止气体在高压与常温(尤其是在寒冷环境)或节流后的低温下形成水合物和冻堵，故应在加气站中对原料气深度脱水。

CNG 加气站中的天然气脱水虽也采用吸附法，但与 NGL 回收装置中的脱水系统相比，它具有以下特点：①处理量很小；②生产过程一般不连续，而且多在白天加气；③原料气已在上游经过处理，露点通常已符合管输要求，故其相对湿度小于100%。

CNG 加气站中气体脱水用的干燥剂普遍采用分子筛。至于脱水后干气的水露点或水含量，则应根据各国乃至不同地区的具体情况而异。我国《车用压缩天然气》(GB 18047—2000)中规定，汽车用压缩天然气的水露点在汽车驾驶的特定地理区域内，在最高操作压力下，其值不应高于-13℃；当最低气温低于-8℃，水露点应比最低气温低5℃。CNG 的脱水深度通常也可用其在储存压力下的水含量来表示。

如前所述，已知天然气在某压力下的水露点，可由图 1-6 和图 1-7 查得其在常压或其他压力下的水露点；反之亦然。

1. 脱水装置在加气工艺流程中的位置

当进加气站的天然气需要脱水时，脱水可在增压前(前置)、压缩机级间(级间)或增压后(后置)进行，即根据其在 CNG 加气工艺流程中的位置不同，可分为低压(压缩机前)脱水、中压(压缩机级间)脱水及高压(压缩机后)脱水三种。

脱水装置通常设置两塔即两台干燥器，一台在脱水，另一台在再生。交替运行周期一般为6~8h，但也可更长。脱水装置的设置位置应按下列条件确定：①所选用的压缩机在运行中，其机体限制冷凝水的生成量，且天然气的进站压力能克服脱水系统等阻力时，应将脱水装置设置在压缩机前；②所选用的压缩机在运行中，其机体不限制冷凝水的生成量，并有可靠的导出措施时，可将脱水装置设置在压缩机后；③所选用的压缩机在运行中，允许从压缩机的级间导出天然气进行脱水时，宜将脱水装置设置在压缩机的级间。此外，压缩机气缸采用的润滑方式(无油或注油润滑)也是确定脱水装置在流程中位置时需要考虑的因素。

在增压前脱水时，再生用的天然气宜采用进站天然气经电加热、吸附剂再生、冷却和气液分离后，再经增压进入进站的天然气脱水系统。再生用的循环风机应为再生系统阻力值的1.10~1.15 倍。

在增压后或增压间脱水时，再生用的天然气宜采用脱除游离液(水分和油分)后的压缩天然气，并应由电加热控制系统温度。再生后的天然气宜经冷却、气液分离后进入压缩机的进口。再生用天然气压力为 0.4~1.8MPa 或更高。

低、中、高压脱水方式各有优缺点。高压脱水所需脱水设备体积小、再生气量少、脱水后的气体露点低，在需要深度脱水时具有优势。此外，由于气体在压缩机级间和出口处经冷却、分离排出的冷凝水量约占总脱水量的 70%~80%，故所需干燥剂少、再生能耗低。但是，高压脱水对容器的制造工艺要求高，需设置可靠的冷凝水排出设施，增加了系统的复杂性。另外，由于进入压缩机的气体未脱水，会对压缩机的气缸等部位产生一定的腐蚀，影响压缩机的使用寿命。低压脱水的优点是可保护压缩机气缸等不产生腐蚀，无需设置冷凝水排出设施，对容器的制造工艺要求低，缺点是所需脱水设备体积大，再生能耗高。

天然气脱水装置设置在压缩机后或压缩机级间时，压缩天然气进入脱水装置前，应先经过冷却、气液分离和除油过滤，以脱除游离水和油。

2. CNG 加气站天然气脱水装置工艺流程

目前国内各地加气站大多采用国产天然气脱水装置，并有低压（前置）、中压（级间）、高压（后置）脱水三类。低压和中压脱水装置有半自动、自动和零排放三种方式，高压脱水装置有半自动、全自动两种方式。半自动装置只需操作人员在两塔切换时手动切换阀门，再生过程自动控制。在两塔切换时有少量天然气排放。全自动装置所有操作自动控制，不需人员操作，在两塔切换时也有少量天然气排放。零排放装置指全过程（切换、再生）实现零排放。这些装置脱水后气体水露点小于−60℃。干燥剂一般采用 4A（含 C_3^+ 烃类时也可采用 3A）分子筛。

半自动和全自动低压脱水工艺流程见图 3-31。图 3-31 中原料气从进气口进入前置过滤器，除去游离液和尘埃后经阀 3 进入干燥器 A，脱水后经阀 5 去后置过滤器除去干燥剂粉尘后至出气口。再生气经循环风机增压后进入加热器升温，然后经阀 8 进入干燥器 B 使干燥剂再生，再经阀 2 进入冷却器冷却后去分离器分出冷凝水，重新进入循环风机增压。

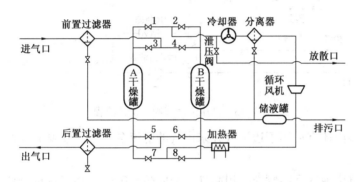

图 3-31 低压半自动、全自动脱水工艺流程

零排放低压脱水工艺流程见图 3-32。图 3-32 中原料气从进气口进入前置过滤器，除去游离液和尘埃后经阀 1 进入干燥器 A，脱水后经止回阀和后置过滤器至出气口。再生气来自脱水装置出口，经循环风机增压后进入加热器升温，然后经止回阀进入干燥器 B 使干燥剂再生，再经阀 4 进入冷却器冷却后去分离器分出冷凝水，重新回到脱水装置进气口。

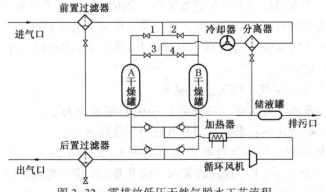

图 3-32 零排放低压天然气脱水工艺流程

127

半自动、全自动和零排放中压脱水流程与图 3-31、图 3-32 基本相同，只是进气口来自压缩机一级出口(或二级出口，但工作压力不宜超过 4MPa)，出气口去压缩机二级入口(或三级入口)。

高压脱水装置工艺流程见图 3-33。图 3-33 中的气体依次进入前置过滤器、精密过滤器，除去游离液和尘埃后经阀 1 进入干燥器 A 脱水，然后经后置过滤器和压力保持阀送至顺序盘入口。再生气从装置出口或低压气井(或低压气瓶组)引入，经减压后进入加热器升温，然后进入干燥器 B 使干燥剂再生，再经阀 4 进入冷却器、分离器分出冷凝水后，进入压缩机前的低压管网或放空。

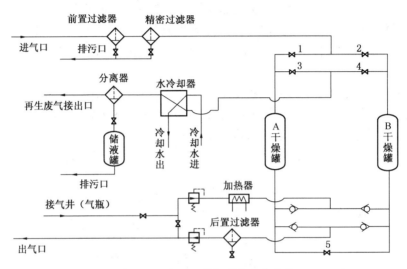

图 3-33　高压天然气脱水工艺流程

此外，目前国内还有适用于边远气井采出气的射流泵型零排放脱水装置。该脱水装置已在塔里木气区应用。

由于四川、重庆地区气温较高，川渝气区的商品气中有的其水含量可达 $4.25g/m^3$(露点约为 $0℃$)。针对这一特点，为了减少 CNG 加气站脱水装置负荷和降低能耗，该地区 CNG 加气站普遍采用高压脱水装置。至于其他地区加气站当其采用来自长庆气区输气管道、西气东输或川气出川管道的天然气为原料气时，由于原料气进站时有一定压力，而且已在上游经过处理，因而多选用低压脱水装置。

当加气站规模较小时，其天然气脱水装置也可采用 1 台干燥器，间断脱水与再生。

必须说明的是，当选用成套天然气脱水装置产品时，如果其干燥剂床层高度和直径是某一定值的话，则应按照原料气流量、实际水含量和该脱水装置干燥剂床层的装填量、有效湿容量和高度等核算一下实际脱水周期和达到透过点(转效点)的时间，并比较实际脱水周期是否小于达到透过点的时间。

(三)LNG 装置预处理系统中的天然气脱水

液化天然气是在常压下将天然气冷冻到约 $-162℃$ 使其变为液体的，为防止液化过程中出现水合物和冻堵，故液化前要求对其原料气进行深度脱水。

LNG 装置规模较小时，原料气通常直接采用图 3-26 所示的分子筛脱水两塔工艺流程(一般多选用 4A 分子筛)。当工厂规模较大时，则可考虑采用三塔或多塔分子筛脱水工艺流程。近年来，一些小型煤层气液化装置经过技术经济综合比较后也采用了三塔脱水工艺方案。有关 LNG 装置采用吸附法脱水工艺的内容详见本书第六章所述。

三、吸附过程特性及工艺计算

目前，采用吸附法的天然气脱水装置其干燥器均为固定床。由于天然气是多组分气体混合物，故其在固定床干燥器中脱水过程实质上就是在吸附剂床层上进行吸附传质与分离的过程。

（一）吸附传质过程

吸附质被吸附剂吸附的过程包括：①外扩散过程，即吸附质分子首先从流体主体扩散到吸附剂颗粒外表面，也称膜扩散过程；②内扩散过程，即吸附质分子再从吸附剂颗粒外表面进入颗粒微孔内，也称孔扩散过程；③在吸附剂微孔的内表面上完成吸附作用，此吸附速率通常远大于传质速率，故可认为整个吸附过程的速率主要取决于外扩散和内扩散的传质阻力。

1. 动态吸附与透过曲线

当气体流经吸附剂床层时，就会在吸附剂上发生动态吸附，并形成吸附传质区。对于高压天然气吸附脱水，可近似看成是等温吸附过程。图 3-34 是只有水蒸气为吸附质的气体混合物等温吸附过程示意图。

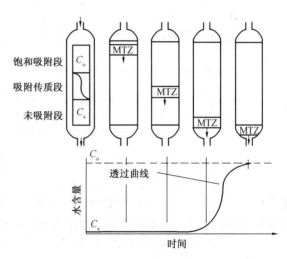

图 3-34　水蒸气在固定床上的吸附过程

由图 3-34 可知，当水含量为 C_0 的湿天然气自上而下流过床层时，最上部的吸附剂立即被水蒸气所饱和，这部分床层称为吸附饱和段。气体继续向下流过床层时，水蒸气又被吸附饱和段以下的吸附剂所吸附，形成吸附传质段（MTZ）。在吸附传质段中，床层上的水含量自上而下从接近饱和到接近零（气体中水蒸气含量为 C_s），形成一条 S 形吸附负荷曲线。在吸附传质段以下的床层中，可以看成是只有水蒸气含量为 C_s 的干气流过，故为未吸附段。因此，此时的吸附剂床层由吸附饱和段、吸附传质段和未吸附段三部分组成。随着湿天然气不断流过床层，吸附饱和段不断扩大，吸附传质段不断向下推移，未吸附段不断缩小，直至吸附传质段前端到达床层底部为止。

当吸附传质段前端到达床层底部前，离开床层的干气中水蒸气含量一直为 C_s，而当吸附传质段后端到达床层底部时，由于整个床层都已处于吸附饱和段，故出口气体中水蒸气含量就与进口相同（C_0）。实际上为了安全起见，在吸附传质段前端未到达床层底部前就要进行切换，将湿天然气改为进入另一台已再生完毕的干燥器中。

由图 3-34 还知，当吸附传质段前端到达床层底部后，离开床层的气体中吸附质浓度就会从 C_s 迅速增加至 C_0。在吸附过程中，从开始进行吸附到出口气体中吸附质浓度达到某一预定值时所需要的时间称为透过时间（转效时间，穿透时间），该预定浓度值通常取吸附质进口浓度的 5% 或 10%。固定床出口气体中吸附质浓度随时间的变化曲线称为透过曲线（转效曲线，穿透曲线）。透过曲线为 S 形，与床层内的浓度分布曲线呈镜面对称关系。由于床层内的浓度分布情况难于测定，而出口气体中吸附质的浓度则很易分析测得，故可由测定透过曲线来了解床层内的吸附质浓度分布情况。

实际上，活性氧化铝、硅胶和某些分子筛不仅吸附水蒸气，而且还吸附天然气中其他一些组分。但是，吸附剂对天然气中各组分的吸附活性并不相同，其顺序(按活性递减)为水、甲醇、硫化氢和硫醇、二氧化碳、己烷和更重烃类、戊烷、丁烷、丙烷、乙烷以及甲烷。因此，当湿天然气自上而下地流过吸附剂床层时，气体中各组分就会按不同的速率和活性被吸附。水蒸气始终是很快被床层顶部吸附剂所吸附，天然气中的其他组分则按其吸附活性不同被床层较下面的吸附剂所吸附，在床层上出现一连串的吸附传质段，见图3-35。随着吸附时间的加长，水蒸气将逐渐置换床层中已被吸附的烃类。因此，短吸附周期主要用于天然气脱水和回收烃类，长周期主要用于天然气脱水。

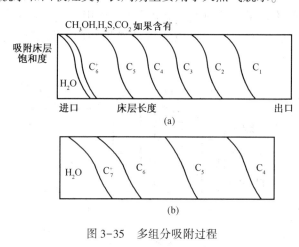

图3-35 多组分吸附过程

水蒸气吸附是放热过程。对于压力大于3.5MPa的高压天然气，由于气体中水含量较少，吸附放出的热量被大量气体带走，故床层温升仅约1~2℃，可视为等温吸附过程。

2. 动态吸附容量

在设计干燥器时，最重要的是计算吸附剂床层在达到透过时间以前的连续运行时间和透过吸附容量。所谓透过吸附容量就是与透过时间相对应的吸附质吸附容量。由于到达透过点时床层内有一部分相当于吸附传质段长度部分的吸附剂尚未达到饱和，故与动态饱和吸附容量(即动态平衡吸附容量)X_s不同，而将其称为动态有效吸附容量X。动态有效吸附容量X由床层内吸附饱和段和吸附传质段内两部分吸附容量组成。如床层长度为H_t，吸附传质段长度为H_z，吸附传质段内吸附剂的未吸附容量分率为f，则

$$XH_t = X_sH_t - fH_zX_s \qquad (3-10)$$

为了确定动态有效吸附容量X，需要求解吸附传质段长度以及吸附传质段内的浓度分布，或求解透过曲线。在天然气吸附法脱水计算中f值通常取0.45~0.50。

(二) 吸附容量

吸附剂吸附容量用来表示单位吸附剂吸附吸附质能力的大小，其单位通常为质量分数或kg吸附质/kg吸附剂。当吸附质为水蒸气时，也称为吸附剂的湿容量，单位为kg水/kg吸附剂。湿容量有平衡湿容量和有效湿容量两种不同表示方法。

1. 平衡湿容量

平衡湿容量(即饱和湿容量)是指温度一定时，新鲜吸附剂与一定湿度(或一定水蒸气分压)的气体充分接触，最后水蒸气在两相中达到平衡时的湿容量。平衡湿容量又可分为静态平衡湿容量和动态平衡湿容量两种。在静态条件(即气体不流动)下测定的平衡湿容量称为静态平衡湿容量，表3-13和表3-14及图3-24和图3-25中的平衡湿容量即为静态平衡湿容量。在动态条件下测定的平衡湿容量称为动态平衡湿容量，通常是指气体以一定流速连续流过吸附剂床层时测定的平衡湿容量。动态平衡湿容量一般为静态平衡湿容量的40%~60%。

2. 有效湿容量

实际上，动态平衡吸附容量还不能直接作为设计选用的吸附剂容量。这是因为：①实际

130

操作中必须在吸附传质段前端未到达床层底部以前就进行切换（即此时床层还有未吸附段）；②再生时吸附剂在水蒸气和高温作用下有效表面积减少，这种减少在吸附剂开始使用时比较明显，以后逐渐缓慢；③湿天然气中有时含有较难挥发的物质如重烃、胺、甘醇等杂质，它们会堵塞吸附剂的微孔，并且在再生时不能脱除，因而也减少了吸附剂的有效表面积。根据经验和经济等因素以及整个吸附剂床层不可能完全利用而确定的设计湿容量称为有效湿容量。

因此，虽然静态平衡湿容量表示了温度、压力和气体组成对吸附剂湿容量的影响，但可以直接用于吸附脱水过程工艺计算的是有效湿容量。

设计选用的有效湿容量应使吸附剂的使用寿命合理，最好由干燥剂制造厂商提供，如无此数据时，也可选取表3-16的数据。此表适用于清洁、含饱和水的高压天然气脱水，干气露点可达-40℃以下。当要求露点更低时，因床层下部的气体相对湿度小，吸附推动力也小，干燥剂湿容量相应降低，故应选用较低的有效湿容量。

表3-16　设计选用的干燥剂有效湿容量

干　燥　剂	活性氧化铝	硅胶	分子筛
有效湿容量/（kg/100kg）	4~7	7~9	8~12

由此可知，干燥剂的湿容量和吸附速率随使用时间而降低，设计的目的就是要使床层中装填足够的干燥剂，以期在3~5年后脱水周期结束时吸附传质段才到达床层底部。

在饱和吸附段，分子筛在使用3~5年后其饱和湿容量一般可保持在13kg水/kg分子筛。如果进入床层的气体中水蒸气未饱和或气体温度高于24℃时，则应采用图3-36和图3-37对干燥剂饱和湿容量进行校正。

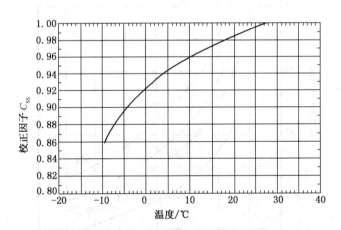

图3-36　原料气中水蒸气未饱和时分子筛湿容量的校正

通常，也可采用有效湿容量计算整个吸附剂床层的干燥剂装填量。此时，有效湿容量一般选用8%~10%。此法适用于大多数方案和可行性研究计算。

如果原料气因增压、冷却而出现反凝析现象、再生气进分子筛干燥器管线因切换使用而在低点处积液以及原料气中含有甲醇等，都会降低分子筛使用寿命，故应采取相应预防措施。

（三）吸附过程工艺计算

1. 估算干燥剂床层直径

首先，按照下式估算床层直径，即

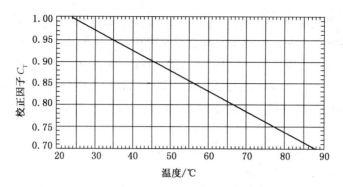

图 3-37　分子筛湿容量的温度校正

$$D_1 = \left[Q_W / (v_1 \times 60 \times 0.785) \right]^{0.5} \qquad (3-11)$$

式中　D_1——估算的床层直径，m；

　　　　Q_W——气体在操作状态下的体积流量，m^3/h；

　　　　v_1——允许空塔流速，m/min，可由表 3-17 或图 3-38 查得。

表 3-17　20℃时 4~6 目硅胶允许空塔流速

吸附压力/MPa	2.6	3.4	4.1	4.8	5.5	6.2	6.9	7.6	8.3
允许空塔流速/(m/min)	12~16	11~15	10~13	9~13	8~12	8~11	8~10	7~10	7~9

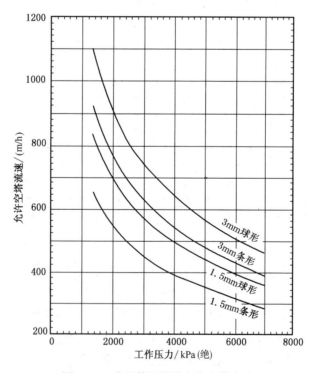

图 3-38　分子筛干燥器允许空塔流速

　　然后，将计算到的床层直径 D_1 圆整为工程设计中实际可以采用的数值 D_2 并计算出相应的空塔气速 v_2，再按 D_2 和 v_2 进行以下计算。

　　2. 分子筛床层高度和气体流过床层压降

　　干燥剂床层由饱和吸附段、吸附传质段和未吸附段三部分组成。

（1）饱和吸附段

通常假定由吸附饱和段脱除全部需要脱除的水分，故已知每个脱水周期中气体所需的脱水量时，将其除以干燥剂的饱和湿容量(13%)即可得到吸附饱和段的干燥剂量 S_S 为

$$S_S = \frac{W_r}{0.13C_{SS}C_T} \tag{3-12}$$

式中　S_S——吸附饱和段所需的分子筛装填量，kg；

　　　W_r——每个脱水周期气体所需的脱水量，kg/周期；

　C_{SS}，C_T——分别由图3-36和图3-37查得的校正因子。

然后，再由下式计算饱和吸附段的长度 L_S 为

$$L_S = \frac{4S_S}{\pi D_2^2 \rho_B} \tag{3-13}$$

式中　L_S——吸附饱和段床层长度，m；

　　　D_2——实际采用的床层直径，m；

　　　ρ_B——分子筛堆积密度，kg/m³。

（2）吸附传质段

吸附传质段的长度可按下式估计，即

$$L_{MTZ} = \eta (v_2/560)^{0.3} \tag{3-14}$$

式中　L_{MTZ}——吸附传质段长度，m；

　　　η——系数，对于 ϕ3.2mm 的分子筛，$\eta = 1.70$；对于 ϕ1.6mm 的分子筛，$\eta = 0.85$；

　　　v_2——气体空塔气速，m/min。

（3）床层总高度

床层总高度 H 是吸附饱和段与吸附传质段长度之和。在床层上下应有 1.8~1.9m 的自由空间，以保证气流进行适当分配。

也可采用有效湿容量代替饱和湿容量(13%)代入公式(3-12)中。此时，有效湿容量通常选用 8%~10%，该值包括了吸附传质段、温度和气体中相对湿度的校正。此法适用于大多数方案和可行性研究计算。

（4）透过时间 θ_B

按照下述公式计算透过时间 θ_B，并核对与确定的脱水周期是否一致，即

$$\theta_B = (0.01X\rho_B H)/q \tag{3-15}$$

$$q = 0.05305G_1/D_2^2 \tag{3-16}$$

式中　θ_B——透过时间，h；

　　　q——床层截面积水负荷，kg/(kg·m²)；

　　　G_1——干燥剂脱水负荷，kg/d。

其他符号意义同上。

（5）气体流过床层的压降

气体流过干燥器床层的压降 Δp 可按修正的 Ergun 公式计算，即

$$\Delta p/H = B\mu_g v_2 + C\rho_g v_2^2 \tag{3-17}$$

式中　Δp——气体流过床层的压降，kPa；

μ_g——气体在操作状态下的黏度，mPa·s；

B，C——常数，可由表 3-18 查得。

其他符号意义同上。

表 3-18　干燥剂颗粒类型常数

干燥剂颗粒类型	ϕ3.2mm 球状	ϕ3.2mm 圆柱(条)状	ϕ1.6mm 球状	ϕ1.6mm 圆柱(条)状
B	0.0560	0.0722	0.152	0.238
C	0.0000889	0.000124	0.000136	0.000210

气体通过干燥剂床层的压降一般应小于 35kPa，最好不超过 55kPa。

因此，应根据床层高度核算气体流过床层的压降是否合适。如果压降偏高，则应调整空塔流速和直径重新计算床层高度和压降，直至压降合适为止。

已知干燥剂床层直径 D 后，加上干燥器 2 倍壁厚，如干燥器还有内保温层，还需加上 2 倍保温层厚度，即可算出干燥器壳体的外径。干燥器高径比应不小于 1.6。最后，再根据实际选用的床层直径，按以上有关各式确定床层高度、气体实际空塔流速和床层压降等。

【例 3-4】　某 CNG 加气母站，原料气来自输气管道分输站，处理量为 7200m³/h，天然气压力为 6MPa，温度为 30℃，在该压力下的水露点≤-14℃，天然气脱水装置采用某公司成套产品，分子筛干燥器共 2 台，每 16h 切换一次，脱水后的露点(常压)要求为-55℃，干燥器内径为 0.6m，装填 ϕ3.2mm 球状 4A 分子筛 297kg，试核算其干燥器空塔流速和床层高度是否合适。

【解】　4A 分子筛堆积密度取 720kg/m³，则每台干燥器内装填的分子筛体积 V 为

$$V = 297/720 = 0.413m^3$$

已知干燥器内径为 0.6m，则其床层实际高度 H 为

$$H = \frac{4 \times 0.413}{\pi (0.6)^2} = 1.46m$$

床层高径比为　　　　　　　　　　$1.46/0.6 = 2.43 > 1.6$

① 天然气流过床层的实际空塔流速 v_2

天然气在 6MPa 和 30℃下的实际体积流量为 109.1m³/h，故实际空塔流速为

$$v_2 = \frac{4 \times 109.1}{\pi (0.6)^2 \times 60} = 6.43m/min$$

由图 3-38 查得其允许空塔流速为 8.7m/min，故实际空塔流速符合要求。

② 床层高度

由有关软件求得原料气中水的质量流量为 0.3325kg/h；常压下水露点为-55℃时水的质量流量为 0.1731kg/h。为留有余地，此处按脱水后干气水含量为 0 计算，则每个脱水周期天然气流过床层的脱水量 W_r 为

$$W_r = 16 \times 0.3325 = 5.32kg/周期$$

由图 3-36 和图 3-37 查得 C_{SS}、C_T 分别为 1.00 和 0.97，故吸附饱和段所需的分子筛装填量 S_S 为

$$S_S = 5.32/(0.13 \times 1 \times 0.97) = 42.2kg$$

饱和吸附段的长度 L_S 为

$$L_S = (4 \times 42.2)/(\pi \times 0.6^2 \times 720) = 0.21m$$

吸附传质段的长度 L_{MTZ} 为

$$L_{MTZ} = 1.7 \ (6.43/560)^{0.3} = 0.45m$$

所需的床层总高度　　　$H = 0.21 + 0.45 = 0.66m < 1.46m$

③ 透过时间 θ_B

干燥剂的脱水负荷　　　$G_1 = 0.3325 \times 24 = 7.98kg/d$

床层截面积水负荷　　$q = (0.05305 \times 7.98)/0.6^2 = 1.18kg/(h \cdot m^2)$

干燥剂有效湿容量取 9kg 水/kg 分子筛，则透过时间 θ_B 为

$$\theta_B = (0.01 \times 8 \times 720 \times 0.66)/1.18 = 32.2h > 16h$$

床层高度如按 1.46m 计算，则透过时间更长。

由上述结果可知，气体实际空塔流速（6.43m/min）小于允许流速（8.7m/min），需要的干燥剂床层高度（0.66m）小于实际高度（1.46m），透过时间（32.2h）大于实际脱水周期（16h），故此干燥器可满足要求，且有较大余地。

3. 干燥器再生加热过程总热负荷

干燥器再生加热过程总热负荷 Q_{rh} 包括加热干燥器本身、干燥剂和瓷球的显热。水和重烃的脱附热以及散热损失等 5 部分。

（1）加热干燥器壳体（包括支承件等）本身的显热

$$Q_{hv} = G_v c_{pv} (T_4 - T_1) \tag{3-18}$$

式中　Q_{hv}——加热干燥器壳体本身的显热，kJ；

　　　G_v——干燥器壳体的质量，kg；

　　　c_{pv}——干燥器壳体（通常是钢）的平均比热容，kJ/(kg·℃)；

　　　T_4——再生加热过程结束时床层温度，近似取再生气出干燥器温度，℃；

　　　T_1——再生加热过程开始时床层温度，近似取原料气进干燥器温度，℃。

（2）加热干燥剂的显热

$$Q_{hd} = G_d c_{pd} (T_4 - T_1) \tag{3-19}$$

式中　Q_{hd}——加热干燥剂的显热，kJ；

　　　G_d——干燥剂的质量，kg；

　　　c_{pd}——干燥剂的平均比热容，kJ/(kg·℃)。

（3）加热和脱除床层所吸附水和重烃的总热

通常可将干燥剂所吸附的水分、重烃加热至脱附温度所需的显热（$Q_{hw} + Q_{ht}$）以及重烃脱附所需的相变焓（Q_{vt}）忽略不计，则可得

$$Q_{vt} = W_r \Delta Q_w \tag{3-20}$$

式中　Q_{vt}——脱除床层所吸附水的相变焓，kJ；

　　　ΔQ_w——水的脱附相变焓，通常取 4190kJ/kg；

　　　W_r——意义同上。

（4）加热瓷球的显热

$$Q_{hp} = G_p c_{pp} (T_4 - T_1) \tag{3-21}$$

式中　Q_{hp}——加热瓷球的显热，kJ；

　　　G_p——瓷球的质量，kg；

　　　c_{pp}——瓷球的平均比热容，kJ/(kg·℃)。

（5）散热损失可按上述各项总热量的 10% 考虑。

（6）干燥器再生加热过程总热负荷 Q_{rh} 即为上述各项值的总和。

4. 加热再生气所需的热负荷和再生气流量

（1）加热再生气所需的热负荷

由图 3-27 可知，温度为 T_1 的再生气经加热器加热至 T_H 后进入干燥器，以提供加热过程所需的热量。再生气出干燥器的温度为 T，其值在不断变化（见图 3-27 曲线 2）。因此，在某一微分时间 dt 内由热再生气提供的微分热量 dQ_{rh} 为

$$q_{rg}c_{pg}(T_H - T)dt = dQ_{rh} = KdT \qquad (3-22)$$

式中　dQ_{rh}——在时间 dt 内由热再生气提供的微分热量，kJ；

　　　　q_{rg}——再生气流量，kg/h；

　　　　c_{pg}——再生气平均比热容，kJ/(kg·℃)；

　　　　dt——加热过程中某一微分时间，h；

　　　　dT——在时间 dt 内干燥器床层的微分温升，℃；

　　　　T_H——再生气进干燥器床层的温度，℃；

　　　　T——再生气出干燥器床层的温度，℃；

　　　　K——一个假定的常数。

假定加热过程开始时间为 t_0，床层温度为 T_1；加热结束时间为 t_1，床层温度为 T_4，将公式（3-22）积分后可得

$$q_{rg}c_{pg}(t_1 - t_0) = K\ln[(T_H - T_1)/(T_H - T_4)] \qquad (3-23)$$

由于 $Q_{rh} = K(T_4 - T_1)$，故

$$q_{rg}c_{pg}(t_1 - t_0) = [Q_{rh}/(T_4 - T_1)]\ln[(T_H - T_1)/(T_H - T_4)] \qquad (3-24)$$

此外，在再生过程中加热再生气所需的热负荷 Q_{rg} 为

$$Q_{rg} = q_{rg}c_{pg}(T_H - T_1)(t_1 - t_0) \qquad (3-25)$$

式中　Q_{rg}——加热过程中由加热器加热再生气所需的热负荷，kJ。

将公式（3-24）代入公式（3-25）可得

$$Q_{rg} = Q_{rh}\frac{(T_H - T_1)}{(T_4 - T_1)}\ln\left[\frac{(T_H - T_1)}{(T_H - T_4)}\right] \qquad (3-26)$$

（2）再生气流量

由公式（3-26）求出加热再生气所需的热负荷后，已知加热时间，即可按下式计算再生气流量

$$q_{rg} = Q_{rg}/[c_{pg}(T_H - T_1)\theta_h] \qquad (3-27)$$

式中　θ_h——加热过程时间，一般为再生周期时间的 55%~65%，h。

再生气量通常为原料气量的 5%~10%。

5. 冷却过程总热负荷和冷却时间

加热过程结束后，随即用冷却气通过干燥器对床层进行冷却（见图 3-27 曲线 2 的阶段 D）。冷却气为未加热的湿气或干气，进入干燥器的温度为 T_1。冷却过程开始时床层温度为 T_4，冷却过程结束时床层温度为 $T_5(T_5 > T_1)$。因此，冷却过程热负荷可按下述各式计算。

（1）冷却干燥器壳体所需带走的热量

$$Q_{cv} = G_v c_{pv}(T_5 - T_4) \qquad (3-28)$$

式中　Q_{cv}——冷却干燥器壳体（包括支承件）所需带走的热量，kJ；

　　　　T_4——冷却过程开始时床层温度，近似取加热过程结束时再生气出干燥器的

温度，℃；

T_5——冷却过程结束时床层温度，近似取冷却过程结束时冷却气出干燥器的温度，℃。

（2）冷却干燥剂所需带走的热量

$$Q_{cd} = G_d c_{pd}(T_5 - T_4) \tag{3-29}$$

式中　Q_{cd}——冷却干燥剂所需带走的热量，kJ。

（3）冷却瓷球所需带走的热量

$$Q_{cp} = G_p c_{pp}(T_5 - T_4) \tag{3-30}$$

式中　Q_{cp}——冷却瓷球所需带走的热量，kJ。

（4）冷却过程总热负荷

$$Q_{rc} = Q_{cv} + Q_{cd} + Q_{cp} \tag{3-31}$$

式中　Q_{rc}——冷却过程总热负荷，kJ。

（5）冷却时间

冷却气流量通常与加热气流量相同。因此，当按公式(3-27)和公式(3-31)计算出再生加热气流量和冷却过程总热负荷后，可按下式求出冷却时间为

$$Q_{rc} = q_{rg} c_{pg}(T_D - T_1)\theta_c \tag{3-32}$$

式中　θ_c——冷却过程时间，h；

T_D——冷却过程干燥器平均温度，近似取冷却气出干燥器的的平均温度，即 $T_D = (T_4 + T_5)/2$，℃。

由上式求出 θ_c 后，应核算 θ_c 与 θ_h 之和是否满足下式

$$\theta_h + \theta_c \leqslant \tau \tag{3-33}$$

式中　τ——脱水周期，h。

如 $\theta_h + \theta_c > \tau$，则应相应增加再生气流量，适当缩短加热时间，直至满足公式(3-33)为止。

【例3-5】　某吸附法天然气脱水装置，原料气量为 $1.416 \times 10^6 m^3/h$，相对密度为0.7，压力为4.2MPa(绝)，温度为38℃，干燥器内径为1.68m，壳体(包括支承件)质量为13470kg，壳体材料(钢)比热容为0.50kJ/(kg·℃)。采用4A条状分子筛，比热容为0.963kJ/(kg·℃)，分子筛质量为6310kg，脱水周期为8h，每台干燥器吸附的水量为665kg/周期。现用湿原料气再生，其平均比热容为2.43kJ/(kg·℃)，再生气加热至288℃进入干燥器，床层所吸附的水分在121℃全部脱附，吸附的烃类忽略不计，水的吸附相变焓为4190kJ/kg。加热过程结束时再生气出干燥器温度为260℃，加热时间为5h，冷却过程结束时，冷却气出干燥器温度为52℃。试求此干燥器的再生过程总热负荷、再生气量、冷却过程总热负荷及冷却时间。

【解】

① 加热过程总热负荷 Q_{rh}

本例中需要考虑将干燥剂床层所吸附水分由38℃加热至121℃时的显热 Q_{hw}。

$$Q_{hw} = 665 \times 4.187(121-38) = 231100kJ$$

$$Q_{vw} = 665 \times 4190 = 2786400kJ$$

$$Q_{hd} = 6310 \times 0.963(260-38) = 1349000kJ$$

$$Q_{hv} = 13470 \times 0.50(260-38) = 1495200kJ$$

$$Q_{rh} = Q_{hw} + Q_{vw} + Q_{hd} + Q_{hv} = 5861700 kJ$$

② 加热再生气所需热负荷 Q_{rg}

$$Q_{rg} = 5861700 \times \frac{288-38}{260-38} \ln\left(\frac{288-38}{288-260}\right) = 14451000 kJ$$

③ 再生气流量 q_{rg}

$$q_{rg} = \frac{14451000}{2.43 \times 5(288-38)} = 4760 kg/h$$

④ 冷却过程总热负荷 Q_{rc}

$$Q_{cd} = 6310 \times 0.963(52-260) = -1263900 kJ$$
$$Q_{cv} = 13470 \times 0.50(52-260) = -1400900 kJ$$
$$Q_{rc} = Q_{cd} + Q_{cv} = -2664800 kJ$$

⑤ 冷却时间 θ_c

$$T_D = (260+52)/2 = 156℃$$

$$\theta_c = \frac{2664800}{4760 \times 2.43(156-38)} = 1.95h$$

⑥ 核算 θ_h 和 θ_c 是否合适

$\theta_h + \theta_c = 5.0 + 1.95 = 6.95h$（小于8h），故不需再调整。

四、吸附法在酸性天然气脱水脱酸性组分中的应用

吸附法不仅可用于无硫天然气脱水，也可用于含硫天然气即酸性天然气脱水或同时脱水和脱酸性组分如 CO_2、H_2S 和其他硫化物等。

活性氧化铝有一定的抗酸性能力，但不如硅胶和分子筛。然而，硅胶和 A 型分子筛也不能用于高酸性天然气脱水。对于高酸性天然气脱水，必须采用抗酸性分子筛。分子筛的抗酸性能力与其组成中的 SiO_2/Al_2O_3 比（物质的量之比）有关。SiO_2/Al_2O_3 之比低的分子筛易受酸或酸性气体的影响而变质。例如，一般的 A 型分子筛必须在 pH≥5 的条件下使用。如果用于高酸性天然气脱水，不仅其吸附活性下降，而且晶体结构也要破坏。

目前，除 13X 分子筛可用于天然气及液烃处理外，常用的抗酸性分子筛还有 AW300、AW500 以及一些厂家生产的主要作用是脱水或脱酸性组分，或者同时脱除水分和酸性组分的专用分子筛。例如对 H_2S 和 CO_2 反应生成 COS 几乎没有催化作用的分子筛 Cosmin105A、脱硫醇的分子筛 RK-33 等。

用于酸性天然气的吸附法处理装置与一般吸附法脱水装置流程类似，只是由于再生加热过程中脱附的水分和酸性组分同时进入再生气中，故对再生气的处理方法不同。例如，用于同时脱水脱硫的 EFCO 天然气处理工艺，采用溶剂吸收的方法脱除进入再生气中的酸性组分。

（一）分子筛脱水脱硫醇

目前，国外已有多套采用分子筛脱水脱硫醇装置在运行，现将其中两例介绍如下：

1. 哈萨克斯坦扎那若尔油气处理新厂

该厂分子筛脱水脱硫醇装置由我国设计与承建。建设该装置的目的是对油气处理新厂过剩的天然气脱水脱硫醇使其达到管输要求后进入国际天然气管网。

装置设计处理能力为 $315 \times 10^4 m^3/d$（0℃，101.325kPa），原料气压力为 6.6MPa，温度约 50℃，设计干气水露点 ≤-20℃（6.5MPa）。原料气、商品气组成设计值见表 3-19。

表 3-19 扎那若尔脱水脱硫醇装置原料气、商品气组成

表 3-19 扎那若尔脱水脱硫醇装置原料气、商品气组成

%(设计值,体积分数)

组分	C_1	C_2	C_3	C_4	C_5	C_6	CO_2	N_2	H_2S	硫醇	H_2O
原料气	84.61	8.01	3.48	0.92	0.10	0.06	0.07	2.75	≤7mg/m³	≤150mg/m³	48mg/m³
商品气	84.62	8.01	3.48	0.92	0.10	0.06	0.07	2.75	≤7mg/m³	≤16mg/m³	≤24mg/m³

脱水脱硫醇装置工艺流程见图 3-39。该装置采用四塔流程,其中两塔同时吸附(以分子筛塔 A、B 吸附为例),一塔再生加热(塔 D),一塔冷却(塔 C)。

分子筛吸附塔(干燥器)为复合床层,上层填装高度为 2.2m³ 的 RK-38 型脱水分子筛 11m³(可从天然气中吸附 H_2O、H_2S、COS 和甲硫醇,但主要作用是脱水);下层填装高度为 4.3m³ 的 RK-33 型脱硫醇分子筛 21m³。分子筛均为美国 UOP 公司产品。

来自增压站的原料气经过滤分离器除去携带的液烃、润滑油后自上而下进入分子筛吸附塔 A、B 中脱水和脱硫醇,再经粉尘过滤器除去分子筛粉尘后,大部分作为商品气外输;少部分作为再生冷却气(其量约为原料气的 6.35%)自上而下通过已完成再生加热过程的塔 C,将该塔分子筛床层冷却至 50℃,同时本身得以预热,出塔 C 后再经加热炉加热至 300℃,自下而上通过已完成吸附过程的分子筛塔 D,将该塔床层逐渐加热至 272℃,使分子筛上的水分和硫醇脱附并进入再生气中。此含硫再生气经空冷器冷却至约 50℃,使其中的大部分水蒸气冷凝并去三相分离器进行分离。分离出的含硫再生气去新厂脱硫装置处理,污水去污水处理系统,液烃去闪蒸罐中闪蒸。

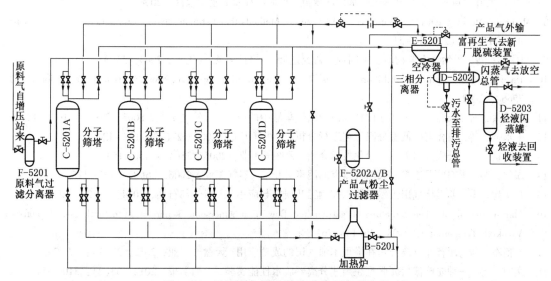

图 3-39 扎那若尔脱水脱硫醇装置工艺流程

装置每 4h 切换一次,每次切换约需 20min。2005 年底曾对该装置的实际运行情况进行了考核。考核结果表明,在每一循环周期内商品气中硫醇含量远小于 16mg/m³,水含量小于 24mg/m³,水露点小于 -20℃,达到了设计指标。

2. 美国 Basin 天然气处理厂

该厂也采用了分子筛脱水脱硫醇方法,本书已在第二章中介绍,此处不再多述。

(二)海南福山油田高含 CO_2 天然气脱水

我国海南福山油田花 4 井场目前有一套小型 NGL 回收装置在运行,其设计处理量为 5×

$10^4 m^3/d$。由于原料气中CO_2含量很高，故选用抗酸性分子筛脱水。原料气组成（设计值）见表3-20。装置投产后CO_2实际含量为20%～30%。

表3-20 福山油田花4井NGL回收装置原料气组成（干基）

%（设计值，体积分数）

组分	C_1	C_2	C_3	C_4	C_5	C_6	CO_2	N_2	H_2S
原料气	34.83	8.32	8.48	4.07	1.30	0.45	41.52	1.03	—

该装置采用蒸气压缩制冷，冷剂为氨。由于设有重接触塔，低温系统气体最低温度在-50℃以下，故选用分子筛脱水。由低温分离器分出的冷干气经复热去变压吸附系统脱除CO_2后作为燃料。

参 考 文 献

1 王遇冬主编. 天然气处理与加工工艺. 北京：石油工业出版社，1999.

2 GPSA. Engineering Data Book. 13th Edution, Tulsa, Ok., 2012.

3 王遇冬，等. Wilson性质包等在含醇污水甲醇塔气、液平衡计算中的应用. 石油与天然气化工，2001，30(6)：313～317.

4 李勇. 长庆气田含醇污水处理工艺技术. 天然气工业，2003，23(4)，：112～115.

5 翁军利，等. 甲醇回收装置参数优化. 天然气工业 2006，26(9)：150～151.

6 Shell Company. Manual of Glycol-Type Gas Dehydration and Hydrate Inhibition Systems. 1994.

7 国家发展和改革委员会. 天然气脱水设计规范. 北京：石油工业出版社，2008.

8 Mahmood Moshfeghian et al. Study Tests Accuracy of Methods that Estimate Hydrate Formation. Oil & Gas Journal, 2007, 105(2)：44～51.

9 唐翠萍，等. 天然气水合物新型抑制剂的研究进展. 石油与天然气化工，2004，33(3)：157～159.

10 Dean L et al. Hydrate Inhibition in Gas Wells Treated with Two Low Dosage Hydrate Inhibitions. SPE 75668, 2002.

11 刘子兵，等. 低温分离工艺在榆林气田天然气集输中的应用. 天然气工业，2003，23(4)：103～106.

12 王永强，等. 榆林南区低温分离工艺运行分析. 天然气工业，2007，27(3)：122～124.

13 李时宣，等. 长庆气田天然气净化技术介绍. 天然气工业，2005，25(4)：150～153.

14 郑欣，等. 影响低温法控制天然气露点的因素分析. 天然气工业，2006，26(8)：123～125.

15 张文超，等. 苏里格气田天然气露点控制工艺研究与应用. 天然气与石油，2014，32(2)：25～27.

16 Malyshkina M M. The structure of gasdynamic flow in a supersonic separator of natural gas. Teplofizika Vysokikh Temperature, 2008, 46(1)：76～84.

17 温艳军，等. 超音速分离技术在塔里木油气田的成功应用. 天然气工业，2012，32(7)：77～79.

18 文闯，等. 一种先旋流后膨胀型超声速分离器脱水性能实验. 石油学报，2012，33(2)：310～314.

19 靳亮，等. 超音速脱水在天然气处理中的应用. 石油与天然气化工，2013，42(6)：578～581.

20 王开岳主编. 天然气净化工艺. 北京：石油工业出版社，2005.

21 王红霞，等. 对我国CNG加气站相关设计规范的建议. 煤气与热力，2009，29(12)：B12～B14.

22 龙怀祖，等. 天然气管道露点控制问题探讨. 石油规划设计，2004，15(5)：1～4.

23 郭艳林，等. 气田外输天然气烃露点保证问题研讨. 天然气工业，2004，24(11)：151～155.

24 班兴安，等. 迪那2气田地面集输及处理工艺技术. 石油规划设计，2009，20(6)：25～28.

25 Alireza Bahadori et al. New equations estimate acid-gas solubility in TEG. Oil & Gas Journal, 2006, 104(8)：55～59.

26 陈庚良，朱利凯编著. 天然气处理与加工工艺原理与技术进展. 北京：石油工业出版社，2010.

27　罗国民.三甘醇脱水在高酸性气田集输站中的应用分析.石油与天然气化工,2013,42(6):571~577.

28　李德树,等.引进橇装天然气脱水装置试运分析.天然气工业,1999,19(2):108~112.

29　王红霞,等.沁水盆地煤层气田与苏里格气田的集输工艺对比.天然气工业,2009,29(11):104~108.

30　徐文渊,蒋长安主编.天然气利用手册(第二版).北京:中国石化出版社,2006.

31　P. S. Northrop et al. Modified cycles, adsorbents improve gas treatment, increase mol-sieve life. Oil & Gas Journal, 2008, 106(29):54~60.

32　周彬,等.分子筛脱水脱硫醇工艺在哈萨克斯坦扎那若尔油气处理新厂的应用.石油与天然气化工,2006,35(5):382~384.

33　郭洲,等.分子筛脱水装置在珠海天然气液化项目中的应用.石油与天然气化工,2008,37(2):138~140.

34　Ahmed A. Al-Harbi et al. Middle East gas plant doubles mol sieve desiccant service life. Oil & Gas Journal, 2009, 107(31):44~49.

35　勘察设计注册石油天然气工程师资格考试管委会编.注册石油天然气工程师资格考试专业考试复习指南(上册).东营:中国石油大学出版社,2006.

36　R. J. Bombardieri et al. Extending Mole-Sieve Life Depends on Understanding How Liquids Form. Oil & Gas Journal, 2008, 106(19):55~63.

37　Mark E. Treesh et al. Marathon uses mol sieve to remove mercaptan from gas stream. Oil & Gas Journal, 2006, 104(15):62~65.

第四章　硫黄回收及尾气处理

硫主要以 H_2S 形态存在于天然气中。天然气中含有 H_2S 时不仅会污染环境，而且对天然气生产和利用都有不利影响，故需脱除其中的 H_2S。从天然气中脱除的 H_2S 又是生产硫黄的重要原料。例如，来自醇胺法等脱硫脱碳装置的酸气中含有相当数量的 H_2S，可用来生产优质硫黄。这样做，既可使宝贵的硫资源得到综合利用，又可防止环境污染。

以往主要只是从经济上考虑是否需要进行硫黄回收(制硫)。如果在经济上可行，那就建设硫黄回收装置；如果在经济上不可行，就把酸气焚烧后放空。但是，随着世界各国对环境保护要求的日益严格，当前把天然气中脱除下来的 H_2S 转化成硫黄，不只是从经济上考虑，更重要地出于环境保护的需要。

从天然气中 H_2S 生产硫黄的方法很多。其中，有些方法是以醇胺法等脱硫脱碳装置得到的酸气生产硫黄，但不能用来从酸性天然气中脱硫，例如目前广泛应用的克劳斯(Claus)法即如此。有些方法则是以脱除天然气中的 H_2S 为主要目的，生产的硫黄只不过是该法的结果产品，例如用于天然气脱硫的直接转化法(如 Lo-Cat 法)等即如此。

当采用克劳斯法从酸气中回收硫黄时，由于克劳斯反应是可逆反应，受到热力学和动力学的限制，以及存在有其他硫损失等原因，常规克劳斯法的硫收率一般只能达到 92% ~ 95%，即使将催化转化段由两级增加至三级甚至四级，也难以超过 97%。尾气中残余的硫通常经焚烧后以毒性较小的 SO_2 形态排放大气。当排放气体不能满足当地排放指标时，则需配备尾气处理装置处理后再经焚烧使排放气体中的 SO_2 量和/或浓度符合指标。

应该指出的是，由于尾气处理装置所回收的硫黄仅占酸气中硫总量的百分之几，故从经济上难获效益，但却具有非常显著的的环境效益和社会效益。

此外，当酸气量较少时目前在加拿大和美国还采用回注地层的方法来解决其对大气的污染问题。

第一节　尾气 SO_2 排放标准及工业硫黄质量指标

如上所述，采用硫黄回收及尾气处理的目的是防止污染环境，并对硫资源回收利用。因此，首先了解硫黄回收尾气的 SO_2 排放标准和工业硫黄质量指标是十分必要的。

一、硫黄回收装置尾气 SO_2 排放标准

各国对硫黄回收装置尾气 SO_2 排放标准各不相同。有的国家根据不同地区、不同烟囱高度规定允许排放的 SO_2 量；有的国家还同时规定允许排放的 SO_2 浓度；更多的国家和地区是根据硫黄回收装置的规模规定必须达到的总硫收率，规模愈大，要求也愈严格。近年来随着经济发展和环保意识的增强，各国所要求的硫收率也在不断提高，对硫黄回收装置尾气中 SO_2 的排放限值更加严格。

我国在 1997 年执行的 GB 16297—1996《大气污染物综合排放标准》中对 SO_2 的排放不仅有严格的总量控制(即最高允许排放速率)，而且同时有非常严格的 SO_2 排放浓度控制(即最

高允许排放浓度），见表 4-1。

我国标准不仅对已建和新建装置分别有不同的 SO_2 排放限值，而且还区分不同地区有不同要求，以及在一级地区不允许新建硫黄回收装置。然而，对硫黄回收装置而言，表 4-1 的关键是对 SO_2 排放浓度的限值，即已建装置的硫收率需达到 99.6% 才能符合 SO_2 最高允许排放浓度（1200mg/m^3），新建装置则需达到 99.7%。

表 4-1　我国《大气污染物综合排放标准》中对硫黄生产装置 SO_2 排放限值

最高允许排放浓度[①]/ (mg/m^3)	排气筒高度/m	最高允许排放速率[①]/（kg/h）		
		一级	二级	三级
1200(960)	15	1.6	3.0(2.6)	4.1(3.5)
	20	2.6	5.1(4.3)	7.7(6.6)
	30	8.8	17(15)	26(22)
	40	15	30(25)	45(38)
	50	23	45(39)	69(58)
	60	33	64(55)	98(83)
	70	47	91(77)	140(120)
	80	63	120(110)	190(160)
	90	82	160(130)	240(200)
	100	100	200(170)	310(270)

注：① 括号外为对 1997 年 1 月 1 日前已建装置要求，括号内为对 1997 年 1 月 1 日起新建装置要求。

作为过渡措施，国家环保总局在环函 [1999]48 号文件《关于天然气净化厂脱硫尾气排放执行标准有关问题的复函》中指出："天然气作为一种清洁能源，其推广使用对于保护环境有积极意义。天然气净化厂排放脱硫尾气中二氧化硫具有排放量小、浓度高、治理难度大、费用较高等特点，因此，天然气净化厂二氧化硫污染物排放应作为特殊污染源，制定相应的行业污染物排放标准进行控制；在行业污染物排放标准未出台前，同意天然气净化厂脱硫尾气暂按《大气污染物综合排放标准》（GB 16297）中的最高允许排放速率指标进行控制，并尽可能考虑二氧化硫综合回收利用。"

目前我国正在制定专用的《陆上石油天然气开采工业污染物排放标准》。据悉，该标准规定了陆上石油天然气开采工业企业水污染物和天然气净化厂大气污染物排放限值、监测和监控要求，以及标准的实施与监督要求，适用于陆上石油天然气开采工业水污染物和大气污染物排放管理，以及建设项目的环境影响评价、环境保护设施设计、竣工环境保护验收及其投产后的水污染物和大气污染物排放管理。自该标准发布实施之日起，天然气净化厂硫黄回收装置尾气 SO_2 等大气污染物控制按该标准执行，不再执行《大气污染物综合排放标准》（GB 16297—1996）和原国家环境保护总局《关于天然气净化厂脱硫尾气排放执行标准有关问题的复函》（环函 [1999]48 号）中的相关规定。

据了解，该标准规定新建天然气净化厂按其硫黄回收装置总规模和原料气（酸气）中 H_2S 含量执行不同的 SO_2 排放限值（SO_2 排放浓度，或单位硫黄产品产量的 SO_2 排放量）。其中：①硫黄回收装置总规模 <200t/d，原料气（酸气）中 H_2S 含量（摩尔分数，下同）不同时，其相应的 SO_2 排放浓度（mg/m^3，下同）为不同限值；或其单位硫黄产品产量的 SO_2 排放量（kg/t，下同）则为另一限值；②硫黄回收装置总规模 ≥200t/d，原料气（酸气）中 H_2S 含量不同时，其相应的 SO_2 排放浓度为更加严格的不同限值；或其单位硫黄产品产量的 SO_2 排放量

也为更加严格的另一限值。对现有天然气净化厂该标准则明确指出，自其实施日起与新建天然气净化厂执行同一规定。

就目前常规克劳斯法硫黄回收工艺的硫回收率而言，很难超过97%，即使采用富氧克劳斯工艺，并将转化器数增加至4级，总硫收率也只有99.0%。亚露点法和直接氧化法总硫收率普遍在99.0%~99.5%，同样未达到该标准中对总规模≥200t/d的硫黄回收装置尾气SO₂的排放要求。只有在这些大型克劳斯装置之后设置SCOT法尾气处理装置，其实际硫收率至99.8%以上才可达到。至于中小型硫黄回收装置则可采用其他一些技术经济可行的工艺技术，使其达到有关SO₂的排放限值。

二、硫的物理性质与质量指标

由醇胺法和砜胺法等脱硫脱碳装置富液再生得到的含H_2S酸气，大多去克劳斯法装置回收硫黄。如酸气中H_2S浓度较低且潜硫量不大时，也可采用直接转化法在液相中将H_2S氧化为元素硫。目前，世界上通过克劳斯法从天然气中回收的硫黄约占硫黄总产量的1/3以上，如加上炼油厂从克劳斯法装置回收的硫黄，则接近总产量的2/3。我国虽然从克劳斯法回收的硫黄量少一些，但也占有一定比例。

国外75%以上的硫黄用于生产硫酸。我国主要以硫铁矿生产硫黄，其中从天然气中H_2S生产的硫黄约占1/4~1/6。

（一）硫的主要物理性质

在克劳斯法硫黄回收装置（以下简称克劳斯装置）中，由于工艺需要，过程气（即装置中除进出物料外，其内部任一处的工艺气体）的温度变化较大，故生成的元素硫（单质硫）的相态、分子形态和其他一些性质也在变化。因此，在介绍克劳斯法硫黄回收的基本原理之前，首先简单回顾一下硫黄的有关物理性质。

元素硫在不同温度下有多种同素异形体，并因温度变化而有相变。通常条件硫是黄色固体，有两种由八原子环（S_8环）组成的结晶形式（斜方晶硫和单斜晶硫，二者排列形式和间距不同）与一种无定性形式（无定性硫）。由常温直到95.6℃是处于稳定形式的斜方晶硫，又称正交晶硫或α硫；升温到95.6℃则转变为单斜晶硫，又称β硫。由95.6℃直到熔点（119℃）为止，单斜晶硫是固硫的稳定形式。无定性硫是将液硫加热到接近沸点时倾入冷水迅速冷却得到的固硫，由于具有弹性，故又称之为弹性硫，但这不是所希望的产品。不溶硫指不溶于CS_2的硫黄，也称聚合硫、白硫或ω硫，主要用作橡胶制品，特别是子午胎的硫化剂。硫黄的物理性质见表4-2。

表4-2　硫黄的主要物理性质

项　目	数　值	项　目	数　值
原子体积/(mL/mol)		折射率(n_D^{20})	
正交晶	15	正交晶	1.957
单斜晶	16.4	单斜晶	2.038
沸点(101.3kPa)/℃	444.6	临界温度/℃	1040
相对密度(d_4^{20})		临界压力/MPa	11.754
正交晶	2.07	临界密度/(g/cm³)	0.403
单斜晶	1.96	临界体积/(mL/g)	2.48
着火温度/℃	248~261		

固硫在熔点时熔化变成黄褐色易流动的液体，其分子也是由 S_8 环构成。当液硫继续加热到大约 160℃ 时，S_8 环开始断裂，变成链状的 S_8 分子，颜色变成暗红棕色。随着温度不断升高，生成的原子链相互连接成长链，液硫颜色更加发暗。但是，从 187℃ 到沸点 444.6℃ 为止，这些长链又断裂变短。这些变化表现为液硫在黏度上的特有变化，即从熔点起液硫的黏度随温度升高而降低，大约在 157℃ 时黏度降低到最低值，以后由于短链连接成长链，黏度又开始增加，到 187℃ 时达到最高值。之后，由于硫原子链断裂越来越多，故黏度又很快降低，一直到沸点为止，见图 4-1 所示。

继续加热至沸点时，液硫变为硫蒸气。硫蒸气中有许多由不同数量硫原子构成的硫分子平衡存在，如 S_2、S_3、S_4、S_5、S_6、S_7 和 S_8，但主要是 S_2、S_6 和 S_8。随着温度升高，硫蒸气分子中的原子数逐渐减少，800~1400℃ 硫蒸气中基本上是 S_2，大于 1700℃ 时主要是硫原子。硫蒸气中各种形态硫分子的平衡组成见图 4-2。由图可知，在克劳斯反应炉(燃烧炉)的高温条件下主要为 S_2，在催化转化段则生成 S_8 以及少量 S_6。

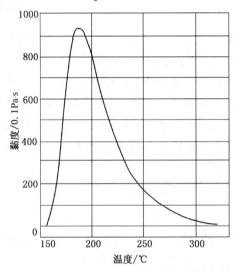

图 4-1 液硫黏度随温度的变化

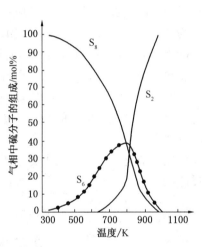

图 4-2 不同温度下 S_2、S_6 和 S_8 的平衡组成

（二）工业硫黄质量指标

工业硫黄产品呈黄色或淡黄色，有块状、粉状、粒状及片状。我国国家标准《工业硫黄 第 1 部分：固体产品》(GB/T 2449.1—2014) 中对固体工业硫黄的质量指标要求见表 4-3。液体工业硫黄质量指标见《工业硫黄 第 2 部分：液体产品》(GB/T 2449.2—2014)。

表 4-3 我国工业硫黄质量指标[1]

项目	硫(S)/ %(≥)	水分/ %(≤)	灰分[2]/ %(≤)	酸度(以 H_2SO_4 计[2])/ %(≤)	有机物[2]/ %(≤)	砷(As)[2]/ %(≤)	铁(Fe)[2]/ %(≤)	筛余物[3]/%	
								粒度大于 150μm(≤)	粒度为 75~ 150μm(≤)
优等品	99.90	2.0/0.10[3]	0.03	0.003	0.03	0.0001	0.003	无	0.5
一等品	99.50	2.0/0.50[3]	0.10	0.005	0.30	0.01	0.005	无	1.0
合格品	99.00	2.0/1.00[3]	0.20	0.02	0.80	0.05		3.0	4.0

注：① 表中质量指标均为质量分数。

② 以干基计。

③ 筛余物指标仅用于粉状硫黄。

第二节　克劳斯法硫黄回收原理与工艺

目前，从含 H_2S 的酸气回收硫黄时主要是采用氧化催化制硫法，通常称之为克劳斯法。经过一个多世纪的发展，克劳斯法已经历了由最初的直接氧化，之后将热反应与催化反应分开，使用合成催化剂以及在低于硫露点下继续反应等四个阶段，并日趋成熟。

一、克劳斯法反应与平衡转化率

（一）克劳斯法反应

1883 年最初采用的克劳斯法是在铝矾土或铁矿石催化剂床层上，用空气中的氧将 H_2S 直接燃烧（氧化）生成元素硫和水，即

$$H_2S+\frac{1}{2}O_2 \Longleftrightarrow S+H_2O \tag{4-1}$$

上述反应是高度放热反应，故反应过程很难控制，反应热又无法回收利用，而且硫收率也很低。为了克服这一缺点，1938 年德国 Farben 工业公司对克劳斯法进行了重大改进。这种改进了的克劳斯法（改良克劳斯法，但目前仍习惯称为克劳斯法）是将 H_2S 的氧化分为两个阶段：①热反应段或燃烧反应段，即在反应炉（也称燃烧炉）中将 1/3 体积的 H_2S 燃烧生成 SO_2，并放出大量热量，酸气中的烃类也全部在此阶段燃烧；②催化反应段或催化转化段，即将热反应段中燃烧生成的 SO_2 与酸气中其余 2/3 体积的 H_2S 在催化剂上反应生成元素硫，放出的热量较少。

热反应段和催化反应段中发生的主要反应（忽略烃类和其他易燃物）如下：

热反应段

$$H_2S+1\frac{1}{2}O_2 \Longleftrightarrow SO_2+H_2O \tag{4-2}$$

$$\Delta H(273K) \approx -517.9 kJ/mol$$

催化反应段

$$2H_2S+SO_2 \Longleftrightarrow \frac{3}{x}S_x+2H_2O \tag{4-3}$$

$$\Delta H(273K) \approx -126.4 kJ/mol$$

总反应

$$3H_2S+1\frac{1}{2}O_2 \Longleftrightarrow \frac{3}{x}S_x+3H_2O \tag{4-4}$$

$$\Delta H(273K) \approx -644.3 kJ/mol$$

上述反应式只是对克劳斯法反应（以下简称克劳斯反应）的简化描述。实际上，硫蒸气中各种形态硫分子（S_2、S_3、S_4、S_5、S_6、S_7 和 S_8）的存在使化学平衡变得非常复杂，在整个工艺过程下它们的平衡浓度相互影响，无法精确获知。此外，酸气中的烃类、CO_2 在反应炉中发生的副反应又会导致 COS、CS_2、CO 和 H_2 的生成，更增加了反应的复杂性。

通常，进入克劳斯装置的原料气（即酸气）中 H_2S 含量为 30%~80%（体积分数），烃类含量为 0.5%~1.5%（体积分数），其余主要是 CO_2 和饱和水蒸气。对于这样组成的原料气来讲，克劳斯法热反应段反应炉的温度大约在 980~1370℃。在此温度下生成的硫分子形态主

146

要是 S_2，而且是由轻度吸热的克劳斯反应所决定，即

$$2H_2S + SO_2 \rightleftharpoons \frac{3}{2}S_2 + 2H_2O \qquad (4-5)$$

$$\Delta H(273K) \approx 47.1 kJ/mol$$

（二）克劳斯法平衡转化率 K_p

以反应(4-3)为例，该反应是可逆反应，低压下此气相反应的平衡常数 K_p 可表示为

$$
\begin{aligned}
K_p &= \frac{(p_{S_x})^{3/x}(p_{H_2O})^2}{(p_{H_2S})^2(p_{SO_2})} \\
&= \frac{(S_x\,\text{的摩尔数})^{3/x}(H_2O\,\text{的摩尔数})^2}{(H_2S\,\text{的摩尔数})^2(SO_2\,\text{的摩尔数})}\left[\frac{\pi}{\text{总摩尔数}}\right]^{(3/x-1)}
\end{aligned}
\qquad (4-6)
$$

式中　K_p——气相克劳斯反应(4-3)在某一给定温度下的平衡常数；

　　　　p_i——反应达到平衡时体系中 i 组分（即 S_x、H_2O、H_2S 及 SO_2）的分压，kPa（绝）或 atm（绝）；

　　　　π——体系总压，kPa（绝）或 atm（绝）。

反应(4-3)中生成的 S_x 可以是 S_2、S_3、S_4、S_5、S_6、S_7 和 S_8 等，其反应平衡非常复杂。但是，反应温度越低（例如，在催化反应段的各级转化器中），硫蒸气中 S_5、S_6、S_7 和 S_8 等相对分子质量较大的硫分子含量越多；反应温度越高（例如，在热反应段反应炉中），硫蒸气中 S_2、S_3 和 S_4 等相对分子质量较小的硫分子含量越多（见图 4-2）。因此，由反应(4-3)可知，反应温度较低时，由于硫蒸气分子构成的变化，也有利于反应向右进行。

在考虑到反应生成的硫蒸气中除含有 S_2、S_6 和 S_8 外还存在其他形态硫分子的因素后，H_2S 转化为硫的平衡转化率与温度的关系见图 4-3。由图 4-3 和反应(4-3)可知：

① 平衡转化率曲线约在 550℃ 时出现最低点，以此点可将克劳斯反应分为两部分，即右侧的火焰反应区（热反应区）和左侧的催化反应区。在火焰反应区，H_2S 通过燃烧转化为元素硫，其平衡转化率随温度升高而增加，但一般不超过 70%；在催化反应区，其平衡转化率随温度降低而增加，直至接近完全转化。

② 温度和压力对 H_2S 转化率的影响可用硫蒸气中不同形态硫分子来解释。在火焰反应区，硫蒸气中主要是 S_2，由反应(4-5)可知，该反应是吸热的，并且由 3 摩尔反应物生成 3.5 摩尔产物，因而温度升高、压力降低有利于反应进行。在催化反应区，硫蒸气中主要是 S_6 和 S_8，反应是放热的，同时反应物的摩尔数大于产物的摩尔数，因而温度降低、压力升高有利于反应进行。

③ 从反应动力学角度看，随着反应温度降低，反应速度也在逐渐变慢，低于 350℃ 时的反应速度已不能满足工业要求，而此温度下的平衡转化率也仅 80%~85%。因此，必须使用催化剂加速反应，以便在较低的温度下达到较高的转化率。

④ 热反应区的反应炉和催化反应区各级转化器出

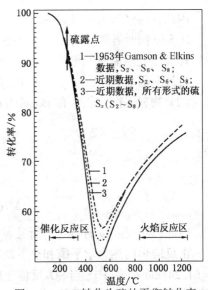

图 4-3　H_2S 转化为硫的平衡转化率

147

口过程气中除含有硫蒸气外，还含有 N_2、CO_2、H_2O、H_2 以及未反应的 H_2S 和 SO_2、COS、CS_2 等硫化物。由于降低硫蒸气分压有利于反应进行，而且硫蒸气又远比过程气中其他组分容易冷凝，故可在反应炉和各级转化器后设置硫冷凝器，将反应生成的元素硫从过程气中冷凝与分离出来，以便提高平衡转化率。此外，从过程气中分出硫蒸气后也可相应降低下一级转化器出口过程气的硫露点，从而使下一级转化器可在更低温度下操作。

⑤虽然图 4-3 表明，在催化反应区中温度较低对反应有利，但为了有较高的反应速度，并确保过程气的温度高于硫露点，过程气在进入各级转化器之前必须进行再热。

⑥从化学平衡来看，氧气用量过剩并不能增加转化率，因为多余的氧气将和 H_2S 反应生成 SO_2，而不是元素硫。然而，提高空气中的氧气含量（富氧空气）和酸气中的 H_2S 含量则有利于增加转化率。这一思路已在富氧克劳斯法（COPE 法）等中得到应用。

【例 4-1】 某克劳斯装置原料气温度为 43.3℃，压力为 0.1427MPa（绝），其组成及摩尔流量见表 4-4，当地干球温度 27.8℃，湿球温度 23.9℃，鼓风机出口空气（去反应炉）温度 82.2℃，如忽略副反应，试计算其热反应段物料平衡。

表 4-4 【例 4-1】原料气组成及流量

组 成	H_2S	CO_2	H_2O	烃类（按 C_1）计	合 计
含量/%（体积分数）	60.65	32.17	6.20	0.98	100.00
流量/(kmol/h)	132.02	70.03	13.49	2.14	217.68

【解】

（1）原料气中 1/3 的 H_2S 及全部烃类燃烧所需氧气量

$$H_2S + 1\frac{1}{2}O_2 \Longrightarrow SO_2 + H_2O$$

$$\Delta H(273K) = -517.9MJ/kmol$$

$$CH_4 + 2O_2 \longrightarrow CO_2 + 2H_2O$$

$$\Delta H(273K) = -802.81MJ/kmol$$

因此，燃烧所需氧气量为

H_2S 燃烧所需氧气量： $1/3 \times 3/2 \times 132.02 = 66.01$ kmol/h

烃类燃烧所需氧气量： $2 \times 2.14 = 4.28$ kmol/h

合计所需氧气量： $66.01 + 4.28 = 70.29$ kmol/h

（2）物料平衡 假定有 x kmol/h 的 H_2S 与 SO_2 反应生成 S_2，则

$$2H_2S + SO_2 \longrightarrow \frac{3}{2}S_2 + 2H_2O$$

$$x \qquad 1/2x \qquad 3/4x \qquad x$$

$$\Delta H(273K) = 47.1MJ/kmol$$

因此，热反应段的物料平衡见表 4-5。

由反应炉内热力学平衡和热平衡联解（联解过程略）求得，此时炉内温度为 1165℃，有 $x = 61.24$ kmol/h 的 H_2S 与 SO_2 反应生成 S_2，相当于转化率为 70.1%。然后，将 61.24kmol/h 代入表 4-5 中即可求得热反应段的物料平衡。

表 4-5　【例 4-1】热反应段物料平衡

物　流		H_2S	CO_2	H_2O	SO_2	N_2	O_2	S_2	烃类(按C_1计)	合　计
入方	原料气	132.02	70.03	13.49	—				2.14	217.68
	空气	—	—	9.94	—	264.29	70.29	—		344.52
出方	燃烧产物	88.02	72.17	71.71	44.01	264.29				540.20
	反应产物	88.02 $-x$	72.17	71.71 $+x$	44.01 $-1/2x$	264.29		$3/4x$		540.20 $+1/4x$

二、克劳斯法工艺流程、设备和影响硫收率的因素

(一) 工艺流程

通常，克劳斯装置包括热反应、余热回收、硫冷凝、再热和催化反应等部分。由这些部分可以组合成各种不同的硫黄回收工艺，用于处理不同 H_2S 含量的原料气。目前，常用的克劳斯法有直流法、分流法、硫循环法及直接氧化法等，其原理流程见图 4-4。不同工艺流程的主要区别在于保持热平衡的方法不同。在这些工艺方法的基础上，又根据预热、补充燃料气等方法不同，衍生出各种不同的变体工艺，其适用范围见表 4-6。其中，直流法和分流法是主要的工艺方法。

应该说明的是，表 4-6 中的划分范围并非是严格的，关键是反应炉内 H_2S 燃烧所放出的热量必须保证炉内火焰处于稳定状态，否则将无法正常运行。此外，当原料天然气中潜硫含量在 0.5t/d 以下时，不论酸气中 H_2S 浓度如何，原则上不使用克劳斯法制硫工艺回收硫黄。

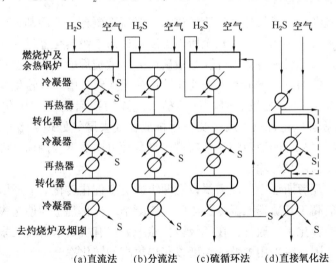

(a)直流法　　(b)分流法　　(c)硫循环法　　(d)直接氧化法

图 4-4　克劳斯法主要工艺原理流程图

表 4-6　各种克劳斯法工艺流程安排

酸气中 H_2S 体积分数/%	55~100	30~55[①]	15~30	10~15	5~10	<5
推荐的工艺流程	直流法	预热酸气及空气的直流法，或非常规分流法	分流法	预热酸气及空气的分流法	掺入燃料气的分流法，或硫循环法	直接氧化法

注：① 有的文献认为大于50%即可采用直流法。

149

1. 直流法

直流法也称直通法、单流法或部分燃烧法。此法特点是全部原料气都进入反应炉，而空气则按照化学计量配给，仅供原料气中 1/3 体积 H_2S 及全部烃类、硫醇燃烧，从而使原料气中的 H_2S 部分燃烧生成 SO_2，以保证生成的过程气中 H_2S 与 SO_2 的摩尔比为 2。反应炉内虽无催化剂，但 H_2S 仍能有效地转化为元素硫，其转化率随反应炉的温度和压力不同而异。

实践表明，反应炉内 H_2S 的转化率一般可达 60%~70%，这就大大减轻了催化反应段的反应负荷而有助于提高硫收率。因此，直流法是首先应该考虑的工艺流程，但前提是原料气中的 H_2S 含量应大于 55%（也有文献认为应大于 50%）。其原因是应保证酸气与空气燃烧的反应热足以维持反应炉内温度不低于 980℃（也有文献认为不低于 927℃），通常认为此温度是反应炉内火焰处于稳定状态而能有效操作的下限。当然，如果预热酸气、空气或使用富氧空气，原料气中的 H_2S 含量也可低于 55%。

图 4-5 为以部分酸气作燃料，采用在线燃烧式再热器进行再热的直流法三级硫黄回收装置的工艺流程图。反应炉中的温度可达 1100~1600℃。由于温度高，副反应十分复杂，会生成少量的 COS 和 CS_2 等，故风气比（即空气量与酸气量之比）和操作条件是影响硫收率的关键。此处应该指出，由于有大量副反应特别是 H_2S 的裂解反应，故克劳斯法所需实际空气量通常均低于化学计量的空气量。

从反应炉出来含有硫蒸气的高温燃烧产物进入余热锅炉回收热量。图 4-5 中有一部分原料气作为再热器的燃料，通过燃烧热将一级硫冷凝器出来的过程气再热，使其在进入一级转化器之前达到所需要的反应温度。

再热后的过程气经过一级转化器反应后进入二级硫冷凝器，经冷却、分离除去液硫。分出液硫后的过程气去二级再热器，再热至所需温度后进入二级转化器进一步反应。由二级转化器出来的过程气进入三级硫冷凝器并除去液硫。分出液硫后的过程气去三级再热器，再热后进入三级转化器，使 H_2S 和 SO_2 最大程度地转化为元素硫。由三级转化器出来的过程气进入四级硫冷凝器冷却，以除去最后生成的液硫。脱除液硫后的尾气因仍含有 H_2S、SO_2、COS、CS_2 和硫蒸气等含硫化合物，或经焚烧后排放，或去尾气处理装置进一步处理后再焚烧排放。各级硫冷凝器分出的液硫流入液硫槽，经各种方法成型为固体后即为硫黄产品，也可直接以液硫状态作为产品外输。

应该指出的是，克劳斯法之所以需要设置两级或更多催化转化器的原因为：①由转化器出来的过程气温度应高于其硫露点温度，以防液硫凝结在催化剂上而使之失去活性；②较低的温度可获得较高的转化率。通常，在一级转化器中为使有机硫水解需要采用较高温度，二级及其以后的转化器则逐级采用更低的温度以获得更高的转化率。

图 4-5 中设置了三级催化转化器，有些装置为了获得更高的硫收率甚至设置了四级转化器，但第三级和第四级转化器的转化效果十分有限。

从硫黄回收效果来看，直流法的总硫收率是最高的。

2. 分流法

当原料气中 H_2S 含量在 15%~30% 时，采用直流法难以使反应炉内燃烧稳定，此时就应采用分流法。

常规分流法的主要特点是将原料气（酸气）分为两股，其中 1/3 原料气与按照化学计量配给的空气进入反应炉内，使原料气中 H_2S 及全部烃类、硫醇燃烧，H_2S 按反应(4-2)生成 SO_2，然后与旁通的 2/3 原料气混合进入催化转化段。因此，常规分流法中生成的元素硫完

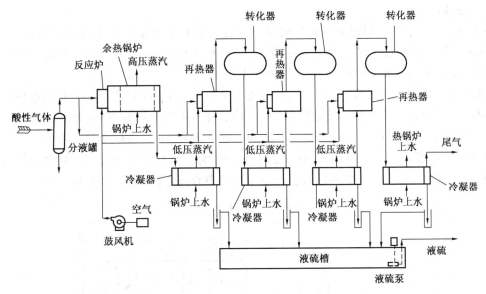

图 4-5　直流法三级硫黄回收工艺流程图

全是在催化反应段中获得的。

当原料气中 H_2S 含量在 30%～55% 之间时，如采用直流法则反应炉内火焰难以稳定，而采用常规分流法将 1/3 的 H_2S 燃烧生成 SO_2 时，炉温又过高使炉壁耐火材料难以适应。此时，可以采用非常规分流法，即将进入反应炉的原料气量提高至 1/3 以上来控制炉温。以后的工艺流程则与直流法相同。

因此，非常规分流法会在反应炉内生成一部分元素硫。这样，一方面可减轻催化转化器的反应负荷，另一方面也因硫蒸气进入转化器而对转化率带来不利影响，但其总硫收率高于常规分流法。此外，因进反应炉酸气带入的烃类增多，故供风量比常规分流法要多。

应该指出的是，由于分流法中有部分原料气不经过反应炉即进入催化反应段，当原料气中含有重烃尤其是芳香烃时，它们会在催化剂上裂解结焦，影响催化剂的活性和寿命，并使生成的硫黄颜色欠佳甚至变黑。

3. 硫循环法

当原料气中 H_2S 含量在 5%～10% 时可考虑采用此法。它是将一部分液硫产品喷入反应炉内燃烧生成 SO_2，以其产生的热量协助维持炉温。目前，由于已有多种处理低 H_2S 含量酸气的方法，此法已很少采用。

4. 直接氧化法

当原料气中 H_2S 含量低于 5% 时可采用直接氧化法，这实际上是克劳斯法原型工艺的新发展。按照所用催化剂的催化反应方向不同可将直接氧化法分为两类：一类是将 H_2S 选择性催化氧化为元素硫，在该反应条件下这实际上是一个不可逆反应，目前在克劳斯法尾气处理领域获得了很好的应用；另一类是将 H_2S 催化氧化为元素硫及 SO_2，故在其后继之以常规克劳斯催化反应段。属于此类方法的有美国 UOP 公司和 Parsons 公司开发的 Selectox 工艺。

自克劳斯法问世以来，其催化转化器一直采用绝热反应器，优点是价格便宜。20 世纪 90 年代后，德国 Linde 公司将等温反应器用于催化转化，即所称 Clinsulf 工艺。尽管等温反应器价格昂贵，但该工艺的优点是流程简化，设备减少，而且装置的适应性显著改善。

（1）Selectox 工艺

Selectox 工艺有一次通过和循环法两种。当酸气中 H_2S 含量小于 5% 时可采用一次通过法，H_2S 含量大于 5% 时为控制反应温度使过程气出口温度不高于 371℃，则需将过程气进行循环。图 4-6 为 Selectox 循环工艺流程示意图。

由图 4-6 可知，预热后的酸气与空气一起进入装有 Selectox 催化剂的氧化段反应，硫收率约 80%，然后去克劳斯催化反应段进一步反应，尾气最后再经 Selectox 催化剂催化焚烧后放空。Selectox 催化剂为 Selectox-32 或 Selectox-33，系在 SiO_2-AlO_3 载体上浸积约 $7\% V_2O_5$ 和 $8\% BiO_2$，可将 H_2S 氧化为硫或 SO_2，但不氧化烃类、氢和氨等化合物，具有良好的稳定性。然而，芳香烃可在其上裂解结炭，故要求酸气中芳香烃含量小于 $1000mL/m^3$。

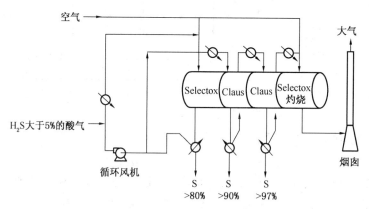

图 4-6 Selectox 循环工艺流程示意图

由于 Selectox 催化氧化段内同时存在 H_2S 的直接氧化反应和 H_2S 与 SO_2 的反应，故其转化率高于克劳斯法平衡转化率。

（2）Clinsulf-DO 工艺

Clinsulf-DO 工艺是一种选择性催化氧化工艺，其核心设备是内冷管式催化反应器，内装 TiO_2 基催化剂。H_2S 与 O_2 在催化剂床层上反应直接生成元素硫，而不发生 H_2、CO 及低分子烷烃的氧化反应。此法允许原料气范围为 $500\sim50000m^3/h$，并对原料气中的 H_2S 含量无下限要求，H_2S 允许含量为 1%~20%。Clinsulf-DO 工艺既可用于加氢尾气的直接氧化，又可用于低 H_2S 含量酸气的硫黄回收。

长庆第一天然气净化厂脱硫脱碳装置酸气中 H_2S 含量低（仅为 1.3%~3.4%），CO_2 含量高（90%~95%），无法采用常规克劳斯法处理，故选用 Clinsulf-DO 法硫黄回收装置。该装置由国外引进，并已于 2004 年初建成投产。原料气为来自脱硫脱碳装置的酸气，处理量为 $(10\sim27)\times10^4m^3/d$，温度为 34℃，压力为 39.5kPa，组成见表 4-7。

表 4-7 长庆第一天然气净化厂酸气组成

组 分	C_1H_4	H_2S	CO_2	H_2O	合 计	CO_2/H_2S
组成/%（体积分数）	0.95	1.56	92.89	4.60	100.00	59.54

该装置包括硫黄回收（主要设备为 Clinsulf 反应器、硫冷凝器、硫分离器和文丘里洗涤器）、硫黄成型和包装、硫黄仓库以及相应的配套设施，硫黄回收工艺流程图见图 4-7。

图中，酸气经过气液分离、预热至约 200℃，与加热至约 200℃的空气一起进入管道混合器充分混合后，进入 Clinsulf 反应器。酸气和空气混合物在反应器上部绝热反应段反应，反应热用来加热反应气体，以使反应快速进行。充分反应后的气体进入反应器下部等温反应段，通过冷却管内的冷却水将温度控制在硫露点以上，既防止了硫在催化剂床层上冷凝，又促使反应向生成硫黄的方向进行。

离开反应器的反应气体直接进入硫冷凝器冷却成为液硫后去硫分离器，分出的液硫至硫黄成型、包装设备成为硫黄产品。从硫分离器顶部排出的尾气，其中的 H_2S 和 SO_2 含量已满足国家现行环保标准，可经烟囱直接排放，但由于其含少量硫蒸气，长期生产会导致固体硫黄在烟囱中积累和堵塞，故进入脱硫脱碳装置配套的酸气焚烧炉中经焚烧后排放。

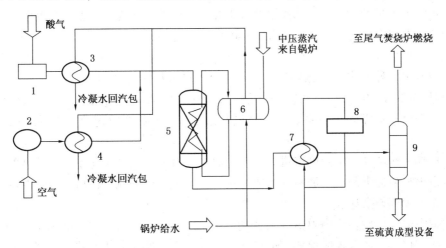

图 4-7　长庆第一天然气净化厂硫黄回收工艺流程图
1—酸气分离器；2—罗茨鼓风机；3—空气预热器；4—酸气预热器；
5—反应器；6—汽包；7—硫冷凝器；8—蒸汽冷凝器；9—硫分离器

反应器冷却管内的锅炉给水来自汽包，在反应器内加热后部分汽化，通过自然循环的方式在汽包和反应器之间循环。由汽包产生的中压蒸汽作为酸气预热器和空气预热器的热源。如果反应热量不足以加热酸气和空气时，则需采用外界中压蒸汽补充。锅炉给水在硫冷凝器内产生的低压蒸汽经冷凝后返回硫冷凝器循环。

该装置自投产以来，在目前的处理量下各项工艺指标基本上达到了设计要求，硫黄产品纯度在 99.9% 以上。设计硫收率为 89.0%，实际平均为 94.85%。装置的主要运行情况见表4-8。

表 4-8　长庆第一天然气净化厂硫黄回收装置运行情况

项　　目	酸气量/ $(10^4 m^3/d)$	硫黄量/ (t/d)	酸气组成[1]/%(体积分数)			尾气组成[1]/%(体积分数)				
			H_2S	CH_4	CO_2	H_2S	CH_4	CO_2	N_2	SO_2
设计值	10~27	4.18	1.56	0.95	92.89	0.20	1.03	85.34	4.04	$677×10^{-6}$
实际最高值[2]	20.42	6.20	2.50	0.70	99.30	1.19	0.77	97.63	12.10	0.0018
实际平均值[2]	13.05	2.85	1.71	0.36	95.97	0.18	0.31	92.88	5.66	0.0002

注：① 干基。

② 2004 年 5~9 月统计数据。

此外，长庆第二天然气净化厂由于同样原因，也采用 Clinsulf-DO 法硫黄回收装置并于2007 年 5 月投产，设计处理量为 $(12~30)×10^4 m^3/d$，酸气中 H_2S 含量为 1.55%~3.59%。

需要指出的是，由于 Clinsulf-DO 法硫回收率较低，不能满足目前我国日益严格的环保要求，故之后长庆第三和第四天然气净化厂均采用硫回收率更高的 Lo-Cat 法脱硫工艺，详见本书第二章第三节所述。

（二）主要设备及操作条件

现以直流法为例，这类硫黄回收装置的主要设备有反应炉、余热锅炉、转化器、硫冷凝器和再热器等，其作用和特点如下。

1. 反应炉

反应炉又称燃烧炉，是克劳斯装置中最重要的设备。反应炉的主要作用是：①使原料气中 1/3 体积的 H_2S 氧化为 SO_2；②使原料气中烃类、硫醇氧化为 CO_2 等惰性组分。

燃烧在还原状态下进行，压力为 20～100kPa，其值主要取决于催化转化器级数和是否在下游需要尾气处理装置。

反应炉既可是外置式（与余热锅炉分开设置），也可是内置式（与余热锅炉组合为一体）。在正常炉温（980～1370℃）时，外置式需用耐火材料衬里来保护钢壳，而内置式则因钢质火管外围有冷却介质不需耐火材料。对于规模超过 30t/d 硫黄回收装置，外置式反应炉更为经济。

无论从热力学和动力学角度来讲，较高的温度都有利于提高转化率，但温度的提高要受反应炉内耐火材料的限制。当原料气组成一定及确定了合适的风气比后，炉膛温度应是一个定值，并无多少调节余地。

反应炉内温度和原料气中 H_2S 含量密切有关，当 H_2S 含量小于 30% 时就需采用分流法、硫循环法和直接氧化法等才能保持火焰稳定。但是，由于这些方法的酸气有部分或全部烃类不经燃烧而直接进入一级转化器，将导致重烃裂解生成炭沉积物，使催化剂失活和堵塞设备。因此，在保持燃烧稳定的同时，可以采用预热酸气和空气的方法来避免。蒸汽、热油、热气加热的换热器以及直接燃烧加热器等预热方式均可使用。酸气和空气通常加热到 230～260℃。其他提高火焰稳定性的方法包括使用高强度燃烧器，在酸气中掺入燃料气或使用氧气、富氧空气等。

燃烧时将有大量副反应发生，从而导致 H_2、CO、COS 和 CS_2 等产物的生成。由于燃烧产物中的 H_2 含量大致与原料气中的 H_2S 含量成一定比例，故 H_2 很可能是 H_2S 裂解生成的。CO、COS 和 CS_2 等的生成量则与原料气中 CO_2、H_2S 和烃类含量以及反应炉温度有关。在烃类含量一定时，当原料气中 H_2S 较低（如 50%～60%）且炉温低于 1000℃（或 950℃）的条件下，有机硫化物可能会大量生成，尤其是原料气中 BTX（苯、甲苯、二甲苯）含量较高时，炉温较低会导致 BTX 不能充分氧化分解而大量生成有机硫化物；当炉温达到约 1250℃ 时几乎无 CS_2 生成；而当炉温达到 1300℃ 以上时，即使原料气中有 BTX 存在，也无 CS_2 生成。饱和烃类在绝热火焰温度达到 950℃ 时基本上均可氧化分解，故不存在原料气中允许含量的上限。但 BTX 含量为 0.2%（体积分数）时，烃类要完全分解就要求绝热火焰温度达到 1250℃。反应炉绝热火焰温度与原料气中杂质组分及其允许含量上限的大致关系见表 4-9。

表 4-9　反应炉绝热火焰温度与原料气杂质组分及其允许含量的关系

杂质组分	允许含量上限/%（体积分数）	反应炉绝热火焰温度/℃
饱和烃	（无上限限制）	950
BTX	0.05	1100
BTX	0.10	1200

杂质组分	允许含量上限/%(体积分数)	反应炉绝热火焰温度/℃
BTX	0.2	1250
硫醇类	0.2	1200
烷基硫醚	0.5	1250

上述绝热火焰温度指的是，在一定的初始温度和压力下，给定的燃料(包含燃料和氧化剂)在等压绝热条件下进行化学反应，燃烧系统(属于封闭系统)所达到的终态温度。实际上，火焰的热量有一部分以热辐射和对流的方式损失掉，故绝热火焰温度基本上不可能达到。然而，绝热火焰温度在燃烧效率和热量传递的计算中起到很重要的作用。影响绝热火焰温度的因素很多，主要有空气/燃料比、初始温度和初始压力。

反应物流在炉内的停留时间(从进口流到出口所需时间)是决定反应炉体积的重要设计参数，一般至少为0.5s。高H_2S含量的原料气通常所需停留时间少于低H_2S含量的原料气。

耐火材料的选择和设计十分重要。因为如果钢壳过热(超过343℃)，导致与H_2S直接反应；如果冷却至SO_2、SO_3露点以下，又将导致硫酸冷凝，加速腐蚀。为保护人身安全，经常安装外置式绝热保护层，使钢壳温度高于硫酸露点204℃之上。

2. 余热锅炉

余热锅炉旧称废热锅炉，其作用是从反应炉出口的高温气流中回收热量以产生高压蒸汽，并使过程气的温度降至下游设备所要求的温度。对于大多数内置式反应炉而言，原料气燃烧器置于前段体积较大的单程火管(辐射段)中，过程气随后进入一级或多级管程管束(对流段)中。前段火管因有外部介质冷却，不需耐火材料保护，但其管板和其他暴露于温度高于343℃过程气中的金属表面则需耐火材料保护。对流段管束的管子直径为25~150mm，流速为$10~24kg/(s \cdot m^2)$。

外置式反应炉的余热锅炉通常是由小管子(50~70mm)组成的单程换热器。该换热器入口部分暴露在高温气体(也可能是火焰)中。为此，在火管入口处设置陶瓷套环来保护，套环伸入管内长度为75~150mm，在管外长度约为75mm，以防止高温气体与火管在火管和管板连接处直接接触。这些陶瓷套管也覆盖有一层薄绝热层(3~10mm)。管板入口处应采用耐火材料保护，厚约75mm。

管间距最小为19~25mm，管内设计气体质量流速为$5~39kg/(s \cdot m^2)$。允许压降往往决定了气体流速。

余热锅炉又有釜式和自然循环式之分，二者都是卧式设备，以保证所有管子都浸入水中。

余热锅炉产生的蒸汽压力通常是1.0~3.5MPa，故余热锅炉出口温度一般高于过程气中硫的露点温度。然而，仍会有一部分硫蒸气冷凝下来，特别是在负荷不足的情况下，应采取措施将这些液硫从过程气中排出。当不能提供高质量锅炉给水或不需要产生蒸汽的地方，可使用乙二醇与水的混合溶液、胺溶液、循环冷却水(不能沸腾)和油浴作冷却液。

3. 转化器

转化器的作用是使过程气中的H_2S与SO_2在其催化剂床层上继续反应生成元素硫，同时也使过程气中的COS和CS_2等有机化合物水解为H_2S与CO_2。

目前，硫黄产量低的克劳斯装置系将所有催化剂床层用隔板分开并安装在一个卧式转化器中，而大型克劳斯法装置的转化器通常是单独设置的。规模大于 800t/d 的装置也有采用立式的。由于催化反应段反应放出的热量有限，故通常均使用绝热式转化器，内部无冷却水管。

转化器一般不需要耐火层，此时推荐外部使用至少 75mm 的绝热层。如果有耐火衬里，则外部绝热层厚度为 25~50mm。绝大多数转化器都从底部到高于催化剂床层以上 150mm 之间有耐火衬里。

当采用合成催化剂时，转化器催化剂的装填量可按 $1m^3$ 催化剂每小时通过 1000~1400m^3（停留时间约 3s）过程气确定。过程气由上而下进入催化剂床层。考虑到压降，床层高度一般在 0.9~1.5m，Al_2O_3 催化剂或加有助剂的 Al_2O_3 催化剂堆放在约 75~150mm 高的填料层上。催化剂的密度约为 720~850kg/m^3，密度为 1360~1600kg/m^3 的填料层可阻挡催化剂随气流移动并降低催化剂粉末进入下游硫冷凝器的可能性。

由于转化器内的反应是放热反应，低温有利于平衡转化率，但 COS 和 CS_2 只有在较高温度下才能水解完全。因此，一级转化器温度较高，以使 COS、CS_2 充分水解；二级、三级转化器温度只需高到可获得满意的反应速度并避免硫蒸气冷凝即可。通常，一级转化器入口温度为 232~249℃；二级转化器入口温度为 199~221℃；三级转化器入口温度为 188~210℃。

由于克劳斯法反应和 COS、CS_2 水解反应均系放热反应，故转化器催化剂床层会出现温升。其中，一级转化器为 44~100℃；二级转化器为 14~33℃；三级转化器为 3~8℃。因为有热损失，三级转化器测出的温度经常显示出有一个很小的温降。

4. 硫冷凝器

硫冷凝器的作用是将反应生成的硫蒸气冷凝为液硫而除去，同时回收过程气的热量。硫冷凝器可以是单程或多程换热器，推荐采用卧式管壳式冷凝器。安装时应放在系统最低处，且大多数有 1%~2% 的倾角坡向液硫出口处。回收的热量用来发生低压蒸汽或预热锅炉给水。

硫冷凝器设计最小管径为 25mm，管间距为 13~19mm。通常，硫冷凝器设计质量流速为 15~39kg/(s·m^2)，典型的设计最小流速为 24kg/(s·m^2)。流速应足够高，以免停车时出现硫雾，从而使冷凝器中的液硫无法在其下游分离段从过程气中分离出来。管内流速还应考虑管程压降在 2~4kPa。

硫蒸气在进入一级转化器前冷凝（分流法除外），然后在每级转化器后冷凝，从而提高转化率。除最后一级转化器外，其他硫冷凝器的设计温度在 166~182℃，因为在该温度范围内冷凝下来的液硫黏度很低，而且过程气一侧的金属壁温又高于亚硫酸和硫酸的露点。最后一级硫冷凝器的出口温度可低至 127℃，这主要取决于冷却介质。但是，由于有可能生成硫雾，故硫冷凝器应有良好的捕雾设施，同时应尽量避免过程气与冷却介质之间温差太大，这对最后一级硫冷凝器尤为重要。

硫冷凝器后部设有气液分离段以将液硫从过程气中分离出来。气液分离段可以与冷凝器组合为一体，也可以是一个单独容器。通常，按空塔气速为 6~9m/s 来确定分离段尺寸。

5. 再热器

再热器的作用是使进入转化器的过程气在反应时有较高的反应速度，并确保过程气的温度高于硫露点。

过程气进入转化器的温度可按下述要求确定：①比预计的出口硫露点高 14~17℃；②尽可能低，以使 H_2S 转化率最高，但也应高到反应速度令人满意；③对一级转化器而言，还应高到足以使 COS 和 CS_2 充分水解生成 H_2S 和 CO_2，即

$$COS + H_2O \Longleftrightarrow CO_2 + H_2S \tag{4-7}$$

$$CS_2 + 2H_2O \Longleftrightarrow CO_2 + 2H_2S \tag{4-8}$$

常用的再热方法有热气体旁通法(高温掺合法)、直接再热法(在线燃烧炉法)和间接再热法(过程气换热法)等,见图4-8所示。

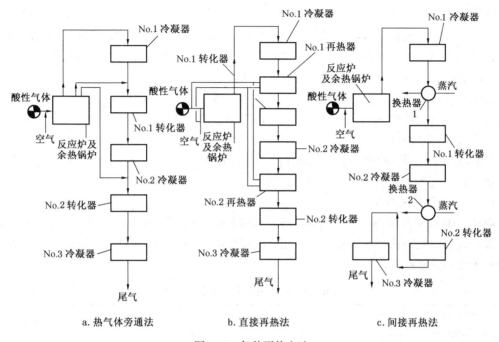

a. 热气体旁通法   b. 直接再热法   c. 间接再热法

图4-8 各种再热方法

热气体旁通法是从余热锅炉侧线引出一股热过程气,温度通常为480~650℃,然后将其与转化器上游的硫冷凝器出口过程气混合。直接再热法是采用在线燃烧器燃烧燃料气或酸气,并将燃烧产物与硫冷凝器出口的过程气混合。间接再热法则采用加热炉或换热器来加热硫冷凝器出口的过程气,热媒体通常是高压蒸汽、热油和热过程气,也可使用电加热器。

通常,热气体旁通法成本最低,易于控制,压降也小,但其总硫收率较低,尤其是处理量降低时更加显著。一般可在前两级转化器采用热气体旁通法,第三级转化器采用间接再热法。

直接再热法的在线燃烧器通常使用一部分酸气,有时也使用燃料气。这种方法可将过程气加热到任一需要的温度,压降也较小。缺点是如果采用酸气燃烧,可能生成SO_3(硫酸盐化会使催化剂中毒);如果采用燃料气,可能生成烟炱,堵塞床层使催化剂失活。

间接再热法是在各级转化器之前设置一个换热器。此法成本最高,而且压降最大。此外,转化器进口温度还受热媒体温度的限制。例如,采用254℃、4.14MPa的高压蒸汽作热源时,转化器的最高温度约为243℃。这样,催化剂通常不能复活,而且COS和CS_2水解也较困难。但是,间接再热法的总硫收率最高,而且催化剂因硫酸盐化和炭沉积失活的可能性也较小。

综上所述,采用不同的再热方法将会影响总硫收率。各种再热方法按总硫收率依次递增的顺序为:热气体旁通法、直接再热法、间接再热法。热气体旁通法通常只适用于一级转化器,直接再热法适用于各级转化器,间接再热法一般不适用于一级转化器。

6. 焚烧炉(灼烧炉)

由于 H_2S 毒性很大不允许排放，故克劳斯装置的尾气即使已经过处理也必须焚烧后将其中的 H_2S 等转化为 SO_2 再排放。尾气焚烧有热焚烧和催化焚烧两类，目前以热焚烧应用较广泛。

由于尾气中含有的可燃物，如 H_2S、COS、CS_2、H_2 和元素硫含量太低(一般总计不超过3%)，故必须在高温下焚烧，以使硫和硫化物转化成 SO_2。热焚烧是在氧过量(通常为20%~100%)的条件下进行的，焚烧温度达到 480~815℃。绝大多数焚烧炉是在负压下自然引风操作。焚烧尾气的大量热量可通过将蒸汽过热或产生 0.35~3.10MPa 的饱和蒸汽等措施加以回收。在回收余热时，应注意此时燃烧气出口温度较低，故必须充分考虑烟囱高度。另外，回收余热的焚烧炉通常采用强制通风在正压下操作。

催化焚烧可以减少焚烧炉的燃料气用量，即先将尾气加热到 316~427℃，然后与一定量的空气混合后进入催化剂床层。催化焚烧采用强制通风，在正压下操作。

(三)影响硫收率的因素

影响硫收率的因素很多，其中以原料气质量(H_2S 含量和杂质含量)、风气比、催化剂活性和再热方法等尤为重要。以下分别介绍。

1. 原料气中 H_2S 含量

原料气中 H_2S 含量高，可以增加硫收率和降低装置投资，其大致关系见表 4-10。因此，在脱硫脱碳装置采用选择性脱硫方法可以有效降低酸气中的 CO_2 含量，这对提高克劳斯法装置的硫收率和降低投资都十分有利。

表 4-10 直流法克劳斯装置硫收率

酸气中 H_2S 含量/ %(体积分数)	硫收率/%(质量分数)		
	二级转化	三级转化	四级转化
20	92.7	93.8	95.0
30	93.1	94.4	95.7
40	93.5	94.8	96.1
50	93.9	95.3	96.5
60	94.4	95.7	96.7
70	94.7	96.1	96.8
80	95.0	96.4	97.0
90	95.3	96.6	97.1

由于三级转化器对硫收率的影响仅为 1.3%左右，四级转化器的影响更小，故克劳斯法装置通常多采用两级转化。

2. 原料气和过程气中杂质

(1) CO_2 原料气中一般都含有 CO_2。它不仅会降低原料气中的 H_2S 含量，还会在反应炉内与 H_2S 反应生成 COS 和 CS_2，这两者都使硫收率降低。原料气中 CO_2 含量从 3.6%增加至 43.5%时，随尾气排放的硫损失量将增加 52.2%。

(2) 烃类和其他有机化合物 原料气中含有烃类和其他有机化合物(例如原料气中夹带的脱硫脱碳溶剂)时，不仅会提高反应炉和余热锅炉的热负荷，也增加了空气的需要量。当空气不足时，相对分子质量较大的烃类(尤其是芳香烃)和脱硫脱碳溶剂会在高温下与硫反应生成焦炭或焦油状物质，严重影响催化剂的活性。此外，过多的烃类还会增加反应炉内 COS 和 CS_2 的生成量，影响总转化率，故采用 MDEA 法脱硫脱碳时我国石油行业标准《天然气净化厂设计规范》(SY/T 0011—2007)要求酸气中的烃类含量不大于2%(体积分数)。当采用砜胺法脱硫脱碳时要求酸气中的烃类含量不大于4%。

(3) 水蒸气 水蒸气既是原料气中的惰性组分,又是克劳斯法反应产物。因此,它的存在能抑制克劳斯法反应,降低反应物的分压,从而降低总转化率。过程气温度、水含量和转化率三者的关系如表4-11所示。

表4-11 过程气温度、水含量和转化率的关系

过程气温度/℃	转化率/%		
	水含量为24%(体积分数)	水含量为28%(体积分数)	水含量为32%(体积分数)
175	84	83	81
200	75	73	70
225	63	60	56
250	50	45	41

应该指出的是,虽然原料气中杂质对克劳斯法装置的设计和操作有很大影响,但一般不是在进装置前预先脱除,而是通过改进克劳斯装置的设备或操作条件等办法来解决。

3. 风气比

风气比是指进入反应炉的空气与酸气的体积比。在反应炉内由于复杂的化学反应(例如少量 H_2S 裂解等副反应),使总的风气比略低于化学计量要求。至于在转化器内,由于 H_2S 与 SO_2 是按摩尔比为2进行反应,故风气比应保证进入转化器的过程气中 H_2S/SO_2 的摩尔比在2左右。

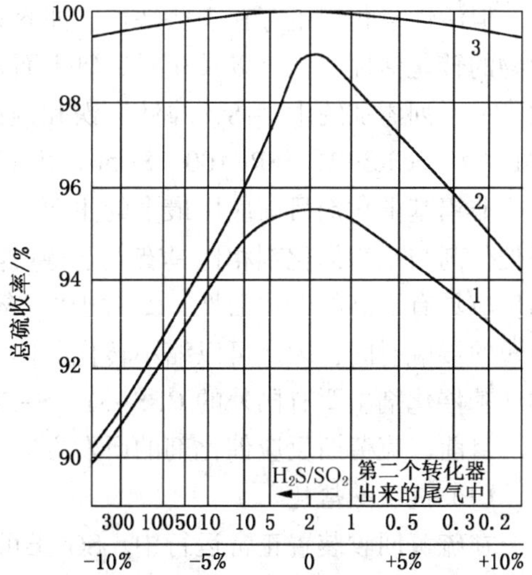

风气比的微小偏差,即空气不足或过剩都会导致 H_2S/SO_2 的摩尔比不当,使硫平衡转化率损失剧增,尤其是空气不足时对硫平衡转化率损失的影响更大。图4-9为风气比不当时对硫收率的影响以及所产生的过程气中 H_2S/SO_2 的摩尔比。图中的克劳斯法装置原料气组成(体积分数)为: H_2S 93.0%; CO_2 0.0%;烃类 0.5%; H_2O 6.5%。

当克劳斯装置之后设有低温克劳斯尾气处理装置时,严格控制风气比更为重要。由图4-9可知,当风量相差5%时,硫收率将由99%降至95%。为此,目前不少装置都配置了在线分析尾气中 H_2S/SO_2 比值的仪器并反馈调节风量。

图4-9 风气比对硫收率和过程气
H_2S/SO_2摩尔比的影响

1—两级转化克劳斯法;2—两级转化克劳斯法+低温克劳斯法;3—两级转化克劳斯法+SCOT法

4. 催化剂

虽然克劳斯反应对催化剂的要求并不苛刻,但为了保证实现克劳斯反应过程的最佳效果,仍然需要催化剂有良好的活性和稳定性。此外,由于反应炉经常产生远高于平衡值的 COS 和 CS_2 ,还需要一级转化器的催化剂具有促使 COS、CS_2 水解的良好活性。

早期使用的催化剂是天然铝矾土,现国内外均已淘汰。目前常用的催化剂大体可分为铝基催化剂和非铝基催化剂两类。表4-12为国内外几种常用的克劳斯法催化剂性质。

表 4-12　国内外几种常用克劳斯法催化剂性质

生产厂家	法 国 Axens	法 国 Axens	美 国 UOP	中国石油西南 油气田分公司 天然气研究院	中国石化 齐鲁石化公司 研究院
牌号	CR	CRS-31	S-201	CT6-7	LS-821
形状	球	柱	球	球	球
尺寸/mm	$\phi4\sim6$	$\phi4$	$\phi3\sim6$	$\phi3\sim6$	$\phi4\sim6$
堆积密度/(kg/L)	0.67	0.95	0.72	$0.65\sim0.75$	$0.72\sim0.75$
主要成分	Al_2O_3	TiO_2	Al_2O_3	Al_2O_3	Al_2O_3
助催化剂				有	TiO_2
比表面积/(m^2/g)	260	120	$280\sim360$	>200	>220
孔体积/(cm^3/g)			0.329	$\geqslant0.30$	>0.40
压碎强度/(N/粒)	120	90	$140\sim180$	200	>130
特点	高孔容	高有机硫转化率， 抗硫酸盐化	高孔容	高有机 硫水解率	高有机硫 水解率

铝基催化剂是以高纯度活性氧化铝(Al_2O_3)为主要活性组分的一类催化剂。早期的铝基催化剂为人工合成的高纯度活性氧化铝，例如法国 Rhone-Poulenc 公司(现 Axens 公司)率先推出的型号为 CR 的球形高纯度活性 $\gamma-Al_2O_3$ 催化剂。与天然铝矾土相比，在相同条件下，采用活性氧化铝的催化段克劳斯反应转化率可提高约 3%，且催化剂强度也明显改善。因此，20 世纪 80 年代初，国外的克劳斯硫回收装置几乎全部以活性氧化铝取代了天然铝矾土。但活性氧化铝也存在一些缺点，如容易发生硫酸盐化反应而导致其活性下降，对有机硫化物的转化活性欠佳，以及相对铝矾土而言其床层阻力降增大等。针对上述问题，人们又开发了一系列添加约 1%~8% 的钛、铁和硅的氧化物作为助剂组分的铝基催化剂，如国外的 AM 系列、CRS-21、SP-100、S-501 以及国内的 LS-821、CT6-4 等。

非铝基催化剂目前应用最多的主要是二氧化钛(TiO_2)含量高达 85% 的钛基催化剂。钛基催化剂与铝基催化剂相比具有以下特点：①对有机硫化物的水解反应和 H_2S 与 SO_2 的克劳斯反应具有更高的催化活性；②对于"漏氧"中毒不敏感；③在相同的转化率水平下，允许更短的接触时间，因此可以缩小转化器体积。钛基催化剂的主要不足就是其价格较高。常用的钛基催化剂主要有国外的 CRS-31、S-701、CSR-3 以及国内的 LS-901、CT6-8 等。

目前，克劳斯反应催化剂的研发方向主要如下。

(1) 抗硫酸盐化

在硫黄回收装置正常运行中，SO_2 虽可与催化剂的 Al_2O_3 生成硫酸盐，但其数量并不多。然而，如果来自反应炉或再热器的过程气中有 SO_3、O_2 存在时，即使其含量只有百万分之几，也会加速催化剂的硫酸盐化，即

$$Al_2O_3 +3SO_2+\frac{3}{2}O_2 \Longleftrightarrow Al_2(SO_4)_3 \tag{4-9}$$

$$Al_2O_3 +3SO_3 \Longleftrightarrow Al_2(SO_4)_3 \tag{4-10}$$

催化剂硫酸盐化后主要有两方面的影响：①使克劳斯反应的转化率降低，尤其是对操作温度较低的二级和三级转化器的影响更为严重；②由于硫酸盐是 CS_2 转化的主要限制因素，故会影响催化剂对 CS_2 的转化效率。

160

操作过程中，催化剂表面上生成的硫酸盐量并不是无限增加，因为它可被过程气中的 H_2S 还原而使催化剂活性得以恢复，即

$$Al_2(SO_4)_3 + H_2S \Longrightarrow Al_2O_3 + 4SO_2 + H_2O \qquad (4-11)$$

当反应(4-9)、反应(4-10)的反应速度与反应(4-11)的反应速度相等时，硫酸盐量不再增加，达到平衡状态。催化剂床层温度低，过程气中 SO_2、SO_3 和 O_2 含量高，催化剂的硫酸盐化加剧；反之，催化剂床层温度高，过程气中 H_2S 含量高，则有利于降低催化剂上的硫酸盐含量。因此，过程气中的 O_2、SO_3 含量和催化剂的硫酸盐化密切有关。

对于在低于硫露点温度下操作的低温克劳斯法催化剂来讲，由于过程气中 H_2S 含量较低，微量氧的影响更为显著，催化剂的硫酸盐化也比常规克劳斯法更为严重。因此，抗硫酸盐化是克劳斯反应催化剂研发中需要考虑的重要问题之一，文献中将针对此问题开发的催化剂称为脱"漏氧"保护型催化剂。

脱"漏氧"保护型催化剂一般是将金属氧化物负载在活性 Al_2O_3 载体上制备得到，其作用机理主要包括硫化、吸氧(脱氧)和还原三个步骤。即负载的金属氧化物首先在 H_2S 存在的条件被硫化为金属硫化物(如 Fe_2S)，当过程气中存在"漏氧"时，硫化物被氧化成硫酸盐，硫酸盐又被 H_2S 还原为硫化物，即

$$FeS_2 + 3O_2 \Longrightarrow FeSO_4 + SO_2 \qquad (4-12)$$

$$FeSO_4 + 2H_2S \Longrightarrow FeS_2 + SO_2 + 2H_2O \qquad (4-13)$$

由于反应(4-12)和反应(4-13)远比反应(4-9)容易进行，如此反复循环，从而脱除克劳斯过程中残存的微量氧并避免和减少了活性 Al_2O_3 催化剂的硫酸盐化。

脱"漏氧"保护型催化剂不仅能够提高脱氧保护的效果，而且可以改善克劳斯反应活性，因此该催化剂可装填在克劳斯法反应器的上层，对下层的活性 Al_2O_3 催化剂起保护作用，也可完全取代活性 Al_2O_3 催化剂而单独使用。近年来已工业化的脱"漏氧"保护催化剂主要有中国石油西南油气田分公司天然气研究院开发的 CT6-4B 和中国石化齐鲁分公司研究院开发的 LS-971 催化剂等。

（2）促使有机硫水解

尽管自反应炉来的过程气中 COS 和 CS_2 的含量很低，且 COS 和 CS_2 还可以在一级转化器的操作条件下发生水解反应而生成 CO_2 和 H_2S，但是由于常规克劳斯反应催化剂的硫酸盐化对有机硫水解反应同样有严重的影响，因而很难达到很高的有机硫转化率，从而会影响尾气排放的指标达标。为此，自 20 世纪 80 年代以来，国内外开发了多种高效的有机硫水解催化剂，并将它们装填于反应温度较高的一级转化器，从而将 CS_2 的转化率提高至 95% 以上，而 COS 的转化率几乎可达 100%。

有机硫水解催化剂主要有负载型铝基催化剂和钛基催化剂两类。负载型铝基有机硫水解催化剂是指在具有特殊孔结构及表面性质的活性氧化铝上浸渍一定量的活性金属氧化物，此类催化剂往往不仅具有良好的水解有机硫反应活性，还具有相当高的抗硫酸盐化能力，如法国 Axens 公司的 CRS-21，中国石化齐鲁分公司研究院的 LS-821 以及中国石油西南油气田分公司天然气研究院的 CT6-7 等。钛基催化剂是由 TiO_2 粉末、水和少量成型添加剂混合成型后经焙烧制得的，TiO_2 的含量一般为 85%~90%(质量分数)。

与活性 Al_2O_3 催化剂相比，钛基催化剂对过程气中的 COS、CS_2 有良好的水解活性 (280~320℃)，而且 TiO_2 与 SO_2 反应生成的 $Ti(SO_4)_2$ 和 $TiSO_4$ 在相应的操作温度下是不稳定的，因而基本上不存在催化剂的硫酸盐化问题。当过程气中存在游离氧时，钛基催化剂还可

能具有将 H_2S 直接氧化为元素硫的活性。但是，由于钛基催化剂价格昂贵，20 世纪 90 年代前使用不太普遍。近年来，随着尾气排放标准的日趋严苛，过程气中少量有机硫化物的水解已成为提高装置总硫回收率的关键之一，尤其是处理贫酸气的克劳斯装置，因其有机硫化物在反应炉内生成率较高，即使在采用 SCOT 法处理尾气的情况下，也经常在一级转化器中采用钛基催化剂，以保证硫回收率达到 99.8% 以上。目前，常用的钛基有机硫水解催化剂主要有法国 Axens 公司的 CRS-31，美国 UOP 公司的 S-701，中国石化齐鲁分公司研究院的 LS-901 以及中国石油西南油气田分公司天然气研究院的 CT6-8 等。

目前，除提高催化剂抗硫酸盐化以及对有机硫的转化能力外，还应考虑催化剂的孔径分布的优化问题，以使反应活性、表面积和气流扩散等满足不同反应要求。

(3) 催化剂的失活

在催化剂使用过程中，会因种种原因造成其活性降低，即所谓失活。由于内部微孔结构变化(例如高温老化)导致催化剂失活时无法再恢复其活性，而由于外部因素影响失活时，有些情况(例如硫沉积)下可采取措施使其部分或全部恢复活性，有些情况(例如炭沉积)在少量沉积时影响不大，但沉积数量较大时催化剂就可能完全失去活性。

日益严格的环保法规要求硫回收装置必须有很高的硫回收率。由于硫回收装置在热反应段最高只能达到 60%~70% 的硫回收率，因此在实际生产中预防催化剂失活对保证装置的高硫回收率和避免对下游尾气处理装置的影响就尤为重要。

氧化铝催化剂失活的原因有两类：一类是改变催化剂的基本结构性能的物理性失活，包括磨耗和机械杂质污染、热老化或水热老化引起的比表面积损失。在运行良好的装置中，这类损耗尽管不可逆，但速度缓慢，不是失活的主要原因。主要失活原因是第二类，即化学反应或杂质沉积阻碍气体通道而造成的活性中心大量损失，包括硫酸盐化中毒，硫沉积和积碳等。通过再生可以恢复部分活性，但再生本身还可能引起第一类失活。

再热方法对硫收率的影响已在前面介绍，此处不再重复。

我国天然气净化厂的一些克劳斯装置设计或运行数据见表 4-13。由于这些装置建成年度已久，故表中数据仅供参考。

表 4-13　我国天然气净化厂一些克劳斯装置数据

装　置	酸气中 H_2S/%	产能/(t/d)	工艺类别	转化级数	硫收率/%	建成年度
重庆引进装置	78	230	直流法	两级	95	1980
重庆垫江装置①	30	8~10	分流法	两级	90	1986
川中引进装置	94	11.1	直流法	三级	97	1991
川中国产装置	94	17.7	直流法	两级	95	1994
川西北装置①	65	100	直流法	两级	95	1982
重庆渠县装置①	30	12	分流法	两级	90	1989
重庆长寿装置	30	10	分流法	两级	93	1998

注：① 装置已改造。

第三节　硫黄处理及储存

克劳斯装置生产的硫黄可以以液硫(约 138℃)或固硫(室温)形式储存与装运。通常，可设置一个由不锈钢或耐酸水泥制成的储罐或储槽储存液硫。如果以液硫形式装运，可将液硫由液硫储罐直接泵送至槽车，或送至中间储槽。如果以固硫形式装运，则将液硫去硫黄成型或造粒设备冷却与固化。

一、液硫处理

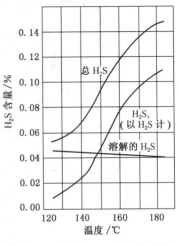

图 4-10 液硫中 H_2S 含量与温度的关系（H_2S 分压为 0.1MPa）

在硫冷凝器中获得的液硫与过程气处于相平衡状态，由于过程气中含有 H_2S 等组分，故液硫中也会含有这些组分。通常，液硫中 H_2S 含量均大大超过许多国家规定的不高于 10g/t 的标准，如不处理脱除，在其输送、储存及成型过程中就会逸出而产生严重的污染与安全问题。

1. 液硫中的 H_2S 含量

当 H_2S 溶解于液硫时会生成多硫化氢（H_2S_x，x 通常为 2）。H_2S 在液硫中的溶解度虽随温度升高而降低，但因多硫化氢的生成量随温度升高迅速增加，故按 H_2S 计的总溶解度也随温度升高而增加，见图 4-10 所示。克劳斯装置生产的液硫温度一般为 138~154℃，然而在储运过程中液硫温度可降至 127℃。在这种情况下，H_2S 就会逸出并聚集在液硫上部空间中。

由于各级硫冷凝器的温度和过程气中 H_2S 分压不同，因而得到的液硫中 H_2S 和 H_2S_x 含量也有差别。表 4-14 为直流法各级硫冷凝器所获得的液硫中的 H_2S 含量。

表 4-14　液硫中 H_2S、H_2S_x（按 H_2S 计）含量

硫 冷 凝 器	一 级	二 级	三 级	四 级	五 级
液硫中 H_2S 含量/（g/t）	500~700	180~280	70~110	10~30	5~10

2. 液硫脱气

通常，脱气设备按脱气前液硫中的总 H_2S 含量平均为 250~300g/t 作为设计基础。曾对总 H_2S 含量为 7、15 和 100g/t 的液硫铁路槽车进行试验后表明，液硫中总 H_2S 含量为 15g/t 是安全装运液硫的上限。因此，脱气设备应按脱气后液硫中总 H_2S 含量为 10g/t 来设计。

目前工业上采用的液硫脱气工艺有循环喷洒法、汽提法和 D'GAASS 法等。

（1）循环喷洒法　此法是法国 Flf Aquitaine 公司（SNPA）于 20 世纪 60 年代研究成功的，用于大型克劳斯装置上，其工艺流程见图 4-11。

图中，来自克劳斯装置的液硫不断收集在储槽中，达到一定液位后液硫泵 A 自动启动，液硫通过喷嘴洒到脱气池内。由于降温和搅动作用，液硫释放出大量的 H_2S，使 H_2S 含量降至 100g/t。储槽内的液硫降至低液位时泵 A 自动停止，而脱气池的液位升至一定值后液硫泵 B 自动启动，使液硫在脱气池内循环喷洒，同时在液硫泵入口处注入一定量的氨作为促使 H_2S_x 分解的催化剂。脱气循环完成后，关闭循环阀，打开产品阀让液硫流至储槽。只要掌握好循环条件和注氨量（约 100mg 氨/kg 液硫），就可使液硫中的 H_2S 含量降至 5g/t 以下。

加氨虽然脱气效果好，但会影响硫黄质量，有时产生固体沉淀甚至造成堵塞。之后法国 Elf 公司改用液相 Aquisulf 代替氨作催化剂，该物可溶于液硫，不降解，不改变硫黄颜色，加入量为 10~25mg/kg 液硫，脱气时间也缩短至 9h，脱气后液硫中 H_2S 含量不大于 10g/t。

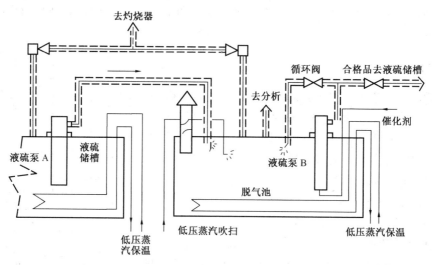

图 4-11　液硫循环喷洒法脱气原理流程

（2）汽提法　此法比较适用于小型克劳斯装置，有很多工艺类型，其特点是设备简单，操作连续，并可用硫冷凝器产生的蒸汽汽提，投资和操作费用均比循环喷洒法低，脱气后液硫中的 H_2S 含量可降至 10g/t 以下。

（3）D'GAASS 法　新近在一套 160t/d 克劳斯装置上应用的 D'GAASS 法是将液硫引入一个压力容器(415kPa)内用空气吹扫，在容器内件作用下可发生 H_2S 的直接氧化反应，无需另加催化剂，离开该容器的空气则送入克劳斯装置反应炉而不产生任何排放问题。此外，此时液硫内的聚合硫增多导致成型后的硫黄强度提高。

3. 液硫输送

采用专用槽车或船只运输液硫，仍是目前的一种运输方式。运输液硫时，务必防止液硫凝固。因此，所有运输液硫的管道和设备都应保持在 130~140℃ 范围内，并避免温度过高导致液硫黏度剧增。此外，俄罗斯阿斯特拉罕天然气处理厂的液硫产品则采用船只沿伏尔加河运销给用户。

二、硫黄成型

当前，国际贸易中所有海上船运的硫黄都是固体，尤以颗粒状更受欢迎。硫黄成型就是将克劳斯装置生产的液硫制成市场所需要的、符合安全和环保要求的固体硫黄产品。目前硫黄成型工艺有生产片状硫黄的转鼓结片法、带式结片法和生产颗粒状硫黄的水冷造粒法、冷造粒法、钢带造粒法和滚筒造粒法等。由于造粒法生产的产品颗粒规整、不易产生粉尘，因此应用日益广泛。

1. 转鼓结片法

此法是由中国石油集团工程设计有限公司西南分公司(原四川石油勘察设计研究院)于 20 世纪 60 年代开发的，在国内天然气净化厂及炼油厂的中小型硫黄回收装置中得到广泛应用。由液硫泵增压后的液硫经分布管比较均匀地分布到旋转的转鼓上面，在转鼓内壁用水将其冷却至 65℃ 左右凝固并用刮刀使其剥离，硫黄片厚约 4mm，处理能力为 4t/h。

2. 带式结片法

带式结片法在国外称之为 Slating 法。此法是在旋转的长带上喷洒一层液硫，带下用水

164

间接冷却，使其至约65℃时凝固，并在离开旋转带时用刮刀破碎成片状硫。图4-12是此法示意图。瑞典Sandvik公司的旋转带为不锈钢带，加拿大Vennard & Ellithorpe公司则使用橡胶带。此法对产量变化的适应性较大，是目前已建装置中仍主要采用的成型方法之一，但所得产品硫黄在储运过程中产生的粉尘较多，难以满足日益严格的安全和环保要求。

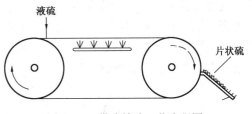

图4-12　带式结片工艺流程图

我国川渝气田卧龙河引进硫黄回收装置即采用Sandvik公司的带式成型法，单套生产能力为20t/d。

3. 钢带造粒法

钢带造粒法是由Sandvik公司开发用来生产半球形硫黄产品，我国南京炼油厂等均引进有此设备，国内南京三普公司也开发了类似工艺。此类方法的主要特点是使液硫通过一个造粒机在钢带上形成半球状颗粒冷却成型，由于冷却时液硫收缩，故在颗粒顶部常产生一些小洞。为使半球状硫黄易于剥离，钢带上敷有脱膜剂。

产品粒度为2~6mm，含水小于0.5%，脆度小于1.0%，堆积密度宽松时为1080kg/m³，紧密时为1290kg/m³。

4. 滚筒造粒法

滚筒造粒法又称回转造粒法，其特点是喷入种粒(硫黄微粒)至造粒器内不断滚动，逐层粘上熔融的液硫并用冷空气使之冷却凝固，直至达到所要求的尺寸。图4-13是此法的工艺流程示意图。

滚筒造粒法由于液硫在种粒上逐层涂抹与融合，因而消除了收缩的影响，故可生产出坚硬且无空洞和构造缺陷的硫黄产品。液硫的热量通过喷入水滴的蒸发而除去，废气用空气吹出。此法对工艺用水的质量要求很高，例如Cl⁻应小于2.5g/t。

滚筒造粒法硫黄产品堆积密度较高，宽松时为1220kg/m³，紧密时为1320kg/m³，粒度为1~6mm，脆度小于1.0%，休止角为27°。

滚筒造粒法每列生产线的最高能力可达1000t/d，占地少，故适用于产量大的场合。

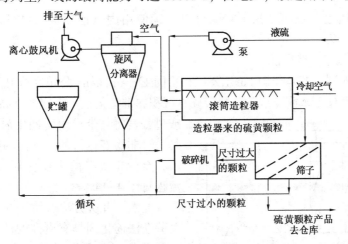

图4-13　滚筒造粒法工艺流程示意图

165

选择硫黄成型工艺时应从投资、性能、使用寿命、能耗、安全环保和产品质量等因素综合考虑。国内有人曾以硫黄产量为1000t/d的高含硫天然气处理厂为例，对钢带造粒和滚筒造粒法进行综合比较，认为采用后者更具优势。据了解，中国石化普光天然气净化厂硫黄成型装置即采用滚筒式造粒法。

第四节　克劳斯装置尾气处理工艺

如前所述，为使硫黄回收尾气中的 SO_2 达到排放标准，大多数克劳斯装置之后均需设置尾气处理装置。按照尾气处理的工艺原理不同，可将其分为低温克劳斯法、还原-吸收法和氧化-吸收法三类。

低温克劳斯法是在低于硫露点的温度下继续进行克劳斯反应，从而使包括克劳斯装置在内的总硫收率接近99%。尾气中的 SO_2 浓度约为 $1500\sim3000mL/m^3$。属于此类方法的有 Sulfreen 法、Clauspol 法(初期称为 IFP 法)等。

还原-吸收法是将克劳斯装置尾气中各种形态的硫转化为 H_2S，然后采用吸收的方法使其从尾气中除去。此法包括克劳斯装置在内的总硫收率接近99.5%甚至达到99.8%，因而可满足目前最严格的尾气 SO_2 排放标准。属于此类方法的有 SCOT 法和 Beavon 法(后发展成为 BSR 系列工艺)等。

氧化-吸收法是将尾气焚烧使各种形态的硫转化为 SO_2，然后再采用吸收的方法除去尾气中的 SO_2。用于处理烟道气中 SO_2 的方法原则上均可采用，但此类方法在克劳斯装置尾气处理上应用较少。

自20世纪90年代以来，随着环保要求日益严格，低温克劳斯法也采取"还原"或"氧化"等方法，以求获得更高的总硫收率。此外，还出现了常规克劳斯法与低温克劳斯法的组合工艺。例如，我国川渝气田和长庆气田曾先后从国外引进了 MCRC 法、Clinsulf SDP 法、Superclaus 法和 Clinsulf DO 法等几种克劳斯法组合工艺装置或尾气处理装置，进一步提高了我国尾气处理的工艺水平。

一、低温克劳斯法

低温克劳斯法也称亚露点法，它既可以继续使用固体催化剂，也可以使用液相催化系统。

1. 固相催化低温克劳斯法

属于此法的典型工艺是德国 Lurgi 公司和法国 Elf Aquitaine 公司联合开发的 Sulfreen 法。由于该法反应温度处于硫露点以下，故液硫将沉积在催化剂上，需定期升高温度以惰性气体或过程气将其带出而使催化剂复活。因此，这是一种非稳态运行的工艺。为使该工艺连续运行，至少需要有两个反应器。Sulfreen 法原理流程见图4-14。

显然，此类方法所使用的催化剂应比常规克劳斯法催化剂具有更高的活性。事实上，有一些催化剂既可用于常规克劳斯法催化反应段，又可用于低温劳斯法反应段。表4-15为

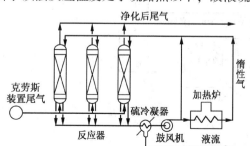

图4-14　Sulfreen 法原理流程图

国内外常用的几种低温克劳斯法催化剂的主要参数。

应该指出的是，低温克劳斯法通常均不能使有机硫转化，故必须在克劳斯装置内控制其生成并使之在一级转化器内有效转化，否则低温克劳斯法也无法达到所要求的总硫收率。

表 4-15　几种低温克劳斯法催化剂的主要参数

生产厂家	美国 UOP	美国 Alcoa	德国 Leuna-Werke	中国石油西南油田分公司天然气研究院
牌号	S-201	S-400	6311	CT6-4
形状				
尺寸/mm	$\phi 3 \sim 6$	$\phi 4 \sim 5$	$\phi 3 \sim 6$	$\phi 3 \sim 6$
堆积密度/(kg/L)	0.72	0.67	0.5	0.85
主要组分	Al_2O_3	Al_2O_3	Al_2O_3	Al_2O_3
助催化剂			铁、铜、镁等氧化物	
比表面积/(m²/g)	$280 \sim 360$		253	$200 \sim 220$
孔体积/(cm³/g)	0.329		0.76	0.299
压碎强度/(N/粒)	$140 \sim 180$			>130

目前，属于 Sulfreen 法变体工艺的有"加氢"型的 Hydrosulfreen 法、Sulfreen 两段法、"活性炭"型的 Carbonsulfreen 法、"氧化"型的 Oxysulfreen 法及"直接氧化"型的 Doxosulfreen 法等。

2. 液相催化低温克劳斯法

由法国石油研究院(IFP)开发的液相催化低温克劳斯法(Clauspol 法)是在一种不挥发的有机溶剂中进行低温克劳斯反应，生成的液硫靠重力差与溶液分离。此法最初称 Clauspol 1500，在此基础上先后又开发出 Clauspol 300 和 Clauspol 99.9⁺工艺，总硫回收率也由 99%提高至 99.8%和 99.9%。

该法以聚乙二醇 400 为溶剂，苯甲酸钾之类的羧酸盐为催化剂，在 120~150℃条件下进行催化克劳斯反应，其原理流程见图 4-15。

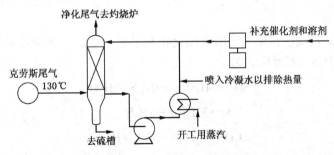

图 4-15　液相催化低温克劳斯法原理流程图

Clauspol 法的特点是操作条件缓和，设备和操作相对简单，适应范围广，操作弹性大。但随着总硫回收率的提高，工艺流程和设备也变得复杂，加之该工艺在尾气吸收塔的溶剂与液硫界面上易生成乳状硫、催化剂对过程气中氧含量非常敏感以及溶剂损失量较大等不足，近年来应用不多。

二、还原-吸收法

属于此法的典型工艺为荷兰 Shell 公司开发并在 1973 年实现工业化的 SCOT(Shell Claus

Offgas Treatment)法，是目前应用最多的尾气处理工艺之一。

1. 工艺流程

SCOT 法首先是将尾气中各种形态的硫在加氢还原段转化为 H_2S，然后将加氢尾气中的 H_2S 以不同方法转化，例如经选择性溶液吸收 H_2S 后返回克劳斯装置、直接转化或直接氧化等。它们的总硫收率均可达 99.8% 以上，焚烧后尾气中的 $SO_2 < 300 \times 10^{-6}$。图 4-16 为还原-吸收法的原理流程图。

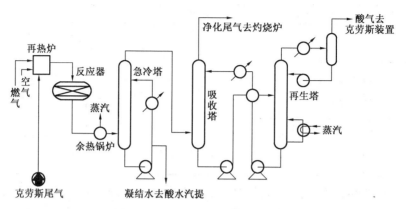

图 4-16 还原-吸收法原理流程图

在实际应用中，SCOT 法逐步形成三种流程：①图 4-16 所示的基本流程，包括还原段、急冷段和选择性吸收段三部分。我国重庆天然气净化总厂引进分厂即采用这种流程；②当选择性吸收 H_2S 所用溶液与上游脱硫脱碳装置溶液相同时，可采用合并再生流程；③当选择性吸收 H_2S 所用溶液与上游脱硫脱碳装置溶液相同时，也可采用将吸收塔的富液作为半贫液送至上游脱硫脱碳装置吸收塔中部的串级流程，以罗家寨等高含硫天然气为原料气的宣汉天然气处理厂即采用这种工艺流程(见本书第二章)。

与基本流程相比，串级流程和合并再生流程可以降低投资及能耗，但对装置设计及生产也提出了更高要求。

(1) 加氢还原段

在 SCOT 法还原反应中，尾气中所有硫化物基本上均能加氢还原或水解(尾气中通常含有 30% 的水)生成 H_2S，其反应式为

$$SO_2 + 3H_2O \longrightarrow H_2S + 2H_2O \tag{4-14}$$

$$S_8 + 8H_2 \longrightarrow 8H_2S \tag{4-15}$$

$$COS + H_2O \Longleftrightarrow CO_2 + H_2S \tag{4-16}$$

$$CS_2 + 2H_2O \Longleftrightarrow CO_2 + 2H_2S \tag{4-17}$$

当还原气体中含有 CO 时，还会存在 CO 与 SO_2、S_8、H_2S 和 H_2O 的反应。总的来讲，CO 的存在对各种形态的硫转化为 H_2S 是有利的，因为 CO 与 H_2S 和 H_2O 的反应可生成活性很高的氢气。但当 CO 含量较高时，则有可能与 SO_2、S_8 反应生成 COS。

还原反应所需的氢气既可由外部提供，也可在本装置内设置一个在线不完全燃烧发生还原气的设施。还原段加氢反应器(转化器)通常采用以 Al_2O_3 为载体的钴钼催化剂，床层设计温度应根据催化剂性能确定，一般为 300~340℃，最高不超过 400℃。反应器内催化剂的装入量可按 $1m^3$ 催化剂每小时通过 1300~1600m^3 过程气确定。常用尾气加氢催化剂见表4-16。

表 4-16 尾气加氢催化剂

生产厂家	美国 Creterion	美国 Procatalyse	美国 UnitedCatal	中国石油西南油田分 公司天然气研究院
牌号	Shell534	TG103	C-29-2-02	CT6-5B
形状				
尺寸/mm	$\phi 3 \sim 5$			$\phi 4 \sim 6$
堆积密度/(kg/L)	0.836	0.75	0.59	0.82
活性组分	Co、Mo	Co、Mo	Co、Mo	Co、Mo
载体	$\gamma\text{-}Al_2O_3$	Al_2O_3	Al_2O_3	活性 Al_2O_3
比表面积/(m²/g)	260			200
孔体积/(cm³/g)	0.280			0.251
压碎强度/(N/粒)	147			161

（2）急冷段

离开加氢反应器的过程气经余热锅炉回收热量后去急冷塔，用循环水直接冷却至常温，同时也降低了其水含量，并可除去气体中的催化剂粉末及痕量的 SO_2。由于气体中的 H_2S 及 CO_2 会溶解在水中，故如急冷塔采用碳钢时应加氨以控制其 pH 值在 6.5～7。产生的凝结水去酸水汽提系统。

（3）选择性吸收段

经过急冷至常温的过程气去吸收塔，采用选择性脱硫溶液吸收加氢反应生成的 H_2S，然后将富液送至再生塔解吸，再生塔顶酸气去克劳斯装置。

选择性吸收段早期所用溶剂是二异丙醇胺（DIPA），自 20 世纪 80 年代后已普遍改用甲基二乙醇胺（MDEA）。此外，也有报道说可选用砜胺溶液。

图 4-17 为普光天然气净化厂尾气处理装置工艺流程图。图中，来自硫黄回收装置的克劳斯尾气进入加氢进料加热炉（F-401B），与加氢进料燃烧器（F-401A）中燃烧产生的还原性烟气混合后进入加氢反应器（R-401）。从加氢反应器出来的高温尾气经冷却器（E-401）冷却后进入急冷塔（C-401）。该塔塔底急冷水经急冷水泵（P-401）升压和过滤器（SR-401）过滤、空冷器（A-401）、后冷器（E-401）冷却后循环使用。离开急冷塔塔顶的尾气进入吸收塔（C-402），其中的 H_2S 在塔内几乎全部被吸收，离开塔顶尾气中的 H_2S 含量低于 250×10^{-6}（体积分数），CO_2 含量约为 20%（体积分数），然后进入尾气焚烧炉（F-403）将尾气中剩余的 H_2S 和 COS 燃烧并转化为 SO_2。焚烧炉炉膛温度约为 650℃，离开焚烧炉的高温烟气去余热锅炉（D-404A/B）产生 3.5MPa 的高压过热蒸汽后，经烟囱（SK-401）排入大气。进入尾气吸收塔（C-402）顶部的贫液来自脱硫脱碳装置，其塔底的半富液则用作脱硫脱碳装置吸收塔的半贫液。

2. SCOT 法的新发展

近年来，SCOT 法在常规工艺的基础上，进行了一系列的改进和革新，开发出了低温 SCOT（LT-SCOT）、超级 SCOT（Super-SCOT）、低硫 SCOT（LS-SCOT）等工艺，应用这些工艺所需增加的投资费用并不太多，但与常规 SCOT 工艺的相比，总硫回收率和尾气净化度又有了进一步的提高，而且装置能耗也明显降低。常规 SCOT 工艺与 SCOT 新工艺的比较见表 4-17。

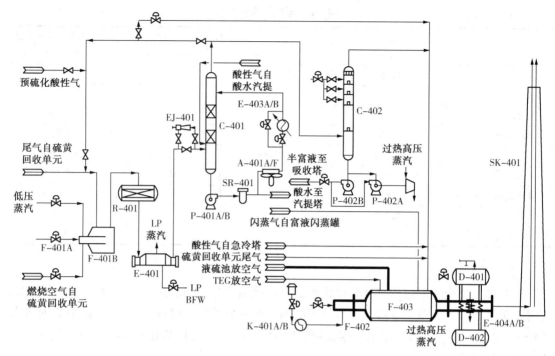

图 4-17　普光天然气净化厂尾气处理装置工艺流程图

表 4-17　常规 SCOT 工艺与 SCOT 新工艺的比较

工艺名称	常规 SCOT	LT-SCOT	Super-SCOT	LS-SCOT
技术特点	工艺成熟、运转可靠，故障率低于 1%，操作弹性大，抗干扰能力强，进料气组成略有变化对装置总硫回收率没有影响	使用性能优异的低温加氢催化剂，克劳斯尾气的预热温度降低约 60℃，装置能耗和投资费用低	采用分段二次吸收的方法，二段汽提，贫溶液温度较低，节省了约 30% 用于再生的蒸汽消耗量	采用廉价的添加剂，溶液再生过程有所改善，由于溶液更贫，排出吸收塔时 H_2S 的含量 $<10\times10^{-6}$
总硫回收率/%	99.8~99.9	99.96	99.95	99.95
尾气净化度/1×10^{-6}	<250	<20~30	<50	<50

目前，国外采用的还原-吸收法还有 BSR/MDEA、Resulf、Suflcycle、HCR、RAR、LTGT 及 AGF/Dual-Solve 等，基本上大同小异，此处不再多述。

三、氧化-吸收法

氧化-吸收法是将尾气中各种形态的硫氧化为 SO_2，然后将 SO_2 吸收并采用不同方法转化为不同产品，例如元素硫、液体 SO_2、焦亚硫酸钠或其他产品。原则上，脱除烟道气 SO_2 的方法均可用于处理克劳斯法尾气，但目前克劳斯法尾气很少采用此类方法处理。

属于此类方法的有焦亚硫酸钠法、Wellmann-Lord 法、Elsorb 法、柠檬酸盐法、ComincodeSO_2 法等。

四、克劳斯法延伸工艺

克劳斯法延伸工艺包括克劳斯法组合工艺和克劳斯法变体工艺两部分。克劳斯法组合工艺是指将常规克劳斯法与尾气处理方法组合成为一体的工艺。属于此类工艺的有冷床吸附法（CBA）、MCRC 法、超级克劳斯法和 CPS 法等。克劳斯法变体工艺是指与常规克劳斯法（主要特征是以空气作为 H_2S 的氧化剂，催化转化段采用固定床绝热反应器）有重要差别的克劳斯法。属于此类工艺的有富氧克劳斯法（例如 COPE、SURE 法等）及采用等温催化反应的方法（例如，德国 Linde 公司将等温反应器用于克劳斯法催化转化段的 Clinsulf SDP、Clinsulf DO 法等）。

1. MCRC 法

MCRC 法又称亚露点法，是加拿大矿场和化学资源公司开发的一种把常规克劳斯法和尾气处理法组合在一起的工艺。此法有三级反应器及四级反应器两种流程，其特点是有一台反应器作为常规克劳斯法的一级转化器，另有一台作为再生兼二级转化器，而有一台或两台反应器在低于硫露点温度下进行反应。反应器定期切换，处于低温反应段的催化剂上积存的硫采用装置本身的热过程气赶出而使催化剂再生。三级反应器流程的硫收率为 98.5% ~ 99.2%，四级反应器流程的硫收率则可达 99.3% ~ 99.4%。

我国川西北气矿天然气净化厂有两套 MCRC 装置，一套为引进装置，另一套为经加拿大矿场和化学资源公司同意，由国内设计、建设的装置，均系三级反应器流程，见图 4-18 所示。

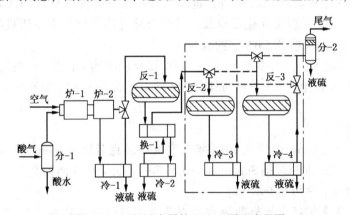

图 4-18　三级反应器的 MCRC 原理流程图

引进装置酸气处理量为 $6 \times 10^4 \, \text{m}^3/\text{d}$，$H_2S$ 含量为 53.6%，硫黄产量为 46t/d，硫收率可达 99%。两套 MCRC 装置的实际运行结果见表 4-18。

表 4-18　川西北天然气净化厂 MCRC 装置运行结果

装　　置	规模/(t/d)	设计总转化率/%	考核总转化率/%	硫收率/%
引　进	46.05	99.22	99.17	
国　内	52	99.18(99.06~99.25)		99.03(98.92~99.14)

应该说明的是，三级反应器的 MCRC 装置在反应器切换期间总硫收率将发生波动而无法达到 99%，约需半小时可恢复正常。四级反应器的 MCRC 装置因有两个反应器处于低温反应段，故反应器切换时硫收率的波动可显著减小，其原理流程见图 4-19。

MCRC 法低温反应段所用催化剂为 S-201，我国西南油气田分公司天然气研究院研制的 CT6-4 也可使用。

2. 冷床吸附（CBA）法

所谓冷床吸附是指在较常规克劳斯催化转化器为"冷"的温度下反应生成硫，并吸附在催化剂上，然后切换至较高温度下运行并将硫脱附逸出，从而使催化剂获得再生。CBA法是由美国Amoco公司开发，最早将常规克劳斯法和低温克劳斯法组合在一起的工艺，其原理流程见图4-20。图中横线以上为常规克劳斯法催化反应段；横线以下为冷床吸附段，两台反应器中有一台处于反应阶段，另一台处于再生冷却阶段，然后定期切换。再生所用热过程气来自一级反应器出口，携带出的硫蒸气经冷凝器冷却和分离后，增压送至二级预热器入口。

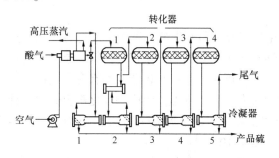

图4-19　四级反应器CBA法原理流程图

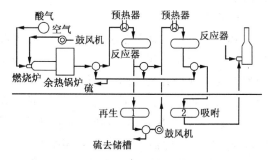

图4-20　四级反应器CBA法原理流程图

除图4-20的四级反应器CBA法外，近期又开发了三级反应器的CBA法。其中，仅有一台反应器用于常规克劳斯法催化反应段，另两台反应器分别用于冷床吸附段的反应与再生，其总硫收率较四级反应器CBA法约低0.3%。

在CBA法的基础上，又开发了ULTRA(超低温反应吸附)工艺，即将尾气加氢、急冷，然后分出1/3将H_2S转化为SO_2，再与其余2/3的H_2S合并进入冷床吸附段，其总硫收率可达99.7%以上。

3. 超级克劳斯法

荷兰Stork(现为Jacobs)公司在1988年开发的超级克劳斯(Superclaus)法与常规克劳斯法一样均为稳态工艺。此法包括Superclaus 99和Superclaus 99.5两种类型，前者总硫收率为99%左右，后者总硫收率可达99.5%。

Superclaus 99工艺的特点是将两级常规克劳斯法催化反应器维持在富H_2S条件下(即H_2S/SO_2大于2)进行，以保证进入选择性氧化反应器的过程气中H_2S/SO_2的比值大于10，并配入适当高于化学计量的空气使H_2S在催化剂上氧化为元素硫。图4-21为Superclaus 99工艺流程图。

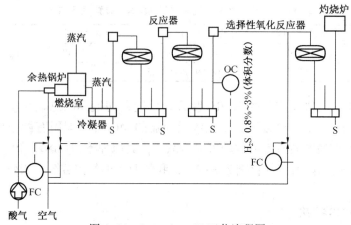

图4-21　Superclaus 99工艺流程图

由于 Superclaus 99 工艺中进入选择性氧化反应器的过程气中 SO_2、COS、CS_2 不能转化，故总硫收率在 99% 左右。为此，又开发了 Superclaus 99.5 工艺，即在选择性氧化反应段前增加了加氢反应段，使过程气中的 SO_2、COS、CS_2 先转化为 H_2S 或元素硫，从而使总硫收率达 99.5%。图 4-22 是 Superclaus 99.5 工艺流程图。

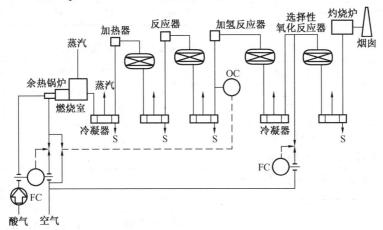

图 4-22　Superclaus 99.5 工艺流程图

如前所述，H_2S 与 SO_2 反应是可逆反应，其转化率受到热力学平衡限制，故二者摩尔比在反应时应严格控制，但 H_2S 的直接氧化反应是不可逆反应，故对其反应配比的控制不是非常严格。

Superclaus 法中直接氧化段所用催化剂具有良好的选择性，即使氧量过剩也只将 H_2S 氧化为硫而基本上不生成 SO_2。第一代催化剂是以 $\alpha\text{-}Al_2O_3$ 为载体的 Fe-Cr 基催化剂。第二代催化剂则以 $\alpha\text{-}Al_2O_3$ 和 SiO_2 为载体的 Fe 基催化剂，其活性更高，进料温度为 200℃（较第一代催化剂降低了 50℃），转化率提高 10%，故总硫收率可增加 0.5%~0.7%。因此，采用第二代催化剂不仅能耗降低，还可允许尾气中 H_2S 有较高的浓度。据悉，新近开发的第三代催化剂是以 $\alpha\text{-}Al_2O_3$ 和 SiO_2 为载体的 Fe、Zn 基等催化剂。

应该指出的是，由于 H_2S 直接氧化所产生的反应热为 H_2S 与 SO_2 反应热的几倍，为防止催化剂床层超温失活，其进料中 H_2S 浓度需严格控制，一般应低于 1.5%。

目前采用 Superclaus 法的工业装置已超过 110 套以上，其中多为 Superclaus 99 工艺。这些装置中采用的常规克劳斯段既有直流型的，也有分流型的。在各种克劳斯法组合工艺中，由于 Superclaus 法是稳态运行而不需切换，并且投资也较低，因此发展最快，应用最多，故应作为首选工艺。

我国重庆天然气净化总厂渠县分厂引进的 Superclaus 99 装置于 2002 年 10 月投产，装置属于分流型，规模为 31.5t/d，酸气中 H_2S 含量为 45%~55%，总硫收率超过 99.2%。克劳斯段采用三级转化，一级转化器使用 CRS-31 催化剂，再热采用在线燃料气加热炉。表 4-19 为渠县分厂 Superclaus 99 装置运行温度和过程气组成。

此外，荷兰 Jacobs 公司近年来又开发了超优克劳斯（EuroClaus）法（见图 4-23）。该法是在 Superclaus 法的基础上在末级克劳斯转化器（反应器）下部装入加氢催化剂，用过程气中的 H_2、CO 作为加氢还原气，使 SO_2 转化为 H_2S 和硫，同时又采用深冷器代替末级硫冷凝器，降低尾气出口温度（110~115℃）以减少硫蒸气损失，因而其总硫收率可达 99.5%~99.7%。目前，全球已有 20 多套采用该法的装置在运行。

表 4-19(a)　　渠县分厂 Superclaus 99 装置运行温度　　　　　　　　　　℃

位　置	火　焰	余热锅炉出口	一反出口	一　冷	二反出口	二　冷	三反出口	直接氧化段出口	直接氧化段冷凝器
实际	1060	165	319	163	217	158	183	236	123
计算	1062	169	320	172	220	162	187	245	126

表 4-19(b)　　渠县分厂 Superclaus 99 装置过程气组成　　　　%(体积分数)

组　分	一反入口	一反出口	二反出口	三反出口	直接氧化段出口
H_2S	4.6(5.26)	1.3(1.67)	0.37~0.50(0.62)	0.30~0.50(0.50)	0.00~0.01(0.01)
SO_2	1.3(3.12)	0.15~0.37(0.59)	0.03~0.10(0.07)	0.01~0.02(0.02)	0.02~0.03(0.07)
COS	0.11(0.67)	0.01(0.013)			
CS_2	0.19(0.42)	0.01(0.04)			

注：① 括号外为实际值，括号内为模拟计算值。

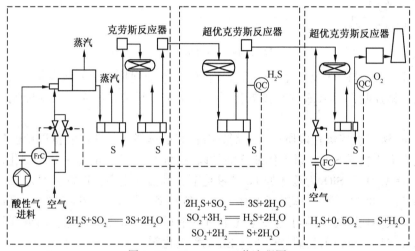

图 4-23　EuroClaus 工艺流程图

4. CPS 法

CPS(China Petroleum Sulfur Recovery Process)法是具有我国自主知识产权的中国石油硫黄回收工艺。该工艺主要由一个热反应段、一个常规克劳斯反应段和三个低温克劳斯反应段组成，热反应段和常规克劳斯反应段的 H_2S 转化率分别达到 66% 和 20%，剩余 H_2S 在三个后续的 CPS 低温克劳斯反应段完成回收。CPS 反应段采用三级 CPS 反应器和三级 CPS 冷凝器，其中两级反应器作为低温 CPS 反应器一直处于运行状态，将硫黄吸附至催化剂上，另一级反应器在再生后进行冷却以用作低温反应器。再生和初始冷却均在 CPS 主反应器进行，经过一定的时间 CPS 主反应器需从主位移至后位进行最终冷却时，通过三只两通阀和三只三通阀的自动开关使气体转向，从而改变过程气穿越 CPS 段的流径，实现三级 CPS 反应器和三级 CPS 冷凝器循环。图 4-24 为其工艺原理流程图。

CPS 工艺是一个循环工艺，采用与克劳斯工艺相同的催化剂，但其操作温度更低以便更高效地生成硫黄并吸附至催化剂表面，在催化剂失活前以"再生"方式恢复其活性。再生是通过尾气烟气加热克劳斯冷凝器的出口过程气，从而形成热气流流过 CPS 主反应器以加热催化剂、脱附(蒸发)催化剂上的硫黄来实现。随后主反应器出口过程气中的硫黄在 CPS 冷凝器中冷凝。

首套采用 CPS 硫黄回收工艺的净化装置于 2009 年 6 月在重庆天然气净化总厂万州分厂一次性投料试生产成功，酸气处理量为 6337m³/h，酸气中 H_2S 浓度 55.7%，硫回收率达 99.25%，硫黄产量为 56～112t/d。2010 年 10 月又在长寿分厂建成了第二套 CPS 硫黄回收装置，该装置与设计处理原料天然气 400×10⁴m³/d 脱硫装置相匹配，设计原料气中 H_2S 含量 4～6g/m³，CO_2 含量 53.80～59.49g/m³，装置年开工为 8000h，设计处理酸气量 1225～1581m³/h，酸气中 H_2S 浓度 35.87%～41.68%，硫回收率≥99.25%，SO_2 排放量≤14.2kg/h，设计最大硫黄产量 24t/d。目前，CPS 工艺已成功应用于四个国内外大中型工程中，并取得了显著效果。

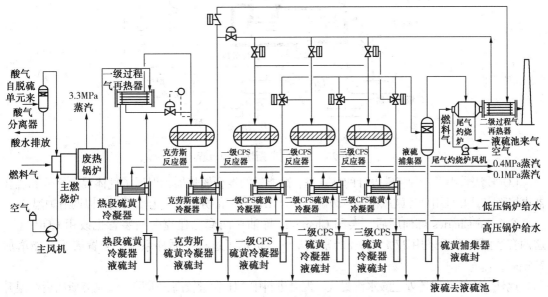

图 4-24　CPS 工艺原理流程图

万州分厂处理的原料气为高峰场和云安厂气田含硫天然气。据了解，随着万州区块气井投产，该分厂原料气平均 H_2S 含量增加到 77g/m³，硫黄回收装置已达负荷上限，故实际原料气处理量为(150～155)×10⁴m³/d。由于 2013 年底万州区块含硫天然气井口产能可达 280×10⁴m³/d，经核算其原料气 H_2S 含量增加后潜硫量为 155t/d，虽然现有脱硫、脱水和硫黄成型装置仍可以满足生产要求，但现有硫黄回收装置因其设计处理能力仅为 120t/d，已无法适应。因此，为发挥万州区块天然气井口产能，在 2013 年又开始建设规模为 35t/d 的硫黄回收装置扩建工程。

5. 富氧克劳斯法

常规克劳斯法采用空气为氧源。但是，使用富氧空气甚至纯氧却可减少过程气中的惰性气体(氮气)量从而提高克劳斯装置的处理能力。事实上，当需要增加已建克劳斯装置能力，特别是在无法新建克劳斯装置的情况下，采用富氧克劳斯法改造现有装置以提高其处理量，已成为优先考虑的方案。

目前，已经工业化的富氧克劳斯法有 COPE、SURE 及 Oxyclaus 法，还有以变压吸附获得富氧空气的 PS Claus 法，以及为了解决炉温问题而开发的"无约束的克劳斯扩建"的 NoTICE 法等。

从理论上讲，不同浓度的富氧空气和纯氧均可用于富氧克劳斯法，但因受反应炉炉温

(上限约为1482℃)等的限制，故在酸气中 H_2S 及富氧程度均较高的情况下，为了控制炉温需要将部分过程气循环或采取其他措施。

对于低富氧程度的克劳斯装置，除供风的控制系统需要改造外，其余系统与常规克劳斯装置相同。1985年初，由美国空气产品与化学品公司设计的COPE法最先在 Lake Charles 炼油厂两套已建克劳斯装置改造中应用，其主要目的是提高装置产能和降低改造投资。改造后的装置采用的富氧浓度升至54%，产能增加近一倍。图4-25为其改造后的COPE富氧克劳斯法原理流程图。

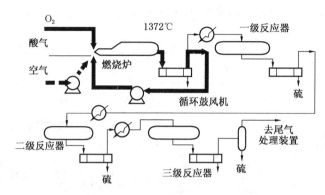

图4-25　富氧克劳斯法原理流程图

COPE法采用了一种特殊设计的高效率、高能量的混合燃烧器，保证了气体混合充分和燃烧器火焰稳定，并且用循环鼓风机将一级硫冷凝器出口的一部分过程气返回反应炉以调节炉温。

继 Lake Charles 炼油厂后，美国 Champlin 炼油厂两套已建克劳斯装置也改用COPE法。这两套装置改造后采用27%~29%的富氧空气，取消了过程气循环系统，装置硫黄产能增加21%~23%。

此外，由于装置还处理酸水汽提气，混合进料中 NH_3 含量较高，采用富氧克劳斯法后炉温升高，故 NH_3 也会更多地分解为 N_2、H_2 和 H_2O，反应炉出口过程气中 NH_3 含量小于 $20mL/m^3$。

表4-20为上述四套装置的运行数据。

表4-20　COPE法克劳斯装置运行数据

装置	Champlin A		Champlin B		Charles		
工艺	常规法	COPE	常规法	COPE	常规法	COPE(1)	COPE(2)
酸气量/(m³/h)	2151	2643	2391	2966			
H_2S浓度/%(体积分数)	68	73	68	73	89	89	89
酸水汽提气/(t/d)	891	877	736	736			
氧流量/(t/d)	0	16.2	0	15.9			
氧浓度/%	20.3	28.6	20.3	27.2	21	54	65
反应炉温度/℃	1243	1399	1149	1324	1301	1379	1410
硫黄产量/(t/d)	67.1	82.3	72.6	87.9	108	196	199

6. Clinsulf 法

德国 Linde 公司开发的 Clinsulf 法特点是采用内冷管式催化反应器(上部为绝热反应段，下部为等温反应段)，包括 Clinsulf SDP、Clinsulf DO 两种类型。前者是将常规克劳斯法与低温克劳斯法组合在一起的工艺，后者则是直接氧化工艺。有关 Clinsulf DO 工艺本章已在前面叙述，此处仅介绍 Clinsulf SDP 工艺，其工艺流程图见图4-26。

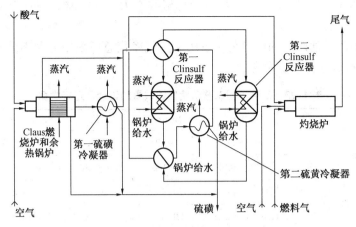

图 4-26　Clinsulf SDP 工艺流程图

Clinsulf 法的特点是：①装置设有两个反应器，一个处于“热”态进行常规克劳斯反应，并使催化剂上吸附的硫逸出，另一个处于“冷”态进行低温克劳斯反应，两个反应器定期切换；②反应器上部绝热反应段有助于在较高温度下使有机硫转化并获得较高的反应速度，下部等温反应段则可保证有较高的转化率；③仅使用两个再热炉和一个硫冷凝器，流程简化，设备减少，同时再热燃料气用量也少；④由于 Clinsulf 等温反应器结构较常用绝热反应器复杂，故该装置价格昂贵，但因流程简化，设备减少，据称投资大体与三级转化的克劳斯装置相当；⑤与 MCRC 法相同，反应器切换时达到操作稳定的时间约需 20min，在此切换时间内总硫收率也无法保证达到 99%；⑥对管壳式催化反应器的循环水质量要求很高，又因产生高压蒸汽故对有关设备的安全性要求也高，而且此高压蒸汽冷凝后循环，能量无法回收。

1995 年第一套 Clinsulf SDP 装置在瑞典 Nynas 炼油厂投产，处理酸气及酸水汽提气，装置产能为 16t/d，进料中 H_2S 含量为 75.8%，硫收率平均为 99.4%。装置内各段转化率见表 4-21。

我国重庆天然气净化总厂垫江分厂引进的 Clinsulf SDP 装置已于 2002 年 11 月投产。装置产能为 16t/d，操作弹性为 50%~100%，设计酸气中 H_2S 含量为 30%~45%，硫收率为 99.2%。反应器上部装填 ESM7001 氧化钛基催化剂，下部为 UOP2001 氧化铝基催化剂。两个反应器每 3h 切换一次。表 4-22 是其考核期间运行数据平均值。

表 4-21　Nynas 炼油厂 Clinsulf DO 装置各段转化率

位　　置	反应炉	第一反应器绝热段	第一反应器等温段	第二反应器绝热段	第二反应器等温段
段内转化率/%	60.0	75.0	50.0	60.0	75.0
累计转化率/%	60.0	90.0	95.0	98.0	99.5
剩余的 H_2S 和 SO_2/%	40.0	10.0	5.0	2.0	0.5

表 4-22　垫江分厂 Clinsulf SDP 装置运行数据

组成(干基)/%(体积分数)	H_2S	CO_2	烃类	SO_2	COS	CS_2	硫雾/(g/m³)
酸　　气	4.09	59.07	0.84				
尾　　气	0.030	37.55		0.52	0[①]	0.0001[②]	0.71

注：① 系未检出。

　　② 检测 19 次，仅有 1 次检出为 0.004%。

根据检测数据计算，37 组数据平均值的总硫收率大于 99.2%，但还有待观察其长期运行情况。

表 4-23 是中国石油西南油气田公司重庆天然气净化总厂采用五种不同工艺的硫黄回收装置的设计及运行数据，仅供参考。

表 4-23 五种不同工艺硫黄回收装置的设计及运行数据

项目		CBA	MCRC	SuperClaus	Clinsulf-SDP	CPS
处理酸气量/（m³/h）	设计	1600~2900	583~1400	2419kg/h	777~1155	3133~6337
	实际	1200~3600	平均1000	1200~2600kg/h	700~1650	2500~6600
进料酸气 H_2S 浓度/%	设计	33.92~40.58	84.95	45~63	30~45	55.70~56.28
	实际	20.44~52.88	90~94	36~50	19~55	54~63
潜硫量/（t/d）	设计	11~35	11.22~26.93	15~26.2	8~16	56~112
	实际	11.74~37	20.33~21.23	15~30	7~20	52~135
操作弹性/%	设计	30~100	50~120	30~100	50~100	50~100
	实际	33.6~105.7	75.5~78.8	57.7~115.4	43.8~125	44.6~120.5
回收率/%	设计	99.2	99	99.2	99.2	99.25
	实际	>99.2	>99	>99.2	>99.2	99.2~99.4

注：实际数据系所调查的几种工艺装置运行几年来的生产数据。

除上述工艺外，其他还有 Clinsulf SSP 工艺及 BASF 公司开发的类似 Clinsulf DO 工艺的 Catasulf 工艺，此处不再多述。

参 考 文 献

1 徐文渊，蒋长安主编. 天然气利用手册(第二版). 北京：中国石化出版社，2006.

2 王遇冬主编. 天然气处理与加工工艺. 北京：石油工业出版社，1999.

3 王开岳主编. 天然气净化工艺. 北京：石油工业出版社，2005.

4 陈胜永，等. 新形势下天然气净化技术面临的挑战及下步的研究方向. 石油与天然气化工，2012，41(3)：264~267.

5 GPSA. EngineeringDataBook. 13th Edution，Tulsa，Ok.，2012.

6 H. W. Gowdy et al. UOP's Selectox Process Improvements in the Technology，Proc. 48th Laurance Reid Gas Conf.，1994：265~284.

7 吴显春，等. H_2S 选择性催化氧化技术进展. 天然气工业，1993，13(3)：86~91.

8 陈小锋，等. 长庆气田 Clinsuff-DO 硫黄回收装置应用效果. 天然气工业，2006，26(2)：144~146.

9 国家发展和改革委员会. 天然气净化厂设计规范. 北京：石油工业出版社，2008.

10 陈赓良，等. 天然气处理与加工工艺原理及技术进展. 北京：石油工业出版社，2010.

11 殷树青，等. 硫黄回收及尾气加氢催化剂研究进展. 石油炼制与化工，2012，43(2)：98~104.

12 C. M. Schicho et al. System for Degassing Liquid Sulfur can Reduce Total H_2S to Acceptable Levels，Oil & Gas Journal，1985，83(49)：56~58.

13 马孟平，等. 高含硫天然气净化厂硫黄成型技术方案选择探讨. 石油与天然气化工，2008，37(3)：202~204.

14 汪家铭，等. SCOT 硫回收尾气处理技术进展及应用. 化肥设计，2012，50(4)：7~11.

15　肖秋涛，等. CPS 硫黄回收工艺的工程实践. 天然气与石油，2011，29(6)：24~26.

16　唐浠，等. 长寿分厂 CPS 硫黄回收装置操作改进. 石油与天然气化工，2013，42(2)：131~135.

17　L. Connock. Oxygen Technology in Claus Plants. Sulphur，1994，235：75~80.

18　F. J. Rice et al. revamp Increases Sulfur-recovery capacity at Corpus Chriati's Champlin Refining Co.. Oil & Gas Journal，1988，86(3)：39~43.

19　杜通林等. Clinsulf SDP 硫回收工艺在垫江分厂的应用. 天然气与石油，2004，22(2)：34~36.

20　傅敬强，等. 五种克劳斯延伸硫黄回收装置运行情况的对比分析. 石油与天然气化工，2012，41(2)：148~168.

21　曹生伟，等. 普光净化厂尾气处理装置运行优化. 石油与天然气化工，2012，41(3)：281~284.

22　廖铁，等. 万州天然气净化厂装置运行评价. 石油与天然气化工，2012，41(3)：276~280.

第五章　天然气凝液回收

如前所述，天然气(尤其是凝析气及伴生气)中除含有甲烷外，一般还含有一定量的乙烷、丙烷、丁烷、戊烷以及更重烃类。为了符合商品天然气质量指标或管输气对烃露点的质量要求，或为了获得宝贵的液体燃料和化工原料，需将天然气中的烃类按照一定要求分离与回收。

目前，天然气中的乙烷、丙烷、丁烷、戊烷以及更重烃类除乙烷有时是以气体形式回收外，其他都是以液体形式回收的。由天然气中回收到的液烃混合物称为天然气凝液(NGL)，简称液烃或凝液，我国习惯上称其为轻烃，但这是一个很不确切的术语。天然气凝液的组成根据天然气的组成、天然气凝液回收目的及方法不同而异。从天然气中回收凝液的工艺过程称之为天然气凝液回收(NGL回收，简称凝液回收)，我国习惯上称为轻烃回收。回收到的天然气凝液或直接作为商品，或根据有关产品质量指标进一步分离为乙烷、液化石油气(LPG，可以是丙烷、丁烷或丙烷、丁烷混合物)及天然汽油(C_5^+)等产品。因此，天然气凝液回收一般也包括了天然气分离过程。

目前，美国、加拿大是世界上NGL产量最多的两个国家，其产量占世界总产量的一半以上。

第一节　天然气凝液回收目的及方法

虽然天然气凝液回收是一个十分重要的工艺过程，但并不是在任何情况下回收天然气凝液都是经济合理的。它取决于天然气的类型和数量、天然气凝液回收目的、方法及产品价格等，特别是取决于那些可以回收的烃类组分是作为液体产品还是作为商品气时的经济效益比较。

一、天然气类型对天然气凝液回收的影响

我国习惯上将天然气分为气藏气、凝析气及伴生气三类。天然气类型不同，其组成也有很大差别。因此，天然气类型主要决定了天然气中可以回收的烃类组成及数量。

气藏气主要是由甲烷组成，乙烷及更重烃类含量很少。因此，只是将气体中乙烷及更重烃类回收作为产品高于其在商品气中的经济效益时，一般才考虑进行天然气凝液回收。我国川渝、长庆和青海气区有的天然气属于干天然气(即贫气)，乙烷及更重烃类含量很少，故应进行技术经济论证以确定其是否需要回收凝液。此外，塔里木、长庆气区有的天然气则属于含少量C_5^+重烃的湿天然气，为了使进入输气管道的气体烃露点符合要求，必须采用低温分离法将少量C_5^+重烃脱除，即所谓脱油(一般还同时脱水)。此时，其目的主要是控制天然气的烃露点。

伴生气中通常含有较多乙烷及更重烃类，为了获得液烃产品，同时也为了符合商品气或管输气对烃露点的要求，必须进行凝液回收。尤其是从未稳定原油储罐回收到的烃蒸气与其混合后，其丙烷、丁烷含量更多，回收价值更高。

凝析气中一般含有较多的戊烷以上烃类，当其压力降低至相包络区露点线以下时，就会出现反凝析现象。因此，除需回收因反凝析而在井场和处理厂获得的凝析油外，由于气体中仍含有不少可以冷凝回收的烃类，无论分离出凝析油后的气体是否要经压缩回注地层，通常都应回收天然气凝液，从而额外获得一定数量的液烃。我国塔里木气区拥有较多的凝析气田，故是国内生产天然气凝液的主要地区之一。

二、天然气凝液回收的目的

从天然气中回收液烃的目的是：①使商品气符合质量指标；②满足管输气质量要求；③最大程度地回收凝液，或直接作为产品或进一步分离为有关产品。

1. 使商品气符合质量指标

为了符合商品天然气质量指标，需将从井口采出和从矿场分离器分出的天然气进行处理，即

① 脱水以满足商品气的水露点指标。当天然气需经压缩方可达到管输压力时，通常先将压缩后的气体冷却并分出游离水后，再用甘醇脱水法等脱除其余水分。这样，可以降低甘醇脱水的负荷及成本。

② 如果天然气含有 H_2S、CO_2 时，则需脱除这些酸性组分。

③ 当商品气有烃露点指标时，还需脱凝液（即脱油）或回收 NGL。此时，如果天然气中可以冷凝回收的烃类很少，则只需适度回收 NGL 以控制其烃露点即可；如果天然气中氮气等不可燃组分含量较多，则应保留一定量的乙烷及较重烃类（必要时还需脱氮）以符合商品气的发热量指标；如果可以冷凝回收的烃类成为液体产品比其作为商品气中的组分具有更好经济效益时，则应在符合商品气发热量的前提下，最大程度地回收 NGL。因此，NGL 的回收程度不仅取决于天然气组成，还取决于商品气发热量、烃露点指标等因素。

2. 满足管输气质量要求

对于海上或内陆边远地区生产的天然气来讲，为了满足管输气质量要求，有时需就地预处理，然后再经过管道输送至天然气处理厂进一步处理。如果天然气在管输中析出凝液，将会带来以下问题：当压降相同时，两相流动所需管线直径比单相流动要大；当两相流流体到达目的地时，必须设置液塞捕集器以保护下游设备。

为了防止管输中析出液烃，可考虑采取以下方法：

① 只适度回收 NGL，使天然气烃露点满足管输要求，以保证天然气在输送时为单相流动即可，此法通常称之为露点控制。例如，长庆气区榆林及苏里格气田天然气为含有少量 C_5^+ 重烃的湿天然气，分别经过各自天然气处理厂脱油脱水使其水、烃露点符合商品气质量指标后进入陕京输气管道。

② 采用两相流动输送天然气。

③ 将天然气压缩至临界冷凝压力以上冷却后再用管道输送，从而防止在管输中形成两相流，即所谓密相输送。此法所需管线直径较小，但管壁较厚，而且压缩能耗很高。例如，由加拿大 BC 省到美国芝加哥的"联盟（Alliance）"输气管道即为富气高压密相输送，管道干线及支线总长 3686km，主管径 914/1067mm，管壁厚 14mm，设计输气能力为 $150×10^8 m^3/a$，工作压力 12.0MPa，气体热值高达 $44.2MJ/m^3$。

第三种方法投资及运行费用很高，很少选用。一般应对前两种方法进行综合比较后从中选择较为经济合理的一种方法。

3. 最大程度回收天然气凝液

在下述情况下需要最大程度地回收 NGL：

① 从伴生气回收到的液烃返回原油中时价值更高，即回收液烃的主要目的是为了尽可能地增加原油产量；

② 从 NGL 回收过程中得到的液烃产品比其作为商品气中的组分时价值更高，因而具有良好的经济效益。

当从天然气中最大程度地回收 NGL 时，即就是残余气（即回收 NGL 后的干气）中只有甲烷，通常也可符合商品气的发热量指标。但是，很多天然气中都含有氮气及二氧化碳等不可燃组分，故还需在残余气中保留一定量的乙烷，必要时甚至需要脱除天然气中的氮气。例如，英国气体（British Gas）公司突尼斯 Hannibai 天然气处理厂的原料气中含有 16% 以上的 N_2 和 13% 以上的 CO_2，必须将 N_2 脱除至小于 6.5% 以满足商品气的指标，水、BTEX（苯、甲苯、乙苯和二甲苯）及 CO_2 等也必须脱除至很低值，以防止在脱氮装置（NRU）的低温系统中有固体析出。

由此可知，由于回收凝液的目的不同，对凝液的收率要求也有区别，获得的凝液组成也各不一样。目前，我国习惯上又根据是否回收乙烷而将 NGL 回收装置分为两类：一类以回收乙烷及更重烃类（C_2^+ 烃类）为目的；另一类则以回收丙烷及更重烃类（C_3^+ 烃类）为目的。因此，第二章中所述的以控制天然气水、烃露点为目的的脱油脱水装置，一般均属于后者。

三、天然气凝液回收方法

NGL 回收可在油气田矿场进行，也可在天然气处理厂、气体回注厂中进行。回收方法基本上可分为吸附法、吸收法及冷凝分离法三种。

（一）吸附法

吸附法系利用固体吸附剂（例如活性炭）对各种烃类的吸附容量不同，从而使天然气中一些组分得以分离的方法。在北美，有时用这种方法从湿天然气中回收较重烃类，且多用于处理量较小及较重烃类含量少的天然气，也可用来同时从天然气中脱水和回收丙、丁烷等烃类（吸附剂多为分子筛），使天然气水、烃露点都符合管输要求。

吸附法的优点是装置比较简单，不需特殊材料和设备，投资较少；缺点是需要几个吸附塔切换操作，产品局限性大，能耗与成本高，燃料气量约为所处理天然气量的 5%，因而目前很少应用。

（二）油吸收法

油吸收法系利用不同烃类在吸收油中溶解度不同，从而将天然气中各个组分得以分离。吸收油一般为石脑油、煤油、柴油或从天然气中回收到的 C_5^+ 凝液（天然汽油，稳定轻烃）。吸收油相对分子质量越小，NGL 收率越高，但吸收油蒸发损失越大。因此，当要求乙烷收率较高时，一般才采用相对分子质量较小的吸收油。

吸收油相对分子质量取决于吸收压力和温度，一般在 100～200。常温油吸收法采用的吸收油相对分子质量通常为 150～200。如果设计合理，低温油吸收法采用的吸收油相对分子质量最小可为 100。

相对分子质量较小的吸收油，单位质量的吸收率较高，故其循环量较少，但蒸发损失较大，被气体带出吸收塔的携带损失也较多。吸收油的沸点应高于从气体中所吸收的最重组分的沸点，便于吸收油在蒸馏塔内解吸再生，并在塔顶分离出被吸收组分。吸收压力除考虑气体内各组分在油中溶解度外，还应考虑干气(残余气)的外输压力。

1. 工艺流程简介

按照吸收温度不同，油吸收法又可分为常温、中温和低温油吸收法(冷冻油吸收法)三种。常温油吸收法吸收温度一般为30℃左右；中温油吸收法吸收温度一般为-20℃以上，C_3收率约为40%左右；低温油吸收法吸收温度一般可达-40℃左右，C_3收率一般为80%~90%，C_2收率一般为35%~50%。低温油吸收法原理流程图见图5-1。

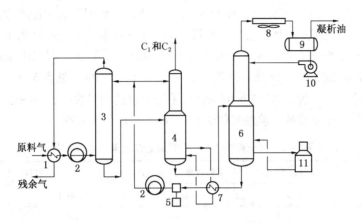

图5-1 低温油吸收法工艺流程

1—贫气/富气换热器；2—冷剂蒸发器；3—吸收塔；4—富油脱乙烷塔；5—贫油泵；6—蒸馏塔；
7—贫/富油换热器；8—空冷器；9—回流罐；10—回流泵；11—重沸炉

原料气经贫气/富气换热器和冷剂蒸发器(冷冻器)冷冻后进吸收塔，贫吸收油由上而下流经各层塔板，原料气由下而上在各层塔板上与贫吸收油接触。脱除较重烃类后的贫气(残余气，干气)由塔顶流出，吸收了原料气中较重烃类的富吸收油由塔底流出。

富吸收油进入脱乙烷塔，塔底贫/富油换热器实质上是起重沸器作用，在塔底热量和烃蒸气的汽提下，在该塔下部解吸段从富吸收油中释放出所吸收的C_1、C_2，以及一部分C_3^+。脱乙烷塔的上部分为再吸收段，由塔顶部进入的贫吸收油再次吸收气体中的C_3^+，因而仅有C_1和C_2自塔顶馏出。脱乙烷塔的塔顶气可做燃料，或增压后外输。离开脱乙烷塔的富吸收油进入蒸馏塔，塔底温度略低于吸收油沸点，蒸出富吸收油中所吸收的C_3、C_4和C_5^+，并从塔顶馏出(即凝析油)。塔底流出物则为解吸后的贫吸收油循环使用。

当采用从原料气中回收到的C_5^+凝液为吸收油时，此时从蒸馏塔塔顶仅蒸出C_3和C_4(即液化石油气)，而从塔底流出的C_5^+凝液除天然汽油(稳定轻烃)产品外，其他则作为吸收油循环使用，其量根据需要确定。

2. 国内外现状

(1) 国外

油吸收法是20世纪五六十年代广泛使用的一种NGL回收方法，尤其是在60年代初由于低温油吸收法可在原料气压力下运行，收率较高，压降较小，而且允许使用碳钢，对原料气处理要求不高，且单套装置处理量较大，故一直在油吸收法中占主导地位。但因低温油吸收法能耗及投资较高，因而在70年代以后已逐渐被更加经济与先进的冷凝分离法取代。目前，除美、澳等国个别已建油吸收法NGL回收装置仍在运行外，大多数装置均已关闭或改为采用冷凝分离法回收NGL。

例如，澳大利亚某公司在位于墨尔本以东的长滩(Longford)建有 3 座天然气处理厂和一座原油稳定厂。原料气来自巴斯海峡(Bass Strait)的气井。其中，第一座天然气处理厂建于 1969 年，其 NGL 回收装置采用低温油吸收法，第二座和第三座天然气处理厂则分别建于 1976 年和 1983 年，其 NGL 回收装置采用透平膨胀机制冷的冷凝分离法。

(2)国内

我国自 20 世纪六七十年代以来已建成了上百套 NGL 回收装置，基本上都是采用冷凝分离法。但在 2001 年后个别油田新建或改建的 NGL 回收装置还采用了低温油吸收法。例如，大庆油田萨中 $30×10^4 m^3/d$ 的 NGL 回收装置，原设计采用氨压缩制冷的浅冷分离工艺，改建后采用了浅冷分离—油吸收组合工艺，冷冻温度为 $-17℃$(因而实质上是采用氨压缩制冷的中温油吸收法)，C_3 收率由原来的 30.1%(质量分数，下同)提高到 68.5%，见表 5-1。另外，海南福山油田新建的第一套 NGL 回收装置($30×10^4 m^3/d$)采用的也是油吸收法，冷冻温度为 $-30℃$(因而实质上是采用丙烷压缩制冷的低温油吸收法)，C_3 收率设计值在 80%以上。

表 5-1　大庆萨中 NGL 回收装置改建前后收率比较

时　间	冷冻温度/℃	凝液收率/(t/$10^4 m^3$)	C_3收率/%(质量分数)	C_4收率/%(质量分数)
改建前	-19.5	1.85	30.1	54.9
改建后	-17.3	2.68	68.5	88.9

大庆油田萨中 NGL 回收装置原料气为低压伴生气，先压缩至 1.3MPa，再经冷却、冷冻至约 $-20℃$ 进行气液分离，然后气体去吸收塔，凝液去脱乙烷塔等。吸收油为本装置自产的稳定轻烃(天然汽油)。由于报道中未介绍不同改建方案投资、收率、能耗等综合比较结果，故只能从其原工艺流程推测该装置改建时采用浅冷分离—油吸收组合工艺的原因是：①原料气仅压缩至 1.3MPa，即使采用透平膨胀机制冷法效果也不显著；②改建前采用浅冷分离工艺，原料气冷冻温度在 $-20℃$ 以上，设备、管线均采用碳钢。如果采用透平膨胀机制冷法，则需采用低温钢材；③改建前采用乙二醇作为水合物抑制剂，如果采用透平膨胀机制冷法，则必须改用分子筛脱水。所以，针对该装置改建前具体情况，从投资、收率等角度考虑，该装置改造为浅冷—油吸收组合工艺还是合适的。但是，如果是新建装置，就应对浅冷分离—油吸收组合工艺和其他工艺方案进行技术经济综合比较后，从而确定最佳方案。据了解，目前该装置由于资源整合等原因业已停运。

海南福山油田新建第一套 NGL 回收装置原设计考虑到原料气为高压凝析气(3.5MPa)，外输干气压力仅要求为 1.6MPa，故拟采用丙烷预冷—透平膨胀机制冷的深冷分离工艺，C_3 收率设计值在 85%以上。但之后考虑到该油田处于开发初期，原料气压力与规模有待落实，故改用低温油吸收法。2003 年该装置投产后的实践表明，原料气压力稳定，天然气产量仍在不断增加，所以在 2005 年又新建了第二套 NGL 回收装置($50×10^4 m^3/d$)。这套装置在总结以往经验教训的基础上，考虑到原料气中 C_1/C_2 比值(体积分数比)在 3.5，因而采用了有重接触塔(见本章第三节所述)的丙烷预冷-透平膨胀机制冷联合工艺，C_3 收率设计值在 90%以上。此外，为了提高第一套装置的 C_3 收率和降低装置能耗，在 2004 年改建中也增加了一具重接触塔，并将冷油吸收系统停运。改建后装置的液化石油气及天然汽油产量都有明显增加。

实际上我国自 20 世纪六七十年代以来，除最早建设的某凝析气田 NGL 回收装置由于受当时条件限制而采用浅冷分离工艺外，以后建成的高压凝析气田 NGL 回收装置多采用冷剂预冷-透平膨胀机制冷的深冷分离工艺。实践证明,这种工艺是先进可靠、经济合理的。只要在设计中考虑周到,就可以较好地适应高压凝析气田在开发过程中的变化情况。

目前国内以油田伴生气为原料气的 NGL 回收装置中,有的因其处理量较小,但原料气中 C_3 含量又较高(大于 10%),为提高 C_3 收率故仍采用经过改进的低温油吸收法。

(三) 冷凝分离法

冷凝分离法是利用在一定压力下天然气中各组分的沸点不同,将天然气冷却至露点温度以下某一值,使其部分冷凝与气液分离,从而得到富含较重烃类的天然气凝液。这部分天然气凝液一般又采用精馏的方法进一步分离成所需要的液烃产品。通常,这种冷凝分离过程又是在几个不同温度等级下完成的。

由于天然气的压力、组成及所要求的 NGL 回收率或液烃收率不同,故 NGL 回收过程中的冷凝温度也有所不同。根据其最低冷凝分离温度,通常又将冷凝分离法分为浅冷分离与深冷分离两种。前者最低冷凝分离温度一般在 -20~-35℃,后者一般均低于 -45℃,最低在 -100℃以下。

深冷分离(cryogenic separation 或 deepcut)有时也称为低温分离。但是,天然气处理工艺中提到的低温分离(low temperature separation)就其冷凝分离温度来讲,并不都是属于深冷分离范畴。例如,第三章中所述的低温分离法即为一例。此外,天然气处理工艺中习惯上区分浅冷及深冷分离的温度范围与低温工程中区分普冷、中冷和深冷的温度范围也是有所区别的。

冷凝分离法的特点是需要向气体提供温度等级合适的足够冷量使其降温至所需值。按照提供冷量的制冷方法不同,冷凝分离法又可分为冷剂制冷法、膨胀制冷法和联合制冷法三种。

1. 冷剂制冷法

冷剂制冷法也称外加冷源法(外冷法)、机械制冷法或压缩制冷法等。它是由独立设置的冷剂制冷系统向天然气提供冷量,其制冷能力与天然气无直接关系。根据天然气的压力、组成及 NGL 回收率要求,冷剂(制冷剂、制冷工质)可以是氨、丙烷或乙烷,也可以是丙烷、乙烷等混合物(混合冷剂)。制冷循环可以是单级或多级串联,也可以是阶式(覆叠式、级联)制冷循环。天然气处理工艺中几种常用冷剂的编号、安全性分类及主要物理性质见表5-2。

(1) 适用范围 在下述情况下可采用冷剂制冷法:

① 以控制外输气露点为主,同时回收一部分凝液的装置(例如低温法脱油脱水装置)。外输气实际烃露点应低于最低环境温度,原料气冷凝分离温度与外输气露点之间的温度差按照第三章中有关内容确定。

② 原料气中 C_3 以上烃类较多,但其压力与外输气压力之间没有足够压差可供利用,或为回收凝液必须将原料气适当增压,增压后的压力与外输气压力之间没有压差可供利用,而且采用冷剂又可经济地达到所要求的凝液收率。

应该说明的是,表 5-2 中的冷剂毒性危害分类是依据《制冷剂编号方法和安全性分类》(GB/T 7778—2008)对其所列各种冷剂毒性所做的相对分类。例如,氨在该标准中属于毒性较高的冷剂,但按照我国《职业性接触毒物危害程度分级》(GBZ 230—2010)将职业性接触毒物分为极度危害(Ⅰ级)、高度危害(Ⅱ级)、中度危害(Ⅲ级)和轻度危害(Ⅳ级)等四种级别,氨只属于轻度危害毒物,由于使用中采取有关安全保护措施,故目前仍广泛用做冷剂。

（2）冷剂制冷温度　冷剂制冷温度主要与其性质和蒸发压力有关。如原料气的冷凝分离温度已经确定，可先根据表 5-2 中冷剂的标准沸点（常压沸点）、冷剂蒸发器类型及冷端温差初选一两种冷剂，再对其他因素（例如冷剂性质、安全环保、制冷负荷、装置投资、设备布置及运行成本等）进行综合比较后最终确定所需冷剂。初选时需要考虑的因素如下：

表 5-2　几种常用冷剂的编号、安全性分类及物理性质[①]

冷　剂	冷剂编号	安全分类[②]	环境友好/（是/否）	标准沸点/℃	凝点/℃	蒸发相变焓/（kJ/kg）	空气中爆炸极限/%（体积分数）	
							上　限	下　限
氨	717	B2	是	−33	−77.7	1369	15.5	27
丙烷	290	A3	是	−42	−187.7	427	2.1	9.5
丙烯	1270	A3	是	−48	−185.0	439	2	11.1
乙烷[③]	170	—	是	−89	−183.2	491	3.22	12.45
乙烯[④]	1150	A3	—	−103	−169.5	484	3.05	28.6
甲烷	50	A3	是	−161	−182.5	511	5	15

注：① 表中冷剂编号、安全性分类及常压沸点数据和其他数据取自有关文献。

　　② 冷剂安全性分类包括两个字母：大写英文字母表示按急性和慢性允许曝露量划分的冷剂毒性危害分类，由 A 至 C 其毒性依次增加；阿拉伯字母表示冷剂燃烧性危险程度分类：1 表示无火焰蔓延，即不可燃，2 表示有燃烧性，3 表示有爆炸性。

　　③ 未分类的冷剂表明没有足够的数据或未达到分类的正式要求。

　　④ 未评估的冷剂表明没有足够的数据。

① 氨适用于原料气冷凝分离温度高于−30~−25℃时的工况。

② 丙烷适用于原料气冷凝分离温度高于−40~−35℃时的工况。

③ 以乙烷、丙烷为主的混合冷剂适用于原料气冷凝分离温度低于−40~−35℃时的工况。

④ 能使用凝液作冷剂的场合应尽量使用凝液。

（3）工艺参数　冷剂制冷工艺参数可根据下述情况确定：

① 冷剂蒸发温度应根据工艺要求和所选用的蒸发器类型确定。

② 板翅式蒸发器的冷端温差一般取 3~5℃，管壳式蒸发器的冷端温差一般取 5~7℃。

③ 蒸发器中原料气与冷剂蒸气的对数平均温差一般在 10℃以下，不宜大于 15℃。如果偏大，应采用分级压缩、分级制冷提供不同温度等级（温位）的冷量。丙烷冷剂可分为 2~3 级蒸发制冷。

④ 确定制冷负荷时应考虑散热损失等因素，可取 5%~10%的裕量。

天然气采用各种制冷方法回收凝液时在相图上轨迹见图 5-2。

2. 膨胀制冷法

膨胀制冷法也称自制冷法（自冷法）。此法不另设置独立的制冷系统，原料气降温所需冷量由气体直接经过串接在本系统中的各种膨胀制冷设备或机械来提供。因此，制冷能力取决于气体压力、组成、膨胀比及膨胀设备的热力学效率等。常用的膨胀设备有节流阀（焦耳—汤姆逊阀）、透平膨胀机及热分离机等。

（1）节流阀制冷　在下述情况下可考虑采用节流阀制冷：

① 压力很高的气藏气（一般在 10MPa 或更高），特别是其压力随开采过程逐渐递减时，

应首先考虑采用节流阀制冷。节流后的压力应满足外输气要求，不再另设增压压缩机。如果气体压力已递减到不足以获得所要求的低温时，可采用冷剂预冷。

②原料气压力较高，或适宜的冷凝分离压力高于外输气压力，仅靠节流阀制冷也可获得所需的低温，或气量较小不适合采用透平膨胀机制冷时，可采用节流阀制冷。如果气体中含有较多重烃，仅靠节流阀制冷不能满足冷量要求时，可采用冷剂预冷。

③原料气与外输气之间有压差可供利用，但因原料气较贫故回收凝液的价值不大时，可采用节流阀制冷，仅控制其水、烃露点以满足外输气要求。如节流后温度不够低，可采用冷剂预冷。

采用节流阀制冷的低温分离法工艺流程见图3-3。

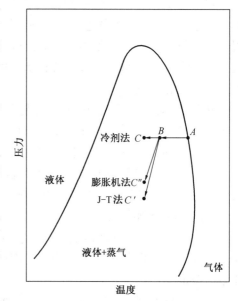

图5-2 NGL 回收在天然气相图上的轨迹线

（2）热分离机制冷 热分离机是20世纪70年代由法国 Elf-Bertin 公司开法的一种简易可行的气体膨胀制冷设备，有转动喷嘴式（RTS）和固定喷嘴式（STS）两种类型，见图5-3。

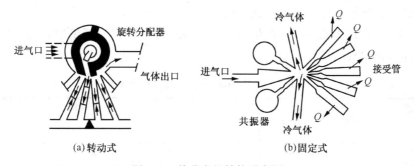

图5-3 热分离机结构示意图

热分离机的膨胀比一般为3~5，不宜超过7，处理能力一般小于 $10^4 \mathrm{m}^3/\mathrm{d}$（按进气状态计）。

20世纪80年代以来，我国一些NGL回收装置曾采用过热分离机制冷，但因各种原因目前多已停用或改用透平膨胀机制冷。例如，川中油气矿曾建成一套 $10 \times 10^4 \mathrm{m}^3/\mathrm{d}$ 采用热分离机制冷的NGL回收装置，长期在膨胀比为3.5左右运行，但凝液收率很低，故在以后改用透平膨胀机制冷，凝液收率有了很大提高。

（3）透平膨胀机制冷 当节流阀制冷不能达到所要求的凝液收率时，如果具备以下一个或多个条件时可考虑采用透平膨胀机制冷，即：①原料气压力高于外输气压力，有足够压差可供利用；②原料气为单相气体；③要求有较高的乙烷收率；④要求装置布置紧凑；⑤要求公用工程费用低；⑥要求适应较宽范围的压力及产品变化；⑦要求投资少。

透平膨胀机的膨胀比（进入和离开透平膨胀机的流体绝压之比）一般为2~4，不宜大于7。如果膨胀比大于7，可考虑采用两级膨胀，但需进行技术经济分析及比较。

187

1964 年美国首先将透平膨胀机制冷技术用于 NGL 回收过程中。由于此法具有流程简单、操作方便、对原料气组成变化适应性大、投资低及效率高等优点，因此近几十年来发展很快。在美国，新建或改建的 NGL 回收装置有 90% 以上都采用了透平膨胀机制冷法。在我国，目前绝大部分 NGL 回收装置也都采用透平膨胀机制冷法。

3. 联合制冷法

联合制冷法又称冷剂与膨胀联合制冷法。顾名思义，此法是冷剂制冷法及膨胀制冷法二者的组合，即冷量来自两部分：浅冷温位（−45℃以上）的冷量由冷剂制冷法提供；深冷温位（−45℃以下）的冷量由膨胀制冷法提供。二者提供的冷量温位及数量应经过综合比较后确定。

当 NGL 回收装置以回收 C_2^+ 烃类为目的，或者原料气中 C_3^+ 组分含量较多，或者原料气压力低于适宜的冷凝分离压力时，为了充分回收 NGL 而设置原料气压缩机时，应考虑采用有冷剂预冷的联合制冷法。

此外，当原料气先经压缩机增压然后采用联合制冷法时，其冷凝分离过程通常是在不同压力与温位下分几次进行的，即所谓多级冷凝分离。多级冷凝分离的级数也应经过技术经济比较后确定。

目前，NGL 回收装置通常采用的几种主要方法的烃类收率见表 5−3。表中数据仅供参考，其中节流阀制冷法的原料气压力应大于 7MPa。如果压力过低，就应对原料气进行压缩，否则由膨胀制冷提供的温位及冷量就会不够。另外，表中的强化吸收法（Mehra 法，马拉法）的实质是采用物理溶剂（例如 N−甲基吡咯烷酮）作为吸收剂，将原料气中的 C_2^+ 吸收后，采用抽提蒸馏等方法获得所需的 C_2^+。乙烷、丙烷的收率依据市场需求情况而定，见表 5−3。这种灵活性是透平膨胀机制冷法所不能比拟的。

需要说明的是，烃类收率虽是衡量 NGL 回收装置设计水平和经济效益的一项重要指标，但应通过技术经济论证后综合而定。

表 5−3　几种 NGL 回收方法的烃类收率　　　　　　　　　　%

方　　法		乙　烷	丙　烷	丁　烷	天然汽油
油吸收法		5	40	75	87
低温油吸收法		15	75	90	95
冷剂制冷法		25	55	93	97
阶式制冷法		70	85	95	100
节流阀制冷法		70	90	97	100
透平膨胀机制冷法		90	98	100	100
强化吸收法	C_2^+	97	98	100	100
	C_3^+	<2	98	100	100

第二节　冷剂制冷和膨胀制冷原理与技术

如上所述，采用冷凝分离法回收 NGL 时向原料气提供冷量的任务是由制冷系统实现的。因此，冷凝分离法通常又是按照制冷方法不同分类的。

所谓制冷（致冷）是指利用人工方法制造低温（即低于环境温度）的技术。制冷方法主要有三种：①利用物质相变(如融化、蒸发、升华)的吸热效应实现制冷；②利用气体膨胀的冷效应实现制冷；③利用半导体的热电效应以及近来开发的顺磁盐绝热法和吸附法实现制冷。

在 NGL 回收过程中广泛采用液体蒸发和气体膨胀来实现制冷。利用液体蒸发实现制冷称为蒸气制冷。蒸气制冷又可分为蒸气压缩式(机械压缩式)、蒸气喷射式和吸收式三种类型，目前大多采用蒸气压缩式。气体膨胀制冷目前广泛采用透平膨胀机制冷，也有采用节流阀制冷和热分离机制冷的。

在我国天然气工业中，通常也将采用制冷技术使天然气温度降至低温的过程称做冷冻，以示与温度降至常温的冷却过程不同。因此，它与低温工程中冷冻的含义不是完全相同的。

从投资来看，氨吸收制冷系统一般可与蒸气压缩制冷系统竞争，而操作费用则取决于所用热源和冷却介质(水或空气)在经济上的比较。氨吸收制冷系统对热源的温度要求不高，一般不超过200℃，故可直接利用工业余热等低温热源，节约大量电能。整个系统由于运动部件少，故运行稳定，噪声小，并可适应工况变化。但是，它的冷却负荷一般比蒸气压缩制冷系统约大一倍。因此，只在有余热可供利用及冷却费用较低的地区，可以考虑采用氨吸收制冷系统，而且以在大型 NGL 回收装置上应用为主。

一、蒸气压缩制冷

蒸气压缩制冷通常又称机械压缩制冷或简称压缩制冷，是 NGL 回收过程中最常采用的制冷方法之一。

(一)冷剂的分类与选择

1. 冷剂分类

在制冷循环中工作的制冷介质称为制冷剂或简称冷剂。

在压缩制冷循环中利用冷剂相变传递热量，即在冷剂蒸发时吸热，冷凝时放热。因此，冷剂必须具备一定的特性，包括其理化及热力学性质(如常压沸点、蒸发相变焓、蒸发与冷凝压力、蒸气比体积、热导率、单位体积制冷量、循环效率、压缩终了温度等)、安全性(毒性、燃烧性和爆炸性)、腐蚀性、与润滑油的溶解性、水溶性、充注量等。此外，由于对环境保护要求日益严格，故在选用时还需综合考虑冷剂的消耗臭氧层潜值(ODP)、全球变暖潜值(GWP)和大气中寿命，评估其排放到大气层后对环境的影响是否符合国际认可的条件，即是否环境友好。

目前可以用作冷剂的物质有几十种，但常用的不过十几种，根据其化学成分可分为以下几类：

① 卤化碳(卤代烃)冷剂。它们都是甲烷、乙烷、丙烷的衍生物。在这些衍生物中，由氟、氯、溴原子取代了原来化合物中全部或部分氢原子。其中，甲烷、乙烷分子中氢原子全部或部分被氟、氯原子取代的化合物统称为氟里昂(Freon)。甲烷、乙烷分子中氢原子全部被氟、氯原子取代的化合物称"氟氯烷"或"氟氯烃"，可用符号"CFC"表示。甲烷、乙烷分子中氢原子部分被氟、氯原子取代的化合物又称"氢氟氯烷"或"氢氟氯烃"，可用符号"HCFC"表示。氟里昂包括20多种化合物，其中最常用的是氟里昂-12(化学式 CCl_2F_2)及氟里昂-11(化学式 CCl_3F)。

② 烃类冷剂。常用的烃类冷剂有甲烷、乙烷、丙烷、丁烷、乙烯和丙烯等，也有由两

种或两种以上烃类组成的混合冷剂。混合冷剂的特点是其蒸发过程是在一个温度范围内完成的。

③ 无机化合物冷剂。属于此类冷剂的有氨、二氧化碳、二硫化碳和空气等。

④ 共沸溶液冷剂。这是由两种或两种以上冷剂按照一定比例相互溶解而成的冷剂。与单组分冷剂一样，在一定压力下蒸发时保持一定的蒸发温度，而且液相和气相都具有相同的组成。

2. 冷剂选择

氟里昂的致命缺点是其为"温室效应气体"，温室效应值远大于二氧化碳，更危险的是它会破坏大气层中的臭氧。所以，1987 年 9 月签署并于 1989 年生效的《关于消耗臭氧层物质的蒙特利尔协议书》，以及 1990 年 6 月又在伦敦召开的该协议书缔约国第二次会议中，对全部 CFC、四氯化碳(CCl_4)和甲基氯仿($C_2H_3Cl_3$)等的生产和排放进行限制，要求缔约国中发达国家在 2000 年完全停止生产以上物质，发展中国家可推迟到 2010 年。另外，还对过渡性物质 HCFC 提出了 2020 年后的控制日程表。

1997 年 12 月签署的《京都议定书》又将 CFC 和 HCFC 等的替代物质列入限控物质清单中，要求发达国家控制碳氟化合物(HFC)的排放。在 2000 年左右的排放量达到 1990 年的水平。近几年来，为了控制全球气候变化，包括我国在内的一些国家又对某限期后本国"温室效应气体"排放实行更加严格的限制。

目前，在 NGL 回收及天然气液化过程中，广泛采用氨、单组分烃类或混合烃类作为冷剂。

NH_3是一种传统冷剂，其优点是 ODP 及 GWP 均为零，蒸发相变焓较大(故单位体积制冷量较大，能耗较低，设备尺寸小)，价格低廉，传热性能好，易检漏，含水量余地大(故可防止冰堵)；缺点是有强烈的刺激臭味，对人体有较大毒性，含水时对铜和铜合金有腐蚀性，以及其一定的油溶性、与某些材料不容性、压缩终了温度高等。但可通过采取一些措施，如减少充灌量，采用螺杆式压缩机及板式换热器等提高其安全性，因而目前仍广泛采用。

丙烷的优点是 ODP 为零，GWP 也较小，蒸发温度较低，对人体毒性也小，当工艺介质(例如天然气)与其火灾危险性等级相同时，制冷压缩机组可与工艺设备紧凑布置；缺点是蒸发相变焓较小(故单位体积制冷量较小，能耗较高，设备尺寸较大)，易燃易爆，油溶性较大，不易检漏，安全性差。因此，当工艺介质与其处于相同火灾危险等级时可优先考虑。

由此可知，氨与丙烷均为对大气中臭氧层无破坏作用且无温室效应的环境友好型冷剂，应用时各有利弊，故应结合具体情况综合比较后确定选用何种冷剂。

通常，任何一种冷剂的实际使用温度下限是其标准沸点。为了降低压缩机的能耗，蒸发器中的冷剂蒸发压力最好高于当地大气压力。一般来讲，当压缩机的入口压力大约小于 0.2MPa(绝)时其功率就会明显增加。

此外，冷剂在蒸发器中的蒸发温度对制冷压缩机能耗也影响很大。因此，只要蒸发温度满足原料气冷凝分离温度要求即可，不应过分降低蒸发温度，以免增加制冷压缩机的能耗。

3. 冷剂纯度

用作冷剂的丙烷中往往含有少量乙烷及异丁烷。由于这些杂质尤其是乙烷对压缩机的功率有一定影响，故对丙烷中的乙烷含量应予以限制。Blackburn 等曾对含有不同数量乙烷及异丁烷的丙烷制冷压缩机功率进行了计算，其结果见表 5-4。

190

表 5-4 丙烷纯度对压缩机功率的影响

丙烷摩尔组成/%			压缩机功率/kW
乙　烷	丙　烷	异丁烷	
2.0	97.5	0.5	194
4.0	95.5	0.5	199
2.0	96.5	1.5	196

（二）压缩制冷循环热力学分析

压缩制冷是使沸点低于环境温度的冷剂液体蒸发（即气化）以获得低温冷量。例如，采用液体丙烷在常压下蒸发，则可获得大约-40℃的低温。在蒸发器中液体丙烷被待冷却的工艺流体（例如天然气）加热气化，而工艺流体则被冷却降温。然后，将气化了的丙烷压缩到一定压力，经冷却器使其冷凝，冷凝后的液体丙烷再膨胀到常压下气化，由此构成压缩、冷凝、膨胀及蒸发组成单级膨胀的压缩制冷循环。如果循环中各个过程都是无损失的理想过程，则此单级制冷循环正好与理想热机的卡诺循环相反，称为逆卡诺循环或理想制冷循环，图 5-4(b) 中 1、2、3、4 各点连线即为其在 T-s 图（温熵图）上的轨迹线。

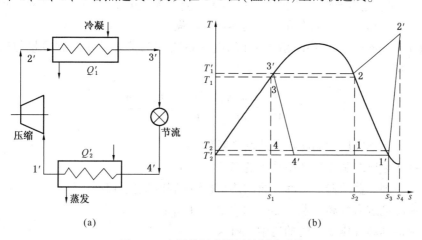

图 5-4　实际单级节流压缩制冷系统

根据热力学第二定律，在制冷循环中的压缩功应大于膨胀过程回收的功，而制冷循环的效率则用制冷系数来衡量。通常，采用制冷循环获得的制冷量 Q_2 与输入的净功（压缩功与膨胀功之差）W 的比值表示制冷循环的制冷系数 ε，即

$$\varepsilon = \frac{Q_2}{W} = \frac{m(h_1 - h_4)}{W} \tag{5-1}$$

式中　ε——制冷系统的制冷系数；

$\quad Q_2$——冷剂在低温下（即在蒸发器中）吸收的热量（制冷量），kJ/h；

$\quad W$——制冷循环中输入的净功，kJ/h；

$\quad h_4, h_1$——冷剂进入和离开蒸发器时的比焓，kJ/kg；

$\quad m$——冷剂循环量，kg/h。

对于逆卡诺循环而言，制冷系数 ε 又可表示为

$$\varepsilon = \frac{Q_2}{W} = \frac{Q_2}{Q_1 - Q_2} = \frac{T_2}{T_1 - T_2} \tag{5-2}$$

式中 Q_1——冷剂在高温下(即在冷凝器中)放出的热量,kJ/h;

  T_1——冷剂在高温下的放热(即冷凝)温度,K;

  T_2——冷剂在低温下的吸热(即蒸发)温度(或制冷温度),K。

由公式(5-2)可知,在相同 T_1 下理想制冷循环的制冷系数随制冷温度(T_2)的降低而减少。或者说,相同净功获得的制冷量,将随制冷温度的降低而减少。

图5-4(b)中的1′、2′、3′、4′各点连线为带节流膨胀的实际单级压缩制冷循环在 T-s 图上的轨迹线。与逆卡诺循环相比,主要差别如下:

① 压缩过程 逆卡诺循环是等熵过程,压缩机进气为湿蒸气,出口为饱和蒸气。实际压缩过程为多变过程,有一定的熵增和不可逆损失。压缩机进气一般为饱和蒸气,甚至有一定过热度,而出口蒸气也有相当过热度。显然,实际压缩过程的能耗将高于理想过程。

② 冷凝过程 逆卡诺循环的冷凝过程是无温差、无压差的理想传热过程。实际冷凝过程则有一定温差和压降,因而存在一定的不可逆损失。

③ 膨胀过程 逆卡诺循环是湿蒸气在膨胀机中做外功的等熵膨胀过程,而实际膨胀过程多采用节流阀进行等焓膨胀,膨胀过程中不对外做功,做功能力相应产生一定损失。

④ 蒸发过程 逆卡诺循环的蒸发过程是无温差、无压差的理想传热过程。实际蒸发过程则有一定温差和压降,因而存在一定的不可逆损失。

带节流膨胀的实际单级压缩制冷循环的制冷系数 ε' 为蒸发器实际制冷量与压缩机实际压缩功之比,即

$$\varepsilon' = \frac{Q_2'}{W'} = \frac{m(h_{1'} - h_{4'})}{m(h_{2'} - h_{1'})} = \frac{h_{1'} - h_{4'}}{h_{2'} - h_{1'}} \tag{5-3}$$

式中 ε'——实际单级压缩制冷循环的制冷系数;

  W'——实际压缩制冷循环中输入的净功,kJ/h;

  Q_2'——冷剂在蒸发器中实际吸收的热量(实际制冷量),kJ/h;

 $h_{4'}$,$h_{1'}$——冷剂进入和离开蒸发器时的比焓,kJ/kg;

  $h_{2'}$——冷剂离开压缩机时的比焓,kJ/kg。

由于各种损失的存在,带节流膨胀的实际单级压缩制冷循环的制冷系数总是低于逆卡诺循环的制冷系数。理想制冷循环所消耗的功与实际制冷循环所消耗的功之比,称为实际制冷循环的热力学效率。

因此,工业上采用的压缩制冷系统是用机械对冷剂蒸气进行压缩的一种实际制冷循环系统,由制冷压缩机、冷凝器、节流阀(或称膨胀阀)、蒸发器(或称冷冻器)等设备组成。压缩制冷系统按冷剂不同可分为氨制冷系统、丙烷制冷系统和其他冷剂(如混合冷剂)制冷系统;按压缩级数又有单级和多级(一般为两级)之分。此外,还有分别使用不同冷剂的两个以上单级或多级压缩制冷系统覆叠而成的阶式制冷系统(覆叠或级联制冷系统)。

在压缩制冷系统中,压缩机将蒸发器来的低压冷剂饱和蒸气压缩为高压、高温过热蒸气后进入冷凝器,用水或空气作为冷却介质使其冷凝为高压饱和液体,再经节流阀变为低压液体(同时也有部分液体气化),使其蒸发温度相应降低,然后进入蒸发器中蒸发吸热,从而使工艺流体冷冻降温。吸热后的低压冷剂饱和蒸气返回压缩机入口,进行下一个循环。因此,压缩制冷系统包括压缩、冷凝、节流及蒸发四个过程,冷剂在系统中经过这四个过程完成一个制冷循环,并将热量从低温传到高温,从而达到制冷目的。

192

（三）简单压缩制冷系统

简单压缩制冷系统是由带节流的压缩制冷循环构成的制冷系统，图5-5为氨单级压缩制冷工艺流程图。

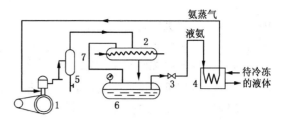

图5-5　氨单级压缩制冷工艺流程图
1—氨压缩机；2—冷却冷凝器；3—节流阀；4—氨蒸发器；
5—油分离器；6—液氨储罐；7—平衡管

图5-6为该制冷循环在压焓图上的轨迹图。冷剂在3'点为高压饱和液体，其压力或温度取决于冷剂蒸气冷凝时所采用的冷却介质是水、空气或是其他物质。冷剂由3'点经节流阀等焓膨胀至4'点时将有部分液体蒸发，在压焓图上是一条垂直于横坐标的3'4'线。由图5-6可知，4'点位于气、液两相区，其温度低于3'点。4'点的冷剂气、液混合物进入蒸发器后，液体在等压下蒸发吸热，从而使待冷却的工艺流体冷冻降温。通常，冷剂在蒸发器内的蒸发温度比待冷却的工艺流体所要求的最低温度低3~7℃。离开蒸发器的冷剂(1'点)是处于蒸发压力或温度下的饱和蒸气，经压缩后成为高压过热蒸气(2'点)进入冷凝器，在接近等压下冷却与冷凝。冷剂离开冷凝器(3'点)时为饱和液体，或是略有过冷的液体。

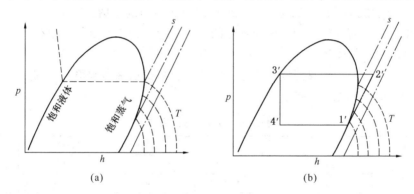

图5-6　简单压缩制冷系统在压焓图上的轨迹图

当估算简单压缩制冷系统的冷剂循环量及设备负荷时，其方法可简述如下：

1. 冷剂循环量

图5-4中的 Q'_2 为由待冷却工艺流体决定的蒸发器热负荷。由蒸发器热平衡可知：

$$Q'_2 + mh_{3'} = mh_{1'} \tag{5-4}$$

或

$$m = Q'_2 / (h_{1'} - h_{3'}) \tag{5-5}$$

式中　Q'_2——蒸发器的热负荷，即单位时间冷剂在蒸发器中吸收的热量（制冷量或制冷负荷），kJ/h；

　　　$h_{3'}$——冷剂在3'点处于饱和液体时的比焓，kJ/kg；

　　　$h_{1'}$——冷剂在1'点处于饱和蒸气时的比焓，kJ/kg；

　　　m——冷剂循环量，kg/h。

2. 压缩机功率

确定压缩机的功率有很多方法，例如首先计算出压缩机的理论压缩（等熵压缩）功率 W_s，然后再由等熵效率（多变效率或绝热效率）η_s 求出其实际功率 W_{act}。W_{act} 通常也称为压缩机的气体压缩功率或气体功率（Ghp）。

$$W_s = m(h_2 - h_1) \tag{5-6}$$

$$W_{act} = W_s / \eta_s \tag{5-7}$$

式中　W_s——压缩机理论压缩功率，kJ/h；

　　　W_{act}——压缩机实际压缩(多变压缩)功率，kJ/h；

　　　η_s——压缩机等熵效率(绝热效率或多变效率)；

　　h_2, h_1——压缩机理论压缩时冷剂在压缩机出口和入口处的比焓，kJ/kg。

压缩机的等熵效率应由制造厂提供。当无确切数据时，对于离心式压缩机此效率可取0.75；对于往复式压缩机此效率可取0.85。

压缩机的制动功率或制动马力(Bhp)系向压缩机轴上提供的功率，亦即压缩机的轴功率。它大于上述确定的压缩机气体功率。对于离心式压缩机，应为气体功率与消耗于轴承和密封件的功率损失之和；对于往复式压缩机，一般可由气体功率除以机械效率求得。

3. 冷凝器负荷

图5-4中的 Q_1' 为冷剂蒸气在冷凝器中冷却、冷凝时放出的热量或冷凝器的热负荷。由冷凝器热平衡可知：

$$Q_1' = m(h_{3'} - h_{2'}) \tag{5-8}$$

式中　Q_1'——冷凝器的热负荷，kJ/h；

　　　$h_{2'}$——压缩机实际压缩时冷剂在压缩机出口2′点时的比焓，kJ/kg。

上述各项计算均需确定冷剂在相应各点的比焓。冷剂的比焓目前多用有关软件由计算机完成，也可查取热力学图表。

应该指出的是，冷剂冷凝温度对冷凝器负荷及压缩机功率影响很大。例如，单级丙烯制冷系统冷凝温度的影响见表5-5。

表5-5　冷凝温度的影响

冷凝温度/℃	16	27	38	49	60
制冷负荷/kW	293	293	293	293	293
制冷温度/℃	-46	-46	-46	-46	-46
压缩功率/kW	157	199	248	320	413
冷凝器负荷/kW	451	492	539	613	709

(四)带经济器的压缩制冷系统

图5-7为更复杂的压缩制冷系统，由两级节流、两级压缩制冷循环构成。图5-8则为该制冷循环在压焓图上的轨迹图。与图5-4相比，此系统增加了一个节流阀和一个在冷凝压力和蒸发压力之间的中间压力下对冷剂进行部分闪蒸的分离器。

由图5-7和图5-8可知，冷剂先由4点等焓膨胀至某中间压力5点。5点压力的确定原则应该是使制冷压缩机每一级的压缩比相同。5点处于两相区，其温度低于4点。等焓膨胀产生的饱和蒸气由分离器分出后去第二级压缩，而离开分离器的饱和液体则进一步等焓膨胀至7点。可以看出，此系统中由7点至0点(饱和蒸气)的可利用焓差 Δh 比简单压缩制冷系统要大。在此系统中，单位质量冷剂在蒸发器中吸收热量(即单位制冷量)的能耗较少，其原因是循环的冷剂中有一部分气态冷剂不经一级压缩而直接去压缩机二级入口，故进入蒸发器中的冷剂中含蒸气较少。这些流经蒸发器的蒸气基本上不起制冷作用，却会增加压缩机的能耗。

图5-7中的分离器通常称为经济器或节能器。实际上，经济器是用来称呼可以降低制冷能耗的各种设备统称。无论系统中有多少级压缩，在各级压缩之间都可设置分离器与节流阀的组合设施。

194

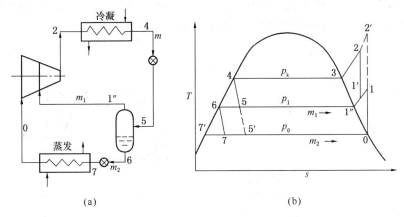

(a)   (b)

图 5-7　带经济器的压缩制冷系统

可以采用与简单压缩制冷系统相同的方法估算图 5-7 所示制冷系统的冷剂循环量以及设备负荷等。

1. 冷剂循环量

假定流经冷凝器的冷剂循环量为 m，节流至 5 点压力下由分离器分出的冷剂蒸气量为 m_1，离开分离器的冷剂液体量为 m_2。由分离器热平衡可知：

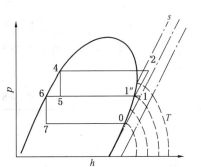

图 5-8　带经济器的压缩制冷系统在压焓图上的轨迹图

$$mh_4 = m_1 h_{1''} + m_2 h_6 \qquad (5-9)$$

式中　m——流经冷凝器的冷剂循环量，kg/h；

m_1——离开分离器的冷剂蒸气量，kg/h；

m_2——离开分离器的冷剂液体量，kg/h；

h_4——进入分离器前面节流阀的冷剂比焓，kJ/kg；

$h_{1''}$——离开分离器的冷剂蒸气比焓，kJ/kg；

h_6——离开分离器的冷剂液体比焓，kJ/kg。

由于 $m = m_1 + m_2$，故可取 $m = 1.0$，并定义 x 为离开分离器的液体冷剂相对量，则

$$h_4 = (1-x)h_{1''} + xh_6 \qquad (5-10)$$

通过压焓图求得 h_4、$h_{1''}$ 和 h_6 后，即可由公式（5-10）解出 x。然后，按照与公式（5-5）相似的热平衡求出 m_2，即

$$m_2 = Q'_2/(h_0 - h_6) \qquad (5-11)$$

式中　h_0——离开蒸发器时冷剂蒸气的比焓，kJ/kg。

x 及 m_2 已知后，即可求得 m 和 m_1。

2. 压缩机功率

先由 m_2 求出第一级压缩功率，再由 m 求出第二级压缩功率，二者相加即为压缩机的总功率。不同级的冷剂蒸气在汇合后进入第二级压缩前的温度，可按此三通管路的热平衡求出。在大多数情况下，此处的温度影响可忽略不计。

3. 冷凝器热负荷

冷凝器热负荷的计算方法与简单压缩制冷系统相同。如果需安装一个换热器，利用离开蒸发器的低温冷剂饱和蒸气使来自冷凝器或分离器的常温冷剂饱和液体过冷，则可减少经节流阀膨胀后产生的蒸气量，因而提高了冷剂的制冷量。但是，此时进入压缩机的冷剂蒸气将

会过热(称为回热),增加压缩机的能耗和冷凝器的负荷。因此,安装这种换热器是否合算,应通过计算确定。带过冷和回热的简单压缩制冷系统见图5-9。

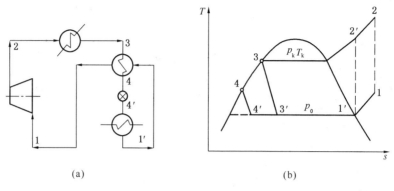

(a)　　　　　　　　　　　　　　　(b)

图5-9　带过冷和回热的简单压缩制冷系统

现以丙烷为例,假定蒸发器热负荷为1.055MJ/h(或制冷量为293kW),蒸发和冷凝压力分别为0.220MPa(a)及1.79MPa(a),按照上述方法求得以上两种压缩制冷系统的有关结果见表5-6。

表5-6　两种压缩制冷系统工艺计算结果

制冷系统		单级节流		两级节流	
		手工计算	计算机计算[1]	手工计算	计算机计算[1]
冷剂循环量/ (kg/h)	m	5153	5066	4853	4762
	m_1			1282	1338
	m_2			3571	3424
压缩机功率/ kW	总计	197	191	151	152
	一级			85	78
	二级			66	74
冷凝器压力/MPa		1.79	1.84	1.79	
分离器压力/MPa				0.81	0.81
蒸发器压力/MPa		0.22	0.215	0.22	0.22
冷凝器热负荷/(GJ/h)		1.77	1.75	1.60	1.60

注:① 采用 OPSIM 软件。

由表5-6可知,当二者运行条件相同时,带经济器的压缩制冷系统的压缩机总功率(151kW)远小于简单压缩制冷系统的功率(197kW)。尽管如此,当采用往复式制冷压缩机时,由于机架尺寸及投资费用减少甚少,故在工业上仍经常采用简单的压缩制冷系统。但是,目前广泛采用的单级压缩螺杆式制冷压缩机,其制冷系统中采用的经济器则与上述有所不同,即离开中间储罐(参见图5-5)的冷剂分为两路,其中进入蒸发器的冷剂先经过换热器用另一部分冷剂液体蒸发降温使之过冷,然后再进入蒸发器蒸发制冷,这样也能达到节能的目的,故此换热器也称之为经济器。最后,来自换热器及蒸发器的冷剂饱和蒸气分别返回压缩机中间入口和一级入口。

(五) 分级制冷(分级蒸发)的压缩制冷系统

分级制冷可以是一级制冷、两级制冷三级制冷或四级制冷。当工艺流体需要在几个温度等级(温位)下冷却降温,或者所需要提供几个温位的制冷量时,可采用分级制冷(分级蒸发)的压缩制冷系统。

图5-10为两级节流、两级压缩和两级制冷(蒸发)的制冷系统示意图。这种制冷系统与带有经济器的制冷循环相似,也是只有一部分冷剂去低压蒸发器循环,故可降低能耗。但是,这种制冷系统需要两台蒸发器(高压与低压),而且由于平均温差较小,其总传热面积较简单制冷系统要大。

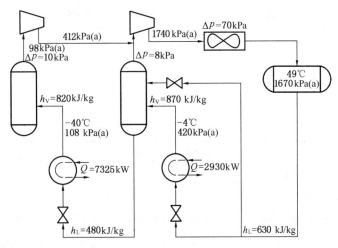

图 5-10　两级制冷的压缩制冷系统

由于这种制冷系统可以用一台多级压缩机组满足生产装置中各部位对不同温位冷量的需要,故可降低制冷系统的能耗及投资,因此在乙烯装置等中广泛应用。此外,分级制冷的压缩制冷系统也可与透平膨胀机制冷一起用于 NGL 回收装置中,见图5-11所示。图5-11中不仅有两台不同温位的蒸发器(也称为冷冻器),而且还有间隔串联的气/气换热器,从而使换热系统的传热温差变小而且均匀,提高了换热系统的热力学效率。

三级压缩制冷系统,是在两级制冷系统的基础上增加一台压缩机、分离器/或蒸发器。三级制冷比二级制冷的能耗更低,虽然能耗降低幅度减小,但在制冷负荷超过 880 kW,两

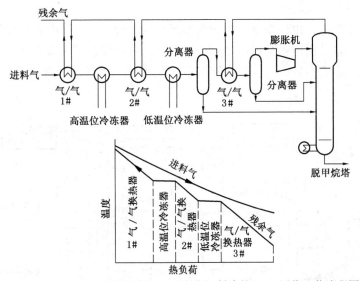

图 5-11　采用两级冷剂制冷与透平膨胀机制冷的 NGL 回收工艺流程图

个蒸发器温差大于15℃时，仍能补偿设备增加的费用。在多级制冷循环中，蒸发器内两种流体的温差减少，需要较大的换热面积，增加了换热器费用。显然，分级制冷的级数愈多，制冷能耗愈低，但增加的设备费用愈高。表5-7为不同制冷级数对丙烷经济循环（只用低压蒸发器）制冷系统的影响。制冷级数的确定应根据压缩机类型（如往复式压缩机压缩比一般不超过6）、所需压缩级数和系统经济性确定。

表5-7　制冷级数对丙烷制冷系统的影响

制冷级数	1	2	3
制冷负荷/kW	293	293	293
制冷温度/℃	-40	-40	-40
冷剂冷凝温度/℃	38	38	38
压缩功率/kW	163	131	125
冷凝器负荷/kW	511	469	462

分级制冷由于只使用一种冷剂，这使制冷温度受到冷剂蒸发温度的制约，天然气不能得到更低冷凝温度和更多凝液收率的要求。为此，又开发了阶式制冷系统。

（六）阶式制冷系统

用几种不同标准沸点冷剂逐低制冷温度的制冷循环称阶式制冷。采用氨、丙烷等冷剂的压缩制冷系统，其制冷温度最低仅约为-30～-40℃。如果要求更低的制冷温度（例如，低于-60～-80℃），必须选用乙烷、乙烯这样的冷剂（其标准沸点分别为-88.6℃和-103.7℃）。但是，由于乙烷、乙烯的临界温度较高（乙烷为32.1℃，乙烯为9.2℃），故在压缩制冷循环中不能采用空气或冷却水（温度为35～40℃）等冷却介质，而是需要采用丙烷、丙烯或氨制冷循环蒸发器中的冷剂提供冷量使其冷凝。

为了获得更低的温位（例如，低于-102℃）的冷量，此时就需要选用标准沸点更低的冷剂。例如，甲烷可以制取-160℃温位的冷量。但是，由于甲烷的临界温度为-82.5℃，在压缩制冷循环中其蒸气必须在低于此温度下才能冷凝。此时，甲烷蒸气就需采用乙烷、乙烯制冷循环蒸发器中的冷剂使其冷凝。这样，就形成了由几个单独而又互相联系的不同温位冷剂压缩制冷循环组成的阶式制冷系统。

在阶式制冷系统中，用较高温位制冷循环蒸发器中的冷剂来冷凝较低温位制冷循环冷凝器中的冷剂蒸气。这种制冷系统可满足-70～-140℃制冷温度（即蒸发温度）的要求。

阶式制冷系统常用丙烷、乙烷（或乙烯）及甲烷作为三个温位的冷剂。图5-12为阶式制

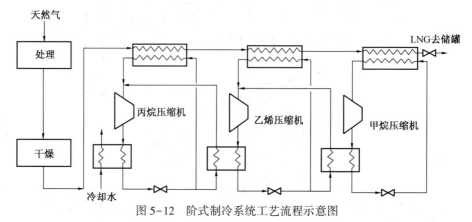

图5-12　阶式制冷系统工艺流程示意图

冷系统工艺流程示意图。图中，制冷温位高的第一级制冷循环(第一级制冷阶)采用丙烷作冷剂。由丙烷压缩机来的丙烷蒸气先经冷却器(水冷或空气冷却)冷凝为液体，再经节流阀降压后分别在蒸发器及乙烯冷却器中蒸发(蒸发温度可达-40℃)，一方面使天然气在蒸发器中冷冻降温；另一方面使由乙烯压缩机来的乙烯蒸气冷凝为液体。第二级制冷循环(第二级制冷阶)采用乙烯作冷剂。由乙烯压缩机来的乙烯蒸气先经冷却器冷凝为液体，再经节流阀降压后分别在蒸发器及甲烷冷却器中蒸发(蒸发温度可达-102℃)，一方面使天然气在蒸发器中冷冻降温；另一方面使由甲烷压缩机来的甲烷蒸气冷凝为液体。制冷温位低的第三级制冷循环(第三级制冷阶)采用甲烷作冷剂。由甲烷压缩机来的甲烷蒸气先经冷却器冷凝为液体，再经节流阀降压后在蒸发器中蒸发(蒸发温度可达-160℃)，使天然气进一步在蒸发器中冷冻降温。此外，各级制冷循环中的冷剂制冷温度常因所要求的冷量温位不同而有差别。

阶式制冷系统的优点是能耗较低。以天然气液化装置为例，当装置原料气压力与干气外输压力相差不大时，每液化 $1000m^3$ 天然气的能耗约为 $300 \sim 320kW \cdot h$。如果采用混合冷剂制冷系统和透平膨胀机制冷系统，其能耗将分别增加约 $20\% \sim 24\%$ 和 40% 以上。另外，由于其技术成熟，故在 20 世纪 60 年代曾广泛用于液化天然气生产中。

阶式制冷系统的缺点是流程及操作复杂，投资较大。而且，当装置原料气压力大大高于干气外输压力时，透平膨胀机制冷系统的能耗将显著降低，加之此系统投资少，操作简单，故目前除极少数 NGL 回收装置采用两级阶式制冷系统外，大多采用透平膨胀机制冷系统。但是，在乙烯装置中由于所需制冷温位多，丙烯、乙烯冷剂又是本装置的产品，储存设施完善，加之阶式制冷系统能耗低，故仍广泛采用之。

(七) 混合冷剂制冷系统

混合冷剂是指由甲烷至戊烷等烃类混合物组成的冷剂。无论是分级和阶式制冷，冷剂的蒸发温度曲线呈台阶式，而天然气的温降为连续下降曲线，使冷剂和天然气的温差时大时小，㶲效率降低。如果利用标准沸点不同的几种冷剂按一定比例混合构成混合冷剂，则有较宽的蒸发温度范围和连续的蒸发曲线，合理确定混合冷剂内各组分的比例，就可使蒸发曲线尽量和天然气冷却曲线匹配，降低换热系统的传热温差，提高制冷系统的㶲效率。这样，既保留了阶式制冷系统的优点，又因为只有一台或几台同类型的压缩机，使工艺流程大大简化，投资也可减少。因此，自 20 世纪 70 年代以来此系统已在天然气液化装置中普遍取代了阶式制冷系统，在 NGL 回收装置中也有采用之。但是，由于混合冷剂制冷系统的能耗高于丙烯-乙烯阶式制冷系统的能耗，加之操作比较复杂，很难适应乙烯装置工况的变化，故在该类装置中至今仍未采用。

根据制冷温度的要求，混合冷剂可由 $C_1 \sim C_5$ 组成，也可由以 N_2(标准沸点为 $-195.8℃$)和 $C_1 \sim C_5$ 的混合物为冷剂。显然，后者的制冷温度更低(可低于-160℃)，目前已广泛用于天然气液化装置的制冷系统。

图 5-13 为采用混合冷剂制冷系统的 NGL 回收工艺流程示意图，图 5-14 则为相应的天然气冷却曲线，其混合冷剂的组成(摩尔分数)为：CH_4 30%、C_2H_6 25%、C_3H_8 35%、C_4H_{10} 10%。

(八) 制冷压缩机的选型

常用的制冷压缩机有离心式、往复式和螺杆式等。影响制冷压缩机选型的主要因素有冷剂的类型及制冷负荷等。

往复式压缩机虽可用于丙烷，但因丙烷在较高温度下会溶于油，故需采用特种润滑油和

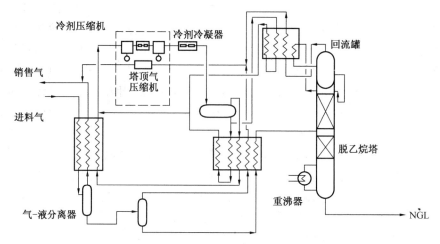

图 5-13　混合冷剂制冷系统工艺流程示意图

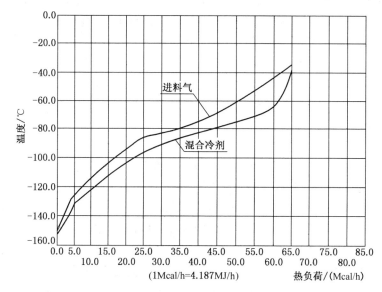

图 5-14　采用混合冷剂制冷的天然气冷却曲线

曲轴箱加热器。

采用电动机驱动时离心式压缩机功率低于约 400kW、采用透平驱动时其功率低于约 600kW 时是不经济的。功率大于 750kW 尤其是更高时,采用离心式压缩机就更经济。功率较低时,采用往复式、螺杆式及旋转式压缩机都可以。有关天然气液化装置制冷压缩机的选型见本书第六章所述。

在 NGL 回收及天然气液化装置所遇到的制冷温度下,通常需要 3~4 个叶轮的离心式制冷压缩机。因而可以采用多级级间经济器并提供多个温位以进一步降低能耗。但是,在低负荷时为了防止喘振需要将压缩机出口冷剂蒸气返回入口,从而浪费功率,这是使用离心式制冷压缩机的主要缺点。

采用往复式制冷压缩机时,由于制冷温度通常要求两级压缩,故有可能使用一个级间经济器及一个辅助制冷温位。此外,经济器也降低了压缩机一级气缸体积、直径,因而降低了连杆负荷。通过改变气缸速度、余隙容积以及将压缩机出口冷剂蒸气返回入口,可以调节其制冷负荷。但是，冷剂蒸气循环同样也会浪费功率。

螺杆式压缩机可用于所有冷剂。在标准出口压力(2.4MPa)下的入口压力下限约为0.021MPa。出口压力超过5.0MPa也可使用。

螺杆式压缩机可在很宽的入口和出口压力范围内运行，压缩比直到10均可。当有经济器时，其压缩比可以更高。在压缩比2~7下运行时，其效率可高到与同范围的往复式压缩机相当。螺杆式压缩机的制冷负荷可在10%~100%范围内自动调节而单位制冷量的功耗无明显降低。采用经济器时，螺杆式压缩机的能耗约可降低20%。

电动机、气体透平和膨胀机等都可作为螺杆式压缩机的驱动机。

二、透平膨胀机制冷

透平膨胀机是一种输出功率并使压缩气体膨胀因而压力降低和能量减少的原动机。通常，人们又把其中输出功率且压缩气体为水蒸气和燃气的这一类透平膨胀机另外称为蒸气轮机和燃气轮机(例如，催化裂化装置中的烟气轮机即属于此类)，而只把输出功率且压缩气体为空气、天然气等，利用气体能量减少以获得低温从而实现制冷目的的这一类称为透平膨胀机(涡轮膨胀机)。本书所指的透平膨胀机即为后者。

由于透平膨胀机具有流量大、体积小、冷量损失少、结构简单、通流部分无机械摩擦件、不污染制冷工质(即压缩气体)、调节性能好、安全可靠等优点，故自20世纪60年代以来已在NGL回收及天然气液化等装置中广泛用作制冷机械。

(一) 透平膨胀机简介

1. 结构

图5-15为一种广为应用的带有半开式工作叶轮的单级向心径-轴流反作用式透平膨胀机的局部剖视图。它由膨胀机通流部分、制动器及机体三部分组成。膨胀机通流部分是获得低温的主要部件，由涡壳、喷嘴环(导流器)、工作轮(叶轮)及扩压器组成。制冷工质从入口管线进入膨胀机的蜗壳1，把气流均匀地分配给喷嘴环。气流在喷嘴环的喷嘴2中第一次膨胀，把一部分焓降转换成动能，因而推动工作轮3输出外功。同时，剩余的一部分焓降也因气流在工作轮中继续膨胀而转换成外功输出。膨胀后的低温工质经过扩压器4排至出口低温管线中。图5-15中的这台透平膨胀机采用风机作为制动器。制动空气通过风机端盖8上的入口管吸入，先经风机轮6压缩后，再经无叶括压器及风机涡壳7扩压，最后排入管线中。测速器9用来测量透平膨胀机的转速。机体在这里起着传递、支承和隔热的作用。主轴支承在机体11中的轴承座10上，通过主轴(传动轴)5把膨胀机工作轮的功率传递给同轴安装的制动器。为了防止

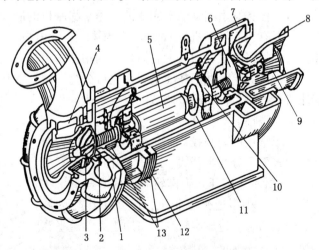

图5-15 向心径-轴流反作用式透平膨胀机结构示意图

1—蜗壳；2—喷嘴；3—工作轮；4—扩压器；5—主轴；6—风机轮；
7—风机蜗壳；8—风机端盖；9—测速器；10—轴承座；11—机体；
12—中间体；13—密封设备

不同温度区的热量传递和冷气体泄漏，机体中还设有中间体 12 和密封设备 13。由膨胀机工作轮、制动风机轮和主轴等组成的旋转部件又称为转子。此外，为使透平膨胀机连续安全运行，还必须有一些辅助设备和系统，例如润滑、密封、冷却、自动控制和保安系统等。

2. 制冷原理

向心反作用式透平膨胀机的工作过程基本上是离心压缩机的反过程。

从能量转换观点来看，透平膨胀机是作为一种原动机来驱动它的制动器高速旋转，由于工作轮中的气体对工作轮做功，使工作轮出口的气体压力及比焓降低（即产生焓降），从而把气体的能量转换成机械功输出并传递给制动器接收，亦即转换为其他形式能量的一种高速旋转机械。

如上所述，在向心反作用式透平膨胀机中，具有一定可利用压力能的气体，在喷嘴环的喷嘴中膨胀，压力降低，速度增加，将一部分压力能及焓降转换为动能。在喷嘴出口处的高速气流推动工作轮高速旋转，同时在工作轮流道中继续膨胀，压力及比焓继续降低。由于气体在工作轮进出口处的速度方向和大小发生变化，即动量矩发生变化，工作轮中的气体便对工作轮做功，从而把气体的能量转换为机械功输出并传递给制动器接收，因而降低了膨胀机出口气体的压力和温度。

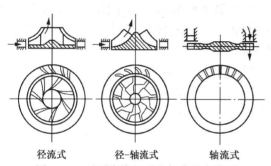

径流式　径-轴流式　轴流式
图 5-16　透平膨胀机通流部分基本类型

3. 透平膨胀机及其制动器分类

透平膨胀机按气体在工作轮中的流向分为轴流式、向心径流式（径流式）和向心径-轴流式（径-轴流式）三类，见图 5-16 所示；按气体在工作轮中是否继续膨胀可分为反作用式（反击式）和冲动式（冲击式）两类。NGL 回收及天然气液化等装置中采用的透平膨胀机多为向心径-轴流反作用式。

透平膨胀机在使气体降温实现制冷的同时，还需以一定的转速通过主轴输出相应的机械功。这一任务是由制动器来完成的。透平膨胀机的制动器可分为功率回收型与功率消耗型两类。前者有离心压缩机（通常称为增压机）、发电机等，一般用在输出功率较大的场合，以提高装置的经济性，而后者有风机等则用在输出功率较小的场合，以简化工艺流程。

喷嘴按其流道喉部截面是否变化可分为固定喷嘴和可调喷嘴，后者流道喉部截面在透平膨胀机运行中可根据冷量调节的需要来改变，故大、中型透平膨胀机普遍采用，以提高其运行时的经济性。

对于常用的向心径-轴流式工作轮，按轮盘结构形式又可分为半开式、闭式和开式三种，见图 5-17 所示。半开式工作轮制造成本较低，主要用于中、小型透平膨胀机，闭式工作轮内漏少、效率高、制造成本较高，多用于大型透平膨胀机。

（二）透平膨胀机的等熵效率

透平膨胀机的等熵效率是衡量其热力学性能的一个重要参数。压缩气体流过膨胀机进行膨胀时，如果与外部没有热交换（即绝热过程），同

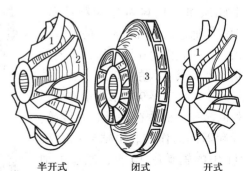

半开式　闭式　开式
图 5-17　透平膨胀机径-轴流式工作轮类型
1—叶片；2—轮背；3—轮盖

202

时对外做功过程又是可逆的，则必然是等熵过程。这种理想过程的特点是气体膨胀并对外做功，且其比熵不变，膨胀后的气体温度降低，同时产生冷量。

气体等熵膨胀时，压力微小变化所引起的温度变化称为微分等熵效应，以微分等熵效应系数 μ_s 表示，即

$$\mu_s = \left(\frac{\partial T}{\partial p}\right)_s \qquad (5-12)$$

同样，可导出

$$\mu_s = \left(\frac{\partial T}{\partial p}\right)_s = \frac{T}{c_p}\left(\frac{\partial V}{\partial T}\right)_p \qquad (5-13)$$

由上式可知，由于 $c_p>0$，$T>0$，而且气体总是 $\left(\frac{\partial V}{\partial T}\right)_p > 0$，故 μ_s 为正值。因此，气体等熵膨胀时温度总是降低的，亦即产生熵降，从而实现制冷目的。

通常，人们把膨胀机中转换为外功的熵降称为膨胀机的制冷量。对于 NGL 回收及天然气液化装置用的透平膨胀机来说，主要目的是要获得尽可能多的制冷量。但是，由于有各种内部损失存在，实际膨胀过程是熵增大的不可逆过程（多变过程），因而使得透平膨胀机的实际制冷量比等熵膨胀时的理论制冷量要少。

透平膨胀机的实际熵降就是它的实际制冷量。透平膨胀机的实际熵降 Δh_{act}（即透平膨胀机进、出口气体实际比熵之差）与等熵膨胀的理论熵降 Δh_s（即从透平膨胀机进口状态等熵膨胀到出口压力下的进、出口气体比熵之差）之比称为透平膨胀机的等熵效率（绝热效率或多变效率），常以 η_s 表示，即

$$\eta_s = \Delta h_{act}/\Delta h_s \qquad (5-14)$$

式中　η_s——透平膨胀机的等熵效率，以分数表示；

　　Δh_{act}——透平膨胀机的实际熵降，kJ/kg；

　　Δh_s——透平膨胀机的等熵熵降，kJ/kg。

对于制冷用的透平膨胀机来讲，人们还关注其实际制冷量（即制冷功率或制冷负荷）的大小。透平膨胀机的实际制冷量 Q_{act} 为

$$Q_{act} = m\Delta h_{act} = m\eta_s\Delta h_s \qquad (5-15)$$

由此可知，对于进、出口条件和气体质量流量 m 一定的透平膨胀机来讲，等熵效率越高，所获得的实际制冷量就越大。等熵效率一般应该由制造厂家提供。由于使用透平膨胀机的主要优点是既可回收能量，又可获得制冷效果，故其转速要调整到使膨胀机具有最佳效率。对于向心径-轴流反作用式透平膨胀机，其等熵效率约在 70%~85%，而增压机的效率约为 65%~80%。

实际上，影响透平膨胀机实际制冷量的因素除了内部损失外，还存在外泄漏、外漏冷等外部损失和机械损失。当透平膨胀机密封结构良好并有密封气体时，外泄漏量不大。外漏冷在机壳隔热良好时也可忽略不计。机械损失并不影响透平膨胀机的实际制冷量，但却影响其输出的有效轴功率或制动功率。在考虑机械损失后，透平膨胀机的有效轴功率 W_e 为

$$W_e = m\eta_e\Delta h_s \qquad (5-16)$$

$$\eta_e = \eta_s\eta_m \qquad (5-17)$$

式中　W_e——透平膨胀机的有效轴功率，kJ/h；

η_e——透平膨胀机的有效效率，以分数表示；

η_m——透平膨胀机的机械效率，以分数表示，一般取 0.95～0.98。

有效轴功率是选择制冷用透平膨胀机制动器功率大小的主要依据之一。

（三）透平膨胀机进、出口工艺参数的确定

膨胀机进口条件（T_1、p_1）一般根据原料气组成、要求的液烃冷凝率及工艺过程的能量平衡等来确定。膨胀机出口压力 p_2 则应根据工艺过程的要求及膨胀机下游再压缩机的功率来确定。然后，通过试算法（手工或计算机计算）确定膨胀机等熵膨胀时的理论出口温度 T_2 和实际膨胀时的出口温度 T_2'。当已知气体在膨胀机进口处的组成、摩尔流量、温度（T_1）和压力（p_1），以及膨胀机出口压力（p_2）时，其具体计算步骤如下：

① 由原料气组成、膨胀机进口条件（T_1、p_1）计算膨胀机进口物流的比焓（h_1）和比熵（s_1）。

② 假设一个等熵膨胀时的理论出口温度 T_2。

③ 根据 p_2 及假设的 T_2 对膨胀机出口物流进行平衡闪蒸计算，以确定此处的冷凝率。

④ 计算膨胀机出口物流的比焓（h_2）和比熵（s_2）。如果出口物流为两相流，则 h_2、s_2 为气液混合物的比焓及比熵。

⑤ 如果由步骤④求出的 s_2 等于 s_1，则假设是正确的。否则，就要重复步骤②～④，直至 s_2 等于 s_1。

⑥ 当 s_2 等于 s_1 时为等熵膨胀过程，此时的理论焓降为 $\Delta h_s = (h_2 - h_1)$。

⑦ 已知膨胀机的等熵效率 η_s，计算实际焓降 $\Delta h_{act} = \eta_s \Delta h_s = (h_2' - h_1)$，并由实际焓降计算实际制冷量。

⑧ 已知膨胀机的机械效率 η_m，计算输出的有效轴功率 W_e。

⑨ 由于膨胀机的实际焓降小于理论焓降，故其实际出口温度 T_2' 将高于上述步骤确定的理论出口温度，可由 h_2'、p_2 利用 T-s 图或 h-s 图查出 T_2'，也可采用与步骤②～⑤相同的方法通过试算法确定膨胀机的实际出口温度 T_2'。

【例 5-1】 某 NGL 回收装置，采用透平膨胀机制冷。已知膨胀机进口气体体积组成（%）为：CH_4 88.97、C_2H_6 8.54、C_3H_8 1.92、N_2 0.48、CO_2 0.09，摩尔流量为 343kmol/h，压力为 2MPa（绝压，下同），温度为 214K，出口压力为 0.5MPa，膨胀机等熵效率为 76.5%。试计算膨胀机出口物流的实际温度、制冷量及有效轴功率。

【解】 本例题采用有关软件由计算机求解，其中间及最终结果如下：

① 由气体组成求得其相对分子质量为 17.86，故质量流量 $m = 6129$（kg/h）。

② 由气体组成、进口压力和温度，求得其在膨胀机进口条件下的比焓 $h_1 = 6421$（kJ/kmol）。

③ 由气体组成、进口压力和温度以及出口压力，求得膨胀机等熵膨胀（膨胀比为 2/0.5 = 4）时的理论焓降 $\Delta h_s = 1901$（kJ/kmol）。

④ 由气体组成、进口压力和温度、出口压力及等熵效率，求得膨胀机的实际焓降 $\Delta h_{act} = (0.765 \times 1901) = 1434$（kJ/kmol），并由此求得膨胀机出口物流的实际比焓 $h_2' = 4967$（kJ/kmol）。

⑤ 由气体组成、出口压力及比焓，求得膨胀机出口物流的温度为 175K，带液量为 4.44%（质量分数）。

⑥ 由气体摩尔流量和膨胀机实际焓降，求得膨胀机的实际制冷量 $Q_{act} = 343 \times 1434 = 492$（MJ/h）= 137（kW）。

⑦ 膨胀机的机械效率取 0.98，故其有效轴功率 $W_e = 0.98 \times 137 = 134$（kW）。

由此可知，当进入膨胀机的气体组成、压力和温度已知时，膨胀机出口温度决定于其膨胀比、带液量及等熵效率。

在实际运行中，由于气体流量常有变化，故透平膨胀机的转速、效率和输出功率也随之改变，见图5-18。由图可知，借助于改变可调喷嘴流道面积，可使膨胀机在设计流量的50%~130%范围内都能保持较高效率。

膨胀机的膨胀比（即物流进、出口绝对压力之比）宜为2~4。如果膨胀比较大，由于此时膨胀机效率较低，应考虑采用两级或三级膨胀。当采用多级膨胀时，每级膨胀的焓降不应大于115kJ/kg。但是，是否采用多级膨胀，还应对此工艺过程进行经济分析，并权衡其操作上的难易后决定。

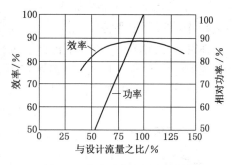

图5-18　透平膨胀机流量-效率-功率的关系

膨胀机进口温度宜为-30~-70℃，压力一般不宜高于6~7MPa。透平膨胀机主轴转速一般在$(1~5)×10^4$r/min，甚至更高。采用透平膨胀机制冷的NGL回收工艺流程图见图5-11。

（四）透平膨胀机的运行

影响透平膨胀机运行的因素很多，例如，膨胀机必须能在有凝液存在的情况下安全有效地运行。大多数情况下，气流经过膨胀机时会部分冷凝而析出一些凝液，有时凝液量可能超过20%（质量分数）。凝液的析出将使高速旋转的膨胀机本身产生某种不平衡过程，引起效率下降。由于一般仅在膨胀机出口出现气、液两相，故可认为大部分凝液正好在工作轮的下游析出。因此，在膨胀机的设计与制造中要考虑避免液滴撞击工作轮以及在转子中积累的问题。通常采用单级向心径—轴流反作用式透平膨胀机，以解决气流在透平膨胀机中产生凝液时所带来的危害。

有人根据经验认为，膨胀机出口物流中的带液量可达20%（质量分数），但一般说来，允许至10%（质量分数）的带液量是比较合适的。

为了保护膨胀机在低温下安全可靠运行，应严防气体中的水、CO_2等在膨胀机的低温部位形成固体而引起严重磨损和侵蚀。因此，从原料气中脱水、脱碳是十分必要的。此外，对气流中可能形成固体或半固体的其他杂质也必须脱除。气流中夹带的胺、甘醇及压缩机的润滑油等都可能在膨胀机的上游、低温分离器及膨胀机进口过滤网上造成堵塞。

CO_2在NGL回收及天然气液化等装置中，特别是在温度较低的膨胀机出口及脱甲烷塔的顶部可能形成固体。因此，对膨胀机进口气流中的CO_2含量应有一定限制，例如NGL回收装置一般限制其摩尔分数在0.5%~1.0%。

膨胀机产生的凝液如果送至脱甲烷塔顶部的塔板上，CO_2将在塔顶的几块塔板上进行浓缩。这说明最可能形成固体CO_2的部位是在塔顶的几块塔板上，而不是膨胀机的出口。此外，如果原料气中含有苯、环己烷等物质，它们也会随膨胀机产生的凝液进入脱甲烷塔中形成固体，故也必须给予充分注意。

对透平膨胀机的润滑油、密封以及其他系统等，一般都有比较严格的要求，这里就不再一一介绍。

三、节流阀膨胀制冷

当气体有可供利用的压力能，而且不需很低的冷冻温度时，采用节流阀（也称焦耳-汤姆逊阀）膨胀制冷则是一种比较简单的制冷方法。如果进入节流阀的气流温度很低时节流效应尤为显著。图3-3即为采用节流阀制冷的低温分离工艺流程图。

（一）节流阀膨胀制冷原理

1. 节流过程主要特征

在管线中连续流动的压缩流体通过孔口或阀门时，由于局部阻力使流体压力显著降低，这种现象称为节流。工程上的实际节流过程，由于流体经过孔口或阀门时流速快、时间短，来不及与外界进行热交换，故可近似认为是绝热节流。如果在节流过程中，流体与外界既无

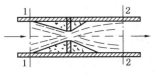

图 5-19 节流过程示意图

热交换和轴功交换（即不对外做功），又无宏观位能和动能变化，则节流前后流体的比焓不变，此时即为等焓节流。天然气流经节流阀的膨胀过程可近似看作是等焓节流。

图5-19为节流过程示意图。流体在接近孔口时，由于截面积急剧缩小，因而流速迅速增加。流体经过孔口后，由于截面积急剧扩大，流速又迅速降低。如果流体由截面1-1流到截面2-2的节流过程中，与外界没有热交换及轴功交换，则可由绝热稳定流动能量平衡方程得

$$h_1 + \frac{v_1^2}{2g} + z_1 = h_2 + \frac{v_2^2}{2g} + z_2 \qquad (5-18)$$

式中　h_1，h_2——流体在截面1-1和截面2-2处的比焓，kJ/kg（换算为m）；

　　　v_1，v_2——流体在截面1-1和截面2-2处的平均速度，m/s；

　　　z_1，z_2——流体在截面1-1和截面2-2处的水平高度，m；

　　　g——重力加速度，m/s^2。

一般情况下动能与位能变化不大，且其值与比焓相比又很小，故公式（5-18）中的动能、位能变化可忽略不计，因而可得

$$h_1 - h_2 = 0 \qquad (5-19)$$

或　　　　　　　　　　　　　　$$h_1 = h_2$$

上式说明绝热节流前后流体比焓相等，这是节流过程的主要特征。由于节流过程摩擦与涡流产生的热量不可能完全转变为其他形式的能量，故节流过程是不可逆过程，过程进行时流体比熵随之增加。

2. 节流效应

由于理想气体的比焓只是温度的函数，故其节流前后温度不变。对于实际气体，其比焓是温度及压力的函数，故其节流前后温度一般将发生变化，这一现象称之为节流效应或焦耳-汤姆逊效应（简称焦-汤效应或J-T效应）。

流体在节流过程中由于微小压力变化所引起的温度变化称之为微分节流效应，以微分节流效应系数 μ_h 表示，即

$$\mu_h = \left(\frac{\partial T}{\partial p}\right)_h \qquad (5-20)$$

式中　μ_h——微分节流效应系数。

当压降为某一有限值时，例如由 p_1 降至 p_2，流体在节流过程中所产生的温度变化称为积分节流效应 ΔT_h，即

$$\Delta T_{\text{h}} = T_2 - T_1 = \int_{p_1}^{p_2} \mu_{\text{h}} \mathrm{d}p = \mu_{\text{m}} (p_2 - p_1) \qquad (5-21)$$

式中　μ_{m}——压力由 p_1 节流至 p_2 时的平均节流效应系数。

理论上，μ_{h} 的表达式可由热力学关系式推导出来。从比焓的特性可知

$$\mathrm{d}h = c_{\text{p}} \mathrm{d}T - \left[T \left(\frac{\partial V}{\partial T} \right)_{\text{p}} - V \right] \mathrm{d}p \qquad (5-22)$$

对于等焓过程，$\mathrm{d}h = 0$，将公式(5-22)移项可得

$$\mu_{\text{h}} = \left(\frac{\partial T}{\partial p} \right)_{\text{h}} = \frac{1}{c_{\text{p}}} \left[T \left(\frac{\partial V}{\partial T} \right)_{\text{p}} - V \right] \qquad (5-23)$$

式中　c_{p}——流体的等压比热容。

对于理想气体，由于 $pV = RT$，$\left(\frac{\partial V}{\partial T} \right)_{\text{p}} = \frac{R}{p} = \frac{V}{T}$，故由公式(5-23)得 $\mu_{\text{h}} = 0$，即理想气体在节流过程中温度不变。对于实际气体，公式(5-23)有以下三种情况：

① 当 $T \left(\frac{\partial V}{\partial T} \right)_{\text{p}} > V$ 时，$\mu_{\text{h}} > 0$，节流后温度降低，称为冷效应；

② 当 $T \left(\frac{\partial V}{\partial T} \right)_{\text{p}} = V$ 时，$\mu_{\text{h}} = 0$，节流后温度不变，称为零效应；

③ 当 $T \left(\frac{\partial V}{\partial T} \right)_{\text{p}} < V$ 时，$\mu_{\text{h}} < 0$，节流后温度升高，称为热效应。

图 5-20 给出了节流效应曲线。曲线 A 表示了气体微分斜率 $\left(\frac{\partial V}{\partial T} \right)_{\text{p}}$ 大于平均斜率 V/T 的情况，故气体在膨胀时将会降温。曲线 C 表示气体的节流情况正好相反，节流膨胀时将会升温。曲线 B 表示气体在节流时温度不变。所谓节流膨胀制冷，就是利用压缩流体流经节流阀进行等焓膨胀并产生节流冷效应，使气体温度降低的一种方法。

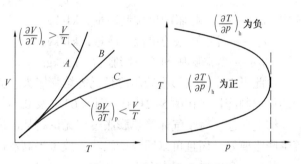

图 5-20　节流效应曲线

许多流体的节流效应具有正负值改变的特性。或者说，同一流体在不同状态下节流时可能有不同的微分节流效应，或正、或负、或为零。曲线斜率改变正负值($\mu_{\text{h}} = 0$)的点称为转化点，相应的温度称为转化温度(转换温度)。图 5-20 的右图即为节流效应的转化曲线，其形状具有所有实际流体的共性。在曲线以外，流体在节流膨胀时升温，而在曲线以内，流体在节流膨胀时降温。

由图 5-20 还可知，流体在不同压力下有不同的转化点，而在同一压力下存在两个转化点，相应有两个转化温度：一为气相转化点，相应为气相转化温度；二为液相转化点，相应为液相转化温度。流体在低于气相转化温度并高于液相转化温度之间(即曲线以内)节流膨胀时降温，而在高于气相转化温度或低于液相转化温度下节流膨胀时升温。大多数气体的转化温度都很高，在室温下节流膨胀时均降温。少数气体(如氦、氖、氢等)的转化温度较低，为获得节流冷效应，必须在节流前预冷，使其节流前的温度低于转化温度。

因此，实际气体节流前后温度变化情况决定于气体的性质及所处状态，故要达到节流制冷目的，必须根据气体性质选取合适的节流前温度和压力。

必须说明的是，图5-20中的曲线只适用于在节流膨胀中没有凝液析出的情况。

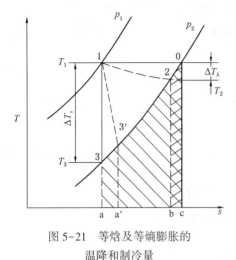

图5-21　等焓及等熵膨胀的
温降和制冷量

（二）节流膨胀（等焓膨胀）与等熵膨胀比较

将公式（5-13）和公式（5-23）进行比较后可以得出

$$\mu_s - \mu_h = \frac{V}{c_p} \qquad (5-24)$$

公式（5-24）中的 V/c_p 为气体对外做功引起的温度降。由于 $V>0$，$c_p>0$，则 $V/c_p>0$，故 $\mu_s>\mu_h$，即气体的微分等熵效应总是大于微分节流效应。因此，对于同样的初始状态和膨胀比，等熵膨胀的温降比节流膨胀温降要大，如图5-21中1-3线所示。但是，μ_s 与 μ_h 的差值与温度、压力有关。当压力较低而温度较高时，μ_s 比 μ_h 大得多。随着压力增加，μ_s 将接近于 μ_h。在临界点时，μ_s 近似等于 μ_h。

同样可知，当气体初始状态及膨胀比相同时，等熵膨胀与等焓膨胀单位制冷量之差为

$$q_s - q_h = w_s \qquad (5-25)$$

式中　q_s——等熵膨胀的单位制冷量，kJ/kg；

q_h——等焓膨胀的单位制冷量，kJ/kg；

w_s——等熵膨胀的单位膨胀功，kJ/kg。

由此可知，等熵膨胀的制冷量比等焓膨胀大，其差值等于膨胀机对外做的功。这两个过程的单位制冷量，在图5-21中分别为03ac及02bc所含的面积。

综上所述，对于气体绝热膨胀过程无论是从温度效应还是从制冷量来讲，等熵膨胀都比等焓膨胀要好，而且可以回收膨胀功，故可提高制冷循环的经济性。

从实用角度看，二者有以下区别：

①　节流膨胀过程用节流阀，结构简单，操作方便；等熵过程用膨胀机，结构复杂。

②　膨胀机中的实际膨胀过程为多变过程，故所得到的温度效应比等熵过程的理论值小，如图5-21中的1-3'线所示。

③　节流阀可以在气液两相区内工作，即节流阀出口允许有很大的带液量，而膨胀机所允许的带液量有一定限度。

因此，节流膨胀和等熵膨胀两个过程的应用应根据具体情况而定。在制冷系统中，液体冷剂的膨胀过程均采用节流膨胀，而气体冷剂的膨胀既可采用等熵膨胀，也可采用节流膨胀。由于气体节流膨胀只需结构简单的节流阀即可，故在一些高压气藏气的低温分离装置中仍然采用。此外，在温度较低尤其是在两相区中，μ_s 与 μ_h 相差甚小，膨胀机的结构及运行尚存在一定问题，故在NGL回收及天然气液化等装置中常采用气体节流膨胀作为最低温位的制冷方法（参见图5-22）。

（三）气体节流膨胀出口温度的确定

如前所述，气体节流膨胀可近似看成是等焓过程。当气体组成和节流阀的进口压力、温

度及出口压力已知时，可用试算法按以下步骤计算其出口温度：

① 计算流体在进口温度(T_1)和压力(p_1)时的比焓(h_1)，如为两相流，则应为气液混合物的比焓。

② 假设一个流体出口温度T_2。

③ 按出口压力p_2及假设的T_2进行平衡闪蒸计算，求出气、液各相的组成及相对量(如液化率)。

④ 根据上述平衡闪蒸计算及假设的T_2，求出出口流体的比焓h_2。

⑤ 如果$h_1=h_2$，则假设的出口温度T_2是正确的。否则，重复步骤②～⑤，直到$h_1=h_2$为止。

目前，上述计算也多用有关软件由计算机完成。

四、节流阀及膨胀机联合制冷

除阶式制冷系统外，采用节流阀和膨胀机联合制冷循环系统也可达到深冷分离所需温位。这些制冷系统在 NGL 回收、天然气液化及天然气脱氮等装置中均得到广泛应用。

图 5-22 为带预冷的节流阀和膨胀机联合(并联)制冷循环系统示意图。如图所示，常温T_1和常压p_1的气体(点 1)先经压缩机 A 压缩至p_2，再经冷却器 B 冷却至T_2(点 2)，然后经换热器 C、D、E 用返回的低温气体和外部冷源预冷至T_3(点 3)后分为两部分：一部分进入膨胀机 F 膨胀至点 4 后经换热器 G，与由蒸发器 H 返回的低温气体汇合；另一部分进入换热器 G 进一步预冷至点 5 并经节流阀膨胀至点 6 后，所析出的凝液作为冷剂送至蒸发器 H。节流后产生的气体与蒸发器气化的气体由点 7 经换热器 G，以及换热器 E、D、C 回收冷量后返回压缩机 A 进口(点 1)。

必须说明的是，图 5-22 表示的是闭式制冷循环系统原理示意图。实际上，在 NGL 回收、天然气液化及天然气脱氮等装置中既可以采用开式系统，也可以采用闭式循环系统。开式制冷系统中的冷剂就是装置中的工艺流体(如天然气)，并不在系统中进行循环，而闭式制冷循环系统中作为冷剂的气体则在封闭系统中循环。由于开式循环系统投资较低，操作简单，同时可以回收凝液，尤其是在原料气压力高于干气外输压力时经济性更好，故在上述装置中广为应用。但是，对于图 5-13 所示的混合冷剂制冷系统采用的则是闭式循环系统。这是因为当采用开式循环系统时，混合冷剂的组成受原料气及操作条件的影响较大，启动时间较闭式循环系统要长，而且操作容易偏离最佳条件。

此外，根据具体情况不同，上述装置采用的实际制冷系统也与图 5-22 所示的制冷系统会有很大差别。例如，装置中原料气在冷却过程中进行多级气液分离，分出的凝液予以回收

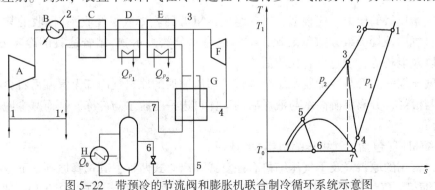

图 5-22　带预冷的节流阀和膨胀机联合制冷循环系统示意图

而不是作为冷剂循环应用等。

第三节　天然气凝液回收工艺

如前所述,由于 NGL 回收过程目前普遍采用冷凝分离法,故此处主要介绍采用冷凝分离法的 NGL 回收工艺。

一、工艺及设备

通常,NGL 回收工艺主要由原料气预处理、压缩、冷凝分离、凝液分馏、产品储存、干气再压缩以及制冷等系统全部或一部分组成。

(一)原料气预处理

原料气预处理的目的是脱除其携带的油、游离水和泥砂等杂质,以及脱除原料气中的水蒸气、酸性组分和汞等。

当采用浅冷分离工艺时,只要原料气中 CO_2 含量不影响冷凝分离过程及商品天然气的质量指标,就不必脱除原料气中的 CO_2。当采用深冷分离工艺时,由于 CO_2 会在低温下形成固体,堵塞管线和设备,故应将其脱除至允许范围之内。

脱水设施应设置在气体可能形成水合物的部位之前。流程中如果有原料气压缩机时,可根据具体情况经过比较后,将脱水设施设置在压缩机的级间或末级之后。当需要脱除原料气中酸性组分时,一般是先脱酸性组分再脱水。

另外,还有一些天然气中含有汞。当低温换热器选用铝质板翅式换热器时,汞会通过溶解腐蚀(与铝生成汞齐)、化学腐蚀(汞齐中的铝与天然气中的微量水反应生成不溶解于汞的氢氧化铝,于是又有新的铝溶解在汞中)和液体金属脆断等引起板翅式换热器泄漏,故此时原料气也应脱汞。

(二)原料气压缩

1. 压缩目的

对于高压原料气(例如高压凝析气),进入装置后即可进行预处理和冷凝分离。但当原料气为低压伴生气时,因其压力通常仅为 0.1~0.3MPa,为了提高气体的冷凝率(即天然气凝液的数量与天然气总量之比,一般以摩尔分数表示),以及干气要求在较高压力下外输时,通常都要将原料气增压至适宜的冷凝压力后再冷凝分离。当采用膨胀机制冷时,为了达到所要求的冷冻温度,膨胀机进、出口压力必须有一定的膨胀比,因而也应保证膨胀机进口气流的压力。

原料气增压后的压力,应根据原料气组成、NGL 回收率或液烃收率(回收的某产品中某烃类与原料气中该烃类组分数量之比,通常以摩尔分数表示),结合适宜的冷凝分离压力、干气压力以及能耗等,进行综合比较后确定。

原料气压缩一般都与冷却脱水结合进行,即压缩后的原料气冷却至常温后将会析出一部分游离水与液烃,分离出游离水与液烃后的气体再进一步脱水与冷冻,从而减少脱水与制冷系统的负荷。

2. 压缩机组(包括干气再压缩机组)的选择

目前,常用的原料气及干气压缩机有往复式和离心式两种,其选择原则如下:

① 压缩机　气量较大且较稳定,压缩比较小,或轴功率大于 2000~2500kW 时,可选用

离心式压缩机。特殊情况下，轴功率小于 500kW 时也可考虑。气量波动或递减、处理厂分期建设，或气量较少以及压缩比很高(例如注气)时，可选用往复式压缩机。目前，我国苏里格气田第二天然气处理厂单台往复式压缩机的最大功率为 3500kW，沁水盆地煤层气中央处理厂单台往复式压缩机的最大功率则达 4400kW。

大型往复式压缩机的绝热效率应大于 80%，离心式压缩机应大于 75%。

② 驱动机　驱动机的选择应考虑能源的供应及压缩机的转速。离心式压缩机可选用燃气轮机驱动，往复式压缩机可选用电动机或燃气发动机驱动。

(三) 冷凝分离

NGL 是在原料气冷凝分离过程中获得的，故确定经济合理的冷凝分离工艺及条件至关重要。

1. 多级冷凝与分离

预处理和增压(高压原料气则无需增压)后的原料气，在某一压力下经过一系列的冷却与冷冻设备，不断降温与部分冷凝，并在气液分离器中进行气、液分离。当原料气采用压缩机增压，或采用透平膨胀机制冷时，这种冷凝分离过程通常是在不同压力及温度下分几次完成的。由各级分离器分出的凝液一般按照其组成、温度、压力和流量等，分别送至凝液分馏系统的不同部位进行分离，也可直接作为产品出售。

采用多级冷凝与分离的原因是：

① 可以合理利用制冷系统不同温位的冷量，从而降低能耗。当原料气中含有较多的丙烷、丁烷、戊烷及更重烃类时，增压后采用较高温位的冷量即可将相当一部分丙烷、丁烷和几乎全部戊烷以及更重烃类冷凝，但所需冷量一般较多。如果要使原料气中的一部分乙烷和大部分丙烷冷凝，则需更低温位的冷量。而且，如果先将前面冷凝下来的凝液分出，进一步冷冻降温时所需的冷量也可减少。

另外，采用冷剂与膨胀机联合制冷时，冷剂压缩制冷可以经济地提供较多但温位较高的冷量，而膨胀机制冷仅在制冷温位较低时能耗相对较少，但提供的冷量也较少，正好与上述要求相适应。而且，由于已将析出凝液分出，使膨胀机进口的气流变贫，不仅减少了膨胀机出口的带液量，还可降低膨胀机的制冷温度，使乙烷、丙烷的冷凝率增加。

② 可以使原料气获得初步分离。多级分离过程实质上可近似看成是原料气的多次平衡冷凝与分离过程，故可对原料气进行初步分离，分出的凝液在组成上也有一定差别。前几级冷凝分离分出的凝液中重组分较多，后几级冷凝分离分出的凝液中轻组分较多。这样，就可根据凝液的组成、温度、压力和流量等，分别将它们送至凝液分馏系统的不同部位，既可提高分馏塔(主要是脱甲烷塔、脱乙烷塔)的热力学效率，降低分离能耗，又可合理利用不同温位低温凝液的冷量，减少由塔顶冷凝器所提供的外回流量，从而减少塔顶需用更低温位冷剂提供的冷量。这就是脱甲烷塔采用多股流进料以及脱乙烷塔有时也采用多股流进料的原因之一。

③ 组织工艺流程的需要。当原料气为低压伴生气并采用多级压缩机增压时，级间及末级出口的气体必须按照压力高低、是否经过脱水等分别冷却与分离。如果采用透平膨胀机制冷，经过预冷后的物流在进入膨胀机前也应先进行气液分离，将预冷中析出的凝液分出。进入膨胀机的气体经膨胀降温后，又会析出一部分凝液。有的装置是先将膨胀机出口物流进行气、液分离，再将分出的低温凝液送至脱甲烷塔(如果装置以回收 C_3^+ 为目的，则为脱乙烷塔)塔顶，但更多的装置是将膨胀机出口的气液混合物直接送至脱甲烷塔(或脱乙烷塔)直径较大的塔顶空间进行气液分离(见图 5-11)。

然而，多级冷凝分离的级数越多，设备及配套设施就越多，因而投资也越高，故应根据原料气组成、装置规模、投资及能耗等进行综合比较后，确定合适的冷凝分离级数与塔的进料股数。分离级数一般以 2~5 级为宜。当装置中有脱甲烷塔时，该塔的进料股数多为 2~4 股；当装置中只有脱乙烷塔和其后的分馏塔时，脱乙烷塔的进料股数多为 1~3 股。

2. 适宜的冷凝分离压力与温度

NGL 冷凝率或某种烃类(通常是 C_2 或 C_3)收率是衡量 NGL 回收装置的一个十分重要的指标。总的来说，原料气中含有可以冷凝的烃类量越多，NGL 冷凝率或某种烃类产品的收率就越高，经济效益就越好。但是，原料气越富时在给定 NGL 冷凝率或产品收率时所需的制冷负荷及换热器面积也越大，投资费用也就更高。反之，原料气越贫时，为达到较高的收率则需要更低的冷凝温度。

因此，首先应通过投资、运行费用、产品价格(包括干气在内)等进行技术经济比较后确定所要求的 NGL 冷凝率或某烃类收率，然后再根据 NGL 冷凝率或烃类收率，选择合适的工艺流程，确定适宜的原料气增压后压力和冷冻后温度。如果只采用膨胀机制冷法无法达到所需的适宜冷凝温度时，则应采用冷剂预冷。对于高压原料气，还要注意此压力、温度应远离(通常是压力宜低于)临界点值，以免气、液相密度相近，分离困难，导致膨胀机中气流带液过多，或者在压力、温度略有变化时，分离效果就会有很大差异，致使实际运行很难控制。

3. 低温换热设备

冷凝分离系统中一般都有很多换热设备，其类型有管壳式、螺旋板式、绕管式及板翅式换热器等，后两者适用于低温下运行。板翅式换热器可作为气/气、气/液或液/液换热器，也可用作冷凝器或蒸发器。而且，在同一换热器内可允许有 2~9 股物流之间换热。采用板翅式换热器作为蒸发器时的冷端温差一般宜在 3~5℃；而管壳式换热器则宜在 5~7℃。

在组织冷凝分离系统的低温换热流程时，应使低温换热系统经济合理，即：①冷流与热流的传热温差比较接近；②对数平均温差宜低于 15℃；③换热过程中冷流与热流的温差应避免出现小于 3℃ 的窄点；④当蒸发器的对数平均温差较大时，应采用分级制冷的压缩制冷系统以提供不同温位的冷量。

由于低温设备温度低，极易散冷，故通常均将板翅式换热器、低温分离器及低温调节阀等，根据它们在工艺流程中的不同位置包装在一个或几个矩形箱子里，然后在箱内及低温设备外壁之间填充如珍珠岩等绝热材料，一般称之为冷箱。

(四)凝液分馏

由冷凝分离系统获得的凝液，有些装置直接作为产品出售，有些则送至凝液分馏系统进一步分成乙烷、丙烷、丁烷(或丙、丁烷混合物)、天然汽油等产品。凝液分馏系统的作用就是按照上述各种产品的质量要求，利用精馏方法对凝液进行分离。因此，分馏系统的主要设备就是分馏塔，以及相应的冷凝器、重沸器、换热器和其他设施等。

1. 凝液分馏流程

由于凝液分馏系统实质上就是对 NGL 进行分离的过程，故合理组织分离流程，对于节约投资、降低能耗和提高经济效益都是十分重要的。通常，NGL 回收装置的凝液分馏系统大多采用按烃类相对分子质量从小到大逐塔分离的顺序流程，依次分出乙烷、丙烷、丁烷(或丙、丁烷混合物)、天然汽油等，见图 5-23 所示。对于回收 C_2^+ 的装置，则应先从凝液中脱出甲烷，然后再从剩余的凝液中按照需要进行分离；对于回收 C_3^+ 的装置，则应先从凝液中脱除甲烷和乙烷，然后再从剩余的凝液中按照需要进行分离。

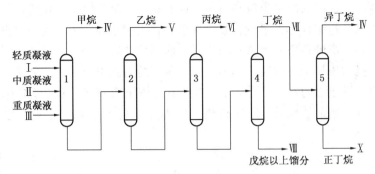

图 5-23 凝液分馏的顺序流程

采用顺序流程的原因是：①可以合理利用低温凝液的冷量，尤其是全塔均在低温下运行，而且是分馏系统温度最低且能耗最高的脱甲烷塔，以及塔顶部位一般也在低温下运行的脱乙烷塔；②可以减少分馏塔的负荷及脱甲烷塔以后其他分馏塔塔顶冷凝器及塔底重沸器的热负荷。例如，美国 Louisiana 天然气处理厂 NGL 回收装置的凝液分馏系统依次为脱甲烷塔、脱乙烷塔、脱丙烷塔、脱丁烷塔及脱异丁烷塔等。

2. 塔侧换热器

一般的精馏过程，只在分馏塔两端（塔顶和塔底）对塔内物流进行冷却和加热，属于常规精馏，而在塔中部对塔内物流进行冷却和加热的，则属于非常规精馏或复杂精馏。

对于塔顶温度低于常温、塔底温度高于常温，而且塔顶、塔底温差较大的分馏塔，如在精馏段设置塔侧冷凝器或冷却器（中间冷凝器或冷却器），就可利用比塔顶冷凝器温位较高的冷剂作为冷源，以代替塔顶原来采用温位较低冷剂提供的一部分冷量，故可降低能耗。同样，在提馏段设置塔侧重沸器（中间重沸器），就可利用比塔底重沸器温位较低的物流作为热源，也可降低能耗。

对于脱甲烷塔，因其塔底温度低于常温，故塔底重沸器本身就是回收冷量的设备。此时如在提馏段适当位置设置塔侧重沸器，就可回收温位比塔底更低的冷量。

由于脱甲烷塔全塔均在低温下运行，而且塔顶、塔底温差较大，如果设置塔侧冷凝器（或冷却器）和塔侧重沸器，就会显著降低能耗。在 NGL 回收装置中，一般是将冷凝分离系统获得的各级低温凝液以多股进料形式分别进入脱甲烷塔精馏段的相应部位，尤其是将透平膨胀机出口物流或分离出的低温凝液作为塔顶进料，同样也可起到塔侧冷凝器（或冷却器）的效果。此外，由于脱甲烷塔提馏段的温度比初步预冷后的原料气温度还低，故可利用此原料气作为塔侧重沸器的热源，既回收了脱甲烷塔的冷量，又降低了塔底重沸器的能耗，甚至可以取消塔底重沸器。

从提高塔的热力学效率来看，带有塔侧换热器的复杂精馏更适合塔顶、塔底温差较大的分馏塔。由于这时冷量或热量的温位差别较大，故设置塔侧冷凝器和塔侧重沸器的效果更好。因此，凝液分馏系统中的脱甲烷塔多采用之（塔侧重沸器一般为 1~2 台）。

3. 分馏塔运行压力

① 脱甲烷塔 该塔是将凝液中的甲烷和乙烷进行分离的精馏塔。由塔顶馏出的气体中主要组分是甲烷以及少量乙烷。如果凝液中溶有氮气和二氧化碳，则大部分氮气和相当一部分二氧化碳也将从塔顶馏出。脱甲烷塔压力的选择十分重要，它会影响到原料气压缩机、膨胀机和干气再压缩机的投资及操作费用、塔顶乙烷损失和冷凝器所用冷剂的温位和负荷、塔

侧及塔底重沸器所能回收的冷量温位和负荷，以及凝液分馏系统的操作费用等。

在对上述因素进行综合考虑之后，脱甲烷塔不宜采用较高压力。此外，塔压较低时塔内物流的冷量也可通过塔侧和塔底重沸器回收，从而降低装置能耗。如果是采用低压伴生气为原料，采用压缩机增压且干气外输压力不高时，脱甲烷塔就更应采用较低压力。

通常，脱甲烷塔压力为 0.7~3.2MPa。当脱甲烷塔压力高于 3.0MPa 时称之为高压脱甲烷塔，低于 0.8MPa 时称之为低压脱甲烷塔，压力介于高压与低压之间时称之为中压脱甲烷塔。

② 脱乙烷塔等　对于回收乙烷的装置，脱乙烷塔及其后各塔的运行压力应根据塔顶产品质量要求、状态(气相或液相)、塔顶冷凝器或分凝器冷却介质温度以及压降等来确定。对于脱丙烷塔、脱丁烷塔(或脱丙、丁烷塔)，塔顶温度宜比冷却介质温度高 10~20℃，产品的冷凝温度最高不宜超过 55℃。

4. 回流比及进料状态

① 回流比　回流比会影响分馏塔塔板数、热负荷及产品纯度等。当产品纯度一定时，降低回流比会使塔板数增加，但由重沸器提供的热负荷及由冷凝器取走的热负荷减少，故可降低能耗。

当装置以回收 C_2^+ 为目的时，脱甲烷塔回流所需冷量占凝液分馏系统消耗冷量的很大比例。如分离要求相同，回流比越大，塔板数虽可减少，但所需冷量也越多。因此，对脱甲烷塔这类的低温分馏塔，回流比应严格控制。即使对脱丙烷塔、脱丁烷塔(或脱丙、丁烷塔)，回流比也不宜过大。

② 进料状态　塔的进料状态(气相、混合相或液相)对分馏塔的分离能耗影响也很大。在凝液分馏系统中，大部分能量消耗在脱甲烷塔等低温分馏塔上。因此，合理选择这些塔的进料状态对于降低能耗是十分重要的。对于低温分馏塔(塔顶温度<塔底温度<常温，例如脱甲烷塔)，应尽量采用饱和液体甚至过冷液体；对于高温分馏塔(塔底温度>塔顶温度>常温，例如脱丙烷塔、脱丁烷塔)，在高浓度进料(塔顶与塔底产品摩尔流量之比较大)，应适当提高进料温度即提高气化率，而在低浓度时，则应适当降低进料温度即降低气化率；对于在中等温度范围下运行的分馏塔(塔底温度>常温>塔顶温度，例如塔顶在低温下运行的脱乙烷塔)，则应根据具体情况综合比较后，才能确定最佳进料状态。

5. 分馏塔选型

塔型的选择应考虑处理量、操作弹性、塔板效率、投资和压降等因素，一般选用填料塔，直径较大的分馏塔也可选用浮阀塔。填料宜选用规整填料。

在填料塔内，气液接触是在整个塔内连续进行的，而板式塔只是在塔板上进行。与板式塔相比，填料塔的优点是压降较小，液体负荷较大，可以采用耐腐蚀的塑料材质；缺点是应采取措施确保液体分布均匀，有的填料操作弹性较小，以及容易堵塞等。

凝液分馏系统中各塔的典型工艺参数见表 5-8。表中数据并非设计值，只是以往采用的典型数据。实际选用时取决于很多因素，例如进料组成、能耗及投资等。

(五) 干气再压缩

当采用透平膨胀机制冷时，由膨胀机出口气液分离器分出来的干气或由脱甲烷塔(或脱乙烷塔)塔顶馏出的干气压力一般可满足管输要求。但是，有时即使经过膨胀机带动的压缩机增压后，其压力仍不能满足外输要求时，则还要设置再压缩机将干气增压至所需之值。干气再压缩机的选择原则与原料气压缩机相同。

表 5-8　典型的分馏塔工艺数据

塔　名	操作压力/MPa	实际塔板数/块	回流比①	回流比②	塔板效率/%
脱甲烷塔	1.38~2.76	18~26	顶部进料	顶部进料	45~60
脱乙烷塔	2.59~3.10	25~35	0.9~2.0	0.6~1.0	50~70
脱丙烷塔	1.65~1.86	30~40	1.8~3.5	0.9~1.1	80~90
脱丁烷塔	0.48~0.62	25~35	1.2~1.5	0.8~0.9	85~95
丁烷分离塔	0.55~0.69	60~80	6.0~14.0	3.0~3.5	90~110
凝液稳定塔	0.69~2.76	16~24	顶部进料	顶部进料	40~60

注：① 回流摩尔流量与塔顶产品摩尔流量之比。

　　② 回流体积流量与进料体积流量之比。

（六）制冷

制冷系统的作用是向需要冷冻降温的原料气以及一些分馏塔塔顶冷凝器提供冷量。当装置采用冷剂制冷时，由单独的制冷系统提供冷量。当采用膨胀制冷时，所需冷量是由工艺气体直接经过过程中各种膨胀设备来提供。此时，制冷系统与冷凝分离系统在工艺过程中结合为一体。

如果原料气中 C_3^+ 烃类含量较多，装置以回收 C_3^+ 烃类为目的，且对丙烷的收率要求不高时，通常大多采用浅冷分离工艺。此时，仅用冷剂制冷法即可。如果对丙烷的收率要求较高（例如，丙烷收率大于 75%~80%），或以回收 C_2^+ 为目的时，此时就要采用深冷分离工艺，选用透平膨胀机制冷、冷剂与膨胀机联合制冷或混合冷剂法制冷。

膨胀机在两相区内运行时，虽然获得的冷量有限，但其温位很低（例如，可低于 -80~-90℃）。冷剂制冷法虽可提供较多的冷量，但其温位较高（例如，一般在 -25~-40℃）。因此，也要对提供的冷量温位、数量、能耗等进行综合考虑，以确定选用何种制冷方法。

在 NGL 回收及天然气液化等装置中，大多利用透平膨胀机带动单级离心压缩机，即利用透平膨胀机输出的功率来压缩本装置中的工艺气体。增压机设置在气体进膨胀机之前的工艺流程称为前增压（正升压）流程，反之则称为后增压（逆升压）流程。

原料气压力高于适宜冷凝分离压力时，应设置后增压。装置中如果设有原料气压缩机，而膨胀机入口压力为适宜冷凝分离压力时则宜采用前增压；膨胀机出口压力为适宜冷凝分离压力时则宜采用后增压。一般情况下推荐后增压，因其操作比较容易。

二、工艺方法选择

（一）主要考虑因素

原料气组成、NGL 回收率或烃类产品收率以及产品（包括干气在内）质量指标等对工艺方法选择有着十分重要的影响。

1. 原料气组成

① C_3^+ 烃类及水蒸气、二氧化碳、硫化氢　原料气中 C_3^+ 烃类及水蒸气、二氧化碳、硫化氢等含量对工艺方法的选择均有很大影响。有关 C_3^+ 烃类含量对工艺方法选择的影响已在前面介绍，这里就不再多述。

原料气中二氧化碳、硫化氢等酸性组分含量对于选择预处理的脱硫脱碳方法，以及确定在 NGL 回收装置低温部位中防止固体二氧化碳形成的操作条件都是十分重要的。此外，原料气中通常都含有饱和水蒸气，故也需脱水以防止在低温部位由于形成水合物而堵塞设备和管线。当原料气中含有大量 C_3^+ 烃类时，则在冷凝分离系统中就需要更多的冷量。有关天然气脱硫脱碳及脱水方法的选择已在前面有关章节中详细介绍，此处不再多述。

② 汞　汞在天然气中的含量为 $28 \sim 3000000 \mu g/m^3$。天然气中极微量的汞会引起铝质板翅式换热器腐蚀泄漏，故在采用板翅式换热器的装置中必须脱除。

天然气液化装置中一般要求预处理后的原料气汞含量小于 $0.01 \mu g/m^3$。在 NGL 回收装置中也要求原料气在进入板翅式换热器之前脱汞。

某些固体吸附剂可将气体中汞脱除至 $0.001 \sim 0.01 \mu g/m^3$。一般采用浸渍硫的 Calgon HGR（4×10 目）、HGR-P（4mm 直径）的活性炭和 HgSIV 吸附剂脱汞。无机汞和有机汞均可脱除。如果先将气体干燥则可提高其脱汞率。浸渍的硫与汞反应生成硫化汞而附着在活性炭微孔中。

埃及 Khalda 石油公司 Salam 天然气处理厂的原料气中汞含量为 $75 \sim 175 \mu g/m^3$，为防止铝质板翅式换热器腐蚀及汞在外输管道中冷凝，原料气进入处理厂后先经入口分离器进行气液分离，分出的气体再经吸附剂脱汞、三甘醇脱水，然后去透平膨胀机制冷、干气再压缩及膜分离系统。脱汞塔采用 HgSIV 吸附剂，将气体中的汞脱除至低于 $20 \mu g/m^3$。

我国海南海燃公司所属 LNG 装置原料气为福山油田 NGL 回收装置的干气，2007 年初该 LNG 装置预处理系统分子筛干燥器脱水后的气体经主冷箱（板翅式换热器）冷却去气液分离器的铝合金直管段出现泄漏现象，停运后割开检查，发现该管段中有液汞存在。经检测，原料气中元素汞含量在 $100 \mu g/m^3$ 左右，经分子筛脱水后的气体中汞含量在 $20 \sim 40 \mu g/m^3$ 左右。为此，在预处理系统分子筛干燥器后增加了脱汞塔，采用浸渍硫的活性炭脱除气体中的元素汞。2007 年 3 月脱汞塔投入运行后效果良好。

此外，2005 年投产的塔里木气区雅克拉集气处理站在 2008 和 2009 年中其 NGL 回收装置的主冷箱（板翅式换热器）先后十余次发生刺漏。经检测，原料气中汞含量为 $73.76 \mu g/m^3$，分子筛脱水后的汞含量为 $30.93 \mu g/m^3$。随后经过改造，采用浸渍硫的活性炭将原料气中的汞脱至 $0.01 \mu g/m^3$（设计值）。

③ 氧　当原料气中氧含量大约超过 10×10^{-6}（体积分数）时，将会对分子筛干燥剂带来不利影响。因为在分子筛床层再生时原料气中的微量氧在分子筛的催化下可与烃类反应，生成水和二氧化碳，从而增加了再生后分子筛中的残留水量，影响其脱水性能。降低再生温度则是一种有效的预防措施。

④ 砷　天然气中的砷来自自然界的无机砷和有机砷，绝大部分以三烷基砷形式存在，其中三甲基砷 $(CH_3)_3As$ 占 55%～80%。美国天然气工艺研究所在 1993 年对新墨西哥州不同气井采出的天然气中砷的形态进行了分析，其结果见表 5-9。

表 5-9　新墨西哥州天然气中挥发性砷化物

样品气来源		1 号气井	2 号气井	3 号气井	4 号气井	1 号站
总砷浓度/（$\mu g/m^3$）		55	38	130	270	960
形态分析/%	三甲基砷（TMA）	96	100	87	92	53
	二甲基乙基砷（DMEA）	3		6	5	30
	丙基二甲基砷（PDMA）					11
	甲基二乙基砷（MDEA）	1		5	2	
	三乙基砷（TEA）			2	1	6

天然气中砷化物的主要危害为：①与天然气中 H_2S 等反应生成固体物质，可能堵塞阀门和管线；②三烷基砷具有毒性，含砷天然气作为燃气燃烧后产生的氧化砷毒性更大，危害人体健康并污染环境；③含砷天然气作为化工原料时，会导致含钯、铂、镍的催化剂永久性中毒。

天然气脱砷深度与其用途有关。管输天然气的砷含量推荐值为 $62.5\mu g/m^3$，用作合成氨原料或液化的天然气，经处理后的砷含量为 $1.25\mu g/m^3$（美国 Newpoint Gas 公司推荐）。

国外天然气脱砷工艺多用固体吸附剂法。常用的吸附剂包括金属氧化物（ MnO_2/CuO ）吸附剂和负载型金属卤化物（ $FeCl_3/CuCl_2$ ）吸附剂。这两种吸附剂均可再生。其中，负载型吸附剂脱砷工艺流程简单，效果好，易再生，安全环保。

目前，Newpoint Gas 公司开发的 Arsi - Guard 脱砷工艺可将天然气中有机砷脱除到 $1.25\mu g/m^3$ 以下。

2. 商品乙烷及丙烷的收率

烃类产品的收率对工艺方法的选择也有很大影响。一般说来，几种常见的工艺方法可能达到的烃类产品收率见表 5-10。

表 5-10　烃类产品收率与工艺方法的关系

工艺方法	冷冻油吸收	丙烷制冷	乙烷/丙烷阶式制冷	混合冷剂制冷	透平膨胀机制冷
乙烷收率[①]/%	60	50	85	92	92
丙烷收率[①]/%	90	90	98	98	98

注：① 可能达到的最高值。

3. 商品气质量指标

在商品气质量指标中对其发热量有一定要求。回收 NGL 后将会导致气量缩减及发热量降低。例如， C_1 高位发热量为 $37.11MJ/m^3$，故仅 C_1 一般就能满足商品天然气高位发热量要求。对组成较富的天然气，特别是油田伴生气和凝析气，一般都需要回收凝液，否则发热量过高会影响其燃烧特性。反之，若非可燃组分在天然气中含量较高，则必须在天然气中保留部分发热量较高的组分如 C_2 、 C_3 等，以满足高位发热量的要求。当 N_2 含量很高时，还需脱氮才能达到发热量指标。因而，凝液回收深度，还与天然气中所含非可燃组分含量有关。如果在商品气中存在氮气或二氧化碳等组分，就一定要保留足够的乙烷和更重烃类以符合发热量指标；如果商品气中只有极少量氮气或二氧化碳等组分，乙烷和更重烃类的回收率就会受到市场需求、回收成本及价格的制约。

目前，尽管一些发达国家商品天然气都采用发热量计量进行贸易交接，但我国由于种种原因仍采用体积计量，故这一因素的重要性尚无法充分体现。

影响工艺方法选择的还有其他一些因素，这里就不再一一介绍。

（二）工艺方法选择

由上可知，选择工艺方法时需要考虑的因素很多，在不同条件下选择的工艺方法也往往不同。因此，应根据具体条件进行技术经济比较后才能得出明确的结论。例如，当以回收 C_2^+ 为目的时，对于低温油吸收法、阶式制冷法及透平膨胀机法这三种方法，国外曾发表过很多对比数据，各说不一，只能作为参考。但是，从投资来看，透平膨胀机制冷法是最低的。而且，只要其制冷温度在热力学效率较高的范围内，即使干气需要再压缩到膨胀前的气体压力，其能耗与热力学效率最高的阶式制冷法相比，差别也不是很大。所以，从发展趋势来看，膨胀机制冷法应作为优先考虑的工艺方法。

对于以回收 C_3^+ 烃类为目的的小型 NGL 回收装置，可先根据原料气(通常是伴生气)组成贫富参照图 5-24 初步选择相应的工艺方法。当干气外输压力接近原料气压力，不仅要求回收乙烷而且要求丙烷收率达 90%左右时，则可参照图 5-25 初步选择相应的工艺方法。

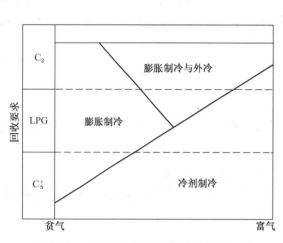 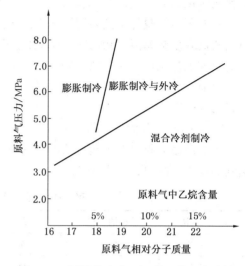

图 5-24　小型 NGL 回收装置工艺方法选择　　　　图 5-25　丙烷收率为 90%的工艺方法选择

需要指出的是，当要求乙烷收率高于 90%时，投资和操作费用就会明显增加，这是因为：

① 需要增加膨胀机的级数，即增加膨胀比以获得更低的温位冷量，因而就要相应提高原料气的压力。无论是提高原料气集气管网的压力等级，还是在装置中增加原料气压缩机，都会使投资、操作费用增加。

② 原料气压力提高后，使装置中的设备、管线压力等级也提高，其投资也随之增加。

③ 由于制冷温度降低，用于低温部位的钢材量及投资也相应增加。

因此，乙烷收率要求过高在经济上并不一定合算。一般认为，当以回收 C_2^+ 为目的时，乙烷收率在 50%~90%是比较合适的。但是，无论何种情况都必须进行综合比较以确定最佳的乙烷或丙烷收率。

三、C_3^+ 凝液回收工艺的应用

当以回收 C_3^+ 烃类为目的时，采用的 NGL 回收工艺有冷剂制冷的浅冷分离法、透平膨胀机制冷法、冷剂与透平膨胀机联合制冷法、直接换热(DHX)法，以及混合冷剂法、PetroFlux 法和强化吸收法等。

其中，冷剂与透平膨胀机联合制冷法、混合冷剂法和强化吸收法等也可用于以回收 C_2^+ 烃类为目的 NGL 回收工艺。

据《Oil & Gas Journal》2011 年 6 月份报道，在其统计的全世界 1600 多座天然气处理厂中，采用丙烷制冷的浅冷分离法或采用透平膨胀机制冷的深冷分离法 NGL 回收工艺约占 80%。

(一) 冷剂制冷的浅冷分离法

如前所述，当原料气中 C_3^+ 烃类含量较多，NGL 回收装置又是以回收 C_3^+ 烃类为目的，且对丙烷的收率要求不高时，通常多采用浅冷分离工艺。对于只是为了控制天然气的烃露点，而对烃类收率没有特殊要求的露点控制装置（见本书第三章），一般也都采用浅冷分离工艺。该法目前国内多用于处理 C_3^+ 烃类含量较多但规模较小的油田伴生气。

浅冷分离工艺的 C_3^+ 收率与原料气压力、组成和冷冻温度有关。冷凝分离压力和温度是浅冷分离工艺的重要参数，而 C_3^+ 收率又是 NGL 回收装置的一个重要指标。原料气的"贫"或"富"常用其"可冷凝组分" C_2^+ 或 C_3^+ 的含量即 m^3（液）/1000m^3（气）或 L/m^3 表示。浅冷分离工艺可用于从富气中深度回收丙烷，以及适度回收乙烷。

美国 Russell 公司对影响凝液回收率的各种因素进行了实测和分析。原料气压力为 4.1MPa 时，其组成（以 C_3^+ 含量表示）、冷冻温度与凝液回收率

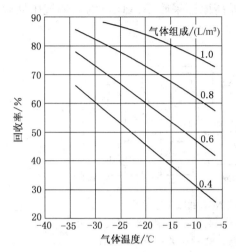

图 5-26　气体组成、温度与凝液回收率的关系

的实测估算关系见图 5-26。由图可知，在相同的冷冻温度下，原料气愈富则凝液回收率愈高。

当原料气冷冻温度一定（-23℃）时，原料气压力对 C_3^+ 收率及制冷能耗的影响见图5-27。由图可知，原料气冷冻温度和 C_3^+ 含量一定时，C_3^+ 收率随气体压力升高而增加。获得单位体积 C_3^+ 凝液所需制冷功率，则随原料气中 C_3^+ 的减少而增加。

该工艺是大多采用氨或丙烷为冷剂的压缩制冷法。图 5-28 为我国采用浅冷分离工艺的典型 NGL 回收工艺流程图。原料气为低压伴生气，压力一般为 0.1~0.3MPa，进装置后先在分离器中除去游离的油、水和其他杂质，然后去压缩机增压。由于装置规模较小，原料气中 C_3^+ 烃类含量较多，一般选用两级往复式压缩机，将原料气增压至 1.6~2.4MPa。增压后的原料气用水冷却至常温，再经气/气换热器（也称贫/富气换热器）预冷后进入冷剂蒸发器冷冻降温至-25~-30℃，然后进入低温分离器进行气、液分离。分出的干气主要组分是甲烷、乙烷及少量丙烷，凝液主要组分是 C_3^+ 烃类，也有一定数量的甲烷及乙烷。各级凝液混合一起进入或分别进入脱乙烷塔脱除甲烷及乙烷，塔底油则进入稳定塔（脱丙、丁烷塔）。从稳定塔塔顶脱除的丙、丁烷即为油气田液化

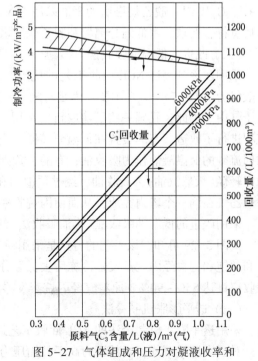

图 5-27　气体组成和压力对凝液收率和制冷功率的影响

石油气,塔底则为稳定后的天然汽油(我国习惯称为稳定轻烃)。如果装置还要求生产丙烷,则需增加一个脱丙烷塔。为防止水合物形成,一般采用乙二醇作为水合物抑制剂,在原料气进入低温部位之前注入,并在低温分离器底部回收,再生后循环使用。

国外有人指出,可以采用浅冷分离法从 CO_2 驱提高原油采收率(EOR)的循环气中回收 NGL。某典型的 CO_2-EOR 循环气组成见表5-11。

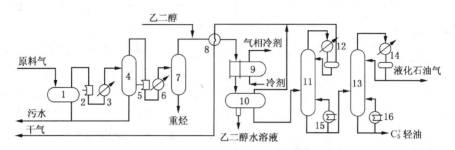

图5-28 采用浅冷分离的冷剂制冷法 NGL 回收工艺流程

1—原料气分离器;2、5—原料气压缩机;3、6—水冷器;4、7—分离器;8—气气换热器;
9—冷剂蒸发器;10—低温分离器;11—脱乙烷塔;12—脱乙烷塔塔顶冷凝器;
13—脱丙丁烷塔;14—脱丙丁烷塔塔顶冷凝器;15、16—重沸器

表5-11 某 CO_2 驱提高原油采收率的循环气组成

组 分	N_2	CO_2	H_2S	C_1	C_2	C_3	iC_4	C_4	iC_5^+
组成/%(摩尔分数)	0.88	91.87	0.91	1.51	1.35	1.60	0.29	0.74	0.85

该法采用丙烷制冷, CO_2-EOR 循环气进低温分离器温度为-29℃,压力为 1.32MPa,水合物抑制剂为乙二醇。由低温分离器分出的凝液依次去脱乙烷塔、脱丙烷塔和脱丁烷塔生产 C_3、C_4 和 C_5^+。脱乙烷塔底的凝液采用 13X 型 Z10-03 分子筛脱硫,从而确保上述 NGL 产品质量符合要求。由低温分离器和脱乙烷塔塔顶分出的气体增压后回注。

(二)改进的低温油吸收法

采用浅冷分离法 NGL 回收工艺的优点是流程简单,投资较少;缺点是丙烷收率较低,一般仅为70%~75%。其主要原因是有相当一部分丙烷从低温分离器、脱乙烷塔顶馏出而进入干气中。因此,我国一些已建或新建采用浅冷分离的冷剂制冷法 NGL 回收装置大多对此流程进行了改造。有的装置在低温分离器与脱乙烷塔之间增加了重接触塔,采用脱乙烷塔塔顶回流罐的低温凝液作为吸收油;有的装置则采用改进的低温油吸收工艺,以本装置自产的稳定轻烃(天然汽油)为吸收油,经过预饱和和冷冻(-20~-25℃)后进入脱乙烷塔,将吸收和脱乙烷在同一个塔内完成,从而使丙烷收率显著提高。

采用改进的低温油吸收法(冷油吸收法)的 NGL 回收工艺流程见图5-29。

由图5-29可知,该工艺的特点是采用稳定轻烃作为吸收油,先与脱乙烷塔顶馏出气混合和预饱和,再经丙烷蒸发器冷冻后去低温分离器,然后用凝液泵加压去脱乙烷塔,故而丙烷收率可达85%~90%。原料气经丙烷蒸发器冷冻后的温度根据原料气中的 C_3^+ 含量而定。

(三)透平膨胀机制冷法

采用透平膨胀机制冷法的 NGL 回收工艺通常均属于深冷分离的范畴。

对于高压气藏气,当其压力高于外输压力,有足够压差可供利用,而且压力及气量比较稳定时,由于气体组分较贫,往往只采用透平膨胀机制冷法即可满足凝液回收要求。

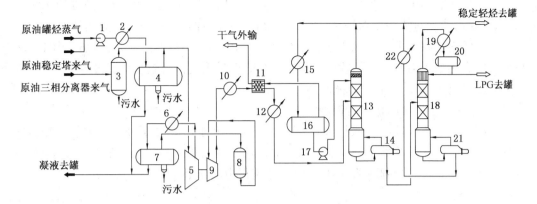

图 5-29 低温油吸收法 NGL 回收工艺流程

1—压缩机；2，6，10，22—冷却器；3—分液罐；4，7—分离器；5—压缩机一级；
8—分子筛干燥器；9—压缩机二级；11—贫富气换热器(冷箱)；
12，15—丙烷蒸发器；13—脱乙烷塔；14—脱乙烷塔重沸器；16—低温分离器；
17—凝液泵；18—脱丁烷塔；19—冷凝器；20—回流罐；21—脱丁烷塔重沸器

我国川渝气田已建的几套 NGL 回收装置即采用透平膨胀机制冷法。图 5-30 为川西北气矿 NGL 回收装置工艺流程图，原料气为经过脱硫后的气藏气，组成见表 5-12，处理量为 80 ×10^{4}m^3/d。

表 5-12　川西北 NGL 回收装置原料气组成

组　分	C$_1$	C$_2$	C$_3$	C$_4$	C$_5$	C$_6^+$	H$_2$S	CO$_2$	N$_2$
体积分数/%	95.44	1.75	0.65	0.37	0.13	0.06	0.001	0.12	1.47

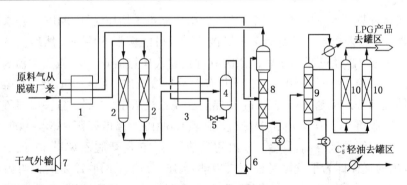

图 5-30　川西北气矿 NGL 回收装置工艺流程

1—原料气预冷器；2—干燥器；3—主冷凝器；4—低温分离器；5—节流阀；
6—透平膨胀机；7—膨胀机同轴增压机；8—脱乙烷塔；9—脱丁烷塔；10—LPG 脱硫塔

由表 5-12 可知，原料气中的 C$_3^+$ 烃类含量仅为 1.21%，属于贫气。脱硫后的原料气压力为 3.7MPa，先进入分离器脱除所携带的胺液，然后经预冷器 1 冷却至 20℃除去冷凝水，再经分子筛干燥器 2 脱水后去主冷凝器 3 冷冻至-65℃进入低温分离器 4。分出的气体经透平膨胀机 6 降温至-92℃，压力降至 1.75MPa(膨胀比为 2.11)后直接进入脱乙烷塔 8。分出的凝液经节流阀 5 降至 1.78MPa 后，依次经主冷凝器 3 和预冷器 1 复热至约 40℃后进入脱乙烷塔 8 中部。从脱乙烷塔 8 顶部分出的低温干气(温度约-90℃，压力约 1.7MPa)经主冷凝器 3 和预冷器 1 复热至约 40℃，由膨胀机的同轴压缩机增压至 1.8MPa。一部分干气作为分子筛干燥器 2 的再生气,其余部分外输。从脱乙烷塔 8 底部流出的凝液(温度约 80℃、压力约 1.75MPa)直接进入脱丁烷塔 9,塔顶为 LPG(液化石油气),塔底为天然汽油。

该装置的丙烷收率可达 75% 以上,LPG 为 16~19t/d,天然汽油为 5.47t/d。由于原料气本身具有可利用的压力能,故装置能耗很小,只需少量干气作为脱水系统再生加热炉的燃料气,实际用量仅为 40m³/t 混合液体产品。

(四)冷剂与透平膨胀机联合制冷法

对于丙烷收率要求较高、原料气较富,或其压力低于适宜冷凝分离压力设置压缩机的 NGL 回收装置,大多采用冷剂与膨胀机联合制冷法。现以我国胜利油田在 20 世纪 80 年代采用冷剂和透平膨胀机联合制冷的 NGL 回收工艺流程为例介绍如下。

1. 设计条件

该 NGL 回收装置共 2 套,每套处理量为 50×10⁴m³/d(设计值,下同),原料气为伴生气,其组成见表 5-13。最低制冷温度为 -85~-90℃,丙烷收率为 80%~85%,液烃产量为 110~130t/d。

表 5-13　胜利油田冷剂和膨胀机联合制冷法 NGL
回收装置原料气组成　　　　　　　　　%(体积分数)

组分	N_2	CO_2	C_1	C_2	C_3	C_4	C_5	C_6	C_7
组成	0.02	0.53	87.25	3.78	3.74	3.12	1.47	0.06	0.03

由表 5-13 可知,该原料气中 C_3^+ 烃类含量为 8.42%(或 250g/m³),属于富气,但与我国其他油田生产的伴生气相比仍然较贫。由于原料气中丙、丁烷含量为 6.86%(体积分数),经计算仅采用膨胀机制冷所得冷量不能满足需要,故必须与冷剂联合制冷。

2. 工艺流程

装置工艺流程见图 5-31。原料气进装置后由压缩机 1 增压至 4.0MPa,经水冷器 2 冷却后进入分水器 3,除去气体中的游离水、机械杂质及可能携带的原油,然后去分子筛干燥器 4 脱水。干燥后的气体经过滤器 5 后,依次流过板翅式换热器 6、7,氨蒸发器 8 和板翅式换热器 11,温度自 40℃ 冷冻到 -50℃ 左右,并有大量凝液析出。经一级凝液分离器 12 分离后,凝液自分离器底部进入板翅式换热器 11 复热后去脱乙烷塔 17 中部;自一级凝液分离器分出的气体去透平膨胀机 14,压力由 3.7MPa 膨胀至 1.6MPa,温度降至 -85~-90℃。膨胀后的气液混合物进入二级凝液分离器 13,分出的凝液用泵 15 送至脱乙烷塔 17 顶部。二级凝液分离器 13 分出的气体即为干气,经板翅式换热器 16、11、7 回收冷量后,再由膨胀机驱动的压缩机 10 增压(逆增压或后增压流程)后进入输气管道。脱乙烷塔 17 顶部馏出的气体经板翅式换热器 16 冷却后进入二级凝液分离器 13 的下部,以便回收一部分丙烷。自脱乙烷塔 17 底部得到的凝液,经液化气塔(脱丁烷塔)20 由塔顶分出丙、丁烷作为 LPG,塔底所得产品为天然汽油。如果需要,还可将 LPG 经丁烷塔 26 分为丙烷和高含丁烷的 LPG,或丁烷和高含丙烷的 LPG。

脱乙烷塔 17 压力为 1.6MPa,塔顶温度为 -45℃,塔底温度为 72℃。液化气塔(脱丁烷塔)压力为 1.4MPa,塔顶温度为 70℃,塔底温度为 133℃。丁烷塔压力为 1.5MPa,塔顶温度为 49℃,塔底温度为 85℃。所有产品出装置前均冷却或复热至 25~45℃。

据了解,由于原料气量递减的缘故,目前仅有一套装置在运行。冷剂由原来的液氨改为丙烷,部分设备也已更换改造。此外,由于系统压降增加和透平膨胀机效率降低,故凝液收

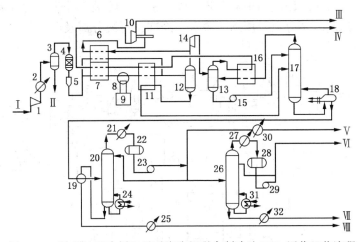

图 5-31　胜利油田冷剂和透平膨胀机联合制冷法 NGL 回收工艺流程
1—原料气压缩机；2—水冷器；3—分水器；4—分子筛干燥器；5—过滤器；
6，7，11，16—板翅式换热器；8—氨蒸发器；9—氨循环制冷系统；10—膨胀机
同轴增压机；12——一级凝液分离器；13—二级凝液分离器；14—透平膨胀机；
15—凝液泵；17—脱乙烷塔；18，24，31—重沸器；19—换热器；20—脱丁烷塔；
21，27—冷凝器；22，28—回流罐；23—LPG 回流泵；25—稳定轻烃冷却器；
26—丁烷塔；29—回流泵；30—LPG 冷却器；32—丁烷冷却器
Ⅰ—原料气；Ⅱ—冷凝水；Ⅲ—干气；Ⅳ—低压干气；Ⅴ—LPG；
Ⅵ—高含丙烷 LPG；Ⅶ—丁烷；Ⅷ—稳定轻烃

率也相应减少。

（五）直接换热（DHX）法

DHX 法是由加拿大埃索资源公司于 1984 年首先提出，并在 Judy Creek 厂的 NGL 回收装置实践后效果很好，其工艺流程见图 5-32。

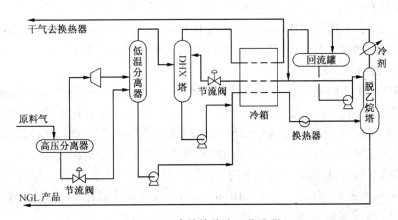

图 5-32　直接换热法工艺流程

图中的 DHX 塔(重接触塔)相当于一个吸收塔。该法的实质是将脱乙烷塔回流罐的凝液经过增压、换冷、节流降温后进入 DHX 塔顶部，用以吸收低温分离器进该塔气体中的 C_3^+ 烃类，从而提高 C_3^+ 收率。将采用常规透平膨胀机制冷法的装置改造成 DHX 法后，在不回收乙烷的情况下，实践证明在相同条件下 C_3^+ 收率可由 72% 提高到 95%，而改造的投资却较少。

我国吐哈油田有一套由 Linde 公司设计并全套引进的 NGL 回收装置，采用丙烷预冷与透

平膨胀机联合制冷法，并引入了 DHX 工艺。该装置以丘陵油田伴生气为原料气，处理量为 $120 \times 10^4 \mathrm{m}^3/\mathrm{d}$，由原料气预分离、压缩、脱水、冷冻、凝液分离及分馏等系统组成。工艺流程见图 5-33。

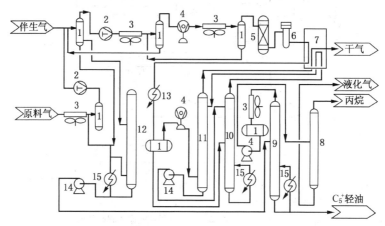

图 5-33　吐哈油田引进的 NGL 回收装置工艺流程

1—分离器、回流罐；2—压缩机；3—空冷器；4—膨胀机(增压端，膨胀端)；
5—分子筛干燥器；6—粉尘过滤器；7—冷箱；8—丙烷塔；9—液化气塔；
10—脱乙烷塔；11—重接触塔；12—重烃脱水塔；13—丙烷蒸发器；14—回流泵；15—重沸器

该装置由于采用 DHX 工艺，将脱乙烷塔塔顶回流罐的凝液降温至 -51℃ 后进入 DHX 塔顶部，用以吸收低温分离器来的气体中 C_3^+ 烃类，使 C_3^+ 收率达到 85% 以上。

中国石油大学(华东)通过工艺模拟软件计算表明，与单级透平膨胀机制冷法(ISS)相比，DHX 工艺 C_3 收率的提高幅度主要取决于气体中 C_1/C_2 体积分数之比，而气体中 C_3 烃类含量对其影响甚小。气体中 C_1/C_2 之比越大，DHX 工艺 C_3 收率提高越小，当 C_1/C_2 之比大于 12.8 时，C_3 收率增加很小。吐哈油田丘陵伴生气中 C_1 含量为 67.61%(体积分数)，C_2 含量为 13.51%(体积分数)，C_1/C_2 之比为 5，故适宜采用 DHX 工艺。

需要说明的是，上述气体中 C_1/C_2 之比与 DHX 工艺提高 C_3 收率的效果比较仅是相对于有回流的脱乙烷塔而言。对于采用 DHX 工艺代替无回流的脱乙烷塔而言，C_1/C_2 之比大于 12.8 时提高 C_3 收率仍有较大潜力。

我国在引进该工艺的基础上对其进行了简化和改进，普遍采用透平膨胀机制冷+DHX 塔+脱乙烷塔的工艺流程。DHX 塔的进料则有单进料(仅低温分离器分出的气体经膨胀机制冷后进入塔底)和双进料(低温分离器分出的气体和液体最终均进入 DHX 塔)之分。目前国内已有数套这样的装置在运行，其中以采用 DHX 塔单进料的工艺居多。

福山油田第二套 NGL 回收装置采用了与图 5-33 类似的工艺流程，原料气为高压凝析气，C_1/C_2 之比约为 3.5，处理量为 $50 \times 10^4 \mathrm{m}^3/\mathrm{d}$，$C_3$ 收率设计值在 90% 以上。该装置在 2005 年建成投产，C_3 收率实际最高值可达 92%。

中国海洋石油总公司渤西油气处理厂在搬迁方案研究中，初步选定"透平膨胀机+重接触塔"NGL 回收工艺，主要产品为干气、液化石油气(丙烷、丁烷和丙丁烷混合物)和稳定轻烃。为对该工艺进行优化，筛选出了影响丙烷收率和装置能耗的关键参数(低温分离器的冷凝分离温度和压力、透平膨胀机的膨胀比、重接触塔顶温度和脱乙烷塔底温度等)。同时，确定了干气外输压缩机进口压力、透平膨胀机的膨胀比和主要设备操作压力，并根据 HYSYS 软件工艺模拟计算结果，对各主要设备的操作温度对丙烷收率和能耗的影响规律进行了分析。

（六）其他方法

除上述几种常用方法外，还有一些采用其他方法的 NGL 回收工艺。

1. 混合冷剂制冷法

混合冷剂制冷法既可用于回收 C_3^+ 烃类，也可用于回收 C_2^+ 烃类。

混合冷剂制冷（MRC）法采用的冷剂可根据冷冻温度的高低配制冷剂的组分与组成，一般以乙烷、丙烷为主。当压力一定时，混合冷剂在一个温度范围内随温度逐渐升高而逐步蒸发，因而在换热器中与待冷冻的天然气传热温差很小，故其㶲效率很高。当原料气与外输干气压差甚小，或在原料气较富的情况下，采用混合冷剂制冷法工艺更为有利。

2. IPOR 法

IPOR（IsoPressure Open Refrigeration，等压开式制冷）工艺是由 CB&I 公司下属 Randall Gas Technologies 开发的新方法，可从大多数天然气中比较经济地回收其全部的 C_3^+。

IPOR 工艺采用通常的闭式丙烷压缩制冷循环+开式富含乙烷的混合冷剂制冷循环。与采用丙烷制冷的浅冷分离工艺相比，其 C_3^+ 收率很高，与采用透平膨胀机制冷的深冷分离工艺相比，其投资（CAPEX）和操作费用（OPEX）较低。

该工艺的混合冷剂可由原料气中获得，系以乙烷为主并含有少量甲烷、丙烷和原料气中其他组分的混合物。采用这种制冷循环可以达到较低温度并同时为脱乙烷塔提供回流，从而获得很高的 NGL 回收率和热效率。根据原料气基础数据、现场条件和设计目的不同，该工艺可在许多场合应用。图 5-34 为推荐用于深度回收 NGL 的 IPOR 工艺流程图。

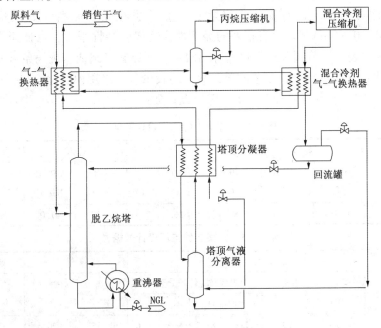

图 5-34　用于深度回收 NGL 的 IPOR 工艺流程图

原料气压力通常为 2.07~3.80MPa，先经板翅式或管壳式气-气换热器用冷干气和丙烷冷剂预冷和部分冷凝，然后去脱乙烷塔中部。该塔进料板下部设有汽提段选择性地脱除较轻组分以符合产品要求，通常在回收的丙烷中含有 2%~5% 的乙烷。脱乙烷塔顶部设有分凝器（部分冷凝器）和气液分离器，塔顶逸出气主要含有原料气中轻组分和少量丙烷，进一步在分凝器中用冷干气和富含乙烷的混合冷剂冷却后去气液分离器。

由气液分离器分出的凝液为甲烷、乙烷和丙烷的混合物，作为混合冷剂用于开式制冷循环。此凝液先经节流阀膨胀制冷为塔顶分凝器提供冷量，压力一般降低至 0.69~1.38MPa 即可，再经混合冷剂气-气换热器中复热后去混合冷剂压缩机，其压力通常增压至比脱乙烷塔压力约高 0.28MPa。

增压后富含乙烷的混合冷剂先经混合冷剂气-气换热器冷却和部分冷凝，其冷量由丙烷和来自塔顶分凝器的低温混合冷剂提供，再去脱乙烷塔回流罐进行气液分离。分出的凝液作为脱乙烷塔回流，为该塔提供附加冷量和选择性地吸收该进料中的丙烷和较重组分，并从而完成开式混合冷剂循环。

未冷凝的干气主要含有甲烷，除一部分用作燃料外，其余则经塔顶气液分离器再去塔顶分凝器和气-气换热器复热后外销。

IPOR 工艺采用的闭式丙烷压缩制冷循环的制冷温度通常为 -23~-28℃。也可采用其他冷剂，例如氨等。

用于 NGL 回收时，该工艺的 C_3 的回收率为 95%~99%，C_4^+ 的回收率基本上为 100%。

从热力学效率来看，IPOR 工艺比透平膨胀机制冷工艺的压缩功约少 15%~40%。其设备大部分采用的是碳钢或低温碳钢，仅在脱乙烷塔塔顶气液分离器采用不锈钢。

此外，IPOR 工艺只有冷剂压缩机为旋转设备，而透平膨胀机制冷循环则需要采用透平膨胀机和低温凝液泵。

由此可知，IPOR 工艺的特点是：①旋转设备比透平膨胀机制冷循环工艺少，因而其可靠性和可操作性可与传统冷剂制冷循环相比；②几乎在任何原料气处理量（从 14.15×10^4m^3/d 至 2830×10^4m^3/d）下均具有很好的经济性；③操作弹性很大，可低至设计处理量的 10%，仅受控制仪表、调节阀和计量仪器等的限制；④原料气组成、现场条件和处理量可在很大范围内变化；⑤设备较少，工艺简单，故占地较少且可采用模块化安装。

表 5-14 和表 5-15 为两种研究方案的工厂设计数据。

表 5-14　方案 1 的工厂设计数据

原料气							干气		NGL 产品要求
处理量/ (10^4m^3/d)	压力/ MPa	温度/ ℃	组成/%（体积分数）				压力/ MPa	发热量/ MJ/m^3	C_2/C_3 液体体积比
			N_2+CO_2	C_1	C_2	C_3^+			
283.2	0.48	27	1.8	75.0	16.1	7.3	8.27	41.0	0.02

表 5-15　方案 2 的工厂设计数据

原料气							干气		NGL 产品要求
处理量/ (10^4m^3/d)	压力/ MPa	温度/ ℃	组成/%（体积分数）				压力/ MPa	烃露点/ ℃	C_2/C_3 液体体积比
			N_2+CO_2	C_1	C_2	C_3^+			
56.6	1.38	10	1.9	81.2	9.3	7.6	6.55	-20.6	0.02

图 5-35 为用于方案 1 研究的 IPOR 工艺。图中的原料气先增压至 2.52MPa，再经丙烷压缩制冷冷却至 -23.3℃。脱乙烷塔的温度最低为 -41.0℃，故可采用低温碳钢。为使干气发热量达到所要求值，脱乙烷塔回流罐的一部分富含乙烷不凝气用作燃料气，其余气体经塔顶气液分离器与脱乙烷塔顶部来气混合、复热和增压后再去销售气管道。

表 5-16 为采用 IPOR 工艺和透平膨胀机制冷工艺对方案 1 设计数据的研究结果。由表 5-16可知，与透平膨胀机制冷循环工艺相比，IPOR 工艺的 NGL 回收率高，压缩功率约少

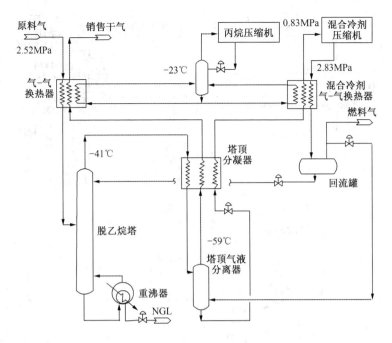

图 5-35　用于方案 1 研究的 IPOR 工艺流程图

32%，主要设备约少 20%，旋转设备也少。

表 5-16　方案 1 的研究结果

工艺名称	产品回收率/%		NGL 产量/ (m³/d)	功率/MW					主要工艺设备数量				
	C₃	C₄⁺		原料气压缩机	干气压缩机	冷剂压缩机	泵、空冷器	总计	透平膨胀机	泵	塔器	其他	总计
IPOR	99.5	100.0	822	7.29	5.26	3.53	0.37	16.34	—	—	1	24	25
透平膨胀机	98.8	100.0	816	7.80	8.90	1.42	0.42	18.54	1	4	2①	24	31

注：① 脱甲烷塔和脱乙烷塔。

图 5-36 为用于方案 2 研究的 IPOR 工艺流程图。图中的原料气先增压至 2.83MPa，再去气-气换热器和冷却器冷却后去脱乙烷塔。该塔回流罐全部不凝气均经塔顶气液分离器与脱乙烷塔顶部来气混合、复热和增压后去销售气管道。

表 5-17 为采用 IPOR 工艺和浅冷分离工艺对方案 2 的研究结果。后者采用丙烷压缩制冷，其目的是控制天然气的烃露点，注入的水合物为抑制剂乙二醇。原料气先经压缩再进行浅冷分离，干气直接进入销售气管道。

表 5-17　方案 2 的研究结果

工艺名称	产品回收率/%			NGL 产量/ m³/d	功率/MW				主要工艺设备数量总计
	C₃	C₄	C₅⁺		原料气压缩机	干气压缩机	冷剂压缩机	总计	
IPOR	99.0	100.0	100.0	173	0.60	0.73	0.68	2.01	44
浅冷分离①	33.1	60.0	83.4	85	1.36	—	0.20	1.56	45

注：① 用于露点控制。

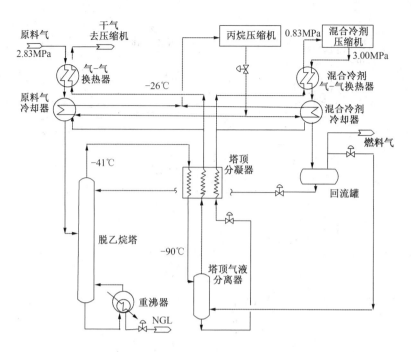

图 5-36　用于方案 2 研究的 IPOR 工艺流程图

由表 5-17 可知，采用 IPOR 工艺的 NGL 产品量约为浅冷分离工艺的 2 倍，但是由于二者设备数量相当，故它们的可靠性和可操作性类似。

3. PetroFlux 法

PetroFlux 法也称回流换热法，其特点是在脱乙烷塔或脱甲烷塔塔顶设置一台回流换热器。

图 5-37 为英国 Costain Petrocarbon 公司采用的 PetroFlux 法工艺流程图。与常规透平膨胀机制冷法(见图 5-38)相比，该法具有以下特点：

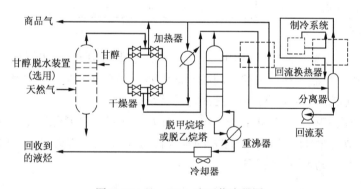

图 5-37　PetroFlux 法工艺流程图

① 在膨胀机制冷法中，高压天然气经膨胀机制冷后压力降低。如果商品气要求较高压力，则需将膨胀后的低压干气再压缩，故其能耗是相当可观的。PetroFlux 法压降较小，原料气经处理后可获得较高压力的商品气，并可利用中、低压天然气为原料气，获得较高的凝液收率。

② 回流换热器的运行压力高于透平膨胀机制冷法中稳定塔的压力，因而提高了制冷温度，降低了能耗。

228

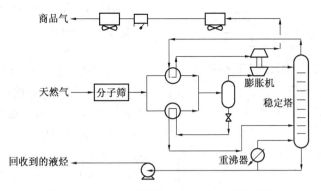

图 5-38　常规透平膨胀机制冷法工艺流程图

③ PetroFlux 法中换热器的传热温差普遍比透平膨胀机制冷法中换热器传热温差小很多，因而明显提高了换热系统的**㶲**效率。

有人在英国 Teesside 两座天然气处理厂(原料气来自北海气田，每座处理厂规模为 1130×10⁴m³/d)和挪威 Karsto NGL 回收装置(原料气来自 Asgard 气田，规模为 2190×10⁴m³/d)确定 NGL 回收工艺方案时，以单级透平膨胀机制冷法为基础方案，并参考两级透平膨胀机制冷法、高压 PetroFlux 法、有脱乙烷塔冷凝器的高 C_3 收率法等，分别对增加工艺流程中各种设备后的丙烷收率、相对投资及功率进行比较，见表 5-18 所示。其中，高压 PetroFlux 法工艺流程用于原料气压力远高于分离压力的场合。该流程与图 5-37 不同处是原料气先经气/气换热器预冷，再去一级气液分离器进行气液分离。分出的气体进入透平膨胀机膨胀后去二级气液分离器，分出的气体经回流换热器、稳定塔塔顶冷凝器及气/气换热器复热，再经透平膨胀机驱动的增压机及干气再压缩机增压后外输。一级气液分离器分出的凝液流经过冷器、节流阀降温后进入二级气液分离器，分出的凝液先用泵增压，再经过冷器、气/气换热器复热后去稳定塔。之后的流程与图 5-37 相同。

比较结果表明，原料气压力较低时采用两级透平膨胀机制冷法不是很合理，但当配设一台回流换热器和一具高压塔提高其 C_3 收率后，通常则是很经济的，此即表 5-18 中的综合方案。

表 5-18　几种 NGL 回收工艺方案比较

工 艺 方 案	C_3收率	投资相对值	功率相对值
基础方案	78	100	100
两级透平膨胀机	75	85	85
脱乙烷塔冷凝器	85	90	85
高压塔 1	90	105	85
高压塔 2	95	110	95
综合方案	95	110	85

4. 改进塔顶回流的高丙烷收率法

改进塔顶回流(Improved Overhead Reflux，IOR)的高丙烷收率法工艺流程见图 5-39。其特点是在脱乙烷塔前设置一具吸收塔，利用脱乙烷塔塔顶馏出物部分冷凝后的凝液为吸收剂，在吸收塔内吸收来自透平膨胀机低温气体中的 C_3^+ 烃类。吸收塔塔底的富液进冷箱为原料气提供冷量后去脱乙烷塔中部，吸收塔上部的贫液则去脱乙烷塔顶部作为回流。低温分离器分出的凝液经节流降温，在冷箱为原料气提供冷量后去脱乙烷塔下部。

由此可知，此法实质是采用吸收法使脱乙烷塔塔顶馏出的气体中 C_3^+ 含量降至最低，故

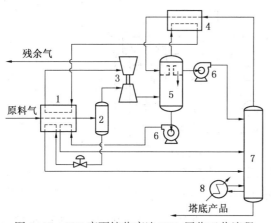

图 5-39　IOR 高丙烷收率法 NGL 回收工艺流程
1—冷箱；2—低温分离器；3—透平膨胀机组；4—冷凝器；
5—吸收塔；6—泵；7—脱乙烷塔；8—重沸器

称改进塔顶回流的高丙烷收率法，据称其 C_3 收率可达 99%。

4. 强化吸收法

强化吸收法又称马拉（Mehra）法，是在 20 世纪 80 年代发展的一种油吸收法的改进工艺，其实质是用其他物理溶剂（例如 N-甲基吡咯烷酮）代替吸收油，吸收原料气中的 C_2^+ 或 C_3^+ 烃类后采用闪蒸或汽提的方法获得所需的乙烷、丙烷等。强化吸收法借助于所采用的特定溶剂及不同操作参数，可回收 C_2^+、C_3^+、C_4^+ 或 C_5^+ 等。例如，乙烷及丙烷的收率可依市场需要，见表 5-3 所示。这种灵活性是只能获得宽馏分凝液的透平膨胀机法所不能比拟的。

强化吸收法又可分为抽提-闪蒸法和抽提-汽提法两种流程，其示意流程图见图5-40。该法特点如下：

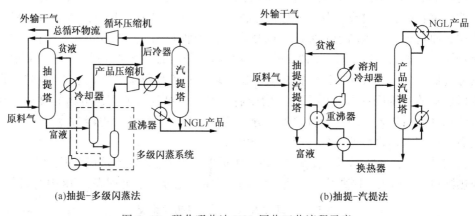

(a)抽提-多级闪蒸法　　　　　　　(b)抽提-汽提法

图 5-40　强化吸收法 NGL 回收工艺流程示意

① 抽提-闪蒸法　其吸收过程与常温油吸收法一样，但抽提塔（吸收塔）塔底富溶剂经减压后进行多级闪蒸，使目的产物从富溶剂中分离出来。通过选择合适的闪蒸条件，在最初的闪蒸过程中先分出某些不想回收的组分，并使其返回抽提塔，或直接进入外输干气中。汽提塔的作用是保证回收的 NGL 中较轻组分的含量合格。

② 抽提-汽提法　此流程是对抽提-闪蒸法的改进，其投资、运行费用都可大大降低。原料气进入抽提-汽提塔（吸收蒸出塔、吸收解吸塔）的抽提段（吸收段）中，采用特定的贫溶剂吸收，将其中的 C_2^+ 或 C_3^+ 烃类回收下来，塔顶干气基本上是甲烷（或甲烷与乙烷）。自抽提段至汽提段（蒸出段）的富溶剂中除了含有 C_2^+ 或 C_3^+ 烃类外，还含有一定数量的甲烷（或甲烷与乙烷）。汽提段底部设有重沸器，将塔底液体部分气化作为汽提气，在汽提段中将富溶剂中的甲烷（或甲烷与乙烷）几乎全部汽提出来。同时，也有一部分乙烷（或丙烷）被汽提出来。乙烷（或丙烷）被汽提出来后，在抽提段与贫溶剂接触中又被重新吸收，再与富溶剂返回汽提段，在这两段中重复进行吸收与汽提。因此，采用吸收和汽提联合操作的抽提-汽提塔，就可保证既不会有过多的乙烷（或丙烷）进入塔顶干气中，也不会有过多的甲烷（或甲烷

与乙烷)进入塔底液体中,从而达到使甲烷与 C_2^+(或使甲烷、乙烷与 C_3^+)分离的目的。

自抽提汽提塔塔底流出的富溶剂进入产品汽提塔(再生塔)。塔顶馏出物即为所需的 NGL 产品,塔底液体为再生后的贫溶剂,经冷却或冷冻后返回抽提汽提塔塔顶循环使用。

由此可知,此法的特点是选择性能良好的物理溶剂,并且靠调节抽提汽提塔塔底富溶剂泡点来灵活地选择 NGL 产品中较轻组分的含量。强化吸收法还可与冷剂(丙烷)制冷法结合,采用本法生产的 C_5^+(相对分子质量控制在 70~90)为溶剂,当分别用于回收 C_2^+ 或 C_3^+ 时,C_2 或 C_3 的收率均可达 90%。

Mehra 曾对沙特阿拉伯石油公司 Haradh 天然气处理厂采用气体过冷的透平膨胀机制冷法和低温强化吸收法(以本法生产的 C_5^+ 为溶剂)这两种 NGL 回收工艺的性能进行比较,原料气为该厂经过脱硫脱碳、脱水、露点控制(脱油)以及再压缩前或再压缩后天然气,其组成见表 5-19,低温强化吸收法 NGL 回收工艺流程见图 5-41。气体过冷的透平膨胀机制冷法将在之后介绍。

表 5-19 两种 NGL 回收工艺进行比较所采用的天然气组成 %(摩尔分数)

组分	N_2	CO_2	H_2S	C_1	C_2	C_3	iC_4	nC_4	iC_5	nC_5	iC_6	nC_6
组成	6.23	1.71	0.00	80.86	6.98	2.61	0.43	0.74	0.18	0.15	0.06	0.05

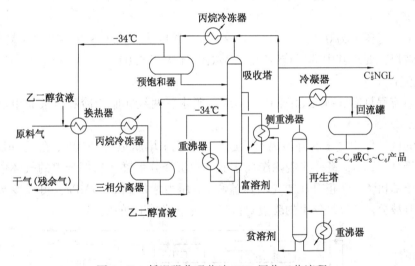

图 5-41 低温强化吸收法 NGL 回收工艺流程

研究结果表明:①C_2^+ 收率要求很高时,这两种方法均可考虑;②C_3^+ 收率要求很高时,低温强化吸收法的投资比透平膨胀机制冷法低 32%;③当以回收 C_3^+ 为目的时,采用低温强化吸收法的 NGL 回收装置可以回收多达 40% 的乙烷,而其投资基本上没有增加。

当 C_2^+ 收率为 86% 和 C_3^+ 收率为 98% 时 Haradh 天然气处理厂分别采用透平膨胀机制冷法和强化吸收法 NGL 回收工艺的主要性能比较分别见表 5-20 和表 5-21。

表 5-20 C_2^+ 收率为 86% 时两种方法性能比较

方 法	处理量/ $(10^4 m^3/d)$	最低温度/℃	制冷功率/kW	再压缩功率/kW	膨胀机功率/kW	安装的压缩功率/kW	塔数/具
膨胀机法	2335	-98	6040	32065	4847	42952	2
强化吸收法	2335	-34	52945	—	—	52945	2

表 5-21 C_3^+ 收率为 98% 时两种方法性能比较

方　　法	处理量/($10^4 m^3$/d)	最低温度/℃	制冷功率/kW	再压缩功率/kW	膨胀机功率/kW	安装的压缩功率/kW	塔数/具
膨胀机法	2335	-98	7457	34675	4847	46979	2
强化吸收法	2335	-34	23490	—	—	23489	2

四、C_2^+ 凝液回收工艺的应用

当以回收 C_2^+ 烃类为目的时则需采用深冷分离工艺，包括两级透平膨胀机制冷法、冷剂制冷和膨胀机联合制冷法、混合冷剂法，以及在常规膨胀机法基础上经过改进的气体过冷、液体过冷、干气循环、低温干气再循环和侧线回流等方法。此外，强化吸收法也可用于以回收 C_2^+ 烃类为目的 NGL 回收工艺。

（一）采用两级透平膨胀机制冷法的 NGL 回收工艺

我国大庆油田在 1987 年从 Linde 公司引进两套处理量均为 $60 \times 10^4 m^3$/d（设计值，下同）的 NGL 回收装置，原料气为伴生气，采用两级透平膨胀机制冷法，制冷温度一般为 -90 ~ -100℃，最低 -105℃，乙烷收率为 85%，每套装置混合液烃产量为 5×10^4 t/a。

1. 设计条件

原料气进装置压力为 0.127 ~ 0.147MPa（绝），温度为 -5℃（冬季）~ 20℃（夏季）。装置只生产混合液烃，要求其中的甲烷/乙烷（摩尔比）不大于 0.03。

2. 工艺流程

装置工艺流程见图 5-42，由原料气压缩、脱水、两级膨胀制冷和凝液脱甲烷等四部分组成。

进装置的低压伴生气 I 脱除游离水后进入压缩机 1 增压至 2.76MPa，经冷却器 2 冷却至常温进入沉降分水罐 3，进一步脱除游离水 II。由沉降分水罐 3 顶部分出的气体依次经过膨胀机驱动的压缩机 4、5（正升压或先增压流程），压力增加到 5.17MPa，再经冷却器 6 冷却后进入一级凝液分离器 7，分出的凝液直接进入脱甲烷塔 15 的底部。

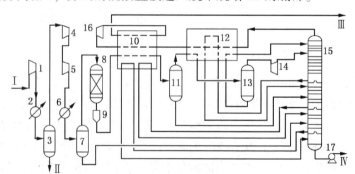

图 5-42　大庆油田两级透平膨胀机制冷法 NGL 回收工艺流程

1—油田气压缩机；2—冷却器；3—沉降分水罐；4，5—增压机；6—冷却器；
7——级凝液分离器；8—分子筛干燥器；9—粉尘过滤器；10，12—板翅式换热器；
11—二级凝液分离器；13—三级凝液分离器；14——级透平膨胀机；15—脱甲烷塔；
16—二级透平膨胀机；17—混合轻烃泵
I —油田伴生气；II —脱出水；III —干气；IV —NGL

由一级凝液分离器分出的气体进入分子筛干燥器 8 中脱水后，水含量降至 $1×10^{-6}$（体积分数），再经粉尘过滤器 9 除去其中可能携带的分子筛粉末，然后进入制冷系统。

分子筛干燥器共两台，切换操作，周期为 8h。再生气采用燃气透平废气的余热加热至 300℃ 左右。

经脱水后的气体自过滤器 9 经板翅式换热器 10 冷冻至 -23℃ 后进入二级凝液分离器 11。分出的凝液进入脱甲烷塔中部，气体再经板翅式换热器 12 冷冻至 -56℃ 后去三级凝液分离器 13。分出的凝液经板翅式换热器 12 后进入脱甲烷塔的顶部，分出的气体经一级透平膨胀机 14 膨胀至 1.73MPa，温度降至 -97～-100℃，然后此气液混合物直接进入脱甲烷塔 15 的顶部偏下部位。

自脱甲烷塔顶部分出的干气经板翅式换热器 12、10 复热至 28℃ 后进入二级透平膨胀机 16，压力自 1.70MPa 降至 0.45MPa，温度降至 -34～-53℃，再经板翅式换热器 10 复热至 12～28℃ 后外输。

由于装置只生产混合液烃，故只设脱甲烷塔，塔顶温度为 -97～-100℃，塔底不设重沸器，塔中部则有塔侧冷却器和重沸器，分别由板翅式换热器 12、10 提供冷量和热量。脱甲烷后的混合液烃由塔底经泵 17 增压后出装置作为乙烯装置原料。

据了解，该装置自投产以来除因原料气量递减致使处理量有所降低，以及部分设备已经更换改造外目前仍在运行中。

需要指出的是，当由低压伴生气中回收 C_2^+ 混合烃类时，究竟是采用原料气压缩、两级透平膨胀机制冷法，还是采用原料气压缩、冷剂和透平膨胀机联合制冷法工艺流程，应经过技术经济比较后再确定。

（二）常规透平膨胀机制冷法的改进工艺

自 20 世纪 80 年代以来，国内外以节能降耗、提高液烃收率及减少投资为目的，对透平膨胀机制冷法进行了一系列的改进，包括干气（残余气）再循环（RR）、气体过冷（GSP）、液体过冷（LSP）、低温干气循环（CRR）和侧线回流（SDR）等，下面主要介绍气体过冷、低温干气循环和侧线回流等工艺。

1. 气体过冷工艺（GSP）及液体过冷工艺（LSP）

1987 年 Ortloff 工程公司等提出的 GSP 法及 LSP 法是对单级膨胀机制冷法（ISS）和多级膨胀机制冷法（MTP）的改进。GSP 法是针对较贫气体（C_2^+ 烃类含量按液态计小于 $400mL/m^3$）、LSP 法是针对较富气体（C_2^+ 烃类含量按液态计大于 $400mL/m^3$）而改进的 NGL 回收方法。典型的 GSP 法及 LSP 法示意流程分别见图 5-43 和图 5-44。

由图 5-43 可知，GSP 法与常规透平膨胀机制冷法不同之处是：①低温分离器的一部分气体经脱甲烷塔塔顶换热器（过冷器）冷却和部分冷凝以及节流后去脱甲烷塔顶部闪蒸，并为该塔提供回流；②来自透平膨胀机出口的物流则进入脱甲烷塔塔顶以下几层塔板。这样，低温分离器可在较高温度下运行因而离开其系统临界温度。此外，由于干气的再压缩量较少，因而其再压缩功率也相应减少。

当原料气中 CO_2 含量不大于 2% 时 GSP 法一般不要求预先脱除 CO_2，其允许值取决于原料气组成和操作压力。干气再压缩所需功率与乙烷收率之间的关系不太敏感是该法的特点，其乙烷收率一般为 88%～93%。

表 5-22 列出了处理量为 $283×10^4 m^3/d$ 的 NGL 回收装置采用 ISS、MTP 及 GSP 等方法时的主要指标对比。

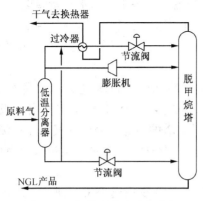
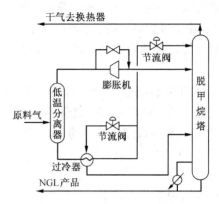

图 5-43　气体过冷法示意流程　　　　图 5-44　液体过冷法示意流程

表 5-22　ISS、MTP 及 GSP 法主要指标对比

工　艺　方　法	ISS	MTP	GSP
C_2 回收率/%	80.0	85.4	85.8
冻结情况	冻结	冻结	不冻结
再压缩功率/kW	6478	4639	3961
制冷压缩功率/kW	225	991	1244
总压缩功率/kW	6703	5630	5205

美国 GPM 气体公司 Goldsmith 天然气处理厂的 NGL 回收装置于 1976 年建成投产，处理量为 $220\times10^4 m^3/d$，原采用单级膨胀机制冷法，1982 年改建为两级膨胀机制冷法，处理量为 $242\times10^4 m^3/d$，最高可达 $310\times10^4 m^3/d$，但其乙烷收率仅为 70%。之后改用单级膨胀机制冷的 GSP 法，乙烷收率有了明显提高，在 1995 年又进一步改为两级膨胀机制冷的 GSP 法，设计处理量为 $380\times10^4 m^3/d$，乙烷收率(设计值)高达 95%。

有人曾以四种 C_2^+ 含量不同的天然气(组成见表 5-23)为原料气，通过 HYSIS 软件对常规单级膨胀机制冷法和 GSP 法在不同脱甲烷塔压力(绝压分别为 0.69、1.48、2.30 和 3.10MPa)下的最高乙烷收率进行模拟计算和比较。

原料气处理量为 4980kmol/h，温度为 38℃，压力为 4.14MPa(绝，下同)。干气(残余气)再压缩至 6.08MPa，要求脱甲烷塔塔底的 NGL 中的 C_1/C_2 摩尔比为 0.02。

计算结果表明：①随着脱甲烷塔压力增加，这两种方法的乙烷收率均在减少；②原料气为 A 和 B 时，采用 GSP 法的乙烷收率在脱甲烷塔压力较低时高于常规透平膨胀机法，而在脱乙烷塔压力较低时则低于常规透平膨胀机法；③原料气为 C 和 D 时，GSP 法在各种不同脱甲烷塔压力下的乙烷收率均较低。

表 5-23　两种方法进行比较采用的原料气组成　　　　　　　%(体积分数)

组　　分		N_2	C_1	C_2	C_3	C_4	C_5	C_6	C_2^+
组成	A	0.01	0.93	0.03	0.015	0.009	0.003	0.003	6.0
	B	0.01	0.89	0.05	0.025	0.015	0.005	0.005	10.0
	C	0.01	0.76	0.13	0.054	0.026	0.010	0.010	23.0
	D	0.01	0.69	0.15	0.075	0.045	0.015	0.015	30.0

由此可知，原料气中 C_2^+ 含量较少和脱甲烷塔压力较低时，GSP 法的乙烷收率就较高。模拟计算还表明，低温分离器的气体经脱甲烷塔塔顶换热器冷却后的温度越低，乙烷的收率就越高。

2. 低温干气循环工艺

低温干气循环工艺（CRR）是为了获取更高乙烷收率而对 GSP 法的一种改进方法，见图 5-45所示。该工艺是在脱甲烷塔塔顶系统增加压缩机和冷凝器，其他则与 GSP 法很相似。其目的是将一部分干气冷凝用作脱甲烷塔回流，故其乙烷收率可高达 98% 以上。此工艺也可用于获取极高的丙烷收率，而同时脱除乙烷的效果也非常好。

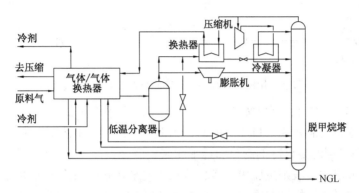

图 5-45　采用透平膨胀机制冷的低温干气再循环工艺流程

3. 侧线回流工艺

侧线回流（SDR）工艺（见图 5-46）是对 GSP 法的又一种改进方法。在该工艺中，由脱甲烷塔中抽出一股气流，经过压缩和冷凝后向脱甲烷塔塔顶提供回流。此工艺适用于干气中含 H_2 之类惰性气体的情况，因为这类惰性气体使低温分离器出口气的冷凝成为不可能。从脱甲烷塔侧线获取的气流不含惰性组分并且很容易冷凝。正如 CRR 工艺一样，必须对塔顶回流系统附加设备的投资和所增加的乙烷收率二者进行综合比较以确定是否经济合理。

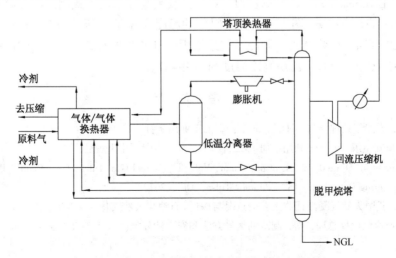

图 5-46　采用透平膨胀机制冷的侧线回流工艺流程

（三）混合冷剂制冷工艺

混合冷剂制冷工艺已广泛用于液化天然气（LNG）生产，有时也用于 NGL 回收。当用于

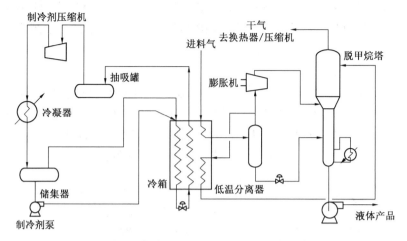

图 5-47 采用混合冷剂和透平膨胀机联合制冷的工艺流程

LNG 生产或回收 C_2^+ 烃类时，通常需要采用混合冷剂和透平膨胀机联合制冷工艺。如果透平膨胀机制冷法的原料气需要在入口压缩的话，则混合冷剂制冷工艺不失为一种经济选择。

图 5-47 为一典型的混合冷剂制冷和透平膨胀机联合制冷工艺。图中原料气经冷却后去低温分离器，而分出的凝液则进脱甲烷塔，这点与透平膨胀机制冷工艺相同。来自分离器的大部分气体经过透平膨胀机膨胀降温后送到脱甲烷塔的上部，另一部分气体在主换热器(冷箱)中进一步冷却和冷凝并送到脱甲烷塔顶用做回流。

有时也可取消透平膨胀机，即将来自分离器的全部气流经主换热器冷却和部分冷凝后送到脱甲烷塔中。原料气在主换热器中与低温干气换热和采用混合冷剂制冷，用以达到必要的低温。根据设计要求，混合冷剂一般可以是一种含有某些重烃组分的甲烷、乙烷、丙烷混合物。设计时必须考虑在装置运行过程中保持混合冷剂组成不变。

（四）采用阶式制冷法的 NGL 回收工艺

沙特阿拉伯 Uthmaniyah 天然气处理厂 NGL 回收装置即采用阶式制冷法回收 C_2^+ 烃类，其流程见本书第三章图 3-29。图中湿净化原料气的温度为 60℃，压力为 3.10MPa。

由图 3-29 可知，该装置阶式制冷系统采用丙烷和乙烷两种冷剂，其中丙烷制冷温度分别为 18℃、-24℃和-39℃，乙烷制冷温度则为-94℃。

参 考 文 献

1　王遇冬主编. 天然气处理与加工工艺. 北京：石油工业出版社，1999.

2　徐文渊，蒋长安主编. 天然气利用手册(第二版). 北京：中国石化出版社，2006.

3　F. S. Manning et al. Oilfield process of petroluum, Vol. Ⅰ：Natual Gas. Tulsa, Ok., PennWell Books, 1991.

4　GPSA. Engineering Data Book. 13th Edution, Tulsa, Ok., 2012.

5　王遇冬，等. 我国天然气凝液回收工艺的近况与探讨. 石油与天然气化工，2005，34（1）：11~13.

6　国家质量监督检验检疫总局，等. 制冷剂编号方法和安全性分类(GB/T 7778-2008). 北京：中国标准出版社，2009.

7　国家发展和改革委员会. 天然气凝液回收设计规范(SY/T 0077—2008). 北京：石油工业出版社，2008.

8　勘察设计注册石油天然气工程师资格考试管委会编. 勘察设计注册石油天然气工程师资格考试专业基础考试复习指南. 北京：化学工业出版社，2006.

9　陈滨主编. 乙烯工学. 北京：化学工业出版社，1997.

10 勘察设计注册石油天然气工程师资格考试管委会编. 勘察设计注册石油天然气工程师资格考试专业考试复习指南(上、下册). 山东东营：中国石油大学出版社, 2006 .

11 K. L. Currence et al. NGL recovery influences Louisiana processing. Oil & Gas Journal, 1999, 97(15)：49 ~ 53.

12 邹仁鋆, 等. 石油化工分离原理与技术. 北京：化学工业出版社, 1988.

13 Mahmoud Abu El Ela. Egyptian gas plant employs absorbents for Hg removal. Oil & Gas Journal, 2006, 104 (50)：52~57.

14 夏静森, 等. 海南福山油田天然气脱汞技术. 天然气工业, 2007, 27(7)：127~128.

15 付秀勇, 等. 轻烃装置冷箱的汞腐蚀机理与影响因素研究. 石油与天然气化工, 2009, 38(6)：478 ~482.

16 刘支强, 等. 天然气脱砷工艺. 油气田地面工程, 2011, 30(8)：1~3.

17 K. J. Vargas. Refrigeration provides economic process for recovering NGL from CO_2-EOR recycle gas. Oil & Gas Journal, 2010, 108(2)：45~49.

18 张鸿仁, 等. 油田气处理. 北京：石油工业出版社, 1995.

19 冯叔初, 等. 油气集输与矿场加工. 山东：中国石油大学出版社, 2006.

20 付秀勇, 等. 对轻烃回收装置直接换热工艺原理的认识与分析. 石油与天然气化工, 2008, 37(1)：18 ~22.

21 胡文杰, 等. "膨胀机+ 重接触塔"天然气凝液回收工艺的优化. 天然气工业, 2012, 32(4)：96~100.

22 J. T. Lynch et al. Texas plant retrofit improves throughput C_2 recovery. Oil & Gas Journal, 1996, 94(1)：41 ~48.

23 R. R. Huebel et al. New NGL-recovery process provides viable alternative. Oil & Gas Journal, 2012, 110. 1a (2)：88~95, 109.

24 A. J. Finn et al. Design, Equipmeny changes make possible high C_3 recovery. Oil & Gas Journal, 2000, 98 (1)：37~44.

25 郭揆常主编. 矿场油气集输与处理. 北京：中国石化出版社, 2010.

26 Yuv R. Mehra. Saudi gas plant site for study of NGL recovery processes . Oil & Gas Journal, 2001, 99(44)：56~60.

27 Rachid Chebbi et al. Study compares C_2-recovery for conventional turboexpander, GSP. Oil & Gas Journal, 2008, 106(46)：50~54.

28 Ahmed A. Al-Harbi et al. Middle East gas plant doubles mol sieve desiccant service life. Oil & Gas Journal, 2009, 107(31)：44~49.

第六章 液化天然气和压缩天然气生产

第一节 液化天然气生产

一、液化天然气生产概述

由于液化天然气(LNG)体积约为液化前气体体积的 1/625，故有利于储存和输送。随着 LNG 运输船及储罐制造技术的进步，将天然气液化几乎是目前跨越海洋运输天然气的主要方法。LNG 不仅可作为汽油、柴油的清洁替代燃料，也可用来生产甲醇、氨及其他化工产品。此外，LNG 已广泛用于燃气调峰和应急气源，提高了城镇居民和工业用户供气的稳定性。LNG 再气化时的蒸发相变焓(-161.5℃时约为 510kJ/kg)还可供制冷、冷藏等行业利用。

国外液化天然气(LNG)工业化生产、储运及利用始于 20 世纪四五十年代，到六七十年代已形成了包括 LNG 生产、储存、海运、接收、再气化、冷量利用与调峰等一系列完整环节的 LNG 工业链，并且在数量和规模上以很高速度不断增长。近年来，LNG 的生产与贸易日趋活跃，正在成为世界上增长最快的一次能源。在生产 LNG 的国家和地区中，有扩产潜力和计划的国家有澳大利亚、印尼、马来西亚、卡塔尔、伊朗和俄罗斯等。

我国大陆自 20 世纪 90 年代以来，陆续建成了一批中小型 LNG 生产装置。截止 2013 年底，全国共有 70 余座基本负荷和调峰型 LNG 工厂，原料气处理量总计(设计值，下同)约为 $3835 \times 10^4 m^3/d$。此外，在 2014 年年内建成投产的 LNG 项目大约 55 个，总处理量超过 $6000 \times 10^4 m^3/d$，届时我国 LNG 总产能将达 $1 \times 10^8 m^3/d$。其中，规模最小只有 $2 \times 10^4 m^3/d$(沈阳燃气)，最大为 $500 \times 10^4 m^3/d$(湖北黄冈中国石油)。原料气既有天然气，也有煤层气、煤制气、焦炉气和合成氨尾气。总的来说，目前国内基本负荷和调峰型 LNG 工厂规模普遍较小，采用的工艺技术既有国外 APCI、BV、Linde 公司提供的，也有国内中国石油寰球、成都深冷、中原绿能等公司自行研发的。

近年来 LNG 在我国天然气能源中的重要性日益增长，为解决我国沿海一带能源短缺问题，又在这些地区开展建设 LNG 接收站的规划工作，并先后启动了广东、福建、浙江、上海、山东及河北等沿海地区的 LNG 接收站工程项目。据报道，我国正在规划与建设的沿海一带 LNG 接收站工程项目最终将构成一个接收站群与输送管网。其中，规划的 LNG 接收站全部建成后总储存中转能力可达 $1800 \times 10^4 t/a$。即使这样，仍然不能满足我国大陆对 LNG 日益增长的需求量。据了解，2013 年我国天然气产量为 $1210 \times 10^8 m^3$，天然气进口量 $534 \times 10^8 m^3$，其中 LNG 增长 27.0%。2012 年前在我国沿海一带，包括台湾高雄永安、广东深圳大鹏、福建莆田、台湾台中、上海洋山、江苏如东、辽宁大连等地还建成了 7 座 LNG 接收站。LNG 来自印尼、马来西亚、澳大利亚和卡塔尔等，接收能力总计约为 $2900 \times 10^4 t/a$，其中台湾 2 座接收站的接收能力为 $1044 \times 10^4 t/a$。

LNG 生产一般包括天然气预处理、液化及储装三部分，其中液化系统则是其核心。通常，先将天然气经过预处理，脱除对液化过程不利的组分(如酸性组分、水蒸气、重烃及汞等)，然后再进入液化部分的高效低温换热器不断降温，并将重烃分出，最后在常压(或略高压力)下使温度降低到−162℃(或略高温度),即可得到 LNG 产品,在常压(或略高压力)下储存、装运及使用。现代 LNG 产业包括了 LNG 生产(含预处理、液化及储装)、运输(船运、车运)、接收、调峰及利用等全过程。从气井到用户的 LNG 产业链见图 6-1。

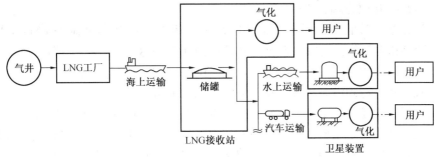

图 6-1　LNG 产业链示意图

二、液化天然气工厂或装置类型

液化天然气(LNG)工厂通常可分为基本负荷型、调峰型两类。此外,浮式液化天然气生产储卸装置是一种用于海上气田的 LNG 生产装置,接收站则既是接收远洋运输天然气的终端,又是供应陆上天然气用户的气源。本节在此对其一并介绍。

(一) 基本负荷型(基荷型,基地型)

基本负荷型工厂是生产 LNG 的主要工厂。这类工厂利用本地区丰富的天然气资源生产 LNG 以供远离气源的用户或出口,其特点是:①处理量较大;②一般沿海岸设置,便于远洋 LNG 运输船装载与运输;③工厂生产能力与气源、储装、远洋运输能力等相匹配。

20 世纪 60 年代最早建设的这类工厂,采用当时技术成熟的阶式制冷液化工艺。到 20 世纪 70 年代又转而采用流程大为简化的混合冷剂制冷液化工艺。20 世纪 80 年代后新建与扩建的基本负荷型 LNG 工厂,则几乎无例外地采用丙烷预冷混合冷剂制冷液化工艺。

据了解,2005 年投产的埃及 Damietta 项目其 LNG 单条生产线能力为 $550 \times 10^4 t/a$。之后,在卡塔尔建设的 Qatargas II 项目采用美国空气产品和化学品公司(APCI)的新工艺,其生产线能力达 $780 \times 10^4 t/a$。

基本负荷型 LNG 工厂的原料气经过预处理后进入液化系统,最后得到以甲烷为主的 LNG 产品。

(二) 调峰型

调峰型 LNG 工厂一般由天然气预处理、液化、储装、再气化等四部分组成,主要作用是对工业和居民用气的不平衡性进行调峰,以及作为应急气源,其特点是液化能力较小(一般为高峰负荷量的 1/10 左右),甚至间断运行,而储装和 LNG 再气化能力较大。这类工厂一般远离气源,但靠近输气管道和天然气用户,将用气低峰时相对多余的管道天然气液化并储存起来,在用气高峰时再气化后供用户使用,或者作为应急气源。目前世界上约有近百座调峰型工厂,其中美国和加拿大占 80% 以上。

调峰型 LNG 工厂在调峰和作为应急气源方面发挥着重要作用,可极大提高管网的经济性,其液化系统常采用膨胀机制冷或混合冷剂制冷液化工艺。

(三) 浮式 LNG 生产储卸装置

浮式液化天然气生产储卸装置(Floating Production, Storage and Offloading system,简称

FPSO)集液化天然气生产、储存与卸载于一体，具有投资低、建设周期短、便于迁移等优点，故特别适用于海上气田的开发。

浮式 LNG 生产储卸装置目前采用混合冷剂制冷或改进的氮膨胀制冷液化工艺。

（四）接收站(接收终端，终端)

此类工厂通常称接收站，用于大量接收由远洋运输船从基本负荷型 LNG 工厂运来的 LNG，将其储存和再气化，然后进入分配系统供应用户。这类 LNG 工厂的特点是液化能力很小，仅将 LNG 储罐中蒸发的天然气(蒸发气，BOG)进行再液化，但储罐容量和再气化能力都很大。我国在台湾和沿海一带已建有多座 LNG 接收站。

目前，世界上除建设大型基本负荷型工厂生产 LNG，经海运出口到其他国家或地区外，有的国家还在内陆建设中小型基本负荷型 LNG 工厂，用汽车将 LNG 送往远离输气管道的城镇民用、工业企业用户及作为汽车燃料。俄罗斯在 20 世纪 90 年代以来还建设了小型 LNG 工厂，并在多个地区推广应用。近十几年来，我国陆续在各地建设的一些中小型 LNG 工厂，也多用汽车运往其他地区使用。

三、LNG 原料气要求、产品组成及特性

（一）对原料气的要求

LNG 主要物理性质见表 1-18。

LNG 工厂的原料气来自油气田的气藏气、凝析气或油田伴生气，一般都不同程度地含有 H_2S、CO_2、有机硫、重烃、水蒸气和汞等杂质，即就是经过处理后符合《天然气》(GB 17820—2012)的质量要求，在液化之前一般也必须进行预处理。

例如，长庆气区靖边气田进入某输气管道的商品天然气、沁水盆地某区块煤层气组成见表 6-1。

表 6-1 某管道天然气和某区块煤层气组成　　　　　　　干基%（体积分数）

组分	N_2	CO_2	C_1	C_2	C_3	C_4	C_5	C_6^+	Ar+He	H_2S	苯	甲苯	Hg
靖边	0.22	2.48	96.30	0.84	0.084	0.020	0.0145	0.0183[1]	20[2]	6[2]	26[2]	—	<0.03[3]
沁水	0.35	0.40	99.21	0.04	0.00[4]	—	—	—	300[2]	0	100[2]	100[2]	<0.03[3]

注：①苯的含量另计。②Ar、He 和 H_2S 的含量均×10^{-6}。③单位为 $\mu g/m^3$。④C_3^+。

由表 6-1 可知，煤层气中甲烷含量很高但乙烷含量很少，丙烷以上烃类以及 H_2S 含量甚微或无，CO_2 含量较少而 N_2 含量稍多。因此，煤层气液化时其预处理工艺与天然气会有所区别。

表 6-2 为生产 LNG 时原料气中杂质的最大允许含量。

表 6-2 原料气中杂质的最大允许含量[1]

杂　　质	允 许 含 量	杂　　质	允 许 含 量
H_2O	$<0.1×10^{-6}$	总硫	$10\sim50mg/m^3$
CO_2	$(50\sim100)×10^{-6}$	汞	$<0.01mg/m^3$
H_2S	$3.5mg/m^3$	芳烃类	$(1\sim10)×10^{-6}$
COS	$<0.1×10^{-6}$	C_5^+	$<70mg/m^3$

注：① H_2O、CO_2、COS、芳烃类含量为体积分数。

240

由此可知，当采用诸如表 6-1 的管道气等为原料气生产 LNG 时，必须针对原料气的杂质情况选择合适的预处理工艺进行脱除。

（二）产品组成

由表 6-2 可知，LNG 产品与商品天然气质量要求相比，其纯度更高。

此外，根据欧洲标准（EN 1160—96），LNG 产品中的 N_2 含量（摩尔分数）应小于 5%，法国要求 N_2 含量小于 1.4%。如果原料气中的 N_2 含量较高，则还应脱氮。在 LNG 产品中允许含有一定数量的 $C_2 \sim C_5$ 烃类。《液化天然气的一般特性》（GB/T 19204—2003）中列出的三种典型 LNG 产品组成及性质见表 6-3，世界主要基本负荷型 LNG 工厂的产品组成见表 6-4。

表 6-3 典型的 LNG 组成

常压泡点下的性质	组成 1	组成 2	组成 3
组成/%（摩尔分数）			
N_2	0.5	1.79	0.36
CH_4	97.5	93.9	87.20
C_2H_6	1.8	3.26	8.61
C_3H_8	0.2	0.69	2.74
iC_4H_{10}	—	0.12	0.42
nC_4H_{10}	—	0.15	0.65
C_5H_{12}	—	0.09	0.02
摩尔质量/(kg/mol)	16.41	17.07	18.52
泡点温度/℃	−162.6	−165.3	−161.3
密度/(kg/m³)	431.6	448.8	468.7

表 6-4 世界主要基本负荷型 LNG 工厂产品组成

液化厂	组成/%（摩尔分数）							温度/℃	密度/(kg/m³)		气体膨胀系数[①]	高发热量/(MJ/m³)
	N_2	C_1	C_2	C_3	nC_4	iC_4	C_5^+		液	气		
阿拉斯加	0.10	99.8	0.10					−160	421	0.72	588	39.6
阿尔及利亚-SKIKDA	0.85	91.5	5.64	1.50	0.25	0.25	0.01	−160	451	0.78	575	44.6
阿尔及利亚-ARZEWGL2Z	0.35	87.4	8.60	2.40	00.50	0.73	0.02	−160	466	0.83	566	44.6
印尼-BADAK	0.05	90.0	5.40	3.15	1.35		0.05	−160	462	0.81	567	44.3
马来西亚	0.45	91.1	6.65	1.25	0.54		0.01	−160	451	0.79	574	42.8
文莱	0.05	89.4	6.30	2.90	1.30		0.05	−160	463	0.82	566	44.6
阿布扎伊	0.20	86.0	11.80	1.80	0.20			−160	464	0.82	569	44.3
利比亚	0.80	83.0	11.55	3.90	0.40	0.30	0.05	−160	479	0.86	558	46.1

注：① 气体膨胀系数指 LNG 变为气体（标态）时体积增长的倍数。

（三）LNG 有关特性

在 LNG 生产、储运中存在的潜在危险主要来自三方面：①温度极低。尽管不同组成的 LNG 其常压沸点略有差别，但均在-162℃左右。在此低温下 LNG 蒸气密度大于环境空气的密度；②1m³ 的 LNG 气化后大约可变成 625m³ 的气体，故极少量液体就能气化成大量气体；③天然气易燃易爆，一般环境条件下其爆炸极限为 5%~15%（体积分数，下同）。最近的研究结果表明，其爆炸下限为 4%。

因此，在 LNG 生产、储运中，应针对 LNG 的有关特性采取各种有效措施确保生产和人员安全。

1. 燃烧特性

LNG 按照组成不同，常压沸点为-166~-157℃，密度为 430~460kg/m³（液），发热量为 41.5~45.3MJ/m³（气），沃泊指数为 49~56.5MJ/m³，其体积大约是气态的 1/625，发生泄漏或溢出时，空气中的水蒸气被溢出的 LNG 冷却后产生明显的白色蒸气云。LNG 气化时，其气体密度为 1.5kg/m³。当其温度上升到-107℃时，气体密度与空气密度相当，温度高于-107℃时，其密度比空气小，容易在空气中扩散。LNG 的燃烧特性主要是爆炸极限、着火温度和燃烧速度等。

（1）爆炸极限

天然气在空气中的浓度在 5%~15% 范围时遇明火即可发生爆炸，此浓度范围即为天然气的爆炸极限。爆炸在瞬间产生高压、高温，其破坏力和危险性都很大。由于不同产地的天然气组成有所差别，故其爆炸极限也会略有差别。天然气的爆炸下限明显高于其他燃料。

在-162℃的低温条件下，其爆炸极限为 6%~13%。另外，天然气的燃烧速度相对比较慢，故在敞开的环境条件，LNG 和蒸气一般不会因燃烧引起爆炸。

LNG 主要组分物性见表 6-5。如果 LNG 中的 C_2^+ 含量增加，将使 LNG 的爆炸下限降低。天然气与汽油、柴油等燃料的燃烧特性比较见表 6-6。

表 6-5　LNG 主要组分物性

气体名称	相对分子质量	沸点②/℃	密度/(kg/m³)			液/气密度比	气/空气密度比	气化热③/(kJ/kg)
			气体①	蒸气③	液体③			
甲烷	16.04	-161.5	0.6664	1.8261	426.1	639	0.544	509.86
乙烷	30.07	-88.2	1.2494	—	546.9	450	1.038	489.39
丙烷	44.10	-42.3	1.8325	—	581.5	317	1.522	425.89

注：① 常温常压下（20℃，0.1MPa）。
　　② 常压下的沸点（0.1MPa）。
　　③ 常压沸点下。

表 6-6　天然气与其他燃料燃烧特性比较

可燃物名称	甲烷	乙烷	甲醇	硫化氢	汽油	柴油
爆炸极限/%（体积分数）	5.0~15.0	3.0~12.5	5.5~44.0	4.0~46.0	1.4~7.6	0.6~5.5

（2）着火温度

着火温度是指可燃气体混合物在没有火源下达到某一温度时，能够自行燃烧的最低温度，即自燃点。可燃气体在纯氧中的着火温度要比在空气中低 50~100℃。即就是单一可燃组分，其着火温度也不是固定值，与可燃组分在空气混合物中的浓度、混合程度、压力、燃烧室特性和有无催化作用等有关。工程上实用的着火温度应由试验确定。

在常压条件下，纯甲烷的着火温度为650℃。天然气的着火温度随其组成变化而不同，如果C_2^+含量增加，则其着火温度降低。天然气主要组分是甲烷，其着火温度范围约为500~700℃。

天然气也能被火花点燃。例如，衣服上产生的静电也能产生足够的能量点燃天然气。由于化纤布比天然纤维更容易产生静电，故工作人员不能穿化纤布（尼龙、腈纶等）类的衣服上岗操作。

（3）燃烧速度

燃烧速度是火焰在空气和燃料混合物中的传递速度。燃烧速度也称为点燃速度或火焰速度。天然气燃烧速度较低，其最高燃烧速度只有0.3m/s。随着天然气在空气中的浓度增加，燃烧速度亦相应增加。

游离LNG蒸气云团中的天然气处于低速燃烧状态，云团内的压力低于5kPa时一般不会引起剧烈爆炸。但若处于狭窄、密集且有很多设备的区域或建筑物内，云团内部就可能形成较高的爆炸压力波。

2. 低温特性

LNG是在其饱和蒸气压接近常压的低温下储存，即其以沸腾液体状态储存在绝热储罐。因此，在LNG的储存、运输和利用的低温条件下，除对其设备、管道要防止材料低温脆性断裂和冷收缩引起的危害外，也要解决系统绝热保冷、蒸发气处理、泄漏扩散以及低温灼伤等方面的问题。

（1）蒸发

储罐中储存的LNG是处于沸腾状态的饱和液体，外界任何传入储罐的热量都将引起一定量的LNG蒸发为气体，即蒸发气（BOG）。蒸发气与未蒸发的LNG液体处于气液平衡状态，其组成与蒸发压力、温度及LNG液体组成有关。常压下蒸发温度低于−113℃时其组成几乎完全是CH_4，温度升高至−85℃约含20%的N_2。这两种情况下蒸发气的密度均大于环境空气的密度，而在标准状态下蒸发气密度仅为空气的60%。一般情况下蒸发气中含有20%的N_2、80%的CH_4及痕量的C_2H_6。

在一定压力下液化的LNG当其压力降低时，将有一部分液体闪蒸为气体，同时液体温度也随之降低。

当压力在100~200kPa时，$1m^3$处于沸点下的LNG压力每降低1kPa时，作为估算其闪蒸出的气量约为0.4kg。在LNG储运中必须处理由于其压力、温度变化产生的蒸发气。

（2）溢出或泄漏

如果发生LNG的泄漏或溢出，LNG会在短时间内产生大量的蒸气，与空气形成可燃混合物，并迅速扩散到下风处。

泄漏的LNG以喷射形式进入大气，同时膨胀及蒸发。开始蒸发时产生的气体温度接近液体温度，其密度大于环境空气密度。冷气体在未大量吸收环境空气热量之前，沿地面形成一个流动层。当其温度升至高于−107℃时，气体温度就小于环境空气密度并与空气混合。蒸发气和空气的混合物在温度继续升高过程中逐渐形成密度小于空气的云团，此云团的膨胀及扩散与风速有关。移动的蒸气云团容易在其周围产生燃烧区域，因为这些区域内的一部分气体混合物处于燃烧范围之内。

由于液体温度很低，泄漏时大气中的水蒸气也冷凝成为"雾团"（Fog cloud），由此雾团可观察出蒸发气和空气形成的可燃性云团的大致范围，尽管实际范围还要大一些。

LNG 泄漏到地面时，起初由于 LNG 与地面之间温差较大而迅速蒸发，然后由于土壤中的水分冻结，土壤传给 LNG 的热量逐渐减少，蒸发速度才开始降低至某一固定值。该蒸发速度的大小取决于从周围环境吸收热量的多少。不同表面由实验测得的 LNG 蒸发速度如表6-7所示。

LNG 泄漏到水面时会产生强烈的对流传热，并形成少量的冰。此时，LNG 蒸发速度很快，水的流动性又为 LNG 的蒸发提供了稳定的热源。

表6-7　LNG 蒸发速度　　　　　　　　　　　　　　　kg/（m² · h）

材　料	骨　料	湿　沙	干　沙	水	标准混凝土	轻胶体混凝土
60s 蒸发速度	480	240	195	190	130	65

LNG 泄漏到水中时产生强烈的对流传热，以致在一定的面积内蒸发速度保持不变。随着 LNG 流动其泄漏面积逐渐增大，直到气体蒸发量等于漏出液体所能产生的气体量为止。

LNG 与外露的皮肤短暂接触时不会产生伤害，但如持续接触则会引起严重的低温灼伤和组织损坏。

3. 储运特性

（1）老化

LNG 在储存过程中，由于其中各组分的蒸发量不同，导致组成和密度发生变化的过程称为老化（Weathering）。

老化过程受 LNG 中氮的初始含量影响很大。由于氮是 LNG 中挥发性最强的组分，它比甲烷和其他重烃更先蒸发。如果氮的初始含量较大，老化 LNG 的密度将随时间减小。在大多数情况下，氮的初始含量较小，老化 LNG 的密度会因甲烷蒸发而增大。因此，在储罐充注 LNG 前，了解储罐内和将要充注的两种 LNG 的组成是非常重要的。由于层间液体密度差是产生分层和翻滚现象的关键，故应首先了解 LNG 组成和温度对其密度的影响。

（2）分层

LNG 是多组分混合物，因温度和组成变化会引起其密度变化，液体密度的差异而使储罐内的 LNG 发生分层（Stratification）。LNG 储罐内液体分层往往是因为充装的 LNG 密度不同或是因为 LNG 中氮含量太高引起的。

（3）翻滚

LNG 在储运过程中会发生一种称为翻滚（Rollover）或"涡旋"的非稳定现象。这是由于低温储罐中已装有的 LNG 与新充灌的 LNG 液体密度不同，或者由于 LNG 中的氮优先蒸发而使储罐内的液体发生分层。分层后各层液体在储罐周壁传入热量的加热下，形成各自独立的自然对流循环。该循环使各层液体的密度不断发生变化，当相邻两层液体密度接近相等时就会发生强烈混合，从而引起储罐内过热的 LNG 大量蒸发，并使压力迅速上升，甚至顶开安全阀。这就是所谓翻滚现象。

翻滚现象是 LNG 在储运过程中很容易发生的一种现象。经验表明，只要控制 LNG 中氮含量小于1%，并加强蒸发气量的监测，翻滚现象是可以避免的。

出现翻滚现象时，会在短时间内有大量气体从 LNG 储罐内散发出来，如不采取措施，将导致设备超压。

（4）快速相态转变

两种温差极大的液体接触时，若热液体温度比冷液体沸点温度高 1.1 倍，则冷液体温度上升极快，表面层温度超过自发成核温度（当液体中出现气泡时），此时热液体能在极短时间内通过复杂的链式反应机理以爆炸速度产生大量蒸气，即所谓快速相态转变（RPT）。LNG 或液氮与不同温度液体接触时即会出现 RPT 现象。但是，LNG 溢入水中而产生 RPT 不太常见，且后果也不太严重。

四、天然气液化工艺

LNG 工厂的原料气来自常规天然气如油气田的气藏气、凝析气、油田伴生气，以及非常规天然气如煤层气等，一般都不同程度地含有 H_2S、CO_2、有机硫、重烃、水蒸气和汞等杂质。在液化之前，必须进行预处理。经过预处理后的气体进入液化系统预冷、液化和过冷，然后节流降压得到以甲烷为主的 LNG 产品。

LNG 工厂预处理和液化工艺应根据原料气处理量、组成和压力、中间产物和 LNG 技术要求并综合考虑投资、能耗或比能耗（功耗或比功耗）及其他有关因素等合理确定。同时，还必须遵循现行有关标准的规定。

（一）液化压力

天然气压力高，一方面其液化系统所需冷量较少（不同压力预冷和液化 $p\text{-}T$ 轨迹见图 6-2 的 ABD 和 $A'B'D'$ 线），另一方面其液化系统温度较高，提供冷量的冷剂压缩功耗也较少，故热力学效率较高。因预处理系统也需较高压力，故原料天然气压力较低时通常需先增压。由于冷剂压缩功耗远大于天然气增压功耗，故可使天然气液化系统所需功耗减少，从而使比功耗降低。此外，较高的天然气压力也可使预处理和液化系统有关工艺设备尺寸减小。

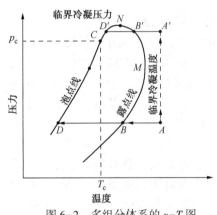

图 6-2　多组分体系的 $p\text{-}T$ 图

但是，增压后的天然气压力过高，不仅因其压缩功耗增加过多，使比功耗增加，而且还要注意在预冷和液化过程中的压力、温度应远离（通常是压力应低于）临界点值，以免气、液相密度相近，导致脱除重烃时气液分离困难，或者在压力、温度略有变化时，分离效果就会有很大差异，致使实际运行很难控制（见图 6-2 中的 $A'B'D'$ 线）。因此，采用重烃洗涤法或低温分离法脱除重烃时，其操作压力必须为临界点以下某适宜值。此外，原料气压力升高，当 LNG 储存压力一定时，节流压差大，原料气的液化率相应降低。再者，压力过高也会导致预处理和液化系统的设备、管线等压力等级升高而使其投资增加。

对于贫气例如煤层气而言，因其重烃含量甚微，故国内有些采用贫气为原料气的 LNG 工厂仅在预处理系统采用吸附法脱苯和重烃即可，因而优化后的液化压力或可较高一些。

因此，最佳液化压力应根据原料气组成、工艺过程等因素通过技术经济比较优化而定，一般在 4~5MPa 或更高。原料气在此压力液化和过冷后，通常再经节流降压去储罐储存。

（二）原料气预处理

原料气预处理目的就是使其所含杂质在液化之前达到表 6-2 所示的要求。原料气脱硫脱碳、脱水及脱汞等的工艺方法见本书前面有关章节介绍。

例如，我国山东泰安昆仑能源 LNG 工厂（$15 \times 10^4 m^3/d$）以某管道天然气为原料气，预处理系统采用 MDEA 溶液脱硫脱碳，分子筛脱水，活性炭脱汞和脱苯；海南海燃公司 LNG 工厂以福山油田处理后的天然气为原料气，预处理系统采用 DGA 脱碳，分子筛脱水，活性炭脱汞；中原绿能公司为拟建的某 LNG 工厂（原料气为管道天然气）预处理系统设计采用活化 MDEA 溶液脱碳，硅胶和分子筛复合床层脱水，活性炭脱汞。

1. 脱硫脱碳

如前所述，当原料气中 H_2S 含量低、CO_2 含量高且需深度脱除 CO_2 时，可选用活化 MDEA 法。该法在 MDEA 溶液中加有提高吸收 CO_2 速率的活化剂，可用于脱除大量 CO_2，也可同时脱除少量的 H_2S，既保留了 MDEA 溶液酸气负荷高、溶液浓度高、化学及热稳定性好、腐蚀低、降解少和反应热小等优点，又克服了单纯 MDEA 溶液在脱除 CO_2 等方面的不足，因而具有能耗、投资和溶剂损失低等优点。因此，我国新建的 LNG 工厂均普遍采用活化 MDEA 法。

据了解，我国已经开采的煤层气中一般含有少量的 CO_2，但是 H_2S 和有机硫含量甚微或无，故预处理时主要是脱除其中的 CO_2。例如，山西沁水盆地煤层气平均组成见表 6-8。

表 6-8　山西沁水盆地煤层气平均组成　　　　　　　　　　　% （体积分数）

组分	CH_4	N_2	CO_2	C_2H_6	H_2S	有机硫	Hg	总计
组成	98.10	1.30	0.56	0.04	微量	微量	$0.098\mu g/m^3$	100

注：基本不含 C_3^+。

原料气中不含 H_2S 时，其 LNG 工厂脱碳系统再生塔顶脱除的酸气（主要组分是 CO_2，一般在 95% 左右）可直接引至安全处排放；否则需将酸气中微量 H_2S 脱除后再引至安全处排放。酸气脱硫一般采用干法，例如采用活性炭脱硫。

需要指出的是，活化 MDEA 法为湿法脱碳，脱碳后的原料气为湿气。

此外，当原料气中 H_2S 和 CO_2 含量很低且处理量较小时，也可考虑采用干法即分子筛脱硫脱碳。例如，我国苏州华峰调峰型 LNG 工厂（$70 \times 10^4 m^3/d$）利用西气东输一线管道天然气门站与城镇燃气管网压差，采用单级膨胀机制冷、部分液化的液化工艺。该厂预处理系统先采用分子筛（4A）和活性炭复合床层脱水脱苯，再采用分子筛（13X）脱硫脱碳。二者均采用三塔流程，即一塔吸附，一塔加热解吸，一塔冷却，然后按周期切换。

2. 脱水

LNG 工厂规模较大时，经湿法脱碳后的湿原料气可考虑先采用三甘醇吸收法，或先将原料气冷却至（20～30）℃，脱除大部分水分，再采用分子筛吸附法深度脱水。LNG 工厂规模较小时，原料气通常直接采用图 3-26 所示的分子筛脱水两塔工艺流程（一般多选用 4A 分子筛）。当工厂规模较大时，则可考虑采用三塔或多塔分子筛脱水工艺流程（参见图 3-39）。

在两塔流程中，一台干燥器吸附脱水，另一台干燥器再生（加热和冷却），然后相互切换。在三塔或多塔工艺流程中，干燥器切换程序有所不同。目前我国一些 LNG 工厂尽管其规模较小，但经综合比较后也采用三塔脱水工艺流程。例如，山西某煤层气液化工厂（$50 \times 10^4 m^3/d$）分子筛脱水装置采用等压再生，再生气来自原料气，其中两个主干燥器 A 和 B，一个预干燥器 C。A 塔进行吸附（原料气脱水），B 塔进行再生，C 塔进行预吸附（再生气预脱水），然后按周期切换。

实际上，在采用分子筛脱水的同时也可脱除部分重烃，其脱除程度主要取决于吸附剂的性能和再生方式。

3. 脱重烃

天然气中的重烃一般指 C_5^+ 烃类。其中一些重烃(例如苯和 C_8、C_9 等烷烃)的固相在 LNG 中的溶解度极低(即在原料气中最大允许含量极低,见表 6-2),故在液化系统会出现固相堵塞设备和管线,必须在原料气液化之前将其脱除。

天然气中可能存在的一些重烃出现固相的熔点见表 6-9。

表 6-9　一些重烃的熔点

组分	苯	甲苯	对二甲苯	间二甲苯	邻二甲苯	新戊烷	环己烷
熔点/℃	5.5	-94.9	13.2	-47.9	-25.2	-19.5	6.5

根据 LNG 工厂原料气处理量和重烃(尤其是苯和 C_8、C_9 等烷烃)含量以及工艺要求不同,脱重烃可以采用重烃洗涤法、低温分离法和吸附法。

(1) 重烃洗涤法

重烃洗涤法采用吸收法或精馏法脱重烃。前者以沸点较高的液烃在洗涤塔中吸收原料气中沸点较低的重烃,从而将低温下可能形成固相的重烃脱除,其工艺流程示意图见图 6-3(a)。原料气中重烃含量较多时常采用重烃洗涤法。如前所述,重烃分离罐的压力必须在临界点以下。

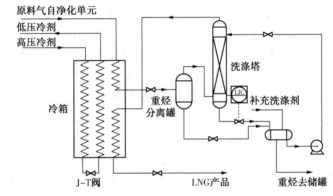

(a) 重烃洗涤法(吸收法)

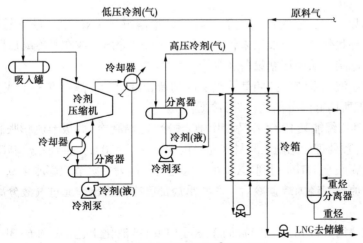

(b) 低温分离法(PRICO®液化工艺)

图 6-3　重烃洗涤法和低温分离法工艺流程示意图

例如，中原油田绿能 LNG 工厂（15×10⁴m³/d）原料天然气中苯含量约为 2000×10⁻⁶（体积分数，下同）。由于该厂生产的 LNG 温度约为-146℃，在此温度下下苯在 LNG 中的溶解度为 5×10⁻⁶，原料气中的苯含量远超过该温度下的允许值，故必须在预处理系统脱苯。

该厂脱苯系统原来利用异戊烷脱苯，但因该法异戊烷耗量大，成本高，故后又改为采用异戊烷和液化系统分离出的重烃混合物脱苯，将原料气中的苯降至 5×10⁻⁶ 以下。图 6-4 为改造后的脱苯工艺流程示意图。图中脱苯塔即为洗涤塔。

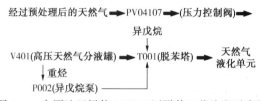

图 6-4　中原油田绿能 LNG 工厂脱苯工艺流程示意图

通过工艺流程模拟计算，选用液化系统中温度约-60℃、压力约 5MPa 下分离出的凝液脱苯，其原因是：①此时分出的凝液为 C_4^+，对苯的溶解性好，且在-60℃温度下能完全溶解苯；②此凝液在脱苯塔能与原料气中的苯完全充分接触，有利于溶解苯。

目前国内建设的 LNG 工厂液化系统的重烃洗涤塔，只采用原料气在液化系统某一低温下部分冷凝后分出的凝液作为吸收剂。重烃洗涤塔为板式塔或填料塔。

如上所述，有的液化系统则采用精馏法脱重烃。例如，山东泰安中国石油 LNG 工厂原料气为管道天然气，处理量为 260×10⁴m³/d，其脱重烃工艺流程与图 6-3a 不同，即原料气先在液化系统主换热器中冷却至约-43℃左右（设计值，下同）后进入洗涤塔底部向上流动，与由塔顶向下流动的约-72℃回流在塔板上逆流接触进行精馏。离开洗涤塔顶部的气体先去主换热器部分冷凝至约-72℃，然后返回重烃洗涤塔回流罐进行气液分离。分出的气体即脱重烃后的原料气去主换热器继续降温直至液化，分出的凝液经回流泵增压后进入重烃洗涤塔顶部作为回流。洗涤塔塔底含重烃凝液（约-51℃）去重沸器部分气化，气体返回塔底，液体经节流降压、加热（约 30℃）闪蒸脱除甲烷等气体（作为燃料气）后去重烃储罐储存。

（2）低温分离法

在-183.3℃以上时，乙烷和丙烷能以各种含量溶解于 LNG 中。最不易溶解的是 C_5^+ 烃类，特别是苯等环状化合物。如果未将天然气中的重烃分出，或在其冷凝后脱除，则这些重烃会在液化系统冻结，从而堵塞设备和管线。

由于重烃将在液化系统中按照其沸点从高到低相继冷凝，故可在一个或多个分离器（分液罐）中除去，即所谓低温分离法（部分冷凝法）。

例如，中原油田绿能某 LNG 工厂采用丙烷预冷+乙烯制冷+两级节流膨胀制冷的液化工艺流程，见图 6-5。预处理后的高压原料气先经丙烷预冷至-30℃，再经乙烯制冷冷却至-85℃，然后经一级节流膨胀至 1MPa 得到 LNG 和中压尾气，再去二次节流膨胀至 0.3MPa 得到 LNG 和低压尾气。该原料气经丙烷预冷后，一些重烃都已冷凝析出，通过气液分离器即可分离并回收这些重烃。

此外，一些采用 BV（Black & Veatch）公司 PRICO® 液化工艺（见图 6-3b）的 LNG 工厂，以及采用氮气膨胀制冷循环液化工艺的海南海燃 LNG 工厂（30×10⁴m³/d）等，也是采用低温分离法脱重烃。海南海燃 LNG 工厂液化工艺流程图见图 6-18。

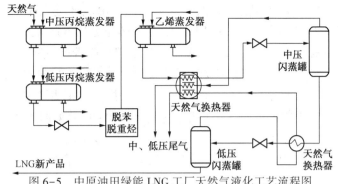

图 6-5　中原油田绿能 LNG 工厂天然气液化工艺流程图

上述工艺只需一具分液罐,比较简单,分液罐的压力也必须在临界点以下。由于是平衡冷凝(一次冷凝)过程,分离效果有限,因而罐底凝液中含有较多甲烷,影响 LNG 收率,故一般用于原料气中重烃含量甚少或处理量较小的场合,或者与吸附法联合使用,即先在预处理系统采用吸附法脱除原料气中固相溶解度极低的芳烃和 C_8、C_9 等烷烃,再在液化系统采用低温分离法脱除其他重烃。

重烃在原料气中的允许含量通常由其固相在 LNG 中的溶解度确定。低温下原料气中重烃出现固相的温度,可根据液化压力和原料气组成由相平衡的热力学模型计算确定。据此,即可推测液化系统在低温下采用重烃洗涤法或低温分离法脱除重烃的温度。

(3) 吸附法

吸附法广泛用于原料气中重烃含量甚少的贫气(例如煤层气),其操作压力可以较高。当原料气中重烃含量较多时,由于吸附剂对各组分的吸附活性不同(见图 3-35),该法吸附器尺寸和吸附剂用量也随之增加,因而不宜采用。

图 6-6 为山东泰安昆仑能源 LNG 工厂吸附法脱苯和重烃的三塔工艺流程图。该厂天然气处理量为 $15 \times 10^4 \mathrm{m}^3/\mathrm{d}$,预处理部分采用活性炭脱苯和重烃,并利用 LNG 储存中产生的蒸发气(BOG)再生。

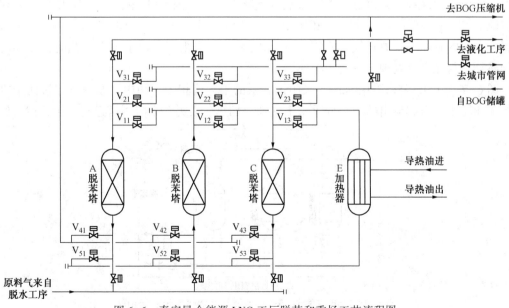

图 6-6　泰安昆仑能源 LNG 工厂脱苯和重烃工艺流程图

图中，4MPa、27℃的原料气经脱硫脱碳、脱水后，由底部进入脱苯塔 A。塔内的活性炭选择性地吸附其中的苯和重烃，未被吸附的其他气体组分从塔顶流出，进入液化系统。当 A 塔吸附饱和时，原料气进入 B 塔吸附，A 塔再生加热，C 塔再生冷却。来自 BOG 储罐的 BOG 经阀 V_{23} 进入 C 塔对分子筛床层冷却，再从阀 V_{53} 进入再生加热器 E，由导热油加热至 150℃后，经阀 V_{11} 进入 A 塔加热再生。然后，从阀 V_{41} 排至 BOG 压缩机，增压至 1.5MPa 后进入城镇燃气管网。当正在再生的 A 塔底部温度达到(80~120)℃时则可认为再生完全。在 A 塔完成加热后，C 塔也同时完成冷却，转为 A 塔冷却，B 塔加热，C 吸附。

如此不断循环，经吸附后合格的原料气去液化系统，不合格的则降压进入城镇燃气管网。

由于煤层气中重烃含量甚微(见表 6-1 和表 6-8)，通常采用吸附法脱苯即可。例如，拟建的陕西渭南某 LNG 工厂则采用活性炭吸附法脱苯和重烃，其工艺流程与图 6-6 不同处为：①采用两塔流程，即一塔脱苯和重烃，另一塔再生加热和冷却，然后切换使用；②再生气为来自储罐的 BOG，采用导热油加热，但从吸附塔出来的再生气经冷却器冷却，进入再生气分离器分水后作为本厂燃料气。

目前，国内一些 LNG 工厂则采用分子筛和活性炭复合床层同时脱水和脱重烃。例如，我国苏州华峰调峰型 LNG 工厂($70×10^4m^3/d$)即如此。

4. 脱汞

汞在天然气中的含量为$(0.1~7000)\mu g/m^3$(包括单质汞和有机汞化合物)。天然气中极微量的汞不仅会引起铝质板翅式换热器腐蚀泄漏，还会造成环境污染，以及对设备维修人员的危害。因此，必须严格控制 LNG 工厂原料气中的汞含量。

LNG 工厂一般要求预处理后的原料气汞含量小于 $0.01\mu g/m^3$。在有些天然气凝液(NGL)回收装置中也要求原料气在进入板翅式换热器之前脱汞。

某些浸硫的固体吸附剂可将气体中的汞脱除至$(0.001~0.01)\mu g/m^3$，其原理是汞与硫反应生成硫化汞而附着在吸附剂上。脱汞工艺可分为不可再生式和再生式两种。前者采用不可再生的浸硫活性炭、含硫分子筛、金属硫化物等在固定床中脱汞，后者如 Calgon 公司采用浸硫的 Calgon HGR(4×10 目)、HGR-P(4mm 直径)的活性炭和 UOP 公司采用 HgSIV 吸附剂脱汞。汞的脱除不受原料气中 C_5^+ 重烃和水的影响。采用不可再生脱汞工艺时，废弃的吸附剂必须进行无害化处理，以防污染环境。

图 6-7 为 UOP 公司采用 HgSIV 吸附剂脱汞的工艺流程图。图中，原料气经过两个吸收塔脱汞和脱水。塔底流出的一部分无汞干气则经加热后去另一个吸附塔进行再生，然后经冷

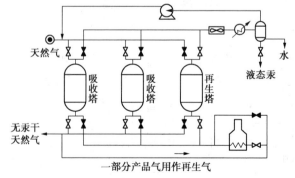

图 6-7 UOP 公司 HgSIV 脱汞、分子筛脱水工艺流程图

却分离、压缩后与原料气混合。该工艺只需自原有的分子筛脱水吸附剂上加一层脱汞 HgSIV 吸附剂，即可同时达到脱汞和脱水的目的。

目前，我国 LNG 工厂一般均采用不可再生的浸硫活性炭脱汞。

5. 脱氮脱氧

氮气的液化温度（常压下为-195.8℃）比天然气主要组分甲烷的液化温度（常压下为-161.5℃）低。因此，天然气中的氮含量越多，则其液化温度越低，能耗越高。氧气液化温度与氮气相近（常压下为-182.9℃）。高温下，氧气的存在还会导致脱碳溶液降解变质。

通常，采用最终闪蒸的方法从 LNG 中选择性地脱氮。对于氮气含量高的原料气需要液化并用于调峰时，可考虑采用氮-甲烷膨胀制冷液化工艺。

如果原料气中氮气、氧气含量较大（例如某些煤层气），则需对其进行分离以提纯甲烷。目前提纯技术有低温分离法、膜分离法、变压吸附法等。

（三）天然气液化

原料气经过预处理后，进入液化系统的换热器中不断降温直至液化。因此，天然气液化过程的核心是制冷系统。通常，天然气液化过程根据制冷方法不同又可分为：节流制冷循环，膨胀机制冷循环，阶式制冷循环，混合冷剂制冷循环，带预冷的混合冷剂制冷循环等工艺。目前，世界上基本负荷型 LNG 工厂主要采用后三种液化工艺。

1. 基本负荷型 LNG 工厂液化工艺

基本负荷型 LNG 工厂的生产通常由原料气预处理、液化、储装等部分组成。典型的工艺流程见图 6-8。

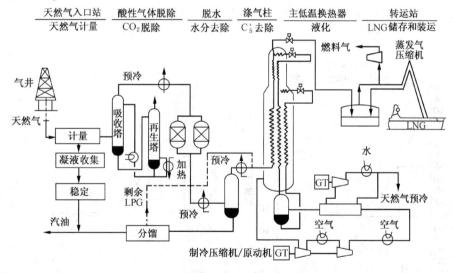

图 6-8 典型的 LNG 工艺流程

此类工厂通常按其 LNG 年产量可分为小型（50×10⁴t/a 以下）、中型（50×10⁴t/a 至 250×10⁴t/a）和大型（250×10⁴t/a 以上）三类。目前我国已建、在建和拟建的基本负荷型 LNG 工厂均属中小型。例如，我国目前已经建设的山东泰安中国石油 LNG 工厂天然气处理能力为 260×10⁴m³/d，其 LNG 产量约为 60×10⁴t/a，湖北黄冈中国石油 LNG 工厂天然气处理能力为 500×10⁴m³/d，其 LNG 产量约为 120×10⁴t/a。

原料气经过预处理后，进入液化系统的低温换热器中不断降温，直至常压下冷却至-162℃左右就会液化。因此，天然气液化系统的核心是制冷循环。通常，天然气液化系统根据制冷方法不同又可分为：节流制冷循环，膨胀制冷循环，阶式（级联式、复叠式）制冷循环，混合冷剂制冷循环，带预冷的混合冷剂制冷循环等工艺。目前，世界上大中型基本负荷型 LNG 工厂主要采用后三种液化工艺，我国已建的小型基本负荷型 LNG 工厂有的也采用膨胀制冷循环液化工艺。

在选择液化工艺流程时，必须综合考虑以下因素：①工厂的类型和处理量；②原料气组成、压力，对 LNG 组成（例如氮含量）要求；③主要设备类型和性能。

选择液化工艺流程时，应对不同流程的可靠性、工艺效率、投资、能耗、消耗指标以及运行灵活性等进行比较，才能确定最佳的液化工艺流程。

我国近年来陆续建设了一批中小规模的基本负荷型 LNG 工厂。例如，2001 年建成的中原油田绿能 LNG 工厂采用阶式制冷，冷剂为丙烷、乙烯，天然气处理量为 $30 \times 10^4 \mathrm{m}^3/\mathrm{d}$，液化能力为 $15 \times 10^4 \mathrm{m}^3/\mathrm{d}$；2004 年建成的新疆广汇 LNG 工厂天然气处理量为 $150 \times 10^4 \mathrm{m}^3/\mathrm{d}$，采用混合冷剂制冷；2005 年建成的海南海燃 LNG 工厂，天然气处理量为 $30 \times 10^4 \mathrm{m}^3/\mathrm{d}$，采用氮膨胀制冷；2008 年建成的山东泰安昆仑能源 LNG 工厂，天然气处理量为 $15 \times 10^4 \mathrm{m}^3/\mathrm{d}$，也采用氮膨胀制冷。目前在建的其他一些 LNG 工厂，天然气处理量为 $(50 \sim 500) \times 10^4 \mathrm{m}^3/\mathrm{d}$ 不等，大多采用混合冷剂制冷。

（1）阶式制冷循环

阶式制冷循环的原理、流程及优缺点见本书第五章有关部分介绍，此处不再多述。

经典的阶式制冷循环一般由丙烷、乙烯和甲烷三个制冷阶或制冷温位（蒸发温度分别为 $-38℃$、$-85℃$、$-160℃$）的制冷循环串联而成。为了使各级制冷温位与原料气冷却曲线贴近，之后又出现了 3 种冷剂、9 个制冷温位（丙烷、乙烯和甲烷各 3 个温位），见图 6-9 和图 6-10 所示。

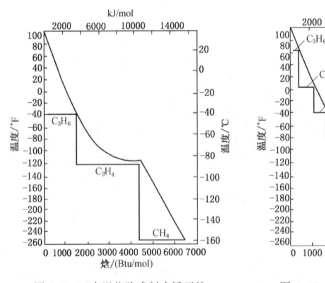

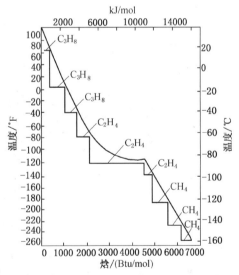

图 6-9　三个温位阶式制冷循环的
天然气冷却曲线（1Btu = 1.055kJ）

图 6-10　九个温位阶式制冷循环的
天然气冷却曲线（1Btu = 1.055kJ）

1961 年在阿尔及利亚 Arzew 建造的世界上第一座大型基本负荷型天然气液化厂（CAMEL），液化装置采用丙烷、乙烯和甲烷组成的阶式制冷循环液化工艺，其流程见有关文献。该厂于 1964 年交付使用，共有三套相同的液化装置，每套装置液化能力为

$1.42Mm^3/d$。

之后在特立尼达和多巴哥的 AtlanticLNG 公司采用了 Phillips 石油公司开发的优化阶式制冷循环（CPOCP）天然气液化工艺，建设了一条 $3\times10^6t/a$ LNG 的生产线，并于 1999 年 4 月 19 日生产出第一船 LNG 运往用户。该液化工艺流程见图 6-11。优化阶式制冷的特点为甲烷、乙烯、丙烷三阶均采用流体再循环。

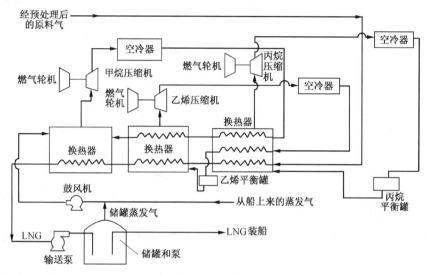

图 6-11　优化阶式制冷天然气液化工艺流程

最早的优化阶式制冷循环中，各阶冷剂和原料气各自为独立系统，冷剂甲烷和原料气只在换热器中换热，实际上是闭式甲烷制冷循环。目前已将甲烷制冷循环系统改成开式，即原料气与冷剂甲烷混合构成循环系统，在低温、低压分离器内生成 LNG。这种以直接换热方式取代常规换热器的表面式间接换热，明显提高了换热效率。

据统计，截至 2011 年采用优化阶式制冷循环生产的 LNG 产量约占世界 LNG 总产量的 11%。

（2）单循环混合冷剂制冷

由于阶式制冷流程和设备复杂、传热温差大，故之后美国空气产品和化学品公司

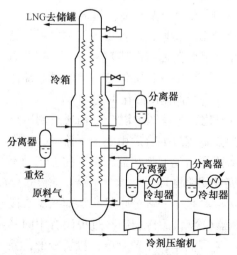

图 6-12　典型的天然气液化 MRC 工艺流程

（APCI）于 20 世纪 60 年代末开发了混合冷剂制冷循环（MRC）或单循环混合冷剂制冷（SMR）专利技术。该制冷循环采用 N_2、$C_1\sim C_5$ 混合物作冷剂，利用混合物中各组分沸点不同的特点，达到所需的不同制冷温位。图 6-12 为 MRC 工艺流程图，主换热器（冷箱）是 MRC 液化系统的核心，该设备垂直安装，下部为热端，上部为冷端，壳体内布置了许多换热盘管，体内空间提供了一条很长的换热通道，冷流体在换热通道中与盘管内的热流体换热以达到制冷的目的。

与阶式制冷循环相比，MRC 的优点是工艺流程大为简化，投资减少 15%～20%，管理方便；缺点是功耗高 10%～20% 左右，混合冷剂组分的合理

配比较困难。该冷剂中各组分的摩尔分数一般为：CH_4 0.20~0.32，C_2H_6 0.34~0.44，C_3H_8 0.12~0.20，C_4H_{10} 0.08~0.15；C_5H_{12} 0.03~0.08 及 N_2 0.00~0.03。利比亚和阿尔及利亚 Skikda GL1-KI 的 LNG 工厂即采用 MRC 工艺。此外，有些公司液化系统(例如 BV 公司 PRI-CO®工艺)采用的混合冷剂中 C_2 为 C_2H_4，我国 LNG 工厂采用 MRC 工艺混合冷剂中 C_2 也多为 C_2H_4。

由图 6-12 等液化工艺流程可知，其混合冷剂制冷循环设有不同次数的气液分离和液体节流制冷过程。即每次分出的液体随即过冷后节流制冷，分出的气体继续冷却为气液两相再次分离，从而减少混合冷剂的预冷负荷。目前应用的有一次分离(一次节流)、二次分离(二次节流)、三次分离(三次节流)和多次分离(多次节流)等。分离次数不同，流程复杂程度和制冷循环效率不同。分离次数增加，一方面制冷系统功耗降低，制冷系数和热力学效率增加，但是随着次数增加对制冷性能的影响减小；另一方面低温设备和自控仪表等增加使工艺流程更加复杂和降低其可操作性，故不同规模液化装置制冷系统的最优分离次数应有所不同。规模越大，最优分离次数越多。在混合冷剂制冷循环的流程设计时需要针对不同规模的液化装置进行优化，选择合适的分离次数。大型天然气液化装置一般选用三次或多次分离混合冷剂制冷循环。装置规模越小，选用的分离次数越少。小型天然气液化装置通常选用一次分离混合冷剂制冷循环。

有关蒸气压缩制冷循环制冷系数、热力学效率和制冷负荷(制冷量)等的释义见本书第五章所述。

液化装置运行中如果原料气组成和处理量、工艺要求以及环境温度(影响空气冷却、水冷却温度)有变化时，混合冷剂组成、制冷压缩机负荷等一般应根据具体情况相应调整。但是，混合冷剂组分一旦按原料气组成、液化压力和工艺要求(例如主换热器冷热介质传热温差贴近)等有关因素合理配比好后通常不宜过多更改。因为即使对混合冷剂中某些组分的配比进行调整，减少传热温差的效果也许并不明显。原因是从常温到-160℃范围内采用一组混合冷剂，使其蒸发过程形成的制冷曲线始终与天然气冷却曲线贴近是难以实现的，充其量只是一部分贴近冷却曲线。因此，单循环混合冷剂制冷液化工艺虽然较为简单，但其效率要比九个温位阶式制冷循环的液化工艺低。此外，单循环混合冷剂制冷液化工艺的比功耗也不够理想。

尽管如此，由于单循环混合冷剂制冷液化工艺具有设备少，流程简单等优点，故可作为中小型 LNG 工厂液化系统的首选流程。虽然其比功耗较阶式制冷循环高，但通过合理的工艺流程设计，可以显著降低比功耗指标。因此，目前我国山西晋城以沁水煤层气为原料气的新奥 LNG 工厂($15 \times 10^4 m^3/d$)和港华 LNG 工厂($100 \times 10^4 m^3/d$)、陕西渭南某 LNG 工厂，以及以天然气为原料气的陕西定边调峰型 LNG 工厂(天然气处理量为 $100 \times 10^4 m^3/d$)、青海昆仑能源 LNG 工厂(天然气处理量为 $35 \times 10^4 m^3/d$)等均采用单循环混合冷剂制冷液化工艺。

图 6-3(b)为 PRICO®改进型单循环混合冷剂制冷液化工艺。图中混合冷剂通过制冷压缩机增压和冷却后分为气液两相，该高压两相冷剂在换热器入口混合后由上至下流动，基本上在和原料气液化相同的温度下流出换热器，经过节流降压后返回换热器，由下向上流动不断气化以提供冷量，然后离开换热器回到制冷压缩机完成闭路循环。

此法特点是将混合冷剂分段压缩，并在段间分出混合冷剂中一部分重烃，从而减少二段压缩功耗。该液化工艺只有 1 台制冷压缩机、1 台换热器(冷箱)。冷剂制冷过程没有中间其他环节，因而减少了一些低温设备、自控仪表和管线，流程简单，布置紧凑，投资较低，操作简便，所需冷剂储存量较少。此外，该工艺对冷剂组成变化不敏感，对不同原料气组成的适应性强。目前，国内一些中小型 LNG 工厂，例如以天然气为原料气的陕西靖边西蓝、内蒙鄂尔多斯星星能源、宁夏哈纳斯 LNG 工厂等即采用该制冷循环液化工艺。类似此混合冷剂制冷循环的流程在 NGL 回收工艺中也有应用，见图 5-47。

由于采用单循环混合冷剂制冷液化工艺的多为中小型 LNG 装置，虽然其数量很多，但截止 2011 年该液化工艺生产的 LNG 占世界 LNG 总产量不到 1%。

（3）带预冷的混合冷剂制冷循环

为此，APCI 公司于 1972 年又开发了带丙烷预冷的混合冷剂制冷循环。之后，法国燃气公司开发的 CII、壳牌（Shell）公司开发的 DMR、APCI 公司开发的 AP-X 制冷循环工艺都是 MRC 的变型，代表了天然气液化工艺的发展趋势。

① 丙烷预冷

在对 MRC 工艺进行改进的基础上，又开发了采用带预冷的混合冷剂制冷循环。预冷采用的冷剂有氨、丙烷及混合冷剂等，其中带丙烷预冷的 MRC（C_3/MR 或 C_3/MRC）工艺采用最多，其原理是分段提供冷量，此时原料气冷却曲线见图 6-13。

图 6-13 等中原料气的冷却曲线主要与其 c_p-t 性质（即原料气比定压热容 c_p 在冷却温度 40~-160℃范围的分布规律）有关，而 c_p-t 性质则取决于原料气组成、压力等因素。在制冷循环中，混合冷剂组成应与原料气的 c_p-t 性质匹配，以满足原料气液化过程中对不同温位的冷量需求。

丙烷预冷与混合冷剂制冷循环液化工艺由丙烷预冷制冷循环、混合冷剂制冷循环和原料气液化系统三部分组成。其中，丙烷预冷制冷循环用于混合冷剂和原料气预冷，混合冷剂制冷循环用于混合冷剂深冷和原料气液化与过冷。由于原料气预冷所需冷量已由丙烷制冷循环提供，故此混合冷剂的组分一般为甲烷、乙烷（或乙烯）、丙烷和氮气等。

这种工艺流程结合了阶式制冷循环和混合冷剂制冷循环流程的优点。图 6-13 中的原料气冷却曲线除了在丙烷预冷部分因有锯齿形折线而略有欠缺外，整个流程冷热介质的传热温差十分贴近。

在丙烷预冷制冷循环中，从丙烷换热器来的高、中、低压丙烷经压缩机增压后，先用水冷却，然后经节流制冷，从而为混合冷剂和原料气提供冷量。采用混合冷剂制冷，可增加系统制冷能力，改善换热器中温度分布（见图 6-13）。通过改变混合冷剂组成，即可调节主换热器（即图 6-14 中的混合冷剂换热器）中的温度分布曲线。现有 APCI、Technip、Linde 等公司持有这类工艺的专利，其中 APCI 专利流程见图 6-14。

图 6-14 中，"高温"段采用丙烷压缩制冷，按 3 个温位将原料气预冷；"低温"段制冷采用两种方式：高压混合冷剂与热区较"高"温度的原料气换热，低压混合冷剂与冷区较"低"温度原料气换热，最后使原料气液化，从而使液化过程冷热介质的传热温差显著降低，提高了其热力学效率，几乎可与九个温位的阶式制冷循环相当。因此，此工艺具有流程简单、效率高、运行费用低、适应性强等优点，是目前比较合理的天然气液化工艺，因而在大型 LNG 工厂广泛应用。

由此可知，丙烷预冷与混合冷剂制冷循环液化工艺的主要特点如下：①操作弹性大。当原料气处理量降低时，仍可保持混合冷剂制冷循环的效率；②当原料气组成变化时，通过调节混合冷剂组成或混合冷剂压缩机排出和吸入压力，也可使原料气高效液化；③该工艺结合阶式制冷和混合冷剂制冷液化工艺的优点，热力学效率较高。据统计，截止 2011 年世界 LNG 产量约有 66%由该液化工艺生产。

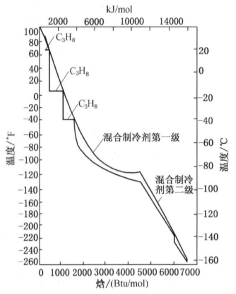

图 6-13 丙烷预冷与混合冷剂制冷的天然气冷却曲线
（1Btu = 1.055kJ）

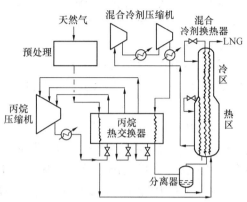

图 6-14 丙烷预冷混合冷剂制冷天然气
液化工艺流程

有关丙烷和混合冷剂压缩制冷循环的原理和热力学分析详见本书第五章所述。

② 混合冷剂预冷

为了克服 C_3/MR 工艺丙烷预冷部分天然气冷却曲线锯齿形折线的欠缺，APCI 和 Shell 公司又进一步开发了采用混合冷剂预冷的双混合冷剂制冷循环工艺（DMR 或 DMRC）。预冷的混合冷剂为乙烷和丙烷混合物。Shell 公司的双混合冷剂制冷循环液化工艺，主要用于（200~500）×10^4t/a 中、高产量的 LNG 生产线。该公司通过优化设计 DMR 液化工艺，可充分利用混合冷剂预冷循环和液化循环中的压缩机组的动力。对于 DMR 液化工艺，可通过调节两个循环中混合冷剂的组成，使压缩机在很宽的进气条件和大气环境下工作。

由于该工艺流程复杂，在大多数情况下其效率提高有限，在相同输入功率的情况下，因其预冷部分采用混合冷剂制冷，故仅在环境温度很低时 DMR 液化工艺生产的 LNG 产量明显高于 C_3/MR，比功耗明显低于 C_3/MR。因此，直到 2009 年 Shell 公司的 DMR 液化工艺才在俄罗斯萨哈林Ⅱ项目建成投产，其设计规模为 2×4.8Mt/a，2011 年该项目生产的 LNG 占当年世界 LNG 产量的 3%。

山东泰安中国石油 LNG 工厂（260×10^4m³/d）即采用由我国寰球工程公司自主开发并优化后的 DMR 液化工艺，并于 2014 年 8 月顺利投产。该厂原料气为来自泰-青-威输气管线的管道天然气，压力为 6MPa（设计值，下同），经预处理后进入液化系统主换热器（国产板翅式换热器）经混合冷剂 MR1 预冷至约-43℃进入重烃洗涤塔，脱除苯等重烃的原料气返回主换热器，经混合冷剂 MR2 深冷至-156.5℃成为液体由底部流出，再节流至 0.3MPa 进入 LNG 储罐储存。

③ C_3/MR 加氮膨胀制冷循环

APCI 公司开发的 AP-X 制冷循环工艺系采用 C_3/MR 加氮膨胀制冷。这是一种三级阶式制冷工艺，预冷部分采用丙烷制冷循环，液化部分采用混合冷剂制冷循环，过冷部分则采用氮气膨胀制冷循环，其工艺流程示意图见图 6-15。

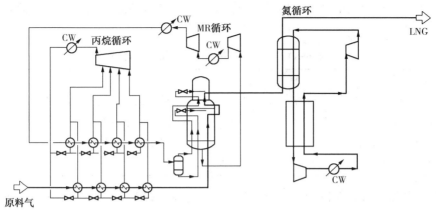

图 6-15 C$_3$/MR 与氮膨胀制冷的天然气液化工艺流程示意图

2008~2009 年在卡塔尔先后有 6 套采用 AP-X 制冷循环液化工艺的 LNG 装置投产，其 LNG 总产量为 7.8Mt/a。2011 年这些装置生产的 LNG 产量占当年世界 LNG 产量的 17%。

④ 三级混合冷剂阶式制冷循环(MFC)

进入 21 世纪后，由于大型 LNG 工厂单套处理量的不断增加，随之又出现了 Linde 公司开发的"混合流体阶式 MFC"，即三级混合冷剂制冷循环的液化工艺，其工艺流程示意图见图 6-16。

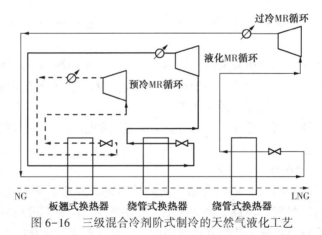

图 6-16 三级混合冷剂阶式制冷的天然气液化工艺

由于预冷部分采用了混合冷剂制冷，故比较适用于寒冷气候条件。目前，仅在北极圈内挪威的 Hammerfest 建设的 LNG 装置采用该工艺，并于 2007 年投产，其设计规模为 4.2Mt/a。2011 年该装置生产的 LNG 产量占当年世界 LNG 产量的 2%。

表 6-10 为几种天然气液化制冷循环比功耗(单位能耗)比较。

表 6-10 天然气液化制冷循环比功耗

制冷循环方式	比功耗	
	(kW·h)/m³天然气	kJ/m³天然气
阶式	0.32	1152
带预冷混合冷剂	0.33~0.375	1200~1350
混合冷剂	0.39	1404

表 6-11 为几种液化制冷循环相对比功耗比较。表中以典型阶式制冷循环液化比功耗作为比较标准，取其为 1。

表 6-11　天然气液化制冷循环相对比功耗

液化制冷循环	相对比功耗	液化制冷循环	相对比功耗
阶式制冷	1.00	单级膨胀制冷	2.00
单循环混合冷剂制冷	1.25	丙烷预冷单级膨胀制冷	1.70
丙烷预冷和混合冷剂制冷	1.15	两级膨胀制冷	1.70
双混合冷剂制冷	1.05		

表 6-12 列出了阶式制冷循环、混合冷剂制冷循环 (MRC) 和膨胀制冷循环的有关性能比较。

表 6-12　阶式、MRC 和膨胀制冷循环有关性能比较

项　目	阶式制冷	MRC	膨胀制冷
效率	高	中/高	低
复杂性	高	中	低
换热器类型	板翅式	板翅式或绕管式	板翅式
换热器面积	小	大	小
适应性	高	中	中

（4）膨胀制冷循环

膨胀制冷循环液化工艺是指采用高压气体冷剂通过膨胀机绝热膨胀制冷，实现天然气液化的工艺。该工艺的关键设备是透平膨胀机。目前，我国已建和在建的小型基本负荷型 LNG 工厂有的也采用膨胀制冷循环液化工艺。

根据冷剂不同，膨胀制冷循环工艺又可分为天然气膨胀制冷、氮气膨胀制冷和氮-甲烷膨胀制冷循环液化工艺。

① 天然气膨胀制冷循环液化工艺

该工艺是利用高压原料气与低压商品气之间的压差，经透平膨胀机制冷而使天然气液化，其冷剂即为高压原料气。优点是比功耗小，只需对液化的那部分原料气脱除杂质，但不能获得像氮膨胀制冷循环液化工艺那样低的温度，循环气量大，液化率低。此外，膨胀机运行性能受原料气压力和组成变化的影响较大，对系统的安全性要求较高。

该工艺特别适用于原料气压力高，外输气压力低的地方，可充分利用高压原料气与低压商品气之间的压差，几乎不需耗电。此外，还具有流程简单、设备少、操作及维护方便等优点，故是目前发展很快的一种工艺。在这种液化工艺中，透平膨胀机组是关键设备。

天然气膨胀制冷循环液化工艺的液化率主要取决于膨胀比。膨胀比越大，液化率也越高，一般在 7%~15%，故比其他制冷循环的液化率要低。因此，有的 LNG 工厂为了提高液化率，采用了两级膨胀机制冷循环液化工艺。

因受液化工艺的限制，采用天然气膨胀制冷循环液化的 LNG 工厂处理量都小。例如，我国四川犍为(中国石油西南油气田分公司)LNG 工厂 ($4×10^4 m^3/d$) 利用输气管道与城镇燃气管网压差，采用单级膨胀机制冷、部分液化的液化工艺；江苏江阴天力 LNG 工厂 ($5×10^4 m^3/d$) 利用输气管道与城镇燃气管网压差，采用两级膨胀机制冷、部分液化的工艺。

② 氮气膨胀制冷循环液化工艺

氮气膨胀制冷循环液化工艺是天然气膨胀制冷循环液化工艺的一种变型。在该工艺中，氮气膨胀制冷循环与天然气液化系统分开，氮膨胀制冷循环为天然气液化提供冷量。

对于含氮稍多的原料气，只要设置氮-甲烷分离塔，就可制取纯氮以补充氮气膨胀制冷循环中氮气的损耗，并同时副产少量的液氮及纯液甲烷。该工艺的优点是：①膨胀机和压缩机均可采用离心式，体积小，操作方便；②对原料气组成变化有较大的适应性；③整个系统较简单，操作方便。缺点是冷热介质的传热温差和换热面积较大，比功耗较高，约为 $0.5kW \cdot h/m^3$，比混合冷剂制冷液化工艺约高 40%。氮气两级膨胀制冷液化工艺见图 6-17。该工艺由原料气液化系统和氮气膨胀制冷循环组成。

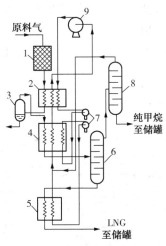

图 6-17 氮气两级膨胀制冷液化工艺流程图

1—预处理系统；2，4，5—换热器；3—重烃分离器；6—氮气提塔；
7—透平膨胀机；8—氮-甲烷分离塔；9—循环压缩机

我国海南海燃 LNG 工厂（$30×10^4 m^3/d$）、山东泰安昆仑能源 LNG 工厂（$15×10^4 m^3/d$）等，即采用氮气膨胀制冷循环液化工艺。其中，海南海燃 LNG 工厂的氮气两级膨胀制冷循环液化工艺流程图见图 6-18。

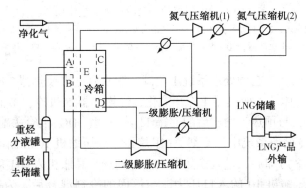

图 6-18 海南海燃 LNG 工厂氮气两级膨胀液化工艺流程图

图 6-18 中，预处理后的净化气即来自福山油田 NGL 回收装置的干气进入液化系统。在冷箱中净化气被冷却降温至某一温度后，在重烃分液罐分出重烃。分离出的重烃去重烃储罐，而分离出的气体重新进入冷箱进一步冷却并液化，然后送至 LNG 储罐中。

图 6-18 中氮气首先通过氮气压缩机一级压缩并冷却，再通过氮气压缩机二级压缩并冷却，又通过两个膨胀/压缩机的增压端进一步压缩并冷却，再流经冷箱的 C 股物流通道冷却降温后，进入一级膨胀机膨胀，然后流经冷箱的 D 股物流通道冷却降温，再进入二级膨胀机进一步膨胀得到低温氮气，低温氮气作为冷源进入冷箱为天然气制冷。氮气出冷箱后重新进入氮气压缩机进行循环。

净化气全部液化和过冷后在 0.45MPa 的储存压力下进入 LNG 储罐。

③ 氮-甲烷膨胀制冷循环液化工艺

为了降低膨胀机的能耗，还可采用一种改进的氮-甲烷混合气体膨胀制冷液化工艺，其制冷循环采用的工质是氮和甲烷的混合物。与混合冷剂制冷液化工艺比较，氮-甲烷膨胀制冷液化工艺具有流程简单、操作方便、控制容易等优点。由于缩小了冷端温差，比纯氮气膨胀制冷液化工艺比功耗节省 10%～20%。

图 6-19 是氮-甲烷膨胀制冷液化工艺流程图。该工艺由天然气液化系统和氮-甲烷膨胀制冷循环系统两部分组成。

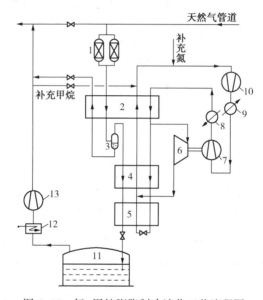

图 6-19　氮-甲烷膨胀制冷液化工艺流程图
1—预处理系统；2，4，5—换热器；3—气液分离器；6—透平膨胀机；7—制动压缩机；
8、9—水冷却器；10—循环压缩机；11—储罐；12—预热器；13—压缩机

来自输气管道的天然气在预处理系统 1 脱碳、脱水后，去换热器 2 冷却并在气液分离器 3 中进行气液分离。气体进入换热器 4 冷却液化，经换热器 5 过冷，节流降压后去储罐；凝液经换热器 2 复热后，与预热、增压后的储罐 11 蒸发气(BOG)混合去输气管道。

氮-甲烷膨胀制冷循环系统中，冷剂氮-甲烷经循环压缩机 10 和制动压缩机 7 压缩到工作压力，经水冷却器 8 冷却后，进入换热器 2 冷却到透平膨胀机入口温度。一部分冷剂去膨胀机 6，膨胀到循环压缩机 10 的入口压力，与返回的冷剂混合后，为换热器 4 提供冷量，回收的膨胀功用于驱动同轴的制动压缩机；另外一部分经换热器 4、5 冷凝和过冷后，经节流降温后返回，为过冷换热器提供冷量。

有关膨胀制冷循环的原理和热力学分析详见本书第五章所述。

我国宁夏清洁能源公司 LNG 工厂（天然气处理量为 $2×30×10^4 m^3/d$）、内蒙新圣燃气公司

260

鄂尔多斯 LNG 工厂(天然气处理量为 $15×10^4 m^3/d$)等即采用氮-甲烷膨胀制冷循环液化工艺。

国内有人对几种小型 LNG 工厂膨胀制冷循环液化工艺进行比较,其结果见表 6-13。

表 6-13 小型 LNG 工厂膨胀制冷循环液化工艺比较

工艺方案	天然气膨胀制冷	氮-甲烷膨胀制冷	氮高压串联膨胀制冷	氮中压并联膨胀制冷
天然气处理量/($10^4 m^3/d$)	15	15	15	15
制冷压缩机轴功率/kW	2878	2873	2997	2885
预冷压缩机轴功率/kW	52	52	52	52
单位制冷工艺功耗/(kW·h)	0.469	0.468	0.488	0.470
长期运行可靠性	较可靠	较可靠	串联透平运行易出故障	较可靠
设备投资预算	压缩机、膨胀机约高 40%	压缩机、膨胀机约高 40%	膨胀机约高 20%	以此方案为比较基础
制冷系统安全要求	需防火、防爆	需防火、防爆	不需防火、防爆	不需防火、防爆
主要设备订货来源	国内	国内,但膨胀机无成熟产品	国内	国内

(5) 主要指标比较

基本负荷型 LNG 工厂主要采用阶式制冷、混合冷剂制冷和带预冷的混合冷剂制冷循环的天然气液化工艺,其主要指标的比较见表 6-14。国外一些基本负荷型 LNG 工厂所使用的液化流程及其性能指标见表 6-15。

表 6-14 三种天然气液化工艺主要技术经济指标比较

项 目	阶式制冷循环	混合冷剂制冷循环	丙烷预冷混合冷剂制冷循环
处理气量/$10^4 m^3$ *	1087	1087	1087
燃料气量/$10^4 m^3$ *	168	191	176
进厂气总量/$10^4 m^3$ *	1255	1287	1263
制冷压缩机功率/kW			
丙烷压缩机	58971	—	45921
乙烯压缩机	72607	—	—
甲烷压缩机	42810	—	—
混合冷剂压缩机	—	200342	149886
总功率	175288	200342	195870
换热器总面积/m^2			
板翅式换热器	175063	302332	144257
绕管式换热器	64141	32340	52153
钢材及合金耗量/t	15022	14502	14856
总投资/10^4美元	9980	10070	10050

注: * 指标准状态下的气体体积。

表 6-15 基本负荷型液化装置性能指标

项 目	投产时间/年	液化流程	产量/($×10^4 t/a$)	压缩机/kW	功率[1]/kW
阿尔及利亚 Arzew, CAMEL	1963	阶式	36	22800	141
阿拉斯加 Kenai	1969	阶式	115	63100	122

项　目	投产时间/年	液化流程	产量/(×10⁴t/a)	压缩机/kW	功率[①]/kW
利比亚 Marsa el Brega	1970	MRC	69	45300	147
文莱 LNG	1973	C₃/MRC	108	61500	127
阿尔及利亚 Skikda 1, 2, 3	1974	MRC	103	78300	169
卡塔尔 Gas	1996	C₃/MRC	230	107500	104
马来西亚 MLNG Dua	1995	C₃/MRC	250	102500	91
马来西亚 MLNG Tiga	2002	C₃/MRC	375	140000	83

注：①生产 1kg LNG 所消耗的功率。

从表 6-15 可以看出，丙烷预冷混合冷剂制冷的天然气液化工艺流程得到了广泛应用。近年来，又对该工艺流程进行了改进，因而新建的 LNG 工厂如马来西亚的 MLNG Tiga，澳大利亚西北大陆架第 4 条生产线和尼日利亚扩建的 LNG 项目都采用了这种液化流程。目前，其单条生产线的能力已达到 400×10⁴t/a 数量级。

(6) 主要设备

在基本负荷型 LNG 工厂的投资费用中，天然气液化工艺设备占 40% 以上，天然气液化工艺主要设备有冷剂制冷压缩机组、主换热器(主低温换热器)及容器等，其中冷剂制冷压缩机组及低温换热器又分别约占 50% 及 30%。LNG 储存的主要设备为 LNG 储罐和罐内泵(罐内 LNG 输送泵)，其有关内容将在后面统一介绍。

① 冷剂制冷压缩机组

LNG 工厂中的压缩机用于气体增压、输送及冷剂制冷。天然气液化系统中采用的冷剂制冷压缩机主要有离心式、往复式及螺杆式几种类型。通常，制冷压缩机功率大于 4MW 时可选用离心式压缩机，功率在 1.5~4MW 时可选用往复式压缩机，功率小于 1.5MW 时可选用螺杆式压缩机。

据了解，目前国内原料气处理量 ≥30×10⁴m³/d 并采用混合冷剂制冷循环液化工艺的基本负荷型 LNG 工厂，其制冷压缩机均为离心式。压缩机的负荷调节有多种方式，其中定速+入口导叶和变频调速两种调节方式的性能比较见表 6-16。

表 6-16　离心式压缩机定速+入口导叶和变频调速两种调节负荷方式的性能比较

调节方式	定速+入口导叶[①]	变频调速
整体效率	入口导叶使进气产生预旋，改变叶轮和气流相对转速来调节负荷；导叶上的气流压损小，整体效率高。压缩机在 100% 工况点附近效率较高，轴功率较低(叶轮轴较细，进气截面积较大)[②]。压缩机在 50% 工况点附近效率下降较快	变频器及其变压器大约有 3.5% 的电损耗，整体效率低。压缩机在 100% 工况点附近效率较低，轴功率较高(叶轮轴较粗，进气截面积较小)。压缩机在 50% 工况点附近效率下降较慢
调节范围	如果压缩机允许出口降压运行，不开旁路时负荷调节范围为 50%~110%。如果出口压力不变，不开旁路时负荷调节范围较大，典型值为 83%~110%	如果压缩机允许出口降压运行，不开旁路时负荷调节范围为 50%~110%。如果保持出口压力不变，不开旁路的调节范围较小，典型值为 88%~110%
可靠性	导叶是机械结构，气动驱动，连续可调，可靠性高	变频器是电气设备，故障易发点多，可靠性低

调节方式	定速+入口导叶①	变频调速
成本	机械装置，成本低	电气装置，成本高
控制特点	入口导叶调节响应时间快，非常适合对于响应时间有严格要求的场合	变频器调节有惯性，响应速度不如入口导叶调节

注：① 定速+入口导叶调节负荷的离心式压缩机仅在启动时采用变频器。

② 有关压缩机的实际功率和轴功率的释义见本书第五章所述。

用于天然气液化的制冷压缩机除应考虑压缩介质是易燃、易爆气体外，还须考虑低温对压缩机构件材料的影响。因为很多材料在低温下会失去韧性，发生冷脆损坏。此外，如果压缩机进气温度低，润滑油也会冻结而无法正常工作，此时应选用无油润滑压缩机。

小型冷剂制冷压缩机功率较小，可采用电动机或燃气发动机驱动，且以电动机居多。大型冷剂制冷压缩机功率较大，其驱动方式有燃气轮机、蒸汽轮机和电动机可供选用。

压缩机出口气体有几种冷却方式。其中，空冷（空气冷却）是通过空气冷却器带走气体热量，主要用于年平均气温低于 25 ℃ 的地区以及无水或缺水地区，冷却后的气体温度高于环境温度 10~15 ℃，但不适用于温度较高的湿热地区，同时占地较大。水冷主要采用循环水经水冷却器带走气体热量，冷却后的气体温度一般高于循环水进水温度 5~10 ℃，冷却效果好，但用水量较大，需要设置循环水冷却塔等且定期清理。空冷+水冷也称混冷方式，即水冷却器系统中的水封闭循环，冷却后的热水再通过空气冷却器带走热量。

冷剂制冷压缩机出口冷却方式一般根据冷剂开始冷凝时的露点来确定。冷剂制冷是压缩、冷凝、节流、蒸发、压缩的循环过程。其气体经压缩后需在出口压力下冷却冷凝。对于环境温度较高地区如果采用空冷方式，在相同条件下与水冷方式相比，冷剂要在更高的压缩机出口压力下才会开始冷凝，故使制冷压缩机功率增大。因此，有的混合冷剂制冷压缩机采用先空冷，后水冷方式将冷剂气体冷却冷凝从而节约循环水用量。

② 换热器

在 LNG 工厂中主换热器是液化系统的核心设备，它对整个装置的性能影响很大。目前主要有绕管式和板翅式两种型式。一般将板翅式换热器为主的集成设备称为冷箱，将绕管式换热器为主的集成设备称为冷塔。究竟选用哪种型式主要取决于装置规模和液化工艺。绕管式和板翅式换热器性能比较见表 6-17，板翅式换热器结构示意图见图 6-20。

表 6-17 绕管式换热器和板翅式换热器比较

项 目	绕管式换热器	板翅式换热器
特点	结构紧凑，管程为多股流体而壳程只能是单股流体，适用于单相和两相流体，单壳程换热面积大	结构非常紧凑，多股流体，适用于单相和多相流体，单位换热面积投资低
流体	干净	非常干净
流动形式	错逆流	错流或逆流
紧凑性/(m²/m³)	200~300	300~1400
温度/℃	无限制	-269~+65
压力/MPa	≤25	≤11.5
应用场合	腐蚀性流体，热冲击场所，高温场所	低温场所，无腐蚀性流体

263

项 目	绕管式换热器	板翅式换热器
运行情况	可以承受温度骤增，运行稳定	受温度骤变影响大，负荷分配不易控制，泡沫夹带严重
检修维护	允许泄漏运行，直至下次例行停车，用最短时间修理(堵漏)	检修困难，维修成本高
供货	专有设备供货商	较多供货商

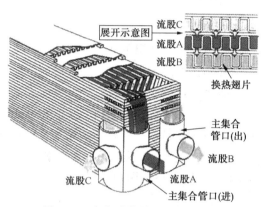

图 6-20　板翅式换热器结构示意图

　　随着 LNG 工厂液化装置规模增大，绕管式换热器的优势越来越明显，渐渐成为大型基本负荷型 LNG 工厂液化装置主换热器的首选。例如某绕管式换热器直径 4.2m，高度 54m，重 240t，中心轴上缠绕了许多管子，其长度可达 80m，管子端头与管板连接，管内为高压气体或液体，冷剂在管子外循环。该换热器内可以同时冷却几种液体，冷却面积可达 10000m²。此种大型换热器的设计、制造和使用，已成为发展基本负荷型 LNG 工厂的重要因素。铝质板翅式换热器因其尺寸和能力有限，且易堵塞，故以往主要用于调峰型 LNG 工厂。为保证其性能和可靠性，可在物流进口增设过滤器。

　　但是由于国际上能提供作为主换热器的绕管式换热器厂商只有少数几家，因此，国内外一些生产板翅式换热器的厂家都在致力研究该换热器在大中型 LNG 装置中的应用，通过主换热器模块化设计克服板翅式换热器应用于 LNG 工厂液化系统的不足。

　　目前，我国基本负荷型 LNG 工厂大多采用单循环混合冷剂制冷(SMR)、双循环混合冷剂制冷(DMR)以及带丙烷预冷的混合冷剂制冷(C₃/MR)液化工艺等，工艺流程设计多达十余种。由于各种流程混合冷剂制冷循环中的气液分离和液体节流制冷次数有所不同，故对板翅式换热器的技术要求也有区别。近年来，国内一些厂家在 LNG 工厂板翅式换热器的研发中已经取得了良好业绩，对上述各种工艺流程的主换热器均有实际产品可供应用。同时，对阶式制冷流程的板翅式换热器也进行过设计研究。据了解，国内现有超过 60 余座 LNG 工厂采用国产板翅式换热器，绝大部分已经投产并在安全、稳定运行，性能完全可以满足液化系统工艺技术要求。例如，在建的山东泰安中国石油 LNG 工厂(260×10⁴m³/d)液化系统的主换热器，其原料气预冷、液化和 LNG 过冷均为国产板翅式换热器。

　　由于管壳式换热器壳程设计压力、管径、管长度和传热温差等方面的原因，使其尺寸和能力受到了限制，虽然采用多管程换热器可很好克服这一问题，但又会增加管线布置和设计的复杂性。但是，目前已建的湖北黄冈中国石油 500×10⁴m³/d LNG 工厂国产化示范工程中，主换热器则选用"管壳式换热器+板翅式换热器"。这样,既可实现主换热器国产化,不需引进绕管式换热器,同时也避免了大型 LNG 工厂液化系统中由于多台板翅式换热器并联而出现的气体流量分配不易控制问题。

林德(Linde)公司根据液化工艺流程和冷剂特点,按照表 6-18 选择中小型 LNG 工厂的主低温换热器。

表 6-18　Linde 公司选择中小型 LNG 装置主换热器参考表[①]

项　　目		装置规模/t(LNG)/d			
		<20	20~100	100~500	500~3000
主换热器	板翅式	√	√	√	×
	绕管式	×	×	×	√

注:① 本表系 Linde 公司自用,仅供参考。

从表 6-18 可以看出,Linde 公司在 500t(LNG)/d 规模以下的 LNG 装置主换热器一般采用板翅式。但是,对于非陆地运行的 LNG 装置(如浮式 LNG 生产储卸装置),由于常存在启停或瞬态工况,可能会造成板翅式换热器及连接管路的泄漏。而且因其集成安装在冷箱内,其维修难度和成本非常高。

③ 闪蒸气(BOG)压缩机

在 LNG 节流降压、储存以及装卸等过程中均会产生 BOG,BOG 具有低压、低温以及气量波动大的特点,故在 BOG 压缩机的选型中需要充分考虑其特点,进行多方案对比。

BOG 压缩机的选型需结合 LNG 工厂规模和建设水平进行,根据 BOG 是否加热以及加热的程度可分为超低温(例如-150℃)、低温(例如-30℃)以及常温(例如 0~20℃)三种工艺方案。BOG 温度越高,压缩机功耗越高,其投资越低。由于超低温卧式对置平衡式压缩机和立式迷宫式压缩机价格高、生产工期长,目前国内基本负荷型和调峰型 LNG 工厂多采用低温以及常温运行方案,排气压力较低时适宜选择螺杆式压缩机,通过滑阀实现压缩机 10%~100%的负荷调节,适应 BOG 气量波动大的特点,且无需设置备机;排气压力较高时受到螺杆压缩机排气压力的限制,多采用往复式压缩机。

LNG 接收站一般需设置 2 台及以上 BOG 压缩机,便于 LNG 卸船时多机运行,非卸船时单机运行,通常不对 BOG 进行加热,故应选择超低温(如-150℃)卧式对置平衡式压缩机以及立式迷宫式压缩机两种机型。

由于 BOG 压缩机对出口气体冷却后的温度要求不高,故一般优先考虑空冷方式(湿热地区除外)以达到节能目的。

2. 调峰型 LNG 工厂液化工艺

调峰型 LNG 工厂的特点是液化能力小,但储存容量和再气化能力较大。这类工厂一般利用管道来气压力(或增压),采用透平膨胀机制冷等来液化平时相对富裕的管道天然气或 LNG 储罐的蒸发气,然后将 LNG 储存起来供平时或冬季高峰时使用。调峰型 LNG 工厂一般每年开工约 200~250d。

调峰型 LNG 工厂主要采用的液化工艺为:①阶式制冷,此工艺以往曾被广泛采用,现已基本不用;②混合冷剂制冷;③透平膨胀机制冷,此工艺可充分利用原料气与管网气之间的压差,达到节能目的。

（1）混合冷剂和膨胀制冷液化工艺

德国斯图加特 TWS 公司调峰型 LNG 工厂装置工艺流程分为天然气处理、液化、储存、气化四个部分。原料天然气来自高压管网(2.1MPa)，处理量为 $14.5 \times 10^4 m^3/d$，每年连续运行 200d 左右。生产的 LNG 储存在 1 个 $3 \times 10^4 m^3$ 的储罐中。冬天供气高峰时，由 3 台(2 用 1 备)浸没式燃烧气化器加热气化后，将天然气送入低压管网去用户，其工艺流程见图 6-21。

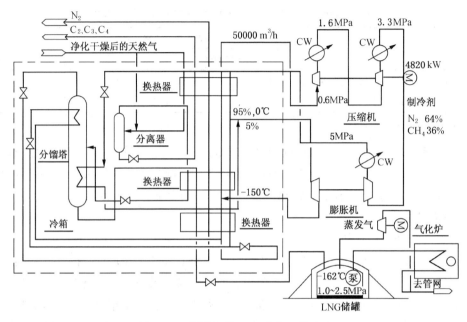

图 6-21　斯图加特 LNG 液化工艺流程

原料气预处理工艺与基本负荷型工厂相同，液化工艺采用氮和甲烷混合冷剂和透平膨胀机制冷流程。天然气首先经换热器冷却，然后进入分离器，分离出 C_2、C_3、和 C_4 烃类。分离器顶部气体进一步冷却后进入分馏塔，塔顶为氮气，塔底则为 LNG。分馏塔顶部冷凝器和 3 个板翅式换热器的冷量来自制冷系统，制冷系统使用混合冷剂(其组成为：N_2 64%，CH_4 36%)，采用闭式制冷循环。冷剂经三级压缩，压力由 0.6MPa 压缩到 5MPa。高压冷剂的 5% 作为分馏塔底重沸器的热源，95% 在换热器中冷至 -70℃ 后进入膨胀机，温度约降至 -150℃，然后进入换热器给出其冷量，制冷剂循环量约为 50000m^3/h。

（2）天然气直接膨胀制冷液化工艺

该工艺是利用高压原料气与低压商品气之间的压差，经透平膨胀机制冷而使天然气液化，其优点是功耗小，但不能获得像氮膨胀制冷液化工艺那样低的温度，循环气量大，液化率低。此外，膨胀机的运行性能受原料气压力和组成变化的影响较大，对系统的安全性要求较高。

美国西北天然气公司 1968 年建立的一座调峰型天然气液化装置就是采用此液化工艺，见图 6-22。该装置原料气已经过预处理，压力为 2.67MPa，含 CO_2 为 $(900 \sim 4000) \times 10^{-6}$(体积分数)，$H_2S$ 为 0.7~4.5mg/m^3、有机硫约 6~70mg/m^3。原料气经透平膨胀机膨胀到约 490kPa，液化率为 10% 左右。原料气处理量为 $56.6 \times 10^4 m^3/d$，液化能力约为 $5.7 \times 10^4 m^3/d$。储罐容积很大，全年的 LNG 都储入储罐。气化器气化能力为 $170 \times 10^4 m^3/d$，并有 100% 的备用量。在高峰负荷时，可在十天内将全年储存量全部气化。

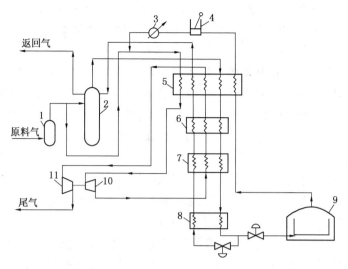

图 6-22 天然气膨胀制冷液化工艺流程

1—脱水器；2—脱 CO_2 塔；3—水冷却器；4—返回气压缩机；

5，6，7—换热器；8—过冷器；9—储罐；10—膨胀机；11—压缩机

由图可知，原料气经脱水器1脱水后，一部分(约占总气量的20%~35%)进入塔2脱除 CO_2，再经换热器5~7及过冷器8降温液化。其中，一部分节流后进入储罐9储存，另一部分节流后为换热器5~7和过冷器8提供冷量。储罐9中的蒸发气，先经换热器5提供冷量，再进入返回气压缩机4压缩并冷却后，与未进塔2的原料气混合，再去换热器5冷却，然后进入膨胀机10膨胀制冷，为换热器5~7提供冷量和经压缩机增压后去低压商品气管网。

为了获得较大的液化量，可在流程中增加了一台压缩机，即带循环压缩机的天然气膨胀制冷液化工艺，其缺点是功耗较大。

图 6-22 所示的天然气直接膨胀制冷液化工艺属于开式循环，即高压原料气经冷却、膨胀制冷与回收冷量后的低压天然气(图中尾气)直接(或经增压达到所需压力)作为商品气去管网。若将回收冷量后的低压天然气用压缩机增压到与原料气相同的压力后，返回至原料气中则属于闭式循环。

由于进入膨胀机的原料气不需要脱除 CO_2，只需对液化部分的原料气脱除其中的 CO_2，因此预处理气量大为减少。装置的主要工艺参数见表6-19。

表 6-19　天然气膨胀制冷液化装置主要工艺参数

工 艺 参 数	物　　流					
	原料气	返回气	换热器5的膨胀气①	过冷器8的原料气②	出膨胀机气体	尾气
温度/℃	15.6	26.7	—	-143	-112	37.8
压力/kPa	2670	241	480	—	—	—
流量/(×10⁴ m³/d)	56.6	14.2				36.8

注：①、②所列的设备见图6-22天然气膨胀制冷液化工艺流程图。

该工艺特别适用于原料气压力高，外输气压力低的地方，可充分利用高压原料气与低压商品气之间的压差，几乎不需耗电。此外，还具有流程简单、设备少、操作及维护方便等优

点，故是目前发展很快的一种工艺。在这种液化工艺中，透平膨胀机组是关键设备。

天然气膨胀直接制冷液化工艺的液化率比其他类型的液化工艺要低，主要取决于膨胀比。膨胀比越大，液化率也越高，一般在7%～15%左右。

因受液化工艺的限制，采用天然气膨胀制冷循环液化的调峰型LNG工厂处理量都小。例如，我国苏州华峰调峰型LNG工厂（70×10⁴m³/d）利用西气东输一线管道天然气与城镇燃气管网压差，采用单级膨胀机制冷、部分液化的液化工艺。高压天然气进预处理系统压力为5.0MPa，低压天然气出液化系统压力分别为2.0MPa和0.4MPa，液化率为10%。

（3）氮膨胀制冷液化工艺

氮膨胀制冷液化工艺是天然气直接膨胀制冷液化工艺的一种变型。在该工艺中，氮膨胀制冷循环与天然气液化系统分开，氮膨胀制冷循环为天然气液化提供冷量。

对于含氮稍多的原料气，只要设置氮-甲烷分离塔，就可制取纯氮以补充氮膨胀制冷循环中氮的损耗，并同时副产少量的液氮及纯液甲烷。该工艺的优点是：①膨胀机和压缩机均采用离心式，体积小，操作方便；②对原料气组成变化有较大的适应性；③整个系统较简单。缺点是能耗较高，约为 0.5kW·h/m³，比混合冷剂制冷液化工艺约高40%。

此外，还可采用一种改进的氮-甲烷膨胀制冷液化工艺，其制冷循环采用的工质是氮和天然气的混合物。与纯氮膨胀制冷液化工艺相比，其功耗可节省10%～20%。

（4）混合冷剂制冷液化工艺

目前，在调峰型LNG工厂中也越来越多地采用混合冷剂制冷液化工艺。我国建造的第一座调峰型LNG装置（上海浦东LNG调峰站）就是采用混合冷剂制冷液化工艺。

该调峰型LNG装置是当东海平湖气田生产中，因人力不可抗拒因素（如台风等）停产时进行调峰，以确保安全供气。装置采用整体结合式级联型液化工艺（CII液化工艺）。液化能力为165m³（LNG）/d。气化能力为120m³（LNG）/h，储罐容量为2×10⁴m³。

CII液化工艺是法国燃气公司的研究部门开发了新型的混合冷剂制冷液化工艺，即整体结合型阶式液化工艺（Integral Incorporated cascade），简称为CII液化工艺。

上海调峰型LNG装置采用的CII液化流程见图6-23所示，其主要设备包括混合冷剂压

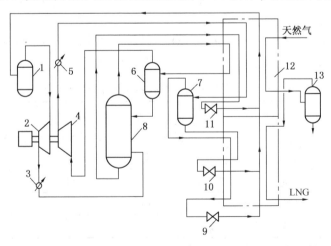

图6-23　CII液化工艺流程示意图

1，6，7，13—气液分离器；2—低压压缩机；3，5—冷却器；

4—高压压缩机；8—分馏塔；9，10，11—节流阀；12—冷箱

缩机、混合冷剂分馏设备和整体式冷箱三部分。其中，液化系统由天然气液化和混合冷剂循环两部分组成。

原料气经预处理后进入冷箱 12 上部预冷，再去气液分离器 13 中进行气液分离，气相部分进入冷箱 12 下部液化和过冷，最后经节流至 LNG 储罐。

混合冷剂是 N_2 和 $C_1 \sim C_5$ 烃类的混合物。冷箱 12 出口的低压混合冷剂蒸气经气液分离器 1 分离后，由低压压缩机 2 压缩至中间压力，然后经冷却器 3 部分冷凝后进入分馏塔 8 分成两部分。分馏塔底部的重组分液体主要含有 $C_3 \sim C_5$，进入冷箱 12 预冷后节流降温，再返回冷箱上部蒸发制冷，用于预冷天然气和混合冷剂。分馏塔上部的气体主要成分是 N_2、C_1 和 C_2，进入冷箱 12 上部冷却并部分冷凝后，再去气液分离器 6 进行气液分离，液相作为分馏塔 8 的回流液，气体经高压压缩机 4 压缩后，经水冷却器 5 冷却后进入冷箱上部预冷，再去进气液分离器 7 进行气液分离，气液两相分别进入冷箱下部预冷后，节流降温返回冷箱的不同部位为天然气和混合冷剂提供冷量，实现原料气的液化和过冷。

该工艺特点为：①流程精简、设备少。CII 液化工艺简化了混合冷剂制冷流程，将混合冷剂在分馏塔中分为重组分(以 C_4 和 C_5 为主)和轻组分(以 N_2、C_1 和 C_2 为主)两部分。重组分冷却、节流降温后作为冷源进入冷箱上部预冷原料气和混合冷剂；轻组分经部分冷凝和气液分离后进入冷箱下部，用于原料气液化和 LNG 过冷；②冷箱采用铝质板翅式换热器，体积小，便于安装。整体式冷箱结构紧凑，分为上下两部分，换热面积大，绝热效果好。原料气在冷箱内冷却冷凝至 -160℃ 左右液体，减少了漏冷损失；③压缩机和驱动机的形式简单、可靠，降低了投资与维护费用。

（5）主要设备

调峰型 LNG 工厂的主要设备与基本负荷型相同，只是压缩机功率和换热器传热面较小而已。此外，还有两种专用设备如下。

① 浸没式燃烧气化器　又称水中燃烧式气化器，包括换热器、水浴、浸没式燃烧器、燃烧室及鼓风机等。燃烧器在水浴中燃烧，热烟气通过下排气管由喷雾孔排入水浴的水中，使水产生高度湍动。换热管内的 LNG 与管外高度湍动的热水充分换热，从而使 LNG 加热、气化。这种气化器的热效率较高，且安全可靠。其结构见图 6-24。

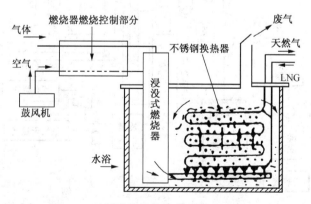

图 6-24　浸没燃烧式气化器结构示意图

② 透平膨胀机　调峰型天然气液化装置中多采用透平膨胀机制冷，从而使整个制冷循环的热力学效率大大提高。

3. 浮式LNG生产储卸装置液化工艺

由于海上气田开发难度大、投资高，建设周期和资金回收期长，因此目前开发的都是一些大型商业性天然气田。边际气田一般为地处偏远的海上小型气田，若采用常规的固定式平台进行，则其经济性很差。20世纪90年代以来，随着发现的海上大型气田数量减少，边际气田的开发日益受到重视。此外，随着海洋工程的不断进步，也使边际气田的开发成为可能。

常规海上气田开发，包括海上平台、海底天然气输送管道、岸上LNG工厂、公路交通、LNG外输港口等基础设施，故而投资大，建设周期长，资金回收迟。浮式LNG生产储卸装置集LNG生产、储存与卸载于一体，大大简化了海上边际气田的开发过程。

浮式LNG装置可分为在驳船、油船基础上改装的LNG生产储卸装置和新型混凝土浮式生产储卸装置。整个装置可看作一座浮动的LNG生产接收站，直接泊于气田上方进行作业，不需要先期建设海底输气管道、LNG工厂和码头，降低了气田的开发成本，同时也减少了原料气输送的压力损失，可以更好地利用天然气资源。

浮式LNG装置采用模块化建设，各工艺模块可根据质优、价廉原则，在全球范围内选择厂家同时预制，然后在保护水域进行总体组装，从而缩短建设周期，加快气田开发速度。另外，浮式LNG装置远离人口密集区，对环境的影响较小，有效避免了陆上LNG工厂建设可能对环境造成的污染问题。该装置便于迁移，可重复使用，当开采的气田气源衰竭后，可由拖船拖曳至新的气田投入生产，尤其适合于海上边际气田的开发。

海上作业的特殊环境对该液化工艺提出了如下要求：①流程简单，设备紧凑，占地少，满足海上安装需要；②液化工艺可自产冷剂，对不同产地的天然气适应性强，热力学效率较高；③安全可靠，船体的运动不会显著地影响其性能。

Mobil石油公司浮式LNG生产储卸装置的液化工艺流程如图6-25所示。该装置采用单循环混合冷剂制冷液化工艺，可处理CO_2含量高达15%（体积分数）、H_2S体积浓度为$1 \times 10^{-4} m^3/m^3$的天然气。由于取消了丙烷预冷，根除了储存丙烷可能带来的危险性。该工艺以板翅式换热器组成的冷箱为主换热器，结构紧凑，性能稳定。

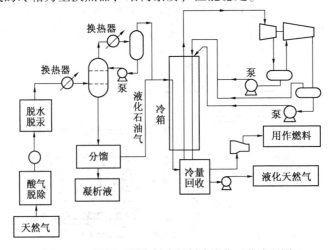

图6-25　单循环混合制冷剂制冷液化工艺流程图

氮膨胀制冷工艺的优点是以氮气取代常用的烃类混合冷剂，安全可靠，流程简单，设备安装的空间要求低，缺点是功耗较高。

浮式 LNG 生产储卸装置的液化工艺，需要充分考虑波浪引起船体运动对设备性能可能产生的不良影响。由于填料塔工作性能稳定，脱除酸气模块中的吸收塔和再生塔应优先选择填料塔，分配器的类型和塔径也要合理选择，以保证介质在填料中的合理分配。当天然气中 CO_2 高于 2%（体积分数）时，可考虑采用胺法和膜法相结合的脱除工艺。液化及分馏模块中的分馏塔直径和高度，由于远小于脱除酸气模块中的吸收塔和再生塔，在对塔板进行改进后，可选用板式塔。需要注意的是，固定不变的倾斜，无论对填料塔还是板式塔都将产生不良影响，因此压载系统必须保证浮式 LNG 生产储卸装置的平稳。

浮式 LNG 生产储卸装置的 LNG 储存设施容量，一方面应考虑为该装置稳定生产提供足够的缓冲容积；另一方面取决于 LNG 运输船的能力和装卸条件。日本国家石油公司对浮式 LNG 生产储卸装置的储存系统进行了研究，得到了储存容量与气田距 LNG 接收终端距离的关系，见表 6-20。

表 6-20　浮式 LNG 生产装置的储存容量

距 LNG 接收终端距离/km	LNG 运输船容量/$10^3 m^3$	FPSO 储罐容量/$10^3 m^3$
3218	81	95
4023	98	115
4827	116	135
5632	134	156

储罐可以选择钢质壳体和 MOSS 型球形储罐、混凝土壳体和 MOSS 型球形储罐、钢质壳体和自支持棱柱型储罐以及混凝土壳体和薄膜储罐等。储存系统要保证 LNG 储存安全，将 LNG 泄漏可能造成的危害降到最低程度。对于钢质壳体要采用水幕等措施避免泄漏的低温 LNG 液体接触壳体。混凝土壳体由于吃水深，承载能力大，而且混凝土材料具有低温性能好、不易老化等优点，近来备受重视。MOSS 型球形储罐及自支持棱柱形储罐的安全性和相当理想的低温绝热性能，已得到了实践验证，均可满足浮式 LNG 生产储卸装置的储存需要。当采用 MOSS 型球形储罐时，要注意设备的合理布局，以充分利用储罐上方的空间。

五、LNG 接收站

（一）LNG 接收站功能

LNG 接收站既是海上运输 LNG 的终端，又是陆上天然气供应的气源，处于 LNG 产业链的关键部位。LNG 接收站实际上是天然气的液态运输与气态管道输送的交接点。其主要功能是：

（1）LNG 接收站是接收海上运输 LNG 的终端

LNG 通过海上运输从产地到用户，在接收站接收、储存，因而 LNG 接收站必须具有大型 LNG 船舶停靠的港湾设施和完备的 LNG 接收、储存设施。

（2）LNG 接收站应具有满足区域供气的气化能力

为确保安全可靠供气，必须建立完善的多元化天然气供应体系和相互贯通的天然气管网。欧洲成熟的天然气市场至少有三种气源，其中任何一种气源供应量最多不超过 50%，且所有气源可通过公用运输设施相连接。

LNG 作为一种燃气气源，不仅可解决日益增长的城镇天然气需求，必要时也可作为本地区事故情况下的应急气源。为此，LNG接收站在接收、储存LNG的同时，应具有满足区域供气系统要求的气化能力。接收站建设规模必须满足区域供气系统的总体要求。

（3）LNG接收站应为区域稳定供气提供一定的调峰能力

为解决城镇供气的调峰问题，除管道供气上游提供部分调峰能力外，利用LNG气源调节灵活的特点，是解决天然气调峰问题的有效手段。

一般说来，管道供气的上游气源解决下游用户的季节调峰和直供用户调峰比较现实。对于城镇或地区供气的日、时调峰，LNG气源可以发挥其作用。

为此，LNG接收站在气化能力上应考虑为区域供气调峰和应急需求留有余地。

（4）LNG接收站可为天然气战略储备提供条件

建设天然气战略储备是安全供气的重要措施。一些发达国家为保证能源供应安全可靠，都建有完善的原油和天然气战略储备系统，其天然气储备能力在17~110天不等。

综上所述，LNG接收站的功能主要为LNG的接收、储存和气化供气，一般包括卸船、储存、BOG处理、外输和计量、生产控制和安全保护系统以及公用工程等设施。

日本一部分LNG接收站投资比较见表6-21。

表6-21　日本部分LNG接收站投资比较

名称	储罐规模[①]	储罐型式	投产时间	投资[②]
富津	9×4	地下	1986年	1145
大分	8×3	地下	1990年	820
扇岛	20×1	全地下	1998年	1700
袖师（扩建）	16×1	地下	2010年	200

注：① 储罐容量（$10^4 m^3$）×储罐数。

② 大约数，单位为亿日元。

（二）LNG接收站工艺

LNG接收站的生产系统包括卸船、储存、BOG处理、外输和计量等系统（参见图6-27）。卸船系统主要包括专用码头、卸料臂、BOG返回臂等。储存系统主要设备是储罐和罐内泵（罐内LNG输送泵）。BOG处理系统通常分为直接压缩和再冷凝两种处理方式，主要设备是BOG压缩机和再冷凝器。外输和计量系统主要是将LNG再气化后外输供气，主要设备是LNG高压输送泵、气化器、天然气外输总管和管汇、支管以及贸易计量设施等。

LNG接收站工艺按对储罐BOG处理方式不同可分为两种：一种是蒸发气（BOG）再冷凝工艺，另一种是BOG直接压缩工艺。两种工艺并无本质上的区别，仅在BOG的处理上有所不同。直接压缩工艺是将BOG压缩到外输压力后直接送至输气管网；再冷凝工艺是将BOG压缩到较低压力，与由LNG低压泵从LNG储罐送出的LNG在再冷凝器中混合。由于LNG加压后处于过冷状态，可使BOG再冷凝，冷凝后的LNG经LNG高压泵加压后外输。因此，再冷凝工艺可以利用LNG的冷量，并减少了BOG压缩功耗。气源型LNG接收站除短时间停产检修外，长期运行中由于LNG增压、气化和外输，确保了再冷凝器的冷源，故其大型接收站BOG处理方式多采用再冷凝工艺。调峰型LNG接收站由于仅在调峰时LNG增压、气化和外输，其他时间并不运行，无法设置再冷凝器，故BOG处理方式一般采用直接压缩工艺。

现以BOG再冷凝工艺为例，其LNG接收站工艺流程见图6-26。LNG运输船抵达接收站码头后，经卸料臂将 LNG 输送到储罐，再由 LNG 泵增压后输入气化器，LNG 加热气化后输入用户管网。LNG 在储罐储存过程中，因冷量损失产生 BOG，正常运行时，罐内 LNG 的日蒸发率为 0.06%~0.08%。但在卸船时，由于船上储罐内输送泵运行时散热、船上储罐与接收站储罐的压差、卸料臂漏冷及 LNG 与蒸发气置换等，蒸发气量可数倍增加。BOG 先通过压缩机加压后，再与 LNG 过冷液体换热，冷凝成 LNG。为了防止 LNG 在卸船过程中使 LNG 船舱形成负压，一部分 BOG 需返回 LNG 船以平衡压力。此法可以利用 LNG 冷量，并减少了 BOG 的压缩功耗。凡具有连续再气化功能的大型 LNG 接收站多采用再冷凝工艺。

图 6-26　LNG 接收站工艺流程框图

图 6-27 为位于洋山港的上海接收站卸船模式的标准工艺流程图。上海接收站的主要功能是 LNG 卸料、储存和气化输出。基本流程是 LNG 船到达洋山港后，通过卸料臂和管道输送至 LNG 储罐。根据市场供气需求，储罐内的 LNG 经低压、高压两级外输泵升压后进入气化器加热（同时对 BOG 再冷凝处理后一并气化），气化的高压天然气经计量出站去输气管道。其中，卸料系统能力为 13200m³/h，LNG 储存系统有效容量为 49.5×10⁴m³，气化输出能力最大为 104×10⁴m³。

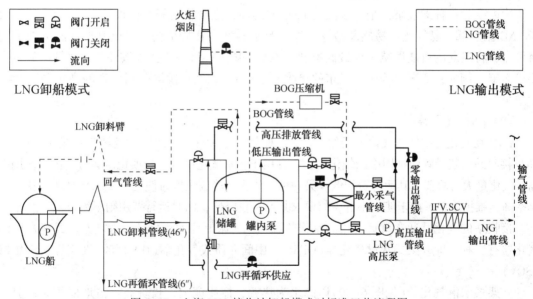

图 6-27　上海 LNG 接收站卸船模式时标准工艺流程图

BOG 直接压缩工艺则由压缩机将 BOG 加压到用户所需压力后，直接进入外输管网。此法需消耗大量的压缩功。

（三）主要设备

主要设备有 LNG 储罐、卸料臂，LNG 输送泵、BOG 压缩机、LNG 气化器等。此处仅介绍卸料臂、罐内泵、气化器等，有关储罐的介绍见后。

273

（1）卸料臂

用于运输船和陆上管线快速连接的设施，见图6-28。根据接收站规模不同需配置数根卸料臂及一根蒸发气回流臂（其结构同卸料臂）。法国FMC技术公司专利并由日本新日铁公司制造的卸料臂有全平衡卸料臂、旋转式配重卸料臂、双配重卸料臂等不同类型。卸料臂材质主要为不锈钢和铝合金。其管径为100～600mm，长度为15～30m。卸料臂一般每船卸料时间以12h为标准，配置相应的数量和型号。

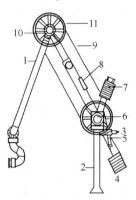

图6-28　卸料臂

1—外臂；2—上升管；3—回转传动缸；4—内侧配重总成；5—外侧传动缸；6—枢轴可移动弯头；
7—外侧配重总成；8—内侧传动缸；9—滑轮线；10—上可移动弯头；11—架式滑轮

（2）罐内泵（罐内LNG输送泵）

罐内泵为一种潜液泵，全部浸没在LNG储罐内，是接收站的关键设备，见图6-29。由于LNG温度低、易气化、易燃及易爆，加之此泵有许多独特结构，因此要求低温下轴承密封可靠，将泄漏的可能性减少到最低程度。该泵一般为多级泵，扬程按外部输气管网的压力要求而定。例如，欧洲、美国、远东的接收站广泛采用Efara国际公司生产的高压多级LNG输送泵。

（3）LNG气化器

LNG在气化器中加热气化为天然气（最低温度一般≥0℃），计量后经输气管线送往用户。LNG接收站一般设置两种用途的气化器，一种用于正常气化供气，长期稳定运行。由于使用率高，气化量大，故要求其运行费用低；另一种仅作为调峰或维修时使用，要求启动速度快，气化率高，维护简单。由于使用率低，故要求其设备投资低，而对运行费用则不太苛求。

接收站的气化器通常就近使用海水作热源，同时限制海水温降不超过5℃。目前常用的气化器有三种，即开架式水淋气化器（ORV）、中间介质式气化器（IFV）和浸没燃烧式气化器（SCV）。

开架式水淋气化器（见图6-30）以海水为热源，体积庞大，投资高，占地面积大，但运行成本低，操作和维护容易。但受气候等因素影响较大，随着水温降低气化能力下降。因此，有些地区冬季海水温度低于5℃时需将海水加热后使用。

中间介质式气化器多以丙烷为中间加热介质，采用海水（或热水、空气）使液体丙烷气化，再用丙烷蒸气加热LNG使其气化，而这部分丙烷蒸气则被冷凝，在管壳式气化器的壳程以气液两相循环使用。气化后的天然气再经海水加热≥0℃去总管。这种气化器对海水水质要求较低。

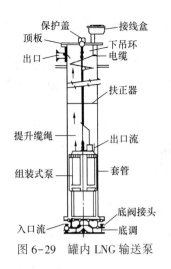

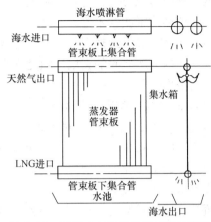

图 6-29　罐内 LNG 输送泵　　　　　图 6-30　开架式水淋气化器结构示意图

　　浸没式燃烧气化器(见图 6-24)也称水中燃烧式气化器,包括换热器、水浴、浸没式燃烧器、燃烧室及鼓风机等部件。燃烧后的热烟气通过下排气管由喷雾孔排入水浴的水中,使水产生高度湍动,换热管内的 LNG 与管外高度湍动的热水充分换热,使 LNG 再气化。这种气化器投资略低,结构紧凑,安全可靠,热效率高,且不需海水设备,但需消耗约占输出天然气量的 2%作为燃料。一般用于海水温度低、海水污染或含有对设备有害物质不能使用海水的场所,或者利用其可快速启动且投资较低的特点,用于调峰气化。

　　法国燃气公司 LNG 接收站采用的气化器类型及蒸发量见表 6-22。

表 6-22　法国燃气公司 LNG 接收站气化器类型

位置	勒阿弗尔	苏菲梅	布列塔尼—蒙度瓦
蒸发器类型	开架式	开架式和浸没式	开架式和浸没式
最大气化量/(m^3LNG/d)	6000	38400	54000

六、LNG 储存

　　LNG 储存是 LNG 工厂的重要组成部分。无论是基本负荷型还是调峰型 LNG 工厂,液化后的天然气都要储存在储罐或储槽内。在 LNG 接收站中,也都有一定数量和不同规模的储罐(储槽)。

　　由于天然气易燃、易爆,而 LNG 的储存温度又很低,故要求其储存容量与设施必须安全可靠而且效率要高。

　　对 LNG 储存容器的主要要求是:

　　① 容器及其相关设备具有可靠的耐低温性能,制作容器的材料必须具有很好的低温韧性,较小的热膨胀系数;② 绝热性能要好;③ LNG 输送管线、阀门等的耐低温性应与 LNG 储存容器一致;④ 所有保安设备及设施应耐低温,且状态完好、灵敏可靠;⑥ 对容器的制造、施工、检验、使用与维护等也都有严格的要求。

　　基于上述要求,绝大多数液化天然气储存容器都采用双层储罐,并在两层罐体之间装填良好的绝热材料。其中,内罐用于盛装液化天然气,外罐保护绝热材料之外还兼起安全作用。内罐材料主要是 9%的镍钢或预应力混凝土(有时也用铝合金或不锈钢),外罐材料则为低合金容器钢或预应力混凝土，绝热材料大多为聚氨酯泡沫塑料、珠光砂、聚苯乙烯泡沫塑料、泡沫玻璃、玻璃纤维或软木等。

罐底采用泡沫玻璃砖等绝热保冷。对于小型圆筒形双层金属 LNG 储罐，常分段用真空粉末绝热层，即在内外罐之间的夹层中填充珠光砂粉末，然后将该夹层抽成真空。

（一）LNG 储罐形式

LNG 储罐是 LNG 接收站和各种类型 LNG 工厂必不可少的重要设备。由于 LNG 具有可燃性和超低温特性（-162℃），因而对 LNG 储罐有很高的要求。罐内压力为（0.1～1）MPa，储罐的日蒸发率一般为 0.04%～0.2%，小型储罐蒸发量高达 1%。

目前，LNG 储罐大型化的趋势越发明显，单罐容量 $20 \times 10^4 m^3$ 的建造技术已经成熟，最大的地下储罐容量已达 $25 \times 10^4 m^3$。

LNG 储罐分地上储罐及地下（包括半地下）储罐。罐内 LNG 液面在地面以上的为地上储罐；液面在地面以下的为地下储罐。

地下储罐主要有埋置式和坑内式，地上储罐有单容罐、双容罐、全容罐、球形罐、膜式罐和子母罐等。

1. 地上储罐

以金属圆柱状双层壁为主，目前应用最为广泛。这种双层壁储罐是由内罐和外罐组成，两层罐壁间填以绝热材料。地上储罐建设费用低，建设时间短，但占地多，安全性较地下储罐差。

目前，金属材料地面圆柱形双层壁储罐又可分为单容罐、双容罐和全容罐等形式。单容罐系在金属罐外有一比罐高低得多的混凝土围堰，用于防止在主容器发生事故时 LNG 溢出扩散。该储罐造价最低，但安全性较差，占地较大。与单容罐相比，双容罐则是在内罐外围设置的一层高度与罐壁相近，并与内罐分开的圆柱形混凝土防护墙。全容罐则是在金属罐外有一带顶的全封闭混凝土外罐，即使 LNG 泄漏也只能在混凝土外罐内而不致于外泄。此外，还可防止热辐射和子弹等外来物击穿等。这三种型式的储罐各有优缺点，选择罐型时应综合考虑技术经济、安全性能、占地面积、场址条件、建设周期及环境等因素。

（1）单容罐

单容罐是常用的一种 LNG 储罐形式，它分为单壁罐和双壁罐，出于安全和绝热考虑，单壁罐未用于 LNG 储存。双壁单容罐由内罐（内壁）和外罐（外壁）组成，由于外罐用普通碳钢制成，故不能承受低温，主要起固定和保护绝热层以及保持吹扫气体压力的作用。单容罐周围通常有一圈较低的混凝土防护堤，以容纳泄漏出的液体。

单容罐一般适宜在远离人口密集区，不易遭受灾害性破坏（例如火灾、爆炸和外来飞行物的碰击）的地区使用。由于其结构特点，要求有较大的安全防火距离及占地面积。图6-31是单容罐结构示意图。

单容罐的设计压力通常为 17～20kPa，操作压力一般为 12.5kPa。对于大直径的单容罐，设计压力相应较低，有关规范中推荐这种储罐的设计压力小于 14kPa。如果储罐直径为 70～80m 时已经难以达到，其最大操作压力大约在 12kPa。由于操作压力较低，在卸船过程中蒸发气不能返回到 LNG 船舱中，故需增加一台返回气压缩机。较低的设计压力使蒸发气的回收系统需要较大的压缩功率，这将增大投资和操作费用。

单容罐本身投资相对较低，施工周期较短，但易泄漏，故有关规范要求其罐间安全距离较大，并需设置防护堤，从而增加占地及投资，而且其周围不能有其他重要设施，对安全检

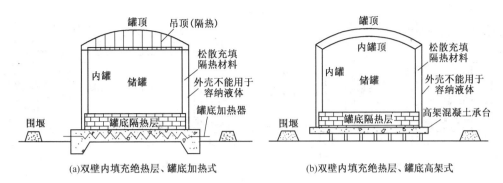

(a)双壁内填充绝热层、罐底加热式　　　　　(b)双壁内填充绝热层、罐底高架式

图 6-31　单容罐结构示意图

测和操作要求较高。此外，因单容罐外罐是普通碳钢，需要严格保护以防止外部腐蚀，外部
容器要求长期检查和涂刷油漆。

　　由于单容罐的安全性较其他型式罐的安全性低，近年来在大型 LNG 工厂及接收站已很
少使用。但是，我国目前已建或在建的 LNG 工厂均为中小型，又无需考虑从外来 LNG 运输
船卸料，故仍多选用单容罐。例如，拟建的渭南某 LNG 工厂（$30 \times 10^4 m^3/d$）其 LNG 产品常压
储存（15kPa，$-164.3℃$），选用 5000m^3 双壁单容罐 1 座。内罐罐底、罐壁和罐顶材料为
06Cr19Ni10，外罐底板材料为 16MnDR，罐壁和罐顶材料为 16MnR。内罐和外罐之间填充珠
光砂粉末作为绝热层，并充入干燥氮气使绝热层干燥，以保持储罐具有良好的绝热性能和较
低的 LNG 日蒸发率（≤0.16%）。

　　此外，我国已建和在建的青海昆仑能源 LNG 工厂（天然气处理量为 $35 \times 10^4 m^3/d$）、内蒙
古阿拉善 LNG 工厂（天然气处理量为 $30 \times 10^4 m^3/d$）等也都选用 5000m^3 单容罐。

　　又如，已建的中国海洋石油珠海 LNG 工厂（天然气处理量为 $60 \times 10^4 m^3/d$）、内蒙鄂尔多
斯星星能源 LNG 工厂（天然气处理量为 $100 \times 10^4 m^3/d$）、陕西靖边西蓝 LNG 工厂（天然气处
理量为 $50 \times 10^4 m^3/d$）等选用 10000m^3 单容罐，在建的四川广安昆仑能源 LNG 工厂（天然气
处理量为 $100 \times 10^4 m^3/d$）等则选用 20000m^3 单容罐。目前，我国建造的最大单容罐为 80000m^3。

　　（2）双容罐

　　双容罐由耐低温金属内罐和耐低温金属或混凝土外罐构成。在内罐发生泄漏时，由于外罐
可用来容纳泄漏的低温液体，故气体会外泄但液体不会外泄，所以增强了外部的安全性。为了
尽可能缩小罐内泄漏液体形成液池的范围，外罐与内罐之间的距离不应过大。此外，在外界发
生危险时外部混凝土墙也有一定保护作用，其安全性较单容罐高。根据有关规范要求，双容罐
不需设置围堰但仍需较大的安全防火距离。当发生事故时，LNG 罐中气体外泄，但装置控制仍
然可以持续。图 6-32 是采用金属材料的双容罐结构示意图。有的双容罐外罐采用预应力混凝
土，罐顶加吊顶绝热，有的外罐采用预应力混凝土并增加土质护堤，罐顶加吊顶绝热。

　　储罐的设计压力与单容罐相同（均较低），也需要设置返回气压缩机。

　　双容罐的投资略高于单容罐，约为单容罐投资的 110%，其施工周期也较单容罐略长。
由于双容罐与全容罐投资和施工周期接近但安全水平较低，故目前应用甚少。

　　（3）全容罐

　　全容罐由耐低温金属内罐和耐低温金属或混凝土全封闭式外罐和顶盖构成，内罐和外罐
都可单独容纳所储存低温液体的双层储罐。正常情况下，内罐储存低温液体，外罐支撑罐
顶。外罐既能容纳低温液体，也能排放因液体泄漏而产生的蒸发气排放。

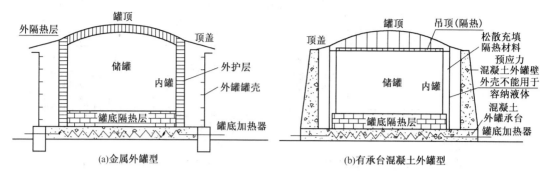

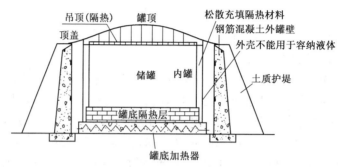

图 6-32　双容罐结构示意图

图 6-33 是全容罐结构示意图。全容罐由 9%镍钢内罐、9%镍钢或混凝土全封闭式外罐和顶盖、底板组成，外罐到内罐距离约 1～2m。其设计最大压力为 30kPa，最低温度为-165℃，允许最大操作压力为 25kPa。由于全容罐外罐可以承受内罐泄漏的 LNG 及其气

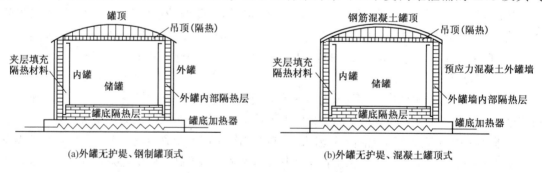

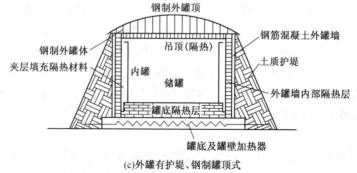

图 6-33　全容罐结构示意图

体,不会向外界泄漏,故其安全防火距离要小得多。一旦事故发生,对装置的控制和物料的输送仍然可以继续,这种状况可持续几周,直至设备停车。

采用金属顶盖时,其最高设计压力与单壁储罐和双壁储罐的设计一样。采用混凝土顶盖(内悬挂铝顶板)时,安全性能增高,但投资相应增加。因设计压力相对较高,在卸船时可利用罐内气体自身压力将蒸发气返回 LNG 船,省去了蒸发气(BOG)返回压缩机的投资,并减少了操作费用。

具有混凝土外罐和罐顶的全容罐,可以承受热辐射和子弹等外来物的攻击,对于周围的火情具有良好的耐受性。另外,对于可能出现的 LNG 溢出,混凝土提供了良好的防护。低温冲击现象即使有也会限制在很小区域内,通常不会影响储罐的整体密封性。

与单容罐和双容罐相比,全容罐造价最高,但其安全性也最高,故应用极为广泛。

未来的地上储罐发展必须具有经济性和安全性,能最大限度节约土地。日本大阪煤气公司设计和开发一种预应力混凝土外罐的大容量双层 LNG 地上储罐,其结构和剖面图分别见图 6-34 和图 6-35。

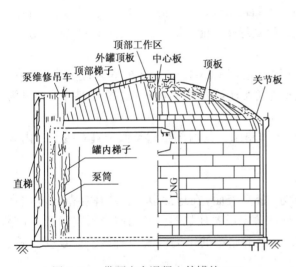

图 6-34 带预应力混凝土外罐的 LNG
地面储罐结构图

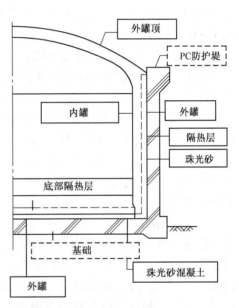

图 6-35 带预应力混凝土外罐的 LNG
地面储罐剖面图

(4)膜式罐

膜式罐也称薄膜罐,采用不锈钢内膜和混凝土外壁,其安全防火距离要求与全容罐相同。但与双容罐和全容罐相比,它只有一个罐体。膜式罐因其不锈钢内膜很薄,没有温度梯度的约束,故操作灵活性比全容罐大,目前在地上储罐中应用很广。

该储罐可设在地上或地下。建在地下时,如投资和工期允许,可选用较大容积。这种结构可防止液体溢出,具有较好的安全性,且罐容较大。该罐型较适宜在地震活动频繁及人口稠密地区使用。缺点是投资较高,建设周期长,由于其结构特点故有微量泄漏。

(5)球形罐

LNG 球形储罐的内外罐均为球状,见图 6-36。工作状态下,内罐为内压容器,外罐为真空外压容器。夹层通常为真空粉末绝热。球罐的内外球壳板在制造厂预制后再在现场

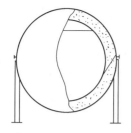

图 6-36　LNG 球形罐

组装。

球罐优点是在同样体积下其表面积最小，故所需金属材料少，质量轻，传热面积也最小，加之夹层可以抽真空，有利于获得最佳的绝热效果。由于内外壳体呈球形，故其耐压性能好。但是，球壳加工需要专用设备，精度要求高，现场组装技术难度大，质量不易保证。此外，虽然球壳质量最小，但成形材料利用率最低。

球罐的容积一般为 200~1500m³，工作压力 (0.2~1.0)MPa。容积小于 200m³ 的球罐尽可能在制造厂整体预制后出厂，以减少现场安装工作量。容积超过 1500m³ 的储罐不宜采用球罐，因为此时外罐壁厚过大，制造困难。

（6）立式储罐

此外，还有容量为 100m³ 的立式 LNG 储罐和容量为 300~2000m³ 立式子母型 LNG 储罐。后者是指多个 (3 个以上) 子罐并列组装在一个大型外罐 (母罐) 之中。子罐通常为立式圆筒形，外罐为立式平底拱盖圆筒形。外罐为常压罐，子罐可设计成压力容器，最高工作压力可达 1.8MPa，通常为 (0.2~1.0)MPa。

子母罐的优点是操作简便可靠，可采用常压储存形式以减少储存期间的排放损失，制造安装成本比球罐低，缺点是夹层无法抽真空，故其绝热性能比真空粉末绝热球罐差，以及外形尺寸大等。

子母罐多用于小型 LNG 工厂。我国包头世益新能源 LNG 工厂（天然气处理量为 10×10⁴ m³/d）及内蒙古鄂托克前旗时泰 LNG 工厂（天然气处理量为 15×10⁴ m³/d）即分别选用容量为 900m³ 和 1750m³ 的子母罐各一座。

城镇 LNG 气化站储罐通常采用立式双层金属单罐，其内部结构类似于直立暖瓶，内罐支撑于外罐上，内外罐之间是真空粉末绝热层。

2. 地下储罐

主要为特大型储罐采用，除罐顶外大部分 (最高液面) 在地面以下，罐体座落在不透水稳定的地层上。为防止周围土壤冻结，在罐底和罐壁设置加热器，有的储罐周围留有 1m 厚的冻结土，以提高土壤的强度和水密性。LNG 地下储罐的钢筋混凝土外罐，能承受自重、液压、土压、地下水压、罐顶、温度、地震等载荷，内罐采用不锈钢金属薄膜，紧贴在罐体内部，金属薄膜在 -162℃ 具有液密性和气密性，能承受 LNG 进出时产生的液压、气压和温度的变化，同时还具有充够的疲劳强度，通常制成波纹状。图 6-37 为日本川崎重工业公司为东京煤气公司建造的 LNG 地下储罐。此罐容量为 140000m³，直径为 64m，高 60m，液面高度为 44m，外壁为 3m 厚的钢筋混凝土，内衬 200mm 厚的聚氨酯泡沫塑料绝热材料，内壁紧贴耐 -162℃ 的不锈钢薄膜，罐底为 7.4mm 厚的钢筋混凝土。该罐可储存

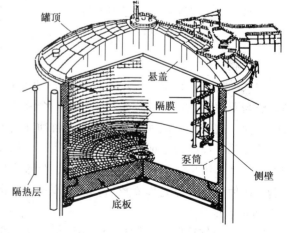

图 6-37　LNG 地下储罐

的 LNG 换算为气态天然气为 $68×10^6 m^3$，可供 20 万户家庭 1 年用气需要。

由于 LNG 液面低于地面，故可防止 LNG 泄漏到地面，安全性高，占地少（罐间安全防火距离是地面罐之间的一半），但建设时间长，对基础的土质及地质结构要求高。

3. 其他形式储罐

（1）半地下储罐

为避免大量土方开挖，或由于土地使用限制，不需要将地下储罐的液位控制在地面以下，这种类型的储罐称为半地下储罐。该罐介于地上储罐和地下储罐之间，不需在储罐周围建防护堤，兼有地上储罐和地下储罐的优点。

（2）坑内储罐（池内储罐）

该罐类似地下储罐，但其混凝土外罐不与土层直接相接，而是另外采用混凝土构筑一个坑体，使储罐居于其中间。

（二）LNG 罐型性能比较及选择

LNG 的罐型选择应安全可靠，投资低，寿命长，技术先进，结构有高度完整性，便于制造，且应使整个系统的操作费用低。

地下罐投资高、建设周期长。除非有特殊要求，一般不选用。

全容罐和膜式罐投资较高，但其安全性较双容罐好，故是目前接收站普遍采用的罐型。另外，混凝土罐顶可提供额外保护和具有较高的操作压力。

单容罐、双容罐与全容罐相比，虽然其罐体本身投资较低，建设周期较短，但因单容罐、双容罐的设计压力和操作压力均较低，蒸发气量相应较多，蒸发气压缩机及再冷凝器的处理量也相应增加。此外，卸料时的蒸发气不能利用罐自身压力返回输送船，必须配置返回气压缩机。因此，LNG 单容罐、双容罐及相应配套设备的总投资反高于全容罐，其操作费用也大于全容罐。各种类型 LNG 储罐技术经济性能比较见表 6-23、表 6-24 和表 6-25。

表 6-23 LNG 储罐技术经济性能比较

罐　型	单容罐	双容罐 （混凝土外罐）	全容罐 （混凝土顶）	地上膜式罐	地下膜式罐
安全性	中	中	高	中	高
占地面积	多	中	少	少	少
技术可靠性	低	中	高	中	中
结构完整性	低	中	高	中	中
相对投资（罐及相关设备）/%	80~85	95~100	100	95	150~180
配备返回气压缩机	需要	需要	不需要	需要	需要
操作费用	中	中	低	低	低
建设周期/月	28~32	30~34	32~36	30~34	42~52
施工难易程度	低	中	中	高	高

表 6-24 LNG 储罐投资及建设周期比较

LNG 储罐	相对投资/%（罐容>$10×10^4 m^3$）	建设周期/月（罐容约 $12×10^4 m^3$）
单容罐	80~85	28~32
双容罐	95~100	30~34

LNG 储罐	相对投资/%（罐容>10×10⁴m³）	建设周期/月（罐容约 12×10⁴m³）
膜式罐	95	30~34
全容罐	100	32~36
地下罐	150~180	42~52
坑内罐	170~200	48~60

表 6-25　LNG 储罐采用不同罐型时的 CAPEX 及 OPEX 比较

单位：百万美元	单容罐	双容罐	全容罐
相对投资费用（CAPEX）/%			
LNG 罐（4 台）	80~85	95~100	100
土地费	200~250	100	100
场地平整	150~200	100	100
道路围墙	110~120	100	100
管线管廊	100~180	100	100
BOG 压缩及回气系统	250~300	250~300	100
总　计	110~120	110~120	100
相对运营费用（OPEX）/%			
运营费用	450~500	450~500	100

近年来，为了更有效地利用土地资源，减少建设费用，LNG 储罐的单罐容量不断加大，而对储罐的安全性要求愈来愈高，罐的选型也逐渐转向安全性更高的全容罐及地下罐。1995~2008 年新增的大型 LNG 储罐共 120 台，其中全容罐 77 台，占 64%，地下罐 20 台，占 17%，详见表 6-26。

表 6-26　1995~2008 年新建的大型 LNG 储罐（罐容 12×10⁴~18×10⁴m³）

LNG 储 罐		建设位置		小　计
罐　型	结　　构	液化厂	接收站	
单容罐	双金属壁，地上		18	18
膜式罐	膜式预应力混凝土罐，地上		4	4
全容罐	9%Ni 钢内罐，预应力混凝土外罐，地上	29	48	77
全容罐	9%Ni 钢内罐，预应力混凝土外罐，地上掩埋式	1		1
坑内罐	9%Ni 钢内罐，预应力混凝土外罐，地下坑内		3	3
地下罐	9%Ni 钢内罐，预应力混凝土外罐，地下		17	17
	合　　计	30	90	120

日本 LNG 接收站的储罐，部分为地上储罐，更多是地下储罐。其原因可能是基于地震考虑。具体类型分为地上储罐、半地下储罐、嵌入式地下储罐和全地下储罐。嵌入式地下储罐为顶部或少量罐体露出地面，罐内液体高度最高不超过地面。全地下储罐为整个罐体均处

于地面以下。其总罐容根据需要而定，最大的如袖浦接收站，总罐容达 $266×10^4 m^3$，小的如长崎接收站，总罐容仅 $3.5×10^4 m^3$。内河航船接收站总罐容更小。

（三）LNG 储存安全

LNG 在储存期间，无论罐体绝热效果如何，总要产生一定量的蒸发气。但是，储罐容纳这些气体的数量是有限的。当罐内工作压力达到允许最大值时，蒸发气量如继续增加，会使罐内压力进一步增加。因此，LNG 储罐的压力控制对其安全储存非常重要，它涉及到 LNG 的安全充注量，压力控制与保护系统和储存稳定性等诸多因素。

LNG 储存安全技术主要有以下几方面：

① 储罐材料的物理特性应适应在低温条件下工作，例如材料在低温下的抗拉和抗压等机械强度、低温冲击韧性和热膨胀系数等；② 储罐的充注管路应考虑在顶部和底部均可充注 LNG，这样才能防止 LNG 分层，或消除已经产生的分层现象；③ LNG 泄漏或溢出时会与储罐地基直接接触，此时地基应能经受得起低温环境影响而不会损坏；④ 储罐的绝热材料必须不可燃，并足够牢度，可承受消防水的冲击力，当火焰蔓延到容器外壳时，绝热层不应出现熔化或沉降，且其绝热效果不应迅速下降；⑤ 储罐的安全防护系统必须可靠，可对储罐液位、压力实现控制和报警，必要时应有多级保护措施。

1. 储罐材料

LNG 储罐内罐直接与低温 LNG 接触，故其材料选择非常重要。为确保安全，所用钢材必须具有良好的低温韧性、抗裂纹能力，并应有较高强度，以减少大容量储罐的壁厚。此外，还应具有良好的焊接性能。适用于建造 LNG 储罐的材料有 9%镍钢、铝合金、珠光体不锈钢。9%镍钢强度高，热膨胀系数小，日本大型平底圆筒型 LNG 储罐约有 60%采用 9%镍钢建造。铝合金不会产生低温脆化，材料质量轻，加工性和可焊性好，应用也很广泛。珠光体不锈钢在低温条件下不会脆化，其延性和可焊性都很好，但由于含镍和钴高，价格较贵，目前多用作地下储罐内壁金属薄膜材料。可直接与低温 LNG 接触的主要材料见表 6-27，用于低温环境但不与 LNG 直接接触的主要材料见表 6-28。

表 6-27　用于直接接触 LNG 的主要材料

材　料	用　途	材　料	用　途
不锈钢	储罐、卸料管、换热器、泵、管线、管件	钨钴合金	磨损面
镍合金钢	储罐、螺栓、螺帽	聚三氟乙烯	磨损面
铝合金	储罐、换热器	石墨	密封件，填充料
预应力混凝土	储罐	氟化丙烯聚合物	电绝缘材料
环氧树脂	泵套管	聚四氟乙烯	密封件，磨损面
玻璃纤维	泵套管		

表 6-28　用于低温环境但不与 LNG 直接接触的主要材料

材　料	一　般　应　用	材　料	一　般　应　用
低合金不锈钢	滚珠轴承	聚苯乙烯	热绝缘
预应力钢筋混凝土	储罐	聚氨酯	热绝缘
木材(轻木、胶合板)	热绝缘	聚异氰脲酸酯	热绝缘
合成橡胶	涂料、胶粘剂	砂	围堰

材　料	一　般　应　用	材　料	一　般　应　用
玻璃棉	热绝缘	硅酸钙	热绝缘
玻璃纤维	热绝缘	泡沫玻璃	热绝缘，围堰
分层云母	热绝缘	珍珠岩	热绝缘
聚乙烯	热绝缘		

目前，国产 9% 镍钢已在中国石油江苏如东、辽宁大连、河北唐山 LNG 接收站的 10 具 $16×10^4 m^3$ 全容罐建造中使用，其中大多数储罐已顺利投产，效果良好。此外，$20×10^4 m^3$ 全容罐也正在建造中。这表明我国大型 LNG 储罐设计、建造技术及关键材料取得了重大突破。

2. 储罐充注

储罐(或管路)中如有空气，需对储罐(或管路)进行惰化处理后方可充注 LNG，以避免形成可燃性混合物。LNG 储罐在进行内部检修时，也需先对储罐进行惰化处理后方可进行。惰化处理是采用惰性气体置换储罐内的空气或天然气，使罐内气体中的含氧量达到安全要求。用于惰化处理的惰性气体，可以是氮气、二氧化碳等。通常用液氮或液态二氧化碳气化来产生惰性气体。LNG 船则设置惰性气体发生装置，采用变压吸附、氨气裂解和燃油燃烧分离等方法制取惰性气体。

充注 LNG 之前，还用 LNG 蒸气将储罐中惰性气体置换出来，这个过程称为纯化。具体方法是将 LNG 气化并加热至常温，然后送入储罐将惰性气体置换出来。纯化后方可冷却降温和充注 LNG。为使惰化效果更好，惰化时需要考虑惰性气体密度与储罐内空气或可燃气体的密度，以确定正确的送气部位。有关 LNG 设备和管路等同样也需惰化处理，其方法相同。

3. LNG 储罐最大充注量

低温 LNG 储罐不得充满，以防介质受热膨胀。充注量与介质特性和设计工作压力有关。LNG 储罐最大充注量对安全储存有着非常密切的关系。因为 LNG 受热后因其体积膨胀会引起液位超高，甚至出现溢出。预留的膨胀空间大小需要根据储罐安全排放阀的设定压力和充注时 LNG 的具体情况而定。由图 6-38 可查出 LNG 的最大充注量。例如，LNG 储罐的最大工作压力为 0.48MPa，充注时的压力为 0.14MPa，则根据图 6-38 查得最大充注容积是储罐有效容积的 94.3%。

LNG 充注量主要通过储罐内的液位检测来控制。此外，储罐还应安装高液位报警器，使操作人员有充足的时间停止充注。

4. LNG 储罐的压力控制

LNG 储罐压力必须控制在允许范围之内。罐内压力过高或过低(出现负压)，对储罐都有很大潜在危险。影响罐内压力的因素很多，诸如外界热量进入引起液体蒸发，充注期间液体的快速闪蒸，大气压下降或错误操作，都可能引起罐内压力上升。另外，如果以非常快的速度从储罐向外排液或抽气，也有可能使罐内形成负压。

LNG 储罐内的压力主要是 LNG 受热蒸发所致，过多的蒸发气会使罐内压力上升，故必须有可靠的压力控制和保护装置确保储罐安全，以使罐内压力保持在允许范围之内。正常操作时，压力控制装置将罐内过多蒸发气输送到供气管网、再液化系统或燃料供应系统。但当蒸发气骤增或外部无法消耗这些蒸发气的意外情况下，压力安全保护装置应能自动开启，将

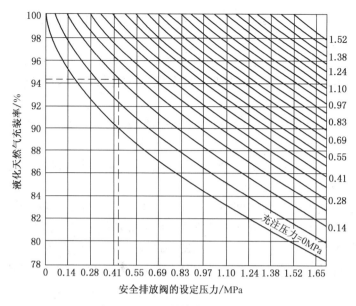

图 6-38 LNG 储罐的最大充注量

蒸发气送至火炬燃烧或放空。因此，LNG 储罐的安全保护装置必须具备足够的排放能力。

此外，有些储罐还应安装有真空安全装置。真空安全装置应能感受储罐内的压力和当地的大气压，判断罐内是否出现真空。如果出现真空，安全装置应能及时向储罐内部补充蒸发气。

安全保护装置（安全阀）不仅用于 LNG 储罐的防护，在 LNG 系统中，LNG 管路、LNG 泵、气化器等所有有可能产生超压的地方，都应该安装足够的安全阀。安全阀的排放能力应满足设计条件下的排放要求。

5. 储罐安全防护

除压力控制装置外，LNG 储罐应配备密度检测设备来监控分层和潜在的翻滚问题，以便操作人员尽早采取措施。储罐内壁和罐底应进行温度检测。为确保储罐安全，所有进出口管线均安装在罐顶，储罐的附属仪表系统应设置足够的报警和停机装置。

防止分层是确保 LNG 储存安全的重要手段，通常可通过测量 LNG 储罐内垂直方向上的温度和密度来确定是否分层。一般情况下，当罐内液体垂直方向上的温差大于 0.2℃，密度大于 0.5kg/m³ 时，即可认为出现分层。为了防罐内 LNG 分层，常用的措施有：

① 采用正确的充注程序。所装 LNG 密度大于罐内残存 LNG 时，应采用顶装法；小于罐内残存液体时，采用底装法。密度相近时也采用底装法。在条件允许时，将两批密度差别较大的 LNG 储存于不同的储罐。

② 在 LNG 生产中，严格控制氮含量不得超过规定含量（例如 1%）。

③ 采用混合喷嘴进液。为使新充注的 LNG 与罐内不同密度的残存液体充分混合，可在罐底加进液喷嘴，并必须使喷嘴喷出的液体能够达到液面，确保在湍流喷射扰动下有足够长的时间使两种液体混合均匀。经喷嘴进罐的 LNG 量至少为储罐内剩余液量的 10 倍。

④ 采用多喷嘴进液。采用沿管长方向有多个喷嘴的立管将 LNG 充注罐内，使注入储罐的液体与罐内原有的液体均匀混合。

⑤ 采用搅拌器搅拌。有的 LNG 储罐设有专门搅拌器搅拌液体以防止分层，但在罐内搅拌会引起 LNG 蒸发量的增加。实践证明，快速抽出部分罐内液体是一种消除分层的方法。

⑥ 采用潜液泵再循环。用潜液泵将罐内液体增压后，经设在罐底部的喷嘴循环进入罐内，使罐内液体均匀。

采用上述措施后，仍可能发生翻滚和大量蒸发气。为此，在 LNG 储罐设计中应考虑增大安全泄压阀的排放能力、储存系统处理释放蒸发气的能力以及储罐设计压力和工作压力的比值等。

需要指出的是，LNG 从储罐或设备、管线中溢出是比一般天然气泄漏更为严重的事件。它可能导致重大安全事故、人员伤害和引发大规模的火灾或爆炸，不仅对现场安全造成威胁，而且有可能影响到周围地区的安全。LNG 溢出的数量远大于泄漏，通常是由于操作失误、控制失灵，或设备损坏等原因引起。

天然气在常温下密度比空气密度小，其泄漏后立即向大气中扩散。但是，低温 LNG 一旦发生溢出，就会在地面或水面吸热，迅速蒸发后形成蒸气云团，其气体密度约为空气密度的 1.5 倍。低温的重气云团将会发生重力沉降，同时，由于大气湍流，空气将被卷吸进入云团内部，使其加热和体积膨胀，向正浮性气体（即比空气密度小的气体）转变，随空气飘逸和扩散，遇到火源即会燃烧，其火焰则沿蒸气云团往回蔓延到溢出点。此时，就会对设施产生严重的毁坏作用，并严重影响周围地区的安全。

因此，必须考虑 LNG 溢出后蒸气云团扩散和池火辐射热流的影响，并采取预防和控制措施。例如，在 LNG 储罐区、气化区和装卸区设置集液池或拦蓄区等。

对单个储罐建立与储罐外罐相当的圆形高围堰（如双容罐和全容罐），可大大减小池火面积，热辐射波及范围明显缩小，且避免当只有单个储罐发生泄漏而引发与其共用一个围堰的储罐发生连带事故。因此，为减小池火事故波及范围，在设置储罐围堰时，应考虑尽量减小围堰面积，即减小池火面积，必要时可在储罐周围设置高围堰或采用双容罐和全容罐，一方面可将火灾控制在较小范围；另一方面可尽量减小对附近其他危险源的影响，以免发生连带事故。这也正是为什么普遍认为采用双容罐或全容罐安全等级高的原因。

七、LNG 运输

液化天然气（LNG）的运输主要有两种方法，陆上一般用 LNG 槽车，海上则用 LNG 船。近年来由于技术上的发展，也有通过火车运输以及大型集装箱运输 LNG 的方法。

（一）海上运输

LNG 运输主要采用特制的远洋运输船。由于 LNG 具有的低温特殊性，一般采用隔舱式和球形储罐两种结构的双层船壳（见图 6-39）。

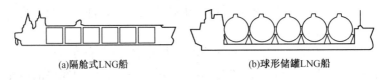

(a)隔舱式LNG船   (b)球形储罐LNG船

图 6-39　典型 LNG 运输船剖面图

1. LNG 运输船结构特点

LNG 运输船专用于运输 LNG，除应防爆和确保运输安全外，且要求尽可能降低蒸发率。表 6-29 为典型 LNG 运输船参数供参考。近年来新建造的 LNG 运输船的尺寸更大。例如，目前，世界上最大 LNG 运输船卡塔尔 Q-Max 号装载量为 $(26.3 \sim 26.6) \times 10^4 m^3$，长 345m，宽 53.8m，高 34.7m，总吨位 $13 \times 10^4 t$。

表 6-29 典型 LNG 运输船尺寸

尺 寸	容量/m³(t)		
	125000(50000)	165000(66800)	200000(80000)
长/m	260	273	318
宽/m	47.2	50.9	51
高/m	26	28.3	30.2
吃水深度/m	11	11.9	12.3
货舱数	4	4	5

（1）双层壳体

目前所有 LNG 运输船都采用双层壳体设计，外壳体与储罐间形成一个保护空间，从而减少了船舶因碰撞导致意外破裂的危险性。在船舶运输时，可采用全冷式储罐或半冷半压式储罐，大型 LNG 船一般采用前者。LNG 在 0.1MPa、−162℃下储存，其低温液态由储罐绝热层及 LNG 蒸发吸热维持，少部分蒸发气作为 LNG 船燃料，其余蒸发气回收后再液化，储罐内的压力靠抽去的蒸发气量控制。

由于结构复杂，材质要求严格，故 LNG 船的建造费用很高。例如一艘容量为 $13.5 \times 10^4 m^3$ 的 LNG 运输船，造价为 2.7×10^8 美元，高于同规模油轮 1 倍，建造时间长达 2.5 年。

（2）绝热技术

低温储罐采用的绝热方式有真空粉末、真空多层、高分子有机发泡材料等。真空粉末尤其是真空珠光砂绝热的特点是对真空度要求不高、工艺简单、绝热效果较好。真空多层绝热的特点则为：

① 真空粉末的夹层厚度比真空多层夹层厚度大一倍，即对于相同容积的外壳，采用真空多层绝热的储罐有效容积比采用真空粉末绝热的储罐大 27%左右，故当储罐外形尺寸相同时后者可提供更大的装载容积。

② 大型 LNG 运输船由于储罐较大，其夹层空间和所需绝热材料以及储罐质量也相应增大，因而降低了装载能力，加大了运输能耗。因此，真空多层绝热方式就具有明显优势。

③ 采用真空多层绝热方式可避免运输船航行过程中因颠簸而产生的夹层绝热材料沉降。

轻质多层高分子有机发泡材料也常用于 LNG 运输船上。目前，LNG 运输船的日蒸发率已可保持在 0.15%以下。另外，绝热层还可防止意外泄漏的 LNG 进入内层船体。LNG 储罐的绝热结构也由内层核心绝热层和外层覆壁组成。针对不同的储罐日蒸发率要求，内层核心绝热层的厚度和材料也不同。所采用的高分子有机材料泡沫板应具有低可燃性、良好的绝热性和对 LNG 的不溶性。

（3）再液化

LNG 储罐控制低温液体压力和温度的有效方法是将蒸发气再液化，从而减少储罐绝热层厚度，降低船舶造价，增加货运量和提高航运经济性。

LNG 运输船蒸发气再液化工艺可以采用以 LNG 为工质的开式制冷循环或以冷剂为工质的闭式制冷循环。以自持式再液化装置为例，其本身耗用 1/3 的蒸发气作为装置动力，尚可回收 2/3 的蒸发气，具有很高的节能价值。虽然，再液化工艺技术至今还未应用到 LNG 运输船上，但随着 LNG 运输船大型化和推进方式的变化，采用蒸发气再液化的工艺技术已提到日程。

2. LNG 运输船船型

LNG 运输船的船型主要受储罐结构的影响。目前 LNG 运输船所采用的低温储罐结构（液货舱）可分为自支承式（独立液货舱）和薄膜式（薄膜液货舱）两种。根据 1999 年统计资料，当年运营的 99 艘大型 LNG 运输船中采用自支承式结构的有 50 艘，另有 2 艘采用棱柱形自支承式结构，采用薄膜式结构的有 40 艘。因此，自支承式和薄膜式储罐应是 LNG 运输船船型的主流结构。据 2007 年统计，独立液货舱占 43%，薄膜液货舱占 52%，其他型式占 5%。

（1）自支承式

自支承式储罐是独立的，其整体或部分被安装在船体中，最常见的是球形（B 型）储罐。其材料可采用 9% 镍钢或铝合金，罐体由裙座支承在赤道平行线上，这样可吸收由于储罐处于低温而船体处于常温而产生的不同热胀冷缩率。储罐外表面是没有承载能力的绝热层。近年又开发了一种采用铝合金材料的棱柱形 A 型储罐。挪威的 Moss Rosenberg（MOSS 型）及日本的 SPB 型都属于自支承式。其中，MOSS 型是球形储罐，SPB 型是棱形储罐，见图 6-40 和图 6-41。

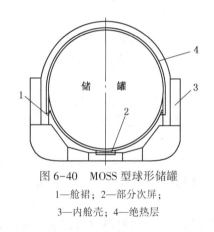

图 6-40 MOSS 型球形储罐

1—舱裙；2—部分次屏；
3—内舱壳；4—绝热层

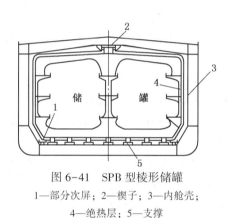

图 6-41 SPB 型棱形储罐

1—部分次屏；2—楔子；3—内舱壳；
4—绝热层；5—支撑

（2）薄膜式

薄膜式储罐采用船体内壳体作为储罐。储罐第一层为薄膜层，其材料采用不锈钢或高镍不锈钢，第二层由刚性的绝热支撑层支承。储罐的载荷直接传递到船壳。GTT 型 LNG 运输船是法国 Gaz Transporth 和 Technigaz 公司开发的薄膜型 LNG 运输船，其围护系统由双层船壳、主薄膜、次薄膜和低温绝热所组成，见图 6-42。薄膜承受的内应力由静应力、动应力和热应力组成。

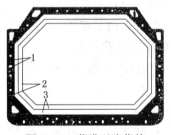

图 6-42 薄膜型液货舱

1—完全双船壳结构；2—低温屏障层组成（主薄膜和次薄膜）；3—可承载的低温绝热层

（二）陆上运输

LNG 用船运输到岸上接收站后，大部分气化为天然气通过管道送往大型工业和民用用户，小部分则用汽车运输到中小用户，特别是天然气管网不及地区的其他用户。此外，在陆上建设的小型 LNG 工厂，汽车就成为其运输 LNG 产品的主要工具。因此，LNG 的公路运输也是其供应链的重要部分。

1. LNG 公路运输特点

LNG 公路运输需要适应点多、面广、变化大的天然气市场，确保在各种复杂条件下的运输安全。

LNG 公路运输是用汽车将 LNG(一般为常压、低温)运输到各地用户。公路运输不同于海上运输,公路沿线建筑物和过往人流车流对装载 LNG 的汽车槽车提出了更高的安全要求,对汽车槽车的绝热、装卸、安全设计都有专项措施。

2. LNG 汽车槽车

汽车槽车运输 LNG 时,其结构必须满足 LNG 装卸、绝热和高速行驶等要求。目前我国市场上主流 LNG 槽车是三轴的半挂车型,槽车罐体容积一般为 $51 \sim 53 m^3$,LNG 充装系数为罐体容积的 $90\% \sim 92\%$。

例如,ZHJ9400GDY 型低温液体运输半挂车主要由半挂车、罐体、管路系统、操作箱等组成。半挂车由罐体、底盘、支腿、牵引销等组成;罐体是由一个碳钢真空外筒和一个与其同心的奥氏体不锈钢制内筒组成,内外筒之间缠绕了几十层铝箔纸并抽至高真空,为使真空得以长期保持,夹层中还设置有吸附剂。罐体后部设置有操作室,操作阀门和仪表一般都布置在操作室中。该槽车主要技术参数见表 6-30。

表 6-30　我国某 LNG 槽车主要技术参数

名　称	主要技术参数	单位	参数或指标		备　注
半挂车	产品型号名称		ZHJ9400GDY 型低温液体运输车半挂车		
	满载总质量	kg	39550		
	设备质量	kg	20150		
	额定载质量	kg	19400		
	外形尺寸	mm	12995×2498×3995		
	罐体容积	m^3	51.4		长×宽×高
罐体	容器类别		内筒	外筒	三类
	最高工作压力	MPa	0.7	≤-0.1	外压
	设计压力	MPa	0.77	-0.1	
	计算压力	MPa	0.87	-0.1	
	气密试验压力	MPa	0.90		工艺性气压试验压力为 1.0
	致密性检验		氦检漏	氦检漏	0.77(管道)
	安全阀开启压力	MPa	0.75		
	设计温度	℃	-196		
	工作温度	℃	-162		
	腐蚀余量		0	1	
	充装介质		LNG		
	最大充装质量	kg	20150		
	绝热方式		真空多层绝热		

(1) LNG 槽车的装卸

LNG 槽车的装卸可以利用储罐自身压力增压或用泵增压装卸。

自增压装卸系利用 LNG 蒸发气提高储罐自身压力,使储罐和槽车形成的压差将储罐中的 LNG 装入槽车。同样,可利用 LNG 蒸发气提高槽车储罐压力,把槽车中的 LNG 卸入储罐。

自增压装卸的优点是只需在流程上设置气相增压管路,设施简单,操作容易。但是,由于储罐(接收站的 LNG 固定储罐和槽车储罐)都是带压操作,而固定储罐一般是微正压,槽车储罐的设计压力也不宜高,否则会增加槽车的空载重量,降低运输效率(运输过程都是重车往返),因而装卸时的压差有限,装卸流量低,时间长。

泵增压装卸系采用专门配置的泵将 LNG 增压进行槽车装卸。此法因流量大、装卸时间短、适应性强而广泛应用。对于接收站大型储罐,可以用罐内潜液泵和接收站液体输送设施装车。对于汽车槽车可以利用配置在车上的低温泵卸车。由于泵输量和扬程可按需要配置,故装卸流量大,时间短,适应性强,可以满足各种压力规格的储槽。而且,不需采用 LNG 蒸发气增压,槽车罐体的工作压力低,质量轻,利用系数和运输效率高。正因为如此,即使整车造价较高,结构较复杂,低温泵操作维护比较麻烦,但泵增压装卸还是应用广。

(2) LNG 槽车的绝热

LNG 槽车可以采用的绝热方式有真空粉末绝热、真空纤维绝热和高真空多层绝热等。

绝热方式的选用原则是经济、可靠、施工简单。由于真空粉末绝热的真空度要求不高,工艺简单,绝绝热效果好,因而以往采用较多。近年来,随着绝热技术的发展,高真空多层绝热工艺逐渐成熟,LNG 槽车已开始采用这一技术。高真空多层绝热的优点是:

① 绝热效果好。高真空多层绝热的厚度仅需 30~35mm,远小于真空粉末绝热厚度。因此,相同容量的外筒,高真空多层绝热槽车的内筒容积比真空粉末绝热槽车的内筒容积大27%左右,故可提供更大的装载容积。

② 对于大型半挂槽车,采用高真空多层绝热比真空粉末绝热所需材料要少得多,从而大大增加了槽车的装载重量。例如,一台 20m³ 的半挂槽车采用真空粉末绝热时,粉末质量将近 1.8t,而采用高真空多层绝热时,绝热材料质量仅 200kg。

③ 采用高真空多层绝热可避免因槽车行驶产生的振动而引起的绝热材料的沉降。尽管高真空多层绝热比真空粉末绝热的施工难度大,但因其制造工艺日益成熟而有广泛应用前景。

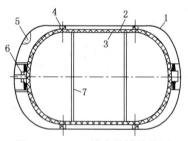

图 6-43　LNG 槽车储罐结构图

1—外壳;2—绝热层;3—内胆;4—径向支承;
5—常温吸气剂;6—轴向支承;7—低温吸气剂

因此,目前国内多采用高真空多层绝热 LNG 槽车,其特点是热导率低,绝热空间小,有效质量轻,LNG 日蒸发率低(一般低于 0.3%)。LNG 属于易燃、易爆液体,故应保证槽车内 LNG 在运输过程中不蒸发,一般要求无损失储存达 7 天以上。LNG 槽车储罐结构见图6-43。

3. LNG 槽车行驶高速化

为适应低温储罐的需要,LNG 槽车的结构有一定的特殊性。如采用双层罐体和绝热支撑,罐体结构相对比较复杂,绝热支撑又要兼顾减少热传递和增大机械强度的双重性,加上运输 LNG 的危险性,故对 LNG 槽车的行驶需要限速。按我国修改后的《低温液体储运设备使用安全规则》(JB/T 6898—1997)规定,在一级公路上的最高时速≤60km/h,二、三级公路则为 30~50km/h。

随着我国高速公路网的形成,提高了运输车辆的平均速度,低温液体槽车在高速公路上的行驶速度也提高到 70~90km/h。行驶速度的提高,可以提高运输效率,故 LNG 低温槽车的行驶高速化是必然趋势。由此,对槽车底盘的可靠性、整车的动力性、制动性、横向稳定性、绝热支撑的强度等槽车的结构提出了更高的要求。

总之，对于 LNG 低温槽车适应高速行驶的研究，不仅会促进 LNG 公路运输的发展，而且也是当前适应公路运输整体高速化的需要。

八、LNG 气化

LNG 因具有运输效率高、用途广、供气设施造价低、见效快、方式灵活等特点，目前已经成为国内无法使用管输天然气供气城市的主要气源或过渡气源，同时也成为许多使用管输天然气供气城市的补充气源或调峰、应急气源。作为城镇利用 LNG 的主要设施，LNG 气化站因其建设周期短、可方便及时满足市场用气需求，已成为我国众多经济较发达及能源紧缺地区的永久供气设施或管输天然气到达前的过渡供气设施。

LNG 气化站的工艺设施主要有 LNG 储罐、LNG 气化器及增压器、调压、计量与加臭装置、阀门与管材管件等。

LNG 由低温槽车运至气化站，由增压气化器(或槽车自带的增压气化器)给槽车储罐增压，利用压差将槽车中的 LNG 卸入气化站 LNG 储罐。然后，通过储罐增压气化器将 LNG 增压，进入空温式气化器，使 LNG 吸热气化成为气体。当天然气在空温式气化器出口温度较低时，还需经水浴式加热器气化，并调压、计量、加臭后送入城镇管网。

LNG 气化站工艺流框图见图 6-44。

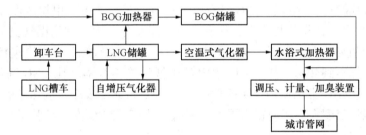

图 6-44　LNG 气化站工艺流程框图

空温式气化器系利用空气为热源使 LNG 气化。在夏季，经空温式气化器气化后的天然气温度较高，可直接进入城镇管网；在冬季或雨季，由于环境温度或湿度的影响，气化后的天然气温度较低，须再经水浴式加热器加热，或将 LNG 直接进入水浴式加热器加热至预定温度后进入城镇管网。

对于调峰型 LNG 气化站，为了回收非调峰期卸槽车的余气和储罐中的蒸发气(BOG)，或天然气混气站为了均匀混气，常在 BOG 加热器的出口增设 BOG 储罐(缓冲罐)。

LNG 在常压下的沸点温度为−161.5℃，常压下储存温度为−162.3℃，密度约 430kg/m³。LNG 气化后，其临界浮力温度为−107℃。当气态天然气温度高于−107℃时，其密度比空气轻，将从泄漏处上升飘走。当气态天然气温度低于−107℃时，其密度比空气重，低温气态天然气会向下积聚，与空气形成可燃性爆炸物。为了防止 LNG 气化站安全阀放空的低温气态天然气向下积聚形成爆炸性混合物，故需设置空温式安全放散气体(EAG)加热器，放散气体先经该加热器加热，使其密度小于空气，然后再引入放散塔高空放散。

对于中小型气化站，一般选用真空绝热储罐。储罐分为内、外两层，填充珠光砂粉末，夹层抽真空，以有效防止外界热量传入罐内，保证罐内 LNG 日气化率低于 0.3%(体积分数)。

大型调峰型 LNG 工厂和接收站的气化设施主要有开架式水淋气化器和浸没式气化器，详见有关文献。

九、LNG加气

随着城镇居民生活水平显著提高，汽车数量迅速增加，废气排放量增大。燃油汽车增长所带来的环境污染问题已越来越严重。据统计，燃油机动车排放的一氧化碳、碳氢化合物、氮氧化合物已占总排放的40%~70%，车辆尾气排放已成为城镇大气的主要污染源。在环保条件日趋严格的今天，LNG作为一种优质清洁能源，越来越受到人们的重视。

目前我国CNG汽车使用推广较好，但因CNG是一种高压气体，与LNG相比其储存体积较大，故车辆行驶里程短，应用范围受到限制。而LNG则是低温液体，储运体积较小，故车辆行驶里程长。此外，由于LNG中杂质含量少，作为汽车替代燃料，其产生的汽车尾气污染物远低于CNG产生的汽车尾气污染物，故比CNG更具环保性。

LNG的能量密度约为CNG的3倍，故其充装速度快(100~180L/min)，大型车辆的充装时间也不过4~6min。LNG加气站的主要设备有LNG低温储罐、低温泵及售气机，其流程比较简单，与LPG加气站类似。LNG低温储罐为双层真空绝热容器，一般建在站内地下。低温泵为浸没式双级离心泵，安装在储罐内，用于将储罐中的LNG增压后送至LNG汽车储罐。LNG售气机建在地面上。整个加气站占地面积很小。

1. LNG汽车

作为汽车替代燃料，LNG较CNG具有以下优点：①杂质少，甲烷浓度高(个别LNG中甲烷含量可达99%)，故燃烧更完全，使发动机性能充分发挥，排放尾气更加洁净；②CNG汽车相对于汽油和柴油汽车而言，功率下降5%~15%，而电喷式LNG汽车相对于汽油和柴油汽车，功率降低不到2%；③LNG储罐为常压低温绝热容器，比CNG高压钢瓶压力低，自重降低很多；④LNG常压使用，防撞性好，较CNG汽车更安全；⑤由于燃料储箱体积小，质量轻，燃料能量密度大，相应提高了汽车装载利用率，LNG汽车续驶里程约为CNG汽车的3倍，可超过400km。

目前国内CNG汽车及加气站技术经过十余年的发展，已积累大量技术、人才及资本，故在一定时期内CNG汽车仍在天然气汽车中占据主导地位，LNG汽车不会快速取代CNG汽车，即LNG汽车车辆数量不会很大。因此，在城镇LNG汽车发展初期，在现有的CNG站或加油站中增加橇装式LNG加气站，一方面可满足CNG汽车向LNG汽车过渡；另一方面建站更容易实现。由于LNG汽车较CNG汽车行驶里程长，具有在城际间驶行条件。所以为促进天然气汽车的区域化发展，在城际高速路沿线布局建设LNG加气站就成为必然。橇装式LNG加气站较站房式具有投资省、占地小、使用方便等特点，所以在扩展天然气汽车区域化发展的机遇下，橇装式LNG加气站具有明显的发展优势，非常适合在城际间高速路段沿线布局建设。由此可知，橇装式LNG加气站较站房式LNG加气站更适合我国当前LNG汽车的发展需要。

国内LNG汽车技术主要由LNG汽车发动机和燃料系统构成，其中燃料系统主要由LNG储气瓶总成、气化器和燃料加注系统等组成。LNG储气瓶总成包括储气瓶、安装其上的液位装置及压力表等附件。储气瓶附件包括加注截止阀、排液截止阀、排液扼流阀、节气调节阀、主安全阀、辅助安全阀、压力表、液位传感器和液位指示表等。气化器包括水浴式气化器和循环水管路及附件，功能是将LNG加热转化为(0.5~0.8)MPa的气体供作发动机燃料。燃料加注系统包括快速加注接口和气相返回接口，对应连接LNG加气机加液枪和回气枪等。

2. LNG 加气站

LNG 加气站的主要设备有 LNG 储罐、调压气化器、LNG 低温泵、加气机和控制系统。与 CNG 加气站相比，LNG 加气站无需造价昂贵及占地面积大的多级压缩机组，大大减少了加气站初期投资和运行费用。

LNG 加气站的主要优点在于不受天然气输送管网限制，建站更灵活，可以在任何需要的地方建站。LNG 加气站建站的一次性投资相对 CNG 加气站节约 30%，且日常运行和维护费用减少近 50%。

LNG 汽车加气站可分为 LNG 加气站、L/L-CNG 加气站 L-CNG 加气站 3 类，分类依据是可加气车辆类型。其中，LNG 加气站是专门为 LNG 汽车加气的加气站，L-CNG 加气站是将 LNG 在站内气化和压缩后成为 CNG，专门为 CNG 汽车加气的加气站，L/L-CNG 加气站是既可为 LNG 汽车加气，又可将 LNG 气化和压缩后成为 CNG 后再为 CNG 汽车加气的加气站。目前，我国沪宁沿线已有多座 L/L-CNG 加气站在运营。

图 6-45 为 LNG 加气站潜液泵式调压工艺流程图。表 6-31 为 LNG、L/L-CNG、L-CNG 加气站基本情况比较表。从表 6-31 可看出，L/L-CNG 和 L-CNG 加气站主要是在 LNG 加气站设备基础上增加了 LNG 至 CNG 的转换装置以及 CNG 存储、售气装置。

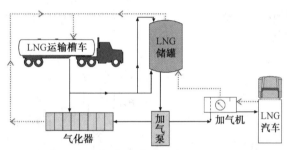

图 6-45　LNG 加气站潜液泵式调压工艺流程图
注：液相管路用实线表示；气相管路用虚线表示。

表 6-31　LNG、L-CNG、L/CNG 加气站基本情况比较表

加气站类型	供气车辆类型	主要设备名称
LNG 加气站	LNGV	LNG 储罐、气化器、潜液泵、LNG 加气机
L/L-CNG 加气站	LNGV、CNGV	LNG 储罐、气化器、潜液泵、LNG 加气机、LNG 高压气化器、LNG 高压泵、CNG 储气瓶、CNG 加气机
L-CNG 加气站	CNGV	LNG 储罐、LNG 高压气化器、LNG 高压泵、CNG 储气瓶、CNG 加气机

注：LNGV 表示 LNG 汽车；CNGV 表示 CNG 汽车。

十、LNG 冷量利用

LNG 再气化后除用做城市供气管网正常及调峰气源、LNG 汽车燃料等外，接收站储罐内的 LNG 具有可观的低温冷量，大约为 0.24kW·h/kgLNG。这部分冷量可以在空气分离、制干冰、冷库、发电等领域加以利用。因此，LNG 冷量利用日趋重要。

利用 LNG 冷量主要是依靠 LNG 与周围环境之间的温度和压力差，通过 LNG 的温度和相态变化，回收 LNG 的冷量。利用冷量的过程可分为直接和间接两种。LNG 冷量直接利用有发电、空气分离、冷冻仓库、液化二氧化碳、空调等；间接利用有冷冻食品、低温干燥和粉

碎、低温医疗和食品保存等。

(一) 直接利用

LNG 接收站的 LNG 冷量可用于发电、空气分离、生产液体二氧化碳及冷库等,LNG 汽车燃料的冷量可用于汽车空调、冷藏等。

1. 发电

目前广泛采用联合法,即将直接膨胀法和朗肯(Rankin)循环法组合发电,其流程见图6-46。图中左侧是靠 LNG 与海水温差驱动的换热工质动力循环(朗肯循环)做功,通常采用回热或再热循环;右侧是利用 LNG 压力能直接膨胀做功。联合法可将近 20% 的冷量转化为电能,发电量为 45kW·h/t LNG。

日本约半数 LNG 接收站与发电厂相邻而建,其 LNG 用于发电。LNG 发电量占全国发电量的 27%。部分 LNG 接收站还配套有 LNG 冷能利用工厂。

2. 空气分离

利用 LNG 冷量使空气液化以制取氮、氧、氩等产品,其电耗从常规空气分离的 (0.8~1.0)kW·h/m³ 降低至 0.5kW·h/m³,建设费用也可减少。日本大阪煤气公司利用 LNG 冷量的空气分离装置流程见图6-47。该装置采用氮气作为换热工质,利用 LNG 冷量来冷却和液化由精馏塔下部抽出并复热的循环氮气。与常规空气分离装置相比,不仅电耗降低 50% 以上,而且流程简化,投资减少。

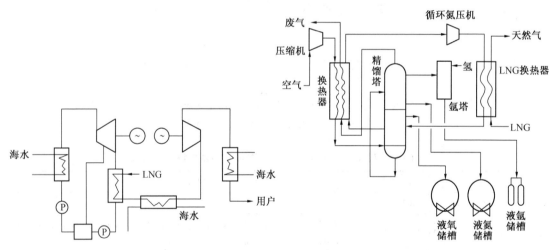

图 6-46 LNG 冷量回收联合法发电流程图　　　图 6-47 利用 LNG 冷量的空气分离流程图

我国宁波利用 LNG 冷量的空气分离装置液体产品为 614.5t/d,其单位电耗约 0.37kW·h/m³,是同规模最先进的常规流程空气分离装置的 46%,且不消耗冷却水,年节约水约 29×10⁴t。又如,2014 年 8 月我国江苏杭氧润华气体公司利用 LNG 冷量的空气分离装置投产,节电达 40%,每年可节电 3000×10⁴ kW·h。

3. LNG 汽车冷量回收及利用

LNG 汽车冷量可作为汽车空调及冷藏的冷源,将 LNG 汽车燃料中的冷量在夏季部分回收用于汽车车厢空调的流程见图6-48。

该系统储存在低温储罐 1 的 LNG(0.12MPa 下的饱和液体)先进入低温换热器 2 中部分气化,再经换热器 3、4 中与乙二醇溶液换热继续气化,然后与空气混合进入发动机。经

LNG 冷却后的乙二醇溶液去蓄冷罐 5，用泵 6 送至空气换热器 7 调节车厢温度。温度升高后的乙二醇溶液返回换热器 3、4 循环使用。

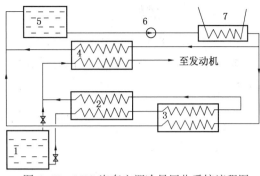

图 6-48　LNG 汽车空调冷量回收系统流程图
1—LNG 储罐；2，3，4—低温换热器；5—乙二醇蓄冷罐；
6—乙二醇溶液泵；7—空气换热器

（二）间接利用

主要是利用 LNG 冷量生产液氮及液氧。生产的液氮可在低温下破碎一些在常温下难以破碎的物质，如尼龙 12、聚酯及聚乙烯等，而且破碎粒度小而均匀，也可破碎食品、香料等，不损坏原有质量，也不会使材料发生热氧化变质。

生产的液氧可制取高纯度臭氧，用来提高污水处理的吸收率。与常规方法相比，电耗可降低 1/3，且污水处理效果好。

此外，由于原料气组成及液化工艺不同，LNG 的组成也各不相同（见表 6-4 及表 6-32）。某些 LNG 含有较多的 C_2^+ 烃类时，可考虑将其回收、利用的可能性。

表 6-32　不同组成天然气生产的 LNG 性质　　　　　　　　%（摩尔分数）

气　源	C_1	C_2	C_3	C_4	C_5	N_2	CO_2	低发热量/(MJ/m^3)
海南海燃	76.05	18.74	3.65	0.21	—	1.17	0.18	42.87
新疆广汇	82.30	11.20	4.60	1.34	0.01	0.09	—	42.33
中原绿能	95.62	1.63	0.32	0.27	0.12	0.99	0.98	36.21

例如，中国石化天然气分公司建设的山东某 LNG 接收站（一期规模为 $300 \times 10^4 t/a$），由于 LNG 中含有较多 C_2^+ 烃类，故又同时建设 2 套凝液回收装置（LNG 处理量各为 $100 \times 10^4 t/a$），副产液态乙烷和 LPG 约 $40 \times 10^4 t/a$，作为青岛炼化公司综合利用项目的原料。据了解，此装置已在 2015 年底投产。

第二节　压缩天然气生产

在常温和高压（20~25MPa）下，相同体积的天然气质量比参比条件下的质量约大 270~300 倍，因而可使天然气的储存和运输量大大提高，也使天然气的利用更为方便。

目前，压缩天然气广泛用于交通、城镇燃气和工业生产领域。压缩天然气的利用特点是：①可以实现"点对点"供应，使供应范围增大。压缩天然气用作城镇燃气，克服了管道天然气的局限性；②供应弹性大，可适应日供气量从数十立方米到数万立方米的规模；③运输方式多样，可以采用多种多样的车、船运输，其运输量也可灵活调节；④容易获得备用气源。只要有两个以上压缩天然气供应点，就有条件获得多气源供应；⑤应用领域广泛。例如，用于中小城镇燃气调峰储存、天然气汽车以及工业燃气等。本节以下主要介绍车用压缩天然气特点和压缩天然气的生产等。

目前，国内外都在大力发展代用汽车燃料，现已实际应用的有压缩天然气（CNG）、液化天然气（LNG）、液化石油气（LPG）、甲醇、乙醇及电能等。CNG、LNG、LPG（油气田液化石油气）统称为天然气燃料，采用天然气燃料的汽车称为天然气汽车（NGV）。

一、代用汽车燃料

(一) 代用汽车燃料性质及质量指标

各种汽车燃料如 CNG、LNG、LPG、甲醇、乙醇、二甲醚、汽油及柴油等的性质对比见表 6-33。

表 6-33　各种汽车燃料性质对比

项　　目		CNG/LNG(甲烷)	LPG(丙烷)	甲　醇	二甲醚	汽　油	柴　油
相对分子质量		16	45	32	46	99	208
相对密度(20℃)	(液, 水=1)	—		0.792	0.661	0.740	0.840
	(气, 空气=1)	0.554	1.522	—	—	—	—
运动黏度(20℃)/(mm²/s)				0.6		0.42	3.3
辛烷值							
马达法(MON)		122	97	91		80~83	
研究法(RON)		127	110	112		90~95	
十六烷值			5	5	55~60		45~55
低热值/(MJ/m³)		35.88	93.8	15.78	59.453	32.50	35.70
/(MJ/kg)		50.01	46.35	20	28.889	44	43.2
沸点(沸程)/℃		−162	−42	65	−25.1	70~205	200~365
氧含量/%		0	0	50	34.8	0	0
自燃点/℃		540	458~481	470	235	390~420	250
饱和蒸气压(25℃)/MPa		24.6	0.93		0.61	0.074~0.088	
理论混合气热值/(MJ/kg)			3.909	2.848	3.897	2.939	
蒸发相变焓/(MJ/kg)		0.51	0.426	1.101	0.41	0.349	0.25
理论空燃比/(kg/kg)		16.9	15.7	6.5	9.0	14.2~15.1	14.6
CO₂ 排放/(g/MJ)		57.7	68.3	70.7	60.5	74.2	73.3
爆炸极限/%		5~15	2.1~9.4	6.0~36.5	3.4~17	1.4~7.6	0.6~6.5

近年来我国已陆续制定了《车用压缩天然气》(GB 18047—2000)、《车用压缩煤层气》(GB/T 26127—2010)及《车用液化石油气》(GB 19159—2012)国家标准。其中,与《车用压缩天然气》相比,《车用压缩天然气》对产品质量指标作出了更为严格的规定。

由于生产 LNG 时已对原料气进行了深度预处理,故 LNG 用作汽车燃料时不必再制定产品质量指标。用作汽车代用燃料的精甲醇应符合《工业甲醇》(GB 338—2004)的质量指标,纯度大于 99%。车用压缩天然气和车用压缩煤层气质量指标见表 1-21 和表 1-22。

需要指出的是,由于硫醇、硫醚、四氢噻吩等臭味剂都是含硫化合物,对生态环境不利,故德国等欧洲国家已开始采用无硫或低硫丙烯酸酯类臭味剂。

(二) CNG 用作汽车代用燃料的优点

压缩天然气是一种理想的汽车代用燃料,其应用技术经数十年发展已日趋成熟,具有成本低，效益高，无污染，使用安全便捷等特点，正日益显示出其巨大潜力。随着我国"西气东输"等输气管道的建成投产，我国的CNG汽车和CNG加气站也有了很大发展。另外，国内一些地区还将压缩天然气供作城镇燃气，已取得很好效果。

1. 天然气是汽车清洁代用燃料

天然气汽车作为"清洁汽车"，其排放尾气中的污染物比汽油、柴油燃料的排放尾气中的要少。国际能源机构（IEA）在1990~1995年曾对各国生产的14辆使用不同燃料（新配方汽油、柴油、甲醇M85、CNG及LPG）汽车，按照FTP工况法在转鼓试验台上进行了尾气排放评估，其结果分别见表6-34及表6-35。

表6-34　不同燃料常规排放物（最低值/最高值）　　　　　　　g/km

+20℃ FIP 程序	CO	HC	NO$_x$	-7℃ FIP 程序	CO	HC	NO$_x$
汽油（无催化净化）	5.32/12.6	1.06/1.48	1.93/3.35	汽油（无催化净化）	10.3/18.1	1.43/2.41	2.13/2.70
汽油	0.86/2.08	0.03/0.10	0.20/0.43	汽油	3.27/6.75	0.30/0.50	0.09/0.22
M85	0.20/1.43	0.03/0.06	0.04/0.19	M85	2.56/4.19	0.39/0.86	0.06/0.07
LPG	0.71/1.07	0.09/0.14	0.10/0.21	LPG	1.17/1.49	0.19/0.23	0.20/0.29
CNG	0.32/0.48	0.21/0.61	0.06/0.19	CNG	0.51/0.58	0.39/0.23	0.13/0.20
柴油	0.08/0.40	0.05/0.14	0.40/0.91	柴油	0.13/0.72	0.07/0.18	0.45/1.05

表6-35　非常规排放物（平均值）　　　　　　　g/km

+20℃ FIP 程序	1,3-丁二烯	苯	甲醛	甲醇	-7℃ FIP 程序	1,3-丁二烯	苯	甲醛	甲醇
汽油（无催化净化）	11.8	55	43	0	汽油（无催化净化）	10	69	44	0
汽油	0.6	4.7	2.5	0	汽油	1.7	18	2.6	0
M85	<0.5	1.5	5.8	79	M85	0.5	11	23	810
LPG	<0.5	<0.5	<2	0	LPG	<0.5	1.1	<2	0
CNG	<0.5	0.6	<2	0	CNG	<0.5	0.9	<2	0
柴油	1.0	1.5	12	0	柴油	1.6	1.9	16	0

由表6-34可知，各种燃料常规排放物的组成受气温影响较大。在-7℃时，各种燃料的排放物都较差，但代用燃料排放物中的CO、HC（烃类）、NO$_x$量仍低于汽油；在20℃时，代用燃料的CO、HC、NO$_x$量比汽油低得多，其中M85最少。柴油汽车尾气排放的CO、HC量虽低，但NO$_x$量较高。

由表6-35的非常规排放物可知，代用燃料的1,3-丁二烯和苯的排放量远低于汽油，但M85的甲醛和未燃烧的甲醇排放量非常高，应进一步调整发动机及开发专用催化净化剂来降低这两种排放物，以达到汽油汽车所要求的指标。

各种燃料在22℃及-7℃条件下污染物排放量对比见表6-36。此外，有人还进行了不同型号汽车在不同里程时CNG与新配方汽油排放量对比、CNG与改质汽油污染物排放量对比以及城市正常行驶和交通拥挤条件下各种燃料的污染物排放量对比等试验结果。这些试验结果表明，对污染物排放量的影响因素很多，但总的来说，在正常汽车行驶及环境条件下，对不同类型汽车，以天然气为原料的代用汽车燃料与改质汽油相比，CO、HC、NO$_x$排放量要少；与改质柴油相比，NO$_x$、固体颗粒物排放量要少；天然气等代用汽车燃料排放物中苯等化合物量基本为零，但M85甲醇燃料的甲醛和未燃烧的甲醇排放量非常高,改质汽油、改质柴油仍有苯等化合物排放。因此,天然气是汽车最佳的清洁代用燃料。

表6-36　各种燃料在22℃及-7℃条件下污染物排放量对比　　　　　　　　g/km

燃　料 项　目	CNG(+22/-7℃)	LPG(+22/-7℃)	M85(+22/-7℃)	改质汽油 (+22/-7℃)	改质柴油 (+22/-7℃)
CO	0.48/0.58	0.72/1.2	0.57/2.6	0.8/3.3	0.09/0.15
HC	0.21/0.39	0.14/0.23	0.05/0.86	0.09/0.5	0.06/0.08
NO_x	0.06/0.13	0.21/0.29	0.04/0.06	0.20/0.09	0.45/0.45
苯①	<0.5/<0.5	<0.5/1.1	1.4/12	3.2/22	0.9/1.6
1,3-丁二烯	<0.5/<0.5	<0.5/<0.5	<0.5/0.6	<0.5/1.6	<0.5/<0.5
甲醛	<2/<2	<2/<2	11/31	<2/<2	5/8
甲醇	0/0	0/0	124/1113	0/0	0/0

注:① CNG、LNG的排放物中苯等化合应是零,现有少量苯系润滑油燃烧产生的。

2. 节省费用

由于天然气燃料的抗爆性能好,因而相应的极限压缩比较高,所以节省燃料。各类车辆的能耗指标见表6-37,天然气公交车、出租车能够承受的气源价格参见表6-38。

3. 运行安全

天然气的燃点一般在650℃以上,而汽油为427℃,这说明天然气不像汽油那样容易被点燃。此外,天然气的爆炸极限是5%～15%,而汽油是1%～7%。更重要的是天然气比空气轻,在大气中稍有泄漏,很容易向空中扩散,不易达到爆炸极限。

表6-37　各类车辆的能耗指标

车　辆　种　类		行驶100km 燃料消耗量	行驶100km燃料消耗 折算热量/MJ	燃料单位热量行驶 里程/(km/MJ)	相同热量消耗行驶 里程比较/%
公交车	汽油车 (用93号汽油)	32.0L	1019.87	98.1	100.0
	由汽油车改装 的CNG汽车	34.0m³	1210.06	82.6	84.2
	柴油车 (用0号柴油)	28.0L	1027.78	97.3	100.0
	由柴油车改装 的CNG汽车	35.0m³	1245.65	80.3	82.5
	原装单燃料 CNG汽车	33.0m³	1174.47	85.1	87.5
出租车	汽油车 (用93号汽油)	9.0L	286.84	348.6	100.0
	由汽油车改装 的CNG汽车	9.53m³	339.17	294.8	84.6
	原装单燃料 CNG汽车	9.0m³	320.31	312.2	89.6

注:1. 天然气低发热量为35.59MJ/m³。

2. 93号汽油密度为0.725kg/L,低发热量为43.96MJ/kg。

3. 0号柴油密度为0.835kg/L,低发热量为43.96MJ/kg。

表 6-38 天然气公交车、出租车能够承受的气源价格

车 辆 种 类			改装或购新车增加的费用折算成每100km 行程增加的费用/元	每 100km 行程燃料消耗量	每 100km 行程燃料费用/元	每 100km 行程费用合计/元	能承受的天然气价格/(元/m³)
公交车		汽油车	0.00	32.00L	144.00	144.00	—
	使用管输天然气气源	汽油改装车	1.58	34.00m³	113.62	115.20	3.34
		CNG单燃料车	5.25	33.00m³	109.95	115.20	3.33
	使用LNG气源	汽油改装车	1.58	30.42m³	113.62	115.20	3.74
		LNG单燃料车	5.25	29.53m³	109.95	115.20	3.72
出租车		汽油车	0.00	9.00L	40.5	40.5	—
	使用管输天然气气源	汽油改装车	0.81	9.53m³	31.59	32.40	3.31
		CNG单燃料车	1.32	9.00m³	31.08	32.40	3.45
	使用LNG气源	汽油改装车	0.81	8.53m³	31.59	32.40	3.70
		LNG单燃料车	1.32	8.05m³	31.08	32.40	3.86

注：1. 公交车的使用年限是 8a，行驶里程为 12×10^4 km/a。

2. 出租车的使用年限为 4a，行驶里程为 13.6×10^4 km/a。

3. 管输天然气、LNG 低发热量分别按 35.59MJ/m³、39.78MJ/m³ 计算。

天然气汽车的钢瓶系高压容器，在选材、制造、检验及试验上均有严格的规程控制，并安装有防爆设施，不会因汽车碰撞或翻覆造成失火或爆炸，而汽油汽车的油箱系非压力容器，着火后容易爆炸。因此，天然气汽车较汽油汽车更安全。

4. 可延长设备寿命，降低维修费用

由于天然气燃烧完全，结炭少，减少气阻和爆震，使发动机寿命延长 2～3 倍，大修理间隔里程延长 $(2～2.5) \times 10^4$ km，年降低维修费用 50% 以上。

因此，天然气汽车有着广泛的应用前途。国内 CNG 汽车产业经过十多年来特别是近几年的迅速发展，已基本形成整车装配、车辆改装、加气站建设、设备制造、技术标准制订及新产品研发为一体的产业化发展格局，具备比较完善的天然气汽车推广应用政策法规及运行管理、燃气气源保障、燃气价格调控等体系，并且形成了不同地区各具特色的 NGV 发展模式。

二、CNG 站

CNG 站是指获得(外购或生产)并供应符合质量要求的 CNG 的场所。通常，根据原料气(一般为管道天然气)的杂质情况经过处理、压缩后，再去储存和供应。

(一) CNG 站分类及其基本工艺

1. CNG 站分类

目前 CNG 站的分类方法尚不统一，按供气目的一般可分为加压站、供气站和加气站；

按功能设置多少可分为单功能站、双功能站和多功能站；按附属关系不同可分为独立站和连锁站。

（1）按供气目的分类

CNG加压站以天然气压缩为目的，也称CNG压缩站。这类站是向CNG运输车（船）提供高压（例如20~25MPa）天然气，或为临近储气站加压储气。

CNG供气站是将压缩天然气调压至供气管网所需压力后，进而分配和供应天然气。CNG供气站是天然气供应系统的气源站，连接的是燃气分配管网。

CNG加气站是将压缩天然气直接供应给CNG用户的供气站。根据CNG用户的不同，此类站又分别称为CNG汽车加气站、CNG槽船加气站、CNG火车加气站，以及高压天然气用户加气站或综合站等。

（2）按功能设置分类

单功能站只有单一功能，例如加压站、供气（气源）站、汽车加气站等。

双功能站则具有CNG站的两种功能，例如CNG加压站和加气站的组合，也可以是CNG站和其他能源供应站的组合，例如加气站和加油站、CNG加气站和LPG加气站的组合等。

CNG站具有两种以上功能时称为多功能站。

（3）按附属关系分类

按独立供应形式建设的CNG站称为独立站或独立供应站。大多数CNG站采用独立站的形式。

CNG站之间相互依存或相互支持的站，称为连锁站或连锁供应站。当连锁站的供应目的和功能相同或相近时，也称母子站（子母站），或称总站及分站。例如，CNG加气母站及其对应的CNG加气子站、CNG加压母站和CNG供气分站、CNG加压母站和CNG供气子站等。

目前我国习惯上将CNG汽车加气站分为CNG加气标准站或常规站（简称标准站或常规站）、CNG加气母站（简称母站）和CNG加气子站（简称子站）。

2. CNG站基本工艺流程

CNG站供应规模是指该站所具备的生产或/和供应能力，用参比条件（101.325kPa，20℃）下的体积量表示，可分为年和日供应规模两种。

CNG站的基本功能为天然气接收（进站调压计量）、处理、压缩、供应（包括储存、加气供应和减压供应）等。LPG和LNG站通常也包括在内，但站内工艺流程则与CNG站不同。按照CNG站供气目的不同，各类CNG站的工艺流程框图见图6-49。

（二）CNG加压站

CNG加压站系向CNG运输车（船）提供高压天然气，或向超高压调峰储气设施加气，也可附带对CNG汽车加气。

通常，CNG加压站专为CNG汽车加气子站的CNG运输车充气时，则称为CNG加气母站。

1. CNG加压站工艺

由图6-49可知，CNG加压站工艺包括进站天然气调压计量、处理、压缩、储存和加气（充气），以及回收和放散等。

（1）调压计量

天然气进站调压计量工艺流程见图6-50。

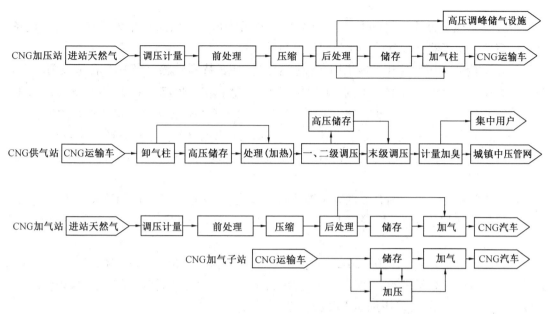

图 6-49　CNG 站工艺流程框图

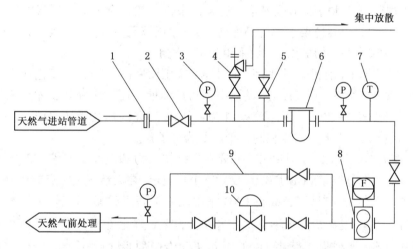

图 6-50　CNG 加压站调压计量工艺流程
1—绝缘法兰；2—阀门；3—压力表；4—安全阀；5—放散阀；6—过滤器；7—温度计；
8—计量装置；9—旁通管；10—调压器

CNG 加压站为间歇式生产时，通常可不设过滤器、流量计、调压器等设备的备用管线。为减少占地，调压计量等设备可组装成橇装式组合调压柜。

（2）处理

进站天然气处理的目的是：①脱除不符合 CNG 质量要求的 H_2S、CO_2 和水蒸气，以及必要时脱除氮、氧等；②调压、过滤、加臭，以及必要时的加湿等。

广义地说，脱水时再生气的加热、冷却和气液（水）分离，压缩后天然气的冷却、气液（水、液烃和润滑油等）分离等也属于处理范畴。通常，将安排在天然气压缩前、压缩级间和压缩后的处理分别称为前处理、级间（中）处理和后处理。

天然气调压是指采用调压器将压力较高的天然气调节至设备进口所要求的较低稳定

压力。

CNG 站天然气过滤的目的是除去天然气中的固体粉尘，以保护站内生产和利用设备，例如压缩机、调压器、流量计、阀门和加气机等。

CNG 站内的高压设备和管线采用高强度钢，对 H_2S 特别敏感。当 H_2S 含量较高时，容易发生氢脆，导致钢材失效。根据《车用压缩天然气》(GB 18047—2000)的质量指标，H_2S 含量必须低于 $15mg/m^3$。因此，如果进站天然气中 H_2S 含量高于该值，就应进行脱硫。

CNG 站通常采用常温干法脱硫工艺，一般为塔式脱硫设备。干法脱硫净化度较高，设备简单，操作方便，脱硫塔占地少，但在更换或再生脱硫剂时有一定的污染物排放，废脱硫剂也难以利用。

常用的常温干法脱硫剂有活性氧化铁、高效氧化铁、精脱硫剂(例如硫化羰水解催化剂和氧化锌脱硫剂的组合)，以及活性炭和分子筛等。目前多用氧化铁脱硫剂，先脱硫再脱水。

符合《天然气》(GB 17820—2012)一、二类质量指标的天然气中 CO_2 含量均不大于 3%，无需进一步脱碳。如果进站天然气中 CO_2 含量大于 3%，由于 CO_2 临界压力为 7.4MPa，临界温度为 31℃，CNG 站可采用加压冷凝法脱除。

脱水的目的主要是防止凝结水与酸性气体形成酸性溶液而腐蚀金属，以及防止压缩天然气在减压膨胀过程中结冰等而形成冻堵。通常，来自天然气管道的天然气水露点虽已符合《天然气》(GB 17820—2012)要求，但仍远高于《车用压缩天然气》(GB 18047—2000)的所要求的水露点，故必须进一步脱水。一般采用分子筛脱水。

脱水可以在压缩前(前置)、压缩级间(中置)或压缩后(后置)，其工艺流程和各自的适用范围见本书第三章所述。某 CNG 站设计中曾对压缩前、压缩级间和压缩后三种脱水方案进行综合比较(见表 6-39)，其比较条件为：压缩机进气压力为 0.3MPa，排气压力为 25MPa，要求的排气压力下水露点相同，干燥剂为分子筛。

《车用压缩天然气》(GB 18047—2000)要求在操作压力和温度下压缩天然气不应存在液态烃。但是，由于《天然气》(GB 17820—2012)中只规定"在天然气交接点的压力和温度条件下，天然气中应不存在液态烃"，故在 CNG 站中压缩至高压后其 C_3^+ 等较重烃类可能液化并需脱除，以防止 NGV 发动机点火不正常。另外，脱除 C_3^+ 等较重烃类后也可防止其被分子筛吸附而影响分子筛脱水效果。通常，CNG 站可不设专门的脱除设施。因为天然气中的 C_3^+ 等较重烃类含量较高时，在站内经过压缩、冷却与分离后即可达到很好的脱除效果。

表 6-39　CNG 站三种脱水方案综合比较

项　　目	压缩前脱水	压缩中脱水	压缩后脱水
脱水后水露点/℃	<-65	<-65	<-65
脱水量(前置为1)	1	0.105	0.03
干燥剂用量(后置为1)	~9	2~3	1
产品气再生回收率/%	~0	6	2
能耗(电加热功率比)	~20	~2.5	1
工艺难度	低	较高	高
可操作性	容易	较难	难

项　　目	压缩前脱水	压缩中脱水	压缩后脱水
压力等级	一类压力容器	二、三类压力容器	三类压力容器
安装形式	整体撬装或现场组装	整体撬装	整体撬装
设备复杂程度	简单	较复杂	复杂
设备体积	大	中	小
占地面积(后置为1)	16	2	1
设备制造	低于阀件；通用配件；制造要求较低	中高压阀件；部分通用配件；制造要求较高	高压阀件；专用密封件；制造要求高
建设费用(中置为1)	~1.5	1	~2
运行费用	高	较低	低
维护费用	低	较高	高

按照《车用压缩天然气》(GB 18047—2000)规定，为确保压缩天然气使用安全，压缩天然气应有可察觉的臭味。无臭味或臭味不足的天然气应加臭。

有些CNG站为保持氧化铁干法脱硫剂的活性，需对水露点较低的进站天然气加湿，或对脱硫剂进行保湿处理。这样，虽然增加了脱水装置的负荷，但却可显著改善氧化铁的干法脱硫效果。

此外，为了防止湿气甚至干气因节流效应导致水分结冰冻堵，必要时还需对其加热。

(3) 压缩

天然气压缩是将前处理后的天然气压缩至所规定的高压。往复式压缩机适用于排量小、压比高的工况，是CNG站的首选压缩机型。往复式压缩机的压比通常为(3~4):1，可多级配置，每级压比一般不超过7。压缩机的驱动机宜选用电动机。当供电有困难时，也可选用天然气发动机。

CNG站进站天然气来自城镇中压管网时，压缩机进口压力一般为0.2~0.4MPa，即使最低至0.035MPa，也可选用往复式压缩机。当连接高压燃气管网或输气干线时，则可达到4.0MPa，甚至高达9MPa。除专用于CNG储存的压缩机可经方案比较选择某确定的出口压力外，通常CNG站压缩机出口压力为25MPa，单台排量一般为250~1500m³/h。

往复式压缩机组是CNG站的核心设备，根据进站天然气压力不同，一般为2~4级。压缩机组的辅助系统包括加气缓冲和废气回收罐、润滑、冷却、除油净化及控制系统等6部分。实际上，目前有的压缩机组在保证压力脉动很小的前提下，取消了缓冲罐，或以进气分离罐代替缓冲罐，有的还将进气缓冲罐和废气回收罐合二为一。

(4) CNG储存

CNG站储气设施的最高工作压力一般都选取CNG储存的最高允许压力，如25MPa，而最低工作压力则与取气设备(或设施)需要的最高压力有关。对于CNG运输车和CNG汽车，需要的最终工作压力一般为CNG使用最高允许压力，例如20MPa；对于城镇管网，则为其最高工作压力，例如0.4MPa、0.8MPa和1.6MPa。

由此可知，由于CNG运输车和CNG汽车的最高取气压力很高，故与CNG储气设施的工作压差很小，导致储气设施的容积利用率很低，在不考虑压缩因子的情况下仅为20%。对于城镇管网，则储气设备的容积利用率可达93%~98%。

为了提高 CNG 运输车和 CNG 汽车取气时 CNG 储气设备的容积利用率，CNG 站可以采用不同的储气调度制度，其核心是分压力级别储气和取气。

储气压力分级制是按储气设施不同工作压力范围，分级设置储气设备的储气工艺制度，简称储气分级制或储气分区制。一般，将最低工作压力相对低的储气设备组称为低压级储气设备，相对高的称为高压级，居中者称为中压级。CNG 站采用何种储气分级制，应根据 CNG 站运行制度和加气制度等综合而定。CNG 汽车加气站通常都采用三级制，即高、中、低压制。也可采用二级制，即高、中压制(快充)或中、低压制(较快充)。

进站天然气经过处理、压缩成为 CNG 后，需根据储气调度制度，经一定程序将其送入各储气设施储存。储气调度制度包括压力分级方式、储气优先顺序及其控制等内容。储气设施包括储存设备及其管线系统的组合。

CNG 加压站的储气调度制度与其功能和工艺有关。如为 CNG 运输车加气，一般为单级压力储气和直接储气的调度制度；如为 CNG 汽车加气，目前则可能有多种储气调度制度。当采用 CNG 运输车加气和 CNG 汽车加气储存一体化工艺时，多采用单级压力储气和直接储气的调度制度，或多级压力储气制度和低压级优先储气的调度制度。

单级压力储气和直接储气的工艺流程见图 6-51。

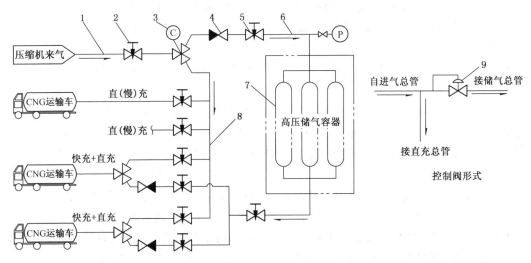

图 6-51　单级压力储气和直接储气的工艺流程

1—进气总管；2—进气总阀；3—三通阀；4—止回阀；5—储气总阀；6—储气总管；7—储气设备；
8—直充总管；9—控制阀

(5) 加气

CNG 加压站加气工艺流程主要是指加气柱加气工艺流程，见图 6-52。其他加气工艺流程见有关文献。

当 CNG 加压站对 CNG 运输车的加气具有明显的不连续特征时，应采用压缩机直充(直接加气)工艺。反之，可采用压缩机直充和储气设施辅助充气工艺。

由图 6-52 可知，该加气柱采用压缩机直充和储气设施快充制度，并由 PLC(可编程逻辑控制器)控制充气和停充。简单的加气柱也可配置为手动形式，无需 PLC 和控制阀门。当 CNG 加压站采用多级压力储气制度，并利用加气机对 CNG 运输车加气时，则要求加气机具有压缩机直充接管和相应功能。

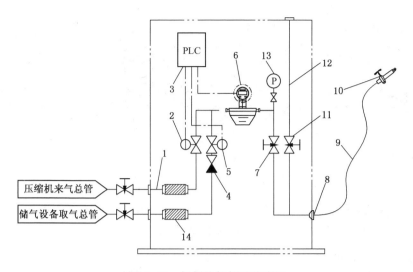

图 6-52 加气柱加气工艺流程

1—直充接管；2—直充控制阀；3—PLC；4—止回阀；5—储气取气控制阀；6—计量装置；7—加气总阀；8—拉断阀；9—加气软管；10—加气嘴；11—泄压阀；12—泄压管；13—压力表；14—过滤器

（6）回收和放散

CNG 站需要回收的气体包括压缩机卸载排气、脱水装置干燥剂再生后的湿天然气、加气机加气软管泄压气等。回收方式应根据所回收气体的性质和压力而定。

对于无法回收的天然气，当符合排放标准时应按照安全规定进行放散。其他废液、废物等均应按相应规定排放。

2. 储气设备

CNG 加压站的主要设备有过滤和除尘设备、调压器、计量装置、脱硫设备、脱水设备、压缩机组和储气设备等。以下主要介绍储气设备。

CNG 加压站的储气设备可分为储气瓶、地下储气井(井管)和球罐等。

（1）储气瓶

CNG 站的储气瓶是指符合《站用压缩天然气钢瓶》(GB 19158—2003)规定，公称压力为 25MPa，公称容积为 50~200L，设计温度≤60℃的专用储气钢瓶，简称钢瓶。其储存介质为符合《车用压缩天然气》(GB 18047—2000)质量指标的压缩天然气。

通常，习惯上将常用的公称容积≤80L 的钢瓶称为小瓶，而将国外进口和后来国产的 500~1750L 的储气柱称为大瓶。在 CNG 站中，将数只大瓶或数十只小瓶连接成一组，组成储存容积较大的储气瓶组或钢瓶组。小瓶以 20~60 只为一组，每组公称容积为 1.0~4.08m³。大瓶以 3、6、9 只为一组，每组公称容积为 1.5~16.0m³。每组均用钢架固定，撬装，配置进、出气接管，其结构形式见图 6-53。

瓶组储气设备适用于所有 CNG 站，特别适用于加气子站和规模小的加气站。

合理安排各级储气瓶组天然气补气起充压力和容积比例，不但能提高储气瓶组的利用率和加气速度，而且可以减少压缩机的启动次数，延长使用寿命。根据经验，通过编组可提高加气效率，即将储气瓶组分为高、中、低压三组，各级瓶数比例以 1∶2∶3 较好。当压缩机向储气瓶组充气时，应按高、中、低压的顺序；当储瓶组向汽车加气时，则按低、中、高压

305

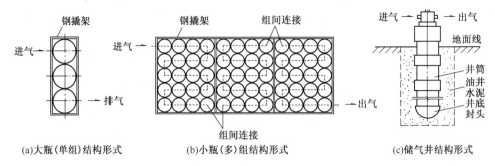

（a）大瓶（单组）结构形式　　　（b）小瓶（多）组结构形式　　　（c）储气井结构形式

图 6-53　储气瓶组结构示意图

的顺序进行。分级储气可将加气站储气的利用率提高到 30%甚至 58%以上。

各级储气瓶组内天然气补气起充压力和储气瓶数量比例参见表 6-40。

表 6-40　各级储气瓶组内天然气补气起充压力和储气瓶数量比例

项　　目	低压瓶组	中压瓶组	高压瓶组
瓶组内天然气补气起充压力/MPa	12.0	18.0	22.0
各级瓶组储气瓶数量比例	2.5~3.0	1.5~2.0	1.0

（2）地下储气井

CNG 也常采用立式地下储气井（简称储气井或井管）储气，其结构形式见图 6-53（c）。储气井应符合《高压气地下储气井》（SY/T 6535—2002）的有关规定，其公称压力为 25MPa，公称容积为 $1~10m^3$，储存介质为符合《车用压缩天然气》（GB 18047—2000）质量指标的压缩天然气。

（3）球罐

相同容积时球罐比储气瓶的钢材耗量低，占地面积小，故可作为 CNG 站的储气设备。CNG 站球罐应符合《压力容器》（GB 150）有关规定，公称压力为 25MPa，公称容积为 $2~10m^3$。目前有 $3~4m^3$ 球罐在用实例。

（三）CNG 汽车加气站

CNG 汽车加气站是指为 CNG 汽车提供压缩天然气的站场，简称 CNG 加气站。CNG 加气站又分为 CNG 加气标准站（常规站）和 CNG 加气子站。如前所述，当 CNG 加压站专为 CNG 汽车加气子站的 CNG 运输车（气瓶车）车载储气瓶充气时，则称为 CNG 加气母站。

标准站（常规站）是建在输气管道或城镇天然气管网附近，从天然气管道直接取气，经过脱硫（如果需要）、脱水及压缩，然后进入储气瓶组储存或通过售气机给汽车加气。通常，标准站加气量在 $600~1000^3/h$ 之间。目前这种站的数量占全国 80%以上，一般靠近主城区。标准站工艺流程框图见图 6-54。

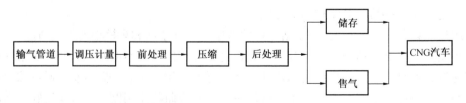

图 6-54　CNG 汽车加气标准站工艺流程框图

母站是指为车载储气瓶(储气柱)充装 CNG 的加气站。它也是建在输气管道或城镇天然气管网附近，从天然气线管道直接取气，经过脱硫(如果需要)、脱水、压缩，然后由加气柱给车载储气瓶加气，为子站提供 CNG，或通过售气机给汽车加气。母站加气量在 $2500\sim4000m^3/h$ 之间，但近年来母站规模呈逐步增大的趋势。母站工艺流程框图见图6-55。

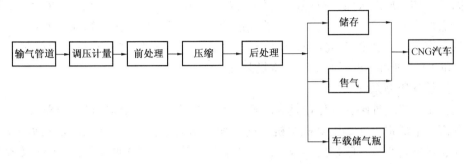

图6-55　CNG 汽车加气母站工艺流程框图

子站是一般建在附近没有天然气管道的加气站，用车载储气瓶运进 CNG 为汽车加气。为提高车载储气瓶的取气率，通常还需配置小型压缩机组和储气瓶组，用压缩机将车载储气瓶内的低压气体增压后，转存在子站储气瓶组内或直接给汽车加气。子站工艺流程框图见图6-56。

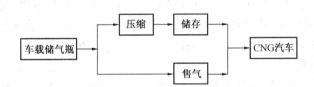

图6-56　CNG 汽车加气子站工艺流程框图

1. CNG 加气站组成

一套完整的 CNG 加气站是由以下六个系统组成，即：①天然气调压计量；②天然气处理；③天然气压缩；④CNG 储存；⑤控制(自动保护、停机及顺序充气等)；⑥CNG 售气。这些系统的作用和基本特点是：

(1) 调压计量系统

进站天然气进入压缩机之前，需要进行调压控制，使压缩机进气压力保持在一定的范围之内，保证压缩机的正常工作。为经营核算，也需对进站天然气进行计量。调压计量系统由进气控制阀、过滤器，调压器、流量计和安全阀组成。调压计量系统应该是先计量后调压。

(2) 天然气处理系统

由于 CNG 从高压储气瓶到汽车发动机的几次减压过程中会出现局部低温，因而对车用压缩天然气的气质标准比管道天然气更严格，以避免在高压、低温和腐蚀条件下管道堵塞和材料失效。这就要求对进入加气站的天然气在压缩前和压缩后进行处理，即脱硫、脱水、脱重烃和脱杂质。

① 脱水，即脱除天然气中的水分，使水含量小于 $16mg/m^3$。

② 脱重烃，即脱去天然气中的较重烃类烃，使乙烷和重烃的含量小于 3%，以防止发动机点火燃烧不正常。

③ 脱硫，即脱除天然气中的 H_2S，使其分压≤0.35kPa，以防止引起设备、管线和储气瓶腐蚀。天然气必须先脱硫，以防止管线腐蚀和钢瓶发生氢脆现象。

④ 脱杂质，即天然气进入压缩机之前，需先经分离器、过滤器脱去游离水和杂质，以防止对压缩机造成损害。经过压缩后的天然气会由于压力升高和冷却器冷却而有水和烃类析出，加之压缩机的润滑油也可能混入其中，故必须设置气液分离器将压缩后的这些液体分出。分离了液体的压缩天然气可能仍未达到 CNG 汽车的使用要求，所以在其后还需设置过滤器、干燥器和后过滤器，进一步对天然气进行处理。天然气经过压缩和处理后方可对加气站的储气瓶充气、直接售气或给 CNG 汽车气瓶充气。若天然气含硫量和含烃量分别低于 15mg/m³ 和 3%，则可不设置脱硫和脱重烃装置。

（3）天然气压缩系统

包括：①入口缓冲罐，其作用是为减轻天然气进气压力的脉动给机组带来的振动，避免对机组零部件造成损害。②压缩机主机，这是加气站的重要设备。CNG 加气站的压缩机排气压力高、排气量小，一般采用多级往复式压缩机，其运行完全自动化，并装有安全保护停车装置。每一级压缩后，天然气经水冷或风冷散热器冷却。压缩机的排气量可根据加气站的规模进行选择，应用最广的是排气量适中的压缩机，如单台压缩机排量为 200～300m³/h。进站天然气经多级压缩达到 25MPa，这是目前各国公认的最为合适的加气站排气压力和储气压力。③润滑系统，目前 CNG 加气站压缩机多采用有油润滑或气缸无油润滑两种形式。解决 CNG 中带油的根本办法是采用无油润滑压缩机，这是 CNG 加气站用压缩机的发展趋势；④冷却系统，其作用是为了保障天然气在最终排气压力下的温度不超过设计要求。⑤其他，如在压缩机驱动机的选择上应遵循经济有效的原则，一般来说，大多采用电动机驱动。但对天然气资源特别丰富的一些地区，也可采用天然气发动机驱动。

（4）天然气储存系统

目前 CNG 加气站的储气设备多采用储气瓶组，且按运行压力分为高、中、低三级设置，各级瓶组应自成系统。分级储存是为了提高气体利用率，由顺序控制盘进行充气和售气自动控制，储存气体的利用率提高到 30% 以上，有的达到 58%。低压储气瓶组先将 CNG 汽车内置气瓶压力升至 10MPa，中压储气瓶组继续将其升至 13MPa，高压储气瓶组最终将其升高至最高压力 20MPa。

（5）控制系统

它使各系统形成一个自动化程度很高，功能完善的整体。该系统可概括为电源控制、压缩机运行控制、储气控制(优先/顺序系统)和售气控制四个部分。例如，天然气经压缩机增压至 25MPa，通过顺序控制盘控制并分别进入高、中、低压储气瓶组。当高、中、低压储气瓶组内的压力全部达到 25MPa 时，压缩机自动停机。高、中、低压储气瓶组中的 CNG 由售气机控制，并自动给 CNG 汽车加气。当储气瓶组的压力接近 20MPa 时，压缩机自动启动向储气瓶组充气。在充气过程中，如果车辆加气，顺序控制盘自动切换，优先向车辆加气。

（6）售气系统

大多数的 CNG 加气站属零售性质(经营型)，故售出的 CNG 在付款之前必须进行计量。售气系统由售气机和其气路系统组成。

2. CNG 加气标准站(常规站)工艺

由上可知，CNG 加气标准站(常规站)工艺的天然气调压计量、处理、压缩、回收和放散工艺与加压站相同，以下主要介绍具有其特点的储存和加气工艺。

（1）CNG 储存

由于 CNG 加气站储气调度制度和取气制度与一般 CNG 站明显不同，故其储气工艺也有较大区别。

CNG 加气站中经处理、压缩后符合质量指标的 CNG，由储气总管和总阀进入储气控制阀门组，按照储气调度制度分配后，通过储气支管和阀门流入各压力级储气设备。CNG 加气站通常都采用三级储气压力制，即高、中、低压制。也可采用二级制，即中压制。其中，三级储气压力制度的储气工艺流程见图 6-57。

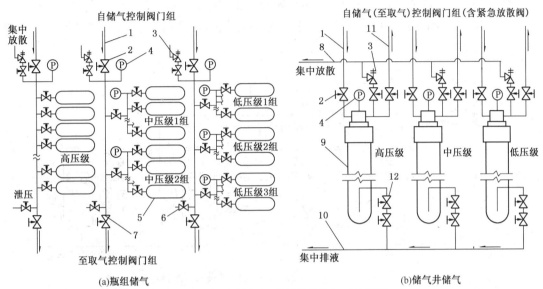

图 6-57　三级储气压力制度的储气工艺流程
1—进气（总）管；2—进气（总）阀；3—安全阀；4—压力表；5—储气瓶；6—放散阀；7—取气总阀；
8—放散管；9—储气井管；10—排污阀；11—取气管；12—排液阀

当储气压力制度不是三级时，可按照其实际要求级数设置储气支管和支管阀即可。

（2）储气优先控制

由上可知，储气调度制度包括压力分级方式、储气优先顺序及其控制等内容。储气优先控制是指经处理、压缩后的天然气向储气设备充气时先向高压储气设备充气，然后向中、低压储气设备充气，故在向储气设备充气时不影响汽车加气，以使压缩机在最短时间内将储气设备压力充至 25MPa。储气优先制度由储气控制阀门组完成。储气控制阀门组可分为手动控制和自动控制（包括程序控制）两类。自动控制的储气阀门组也称为储气优先控制盘。

储气优先控制工艺可分为梯级储气优先控制和一次（或多次）储气优先控制两类。前者如三级储气压力级制、梯级补气和三管取气制工艺，后者如三级压力优先储气、直充加三管取气制工艺。

（3）加气制度

CNG 加气站的加气制度包括加气速度制度、取气顺序制度及其控制。取气管配置等。

加气速度制度分为快速加气和慢速加气，简称快充和慢充。目前，CNG 加气站几乎都采用快速加气。

取气顺序制度与储气调度制度实施过程相反，采用由低压到高压的顺序，即先取最低压力级的储存气体，再逐次切换至最高压力级或直至压缩机直充管的取气顺序。目前，CNG

站多用顺序取气制。

（4）CNG加气站工艺流程

CNG加气站工艺流程根据取气管制度不同而略有区别。

当加气机数量较少，例如1~3台时，可采用单管取气制度，即加气机与加气管一一对应。此简单工艺只适合企业内部使用。

当加气机数量较多，例如3台以上时，多采用多管取气制，即每台加气机通过其分级取气接口，分别与各分级取气总管连接取气。天然气通过加气机内部设置的取气控制阀门组，顺序通过流量计、加气总阀、拉断阀、加气软管和加气枪对CNG汽车加气(售气)。

CNG加气站多采用三管取气工艺流程。多台加气机并联的三管取气加气工艺流程见图6-58。

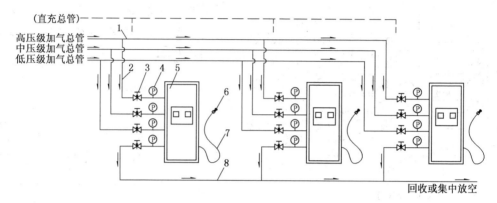

图6-58 三级三(四)管加气机并联工艺流程

1—取气总管；2—取气支管；3—阀门；4—压力表；5—加气机；6—加气枪；7—加气软管；8—泄压总管

CNG加气站售气系统包括管路、阀门、加气枪、计量、计价以及控制部分。最简单的售气系统除高压管路外，仅有一个非常简易的加气枪和一个手动阀门。先进的售气系统，不仅由微机控制，还具有取气顺序控制、环境温度补偿、过压保护及软管断裂保护等功能。有的售气系统还增加了自动收款系统和计算机经营管理系统等。

完整的CNG加气站控制系统对于加气站的正常运行非常重要。一个自动化程度高、功能完善的控制系统可以极大地提高加气站的工作效率，保证加气站安全可靠运行。加气站的基本控制系统可分为6部分，即电源控制、压缩机组运行控制、储气优先控制、处理控制、系统安全控制及售气控制(含取气顺序控制和自动收款系统)。这几部分的控制一般都通过微机和气动阀件来完成。比较先进的加气站还可以通过调制解调器(MODEN)和通信线路，对各地多台加气站实现远距离实时集中控制管理，包括实时监测、故障诊断和排除。由于先进的加气站设计必须依赖于先进的控制，所以控制系统投资占了加气站投资的相当大比例。

3. CNG加气子站工艺

CNG加气子站又可分为固定式和移动式两类。

固定式CNG加气子站的功能有卸车、压缩、储存和加气等，其工艺流程见图6-59。移动式CNG加气子站工艺流程见图6-60。

4. 设备选择

CNG汽车加气常规站的设备选择与加压站基本相同，但其压缩机和加气机的选择上则有一些不同之处。

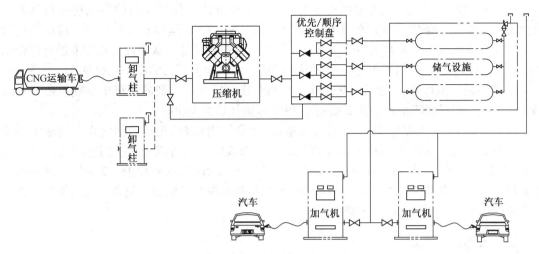

图 6-59 固定式加气子站工艺流程

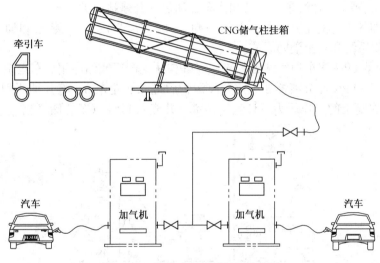

图 6-60 移动式加气子站工艺流程

其中，由于 CNG 汽车加气站加气负荷不均匀性较大，故在压缩机的选型和数量确定上更应注意多方案比较。

加气机又称售气机。加气机应具有计量、加气功能。根据 CNG 汽车加气站工艺流程和建设要求，可选用是否带取气顺序控制盘，单枪或双枪。

（四）CNG 供气站

CNG 供气站是指以 CNG 为气源，向配气管网供应符合质量要求的天然气站场。一般所接管网为中小城镇的天然气管网，此时 CNG 供气站相当于门站；或集中用户的天然气管网，此时 CNG 供气站就是气源站。

CNG 供气站应具有卸气、加热、调压、储存、计量和加臭等功能。其中，CNG 供气站中对天然气加热是为了防止因节流效应降温而引起的冻堵。

有些中小城镇虽然人口较多，远期天然气用量较大，但近期用量较小，或附近没有气源，不宜铺设输气管道供气。如果采用 CNG 供气站供气，则具有投资少、建设周期短、见效快、运营成本低等优点。

CNG 供气站供气和输气管道供气方案的选择主要取决于用气城镇的供气规模和气源与提供地的距离。CNG 供气站方案成本包括 CNG 加气站、CNG 运输车、配气站、城镇燃气管网；输气管道供气方案成本包括输气管道、门站、城镇管网等。从建设投资角度进行综合比较后可知，CNG 供气站供气更适合于气源比较远、用气规模不大的中小城镇供气。

CNG 运输车也称 CNG 槽车，采用瓶组式拖车作为槽车。典型的槽车单车瓶组由 8 只筒形钢瓶组成，每只钢瓶水容积为 2.25m³，单车运输气量为 4550m³。

槽车由牵引车(也称半挂车)和储气设备箱(也称瓶组挂箱)组成。储气设备由牵引车牵引，运输至目的地后分离，作为 CNG 供气站的气源或储气设备组使用，用完后再由拖车拖至 CNG 加压站充气。其储气设备多采用 7~15 只大瓶瓶组(总水容积 16~21m³)，组成固定管束形式，放置在可拖行的车架上。有的也采用集装箱拖车运输储气设备，此时储气设备多为成橇的小储气钢瓶组，柜式装载。

三、LPG 加气站

根据《汽车加油加气设计与施工规范》(GB 50156—2012)规定，将 LPG(或 CNG)加气站分为单一型 LPG(或 CNG)汽车加气站和汽车加油加气合建站两类。

LPG 汽车加气工艺的主要设备有储罐、卸车泵(或压缩机)、充装泵和加气机，并配有必要的操作控制系统和安全消防设施。

图 6-61 为某 LPG 汽车加气站工艺流程。LPG 从生产厂或储库用罐车运至加气站后，由泵送入储罐储存。LPG 经分离器 8 沉淀分离污物后进入涡轮泵 6，将其加压到 2.4MPa 去计量售气机 19，在额定的工作压力下计量、计价，并充入 LPG 汽车的储气瓶。

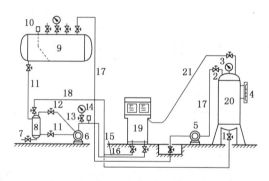

图 6-61 LPG 加气站工艺流程图

1—蒸发器排污控制阀；2—蒸发器出口控制阀；3—蒸发器进口控制阀；4—蒸发器液面显示器；5—涡轮泵；
6—LPG 循环式涡轮泵；7—分离器排污阀；8—分离器；9—LPG 储罐；10—液位计；11—储罐输送管道；
12—泵旁通回流阀；13—泵旁通管道；14—泵安全阀；15—泵输送管道；16—加气机回流管道；
17—蒸发器回流管道；18—蒸发器排污管道；19—计量售气机；20—蒸发器；21—售气机加气枪

图中储罐工作容积为 8000L，设计压力 5.6MPa。涡轮泵最大流量为 130L/min，功率为 4kW，除供 2 台计量售气机使用，同时还可供运输 LPG 的罐车转卸。计量售气机最大流量为 50L/min，额定工作压力 2.5MPa。如按供 120 辆 LPG 汽车，每日工作 12h，年工作日 300d 及售 LPG1200t 计，LPG 加气站内应有储气罐 3 具，涡轮泵 1 台，售气机 2 台。

根据《汽车加油加气设计与施工规范》(GB 50156—2012)规定，在加油加气合建站和城市建成区内，LPG 储罐应埋地设置。一般采用地下卧式储罐储存卸入的 LPG，加气系统由潜液泵、加气机(单枪或双枪)以及相应的工艺管线等组成。加气机的选型和配置数量与车载钢瓶大小及其加气速度有关。

参 考 文 献

1 林文胜.2013年中国液化天然气年度观察.液化天然气,2013(12):6~15.
2 王遇冬主编.天然气处理与加工工艺.北京:石油工业出版社,1999.
3 徐文渊主编.天然气利用手册(第二版).北京:中国石化出版社,2006.
4 郭揆常主编.矿场油气集输与处理.北京:中国石化出版社,2010.
5 顾安忠,等.液化天然气技术.北京:机械工业出版社,2004.
6 王红霞主编.煤层气集输与处理.北京:中国石化出版社,2013.
7 陈飞,等.贫气液化与重烃脱除.液化天然气,2013(2):80~83.
8 林文胜.以混合制冷剂循环为核心的高效天然气液化流程.液化天然气,2013(12):66~69.
9 GPSA. Engineering Data Book. 13th Edution, Tulsa, Ok. , 2012.
10 杜建梅,等.典型天然气液化流程的功耗比较.煤气与热力,2010,30(10):B08~B05.
11 孙春旺.丙烷预冷混合制冷剂二次分离液化工艺计算.煤气与热力,2011,31(5):B12~B14.
12 袁树明,等.丙烷预冷混合制冷剂天然气液化流程计算.煤气与热力,2010,30(8):B07~B09.
13 赵敏,等.丙烷预冷混合制冷剂液化流程中原料气与制冷剂匹配研究.西安交通大学学报,2010,44(2):108~112.
14 尹全森等.混合制冷剂循环的级数对制冷性能的影响.化工学报,2009,60(11):2689~2693.
15 李均方,等.原料天然气组分变化对LNG装置的影响及对策.石油与天然气化工,2014,43(3):262~265.
16 罗树林等.PRICO®天然气液化技术及应用实践.石油与天然气化工,2015,44(1):50~53,58.
17 曾凡平,等.液化天然气工厂重烃脱除方案比选.石油与天然气化工,2015,44(1):35~38.
18 王楚琦,等.绕管式换热器在天然气处理中的应用浅析.石油与天然气化工,2014,43(6):602~607.
19 李莹珂,等.LNG工艺中压缩机的选型研究.天然气与石油,2014,32(5):25~28.
20 陈永东,等.LNG工厂换热技术的研究进展.天然气工业,2012,32(10):80~85.
21 李健胡,等.日本LNG接收站的建设.天然气工业,2010,30(1):109~113.
22 颜艺敏,等.LNG接收站配合LNG运输船气体试验技术研究.液化天然气,2012(11):74~80.
23 石玉美,等.液化天然气接收终端.石油与天然气化工,2003,32(1):14~17.
24 敬加强,等.液化天然气技术问答.北京:化学工业出版社,2007.
25 中国石油天然气股份有限公司.天然气工业管理实用手册.北京:石油工业出版社,2005.
26 中国石化集团公司,等.汽车加油加气站设计与施工规范(2006年版)(GB 50156—2002).北京:中国计划出版社,2006.
27 罗东晓,等.L-CNG加气站的推广应用前景.天然气工业,2007,27(4):123~125.
28 严铭卿主编.燃气工程设计手册.北京:中国建筑工业出版社,2009.
29 郑欣,等.天然气气质对LNG、CNG生产的影响.煤气与热力,2006,26(2):20~23.
30 罗东晓,等.天然气汽车的经济性分析.煤气与热力,2007,27(3):21~24.
31 欧翔飞,等.国内压缩天然气汽车产业发展分析.天然气工业,2007,27(4):129~132.

第七章 天然气利用

天然气是一种低碳、清洁、高效的能源和化工原料。与其他能源相比，天然气具有使用方便、经济安全、发热量高、污染少等优点，可以大大减少 CO_2、SO_2、NO_x 及烟尘的排放量，这对改善大气环境，减轻温室效应有着十分明显的作用，是一种众所公认的绿色环保燃料，因而广泛用作城镇燃气、工业燃料和发电等。天然气也是宝贵的化工原料，可用于制氢、生产合成氨和其他附加值较高的下游产品。

第一节 我国新的《天然气利用政策》

2012 年 10 月，国家发改委发布了新的《天然气利用政策》(以下简称新政策)。与 2007 年 8 月出台的《天然气利用政策》(以下简称原政策)相比，新政策在基本原则和政策目标、天然气利用领域和顺序、保障措施等方面作了大幅度调整、修改和重新界定，并制定了适用规定。

一、新政策的基本原则和政策目标

1. 基本原则

新政策的基本原则是坚持统筹兼顾，整体考虑全国天然气利用的方向和领域，优化配置国内外资源；坚持区别对待，明确天然气利用顺序，保民生、保重点、保发展，并考虑不同地区的差异化政策；坚持量入为出，根据资源落实情况，有序发展天然气市场。

2. 政策目标

随着我国天然气供应形势及发展趋势的改变，新政策将原政策"缓解天然气供需矛盾、优化天然气使用结构和促进节能减排"的目标改为"优化能源结构，发展低碳经济，提高人民生活质量，提高天然气在一次能源消费结构中的比例、提高利用效率，促进节约使用"等。其目标就是要提高天然气消费利用量，扩大利用范围，推进天然气替代成品油和煤等高碳能源，同时要从民生、利用效率和经济效益等方面考虑天然气利用问题。

二、新政策天然气利用领域和用气项目

新政策中将天然气利用领域在原政策的"城市燃气、工业燃料、天然气发电、天然气化工"4 大类基础上增加了"其他用户"类。综合考虑天然气利用的社会效益、环保效益和经济效益等各方面因素，根据不同用户的用气特点，将天然气利用分为优先类、允许类、限制类和禁止类。

(一) 第一类：优先类

城市燃气(城镇燃气，下同)：

(1) 城镇(尤其是大中城市)居民炊事、生活热水等用气；

(2) 公共服务设施(机场、政府机关、职工食堂、幼儿园、学校、医院、宾馆、酒店、餐饮业、商场、写字楼、火车站、福利院、养老院、港口、码头客运站、汽车客运站等)

用气；

(3) 天然气汽车(尤其是双燃料及液化天然气汽车)，包括城镇公交车、出租车、物流配送车、载客汽车、环卫车和载货汽车等以天然气为燃料的运输车辆；

(4) 集中式采暖用户(指中心城区、新区的中心地带)；

(5) 燃气空调。

工业燃料：

(1) 建材、机电、轻纺、石化、冶金等工业领域中可中断的用户；

(2) 作为可中断用户的天然气制氢项目。

其他用户：

(1) 天然气分布式能源项目(综合能源利用效率在70%以上，包括与可再生能源的综合利用)；

(2) 在内河、湖泊和沿海航运的以天然气(尤其是液化天然气)为燃料的运输船舶(含双燃料和单一天然气燃料运输船舶)；

(3) 城镇中具有应急和调峰功能的天然气储存设施；

(4) 煤层气(煤矿瓦斯)发电项目；

(5) 天然气热电联产项目。

(二) 第二类：允许类

城市燃气：分户式采暖用户。

工业燃料：

(1) 建材、机电、轻纺、石化、冶金等工业领域中以天然气代油、液化石油气项目；

(2) 建材、机电、轻纺、石化、冶金等工业领域中以天然气为燃料的新建项目；

(3) 建材、机电、轻纺、石化、冶金等工业领域中环境效益和经济效益较好的以天然气代煤项目；

(4) 城镇(尤其是特大、大型城市)中心城区的工业锅炉燃料天然气置换项目。

天然气发电：除第一类天然气热电联产、第四类天然气发电项目以外的天然气发电项目。

天然气化工：除第一类作为可中断用户的天然气制氢项目以外的天然气制氢项目。

其他用户：用于调峰和储备的小型天然气液化设施。

(三) 第三类：限制类

天然气化工：

(1) 已建的合成氨厂以天然气为原料的扩建项目、合成氨厂煤改气项目；

(2) 以甲烷为原料，一次产品包括乙炔、氯甲烷等小宗碳一化工项目；

(3) 新建以天然气为原料的氮肥项目。

(四) 第四类：禁止类

天然气发电：陕、蒙、晋、皖等13个大型煤炭基地所在地区建设基荷燃气发电项目[煤层气(煤矿瓦斯)发电项目除外]。

天然气化工：

(1) 新建或扩建以天然气为原料生产甲醇及甲醇生产下游产品装置；

(2) 以天然气代煤制甲醇项目。

作为主要修订内容之一，新的"天然气利用顺序"作了较大调整。在数量上，优先类用户从 4 个增至 12 个，允许类和限制类由 9 个和 4 个分别减少到 8 个和 3 个；在用户类别上，有 4 类用户(集中式采暖用户、热电联产项目、燃气空调、工业燃料和化工用户中的可中断用户)从原来的允许类提升为优先类，天然气发电则由限制类提升为允许类(不包括 13 个大型煤炭基地基荷燃气发电)；在用户分类上，涉及民生的用户、可中断用户和高效利用项目列为优先类，以气代煤、代油项目和天然气发电列为允许类，而限制类和禁止类基本上是天然气化工项目。

由"利用顺序"可见，新增用户及用气项目主要是近年来国家大力推进的高效利用用户(如天然气分布式能源、天然气热电联产)、环境效益好的用户(如以天然气为燃料的新建工业项目、城镇工业锅炉燃料用气项目)、利用效率高的用户(如以天然气为燃料的运输船舶、煤层气发电)等。

三、新政策实施后对我国天然气市场发展的影响

1. 提升城镇天然气气化率

加大天然气在城镇燃气中的应用力度，提升城镇天然气气化率是新政策的主要目标之一。为此，新政策不但明确要大力推进天然气燃料汽车的应用范围，还将原政策中的 2 个允许类城市燃气项目提升至优先类，并将"中央空调"项目扩大为"燃气空调"。这样，加上保障措施的优惠政策和国家关于城镇化建设的目标(从目前的 51.3% 升至 2020 年的 55%)，我国天然气的城镇燃气用量和用气项目将有较大幅度增加，天然气会逐步取代城镇特别是大中城市的煤气和液化石油气。预计城镇燃气用具在天然气消费结构中的比例将会由 2010 年的约 24% 升至"十二五"末的 30% 左右，超越工业燃料用气成为天然气第一大用户。

2. 促进天然气高效利用项目的应用

推动天然气高效利用是新政策的核心，也是落实国家节能减排规划的主要措施。为此，新政策将现有技术成熟的天然气高效利用项目，如天然气分布式能源、液化天然气(LNG)燃料运输船舶、煤层气发电和天然气热电联产项目等，都划入天然气优先利用类别，以保证它们在用气量、项目规划、融资和收费等方面的优先权。实际上，近来全国许多地区都在发展或规划发展天然气分布式能源，以及 LNG 运输船舶、城际公交和货运汽车项目，新政策将进一步促进各地方政府和企业大力开发和建设这些高效利用项目的积极性，以实现天然气资源的优化配置和高效使用。

3. 推动建设天然气发电项目

天然气发电是当今世界天然气利用的重要领域之一，发电用气约占天然气消费总量的40%，并且是全球天然气需求增长的主要动力。相比之下，在我国天然气消费结构中，包括采暖在内的发电用气量仅占 16.8%，要大幅度提高天然气在我国能源消费结构中的份额并兑现大气减排的国际承诺，增加燃气发电量和减少煤发电量是最优选择之一。新政策将天然气发电列为允许类，改变了原政策中只允许在重要用电负荷中心且天然气供应充足的地区建设调峰发电项目和限制在重要用电负荷中心建设天然气发电项目，从而推动今后天然气发电项目的建设。但目前我国的天然气发电尚存在电力竞价上网的门槛，还需出台相应的扶持天然气发电的电价或气价政策。

4. 低效天然气化工项目再难发展

天然气化工曾在我国天然气利用领域占有相当重要的地位，用气比例最高超过 40%。进入 21 世纪以来，随着国家逐步理顺天然气价格和化工产品市场疲软，天然气化工的经济

效益大幅滑坡，条件较好的大型天然气化肥装置也主要依靠国家的优惠气价政策得以生存。依据新政策，天然气化工项目仅有天然气制氢项目还会有条件发展，其余以天然气为原料的化工项目均被限制或禁止，基本终结了我国天然气化工的发展。事实上，从市场和经济效益的角度，即使政策不禁止，天然气化工本身也不可能再有作为。

对于煤层气而言，国家发改委和国家能源局则在 2011 年底印发的《煤层气 (煤矿瓦斯) 开发利用"十二五"规划》中指出，在煤层气 (煤矿瓦斯) 输送与利用中，应加快管网等基础设施建设，坚持就近利用、余气外输的原则，在沁水盆地、鄂尔多斯盆地东缘及豫北地区建设 13 条输气管道，总长度 2054km。鼓励煤矿瓦斯就地发电、用于工业燃料和居民用气，适度发展煤层气浓缩和液化，推广低浓度瓦斯发电，加快实施风排瓦斯利用示范项目和瓦斯分布式能源示范项目。

此外，国家发改委在新的《天然气利用政策》中再次指出，鼓励页岩气、煤层气 (煤矿瓦斯) 就近利用 (用于民用、发电) 和在符合国家商品天然气质量标准条件下就近接入管网或者生产 LNG、CNG 外输；提高天然气商品率，增加外供商品气量，严禁排空浪费。

第二节　天然气用作城镇燃气

如前所述，城镇燃气一般包括天然气、液化石油气和人工煤气，本章除特别说明外均指天然气。天然气是一种低碳、清洁、高效的能源和化工原料，加大天然气在城镇燃气中的应用力度，提升城镇天然气气化率是新的《天然气利用政策》主要目标之一。我国用作城镇燃气的天然气通常为管道天然气 (PNG)、压缩天然气 (CNG) 和液化天然气 (LNG)。天然气用作城镇燃气时的互换性与分类等有关内容本书已在第一章中介绍，此处不再多述。

近年来我国的天然气利用领域不断拓展，天然气覆盖范围和覆盖人口不断扩大。2013 年，我国城镇燃气中天然气消费量约占全国天然气消费量的 1/4，天然气气化覆盖人口约为 2.6 亿，城镇人口天然气气化率达到 35% 以上；天然气在交通领域的利用快速发展，LNG 车用加气站数量从 2012 年的约 600 座迅速发展至约 2000 座；北京、江苏天然气发电厂集中投产，发电用气猛增；不少城镇"煤改气"工程加快，使得天然气用量全年"淡季不淡，旺季更旺"。

一、燃气负荷、用户类型

（一）燃气负荷

燃气系统终端用户对燃气的需用气量形成燃气系统最基本的负荷，即燃气用户用气负荷，简称燃气负荷。

燃气负荷按不同类型用户分别加以确定，包括用气量指标 (又称用气定额)、不均匀系数和同时工作系数等两类参数。

（二）用户类型

城镇燃气主要用户类型及用气特点如下：

1. 城镇居民

城镇居民是城镇燃气的基本用户之一，主要用于炊事和生活用水的加热。我国目前居民使用的燃具多为民用双眼灶及快速热水器。居民用户的用气特点是单户用气量不大，用气随机性较强。

2. 公共服务设施

公共服务设施用户包括商业设施(如宾馆、旅店、饭店等)、学校、医院、机关、科研机构等,其特点是用气量较大,且比较规律。公共服务设施用气和社会经济发展状况有很大关系,第三产业发展会对城镇燃气有很大的需求。

3. 天然气汽车

发展燃气汽车是降低城镇环境污染的有力措施之一。目前,燃气汽车主要有液化石油气(LPG)、液化天然气(LNG)和压缩天然气(CNG)汽车三大类。这三类汽车的制造及改装技术、燃气加注技术都比较成熟。大部分燃气汽车属于油气两用车(既可使用汽油,也可使用燃气)。燃气汽车与燃油汽车相比,燃料价格具有比较明显的优势。

燃气汽车用气量与城镇燃气汽车的数量及运营情况有关,用气量随季节等外界因素变化比较小。发展燃气汽车不仅有利于减少城镇环境污染,还可以减小对油的依赖,有利于能源的合理利用和环境保护等。

4. 工业企业

目前我国城镇工业企业用户燃气需求主要用于生产工艺的热加工。其用气特点是:用气比较规律,用气量大而且比较均衡。在供气不能完全满足需要时,还可根据供气情况要求工业用户作为缓冲用户在规定时间内停气或减少用气。由于工业用户用气较稳定,且燃烧过程易于实现单独控制,还可以作为城镇天然气输配系统的调峰用户。

5. 燃气发电

将低污染燃烧的天然气转换为零污染排放的电能来使用,是今后天然气利用的发展方向。

目前,天然气冷热电联产的全能系统已经引起广泛关注,它对缓解夏季用电高峰、减少环境污染、提高天然气输配管网利用率、保持用气的季节平衡、降低天然气输配成本都有很大作用。特别是冷热电联产是利用天然气为燃料,实现能源的梯级利用,综合能源利用效率在 75%~90%,并在用户端就近实现能源供应的现代能源供应方式。它既是能源战略安全、电力安全以及我国天然气发展战略的需要,又可缓解环境、电网调峰的压力,提高能源利用效率。详见本章第四节所述。

6. 其他用户

其他用户包括天然气采暖和空调等。目前,我国大部分地区都有不同时期的采暖期。采暖期及燃气空调用气均为季节性负荷,特别是在我国北方地区一般采暖用气量比较大,用气相对稳定。

锅炉是采暖系统的主要设备。目前我国一些城镇还有不少中小型燃煤锅炉担负区域或集中采暖的任务,这些锅炉热效率一般小于 55%,是城镇主要污染源之一。因此,在制定城镇燃气规划时,如果天然气气源充足,可考虑发展燃气采暖与空调用户,但一般应采取有效的季节性不均匀用气的调峰措施。

天然气采暖用气主要有集中采暖用气、分户式采暖用气和中央空调用气等。

二、用气量指标

用气量指标又称用气定额,是进行城镇燃气规划、设计,估算燃气用气量的主要依据。因为各类燃气的发热量不同,国外也常用热量指标来表示用气量指标。

(一)城镇居民

城镇居民生活用气量指标是指城镇居民每人每年的燃气平均消耗量(折算为发热量)。

居民生活用气实质上是随机事件，其影响因素错综复杂、相互制约，无法归纳成理论系统导出。居民生活用气量的大小与许多因素有关，应因地制宜具体确定。

从目前我国居民生活用气情况分析，影响居民生活用气量指标的因素主要有：

1. 户内燃气设备的类型和功率

通常燃具额定功率(MJ/h)越大，居民年用气量越多。

当设置的燃具额定总功率达到一定程度时，居民年用气量将不再随这一因素增长。

居民有无集中热水供应也直接影响到居民年用气量的大小。居民用户用气包括炊事和热水(洗涤和沐浴)，而用不同燃具(灶具或热水器)获得热水，其燃气耗量是有差异的。

2. 能源多样化

其他能源的使用对居民年用气量也有一定的影响，如电饭锅、微波炉、电磁炉、电热水器、太阳能热水器和饮水机等设备的使用比例增长时，燃气用量必然减少。

3. 户内人口数

居民每户人数可认为是使用同一燃具的人口数。户均人口数较多时，人均每年用气量略偏低，反之亦然。由于社会综合因素的作用，我国居民家庭向小型化发展，故人均年用气量将略有增长。

4. 社区配套设施的完善程度

居民社区内公共福利设施完善时，居民通常会选择省时、省力和较经济的用餐与消费途径。随着我国市场经济的发展、服务性设施的完善，家庭用热日趋社会化，户内节能效益不断提高，这些无疑将对居民年用气量指标产生负影响。

5. 其他

社会生活总体水平、国民人均年收入的提高是激励消费者的因素之一，生活习惯、作息及节假日制度、气候条件也会对居民的用气量产生影响。此外，燃气售价也是影响因素之一。

我国部分地区居民生活年用气量指标见表7-1。

表7-1　城镇居民年用气量指标　　　　　　　　　　　　　　MJ/(人·年)

城镇地区	有集中采暖的用户	无集中采暖的用户
华北地区	2303~2721	1884~2303
华东、中南地区	—	2093~2303
北京	2721~3140	2512~2931
成都	—	2512~2931

注：按燃气低发热量计算。

(二) 公共服务设施

公共服务设施用气量指标与用气设备的性能、热效率、地区气候等因素有关。我国几种商业建筑用气量指标见表7-2。

表7-2　公共服务设施用气量指标

类　别		用气量指标	单　位	
商业建筑	有餐饮	502	kJ/(m³·a)	商业性购物中心，娱乐城、办公商贸综合楼、写字楼、图书馆、展览厅、医院等。有餐饮指有小型办公餐厅和食堂
	无餐饮	335		

类 别		用气量指标	单 位	
宾馆	高级宾馆	29302	MJ/(床·a)	该指标耗热包括卫生用热、洗衣消毒用热、洗浴中心用热等。中级宾馆不考虑洗浴中心用热
	中级宾馆	16744		
旅馆	有餐饮	8372	MJ/(床·a)	指仅供普通设施，条件一般的旅馆及招待所
	无餐饮	3350		
幼儿园	全托	2300	MJ/(人·a)	用气天数275d
	日托	1260	MJ/(人·a)	用气天数300d
医院		1931	MJ/(床位·a)	按医院病床折算
餐饮业		7955~9211	MJ/(座·a)	主要指中级以下的营业餐馆和小吃店
职工食堂		1884	MJ/(人·a)	指机关、企业、医院事业单位的职工内部食堂
燃气锅炉		25.1	MJ/(t·a)	按蒸发量、供热量及锅炉燃烧效率计算
燃气直燃机		991	MJ/(m³·a)	供生活热水、制冷、采暖综合指标

注：按燃气低发热量计算。

在确定公共服务设施用气指标计算时，也可根据当地经济发展情况、居民消费水平和生活习惯，公共服务设施用气指标按占城镇居民生活用气的适当比例确定。

（三）工业企业燃料

工业企业燃料用气量指标可由产品的用气定额或其他燃料的实际消耗量进行折算，也可按同行业的用气量指标分析确定。

（四）建筑物采暖及燃气空调

建筑物采暖及燃气空调用气量指标可按国家现行的采暖、燃气空调设计规范或当地建筑物耗热量指标确定。

（五）天然气汽车

天然气汽车用气量指标应根据当地燃气汽车的种类、车型和使用量的统计分析确定。

三、燃气需用工况和小时计算流量

（一）燃气需用工况

1. 用气不均匀情况

城镇燃气供应的特点是供气基本均匀，而用户用气则不均匀。用户用气不均匀情况或用气不均匀性与许多因素有关，如各类用户的用气工况及其在总用气量中所占的比例、当地的气候条件、居民生活起居习惯、工业企业和机关的工作制度、建筑物和工厂车间用气设备的特点等。

2. 用气不均匀系数

用气不均匀情况可用季节或月不均匀性、日不均匀性、小时不均匀性描述。

（1）月用气工况

影响月用气工况的主要因素是气候条件，一般冬季各类用户的用气量都会增加。居民生活及公共服务设施用户加工食物、生活热水的用气会随着气温降低而增加；工业燃料用户即使生产工艺及产量不变化，由于冬季炉温及材料温度降低，生产用热也会有一定程度的增加。采暖与燃气空调用气量属于季节性负荷，只有在冬季采暖和夏季使用空调的时候才会用气。显然，季节性负荷对城镇燃气的季节或月不均匀性影响最大。

一年中各月的用气不均匀情况可用月不均匀系数按式(7-1)计算：

$$K_m = \frac{该月平均日用气量}{全年平均日用气量} \tag{7-1}$$

每年十二个月中平均日用气量最大的月，也即月不均匀系数值最大的月称为计算月。并将月最大不均匀系数 $K_{m(max)}$ 称为月高峰系数。

（2）日用气工况

影响一个月或一周中用气波动的主要因素有居民生活习惯、工业企业燃料用户的工作和休息制度以及气候条件等。

城镇居民生活用气量具有很大的随机性，用气工况主要取决于居民生活习惯，平日和节假日用气规律各不相同。即使居民的日常生活有严格的规律，日用气量也会随室外温度等因素发生变化。工业企业燃料用户的工作和休息制度比较有规律。室外气温一周内的变化通常没有规律，气温低时用气量大。采暖用气的日用气量在采暖期内随室外温度变化有一些波动，但相对来讲是比较稳定的。

用日不均匀系数表示一个月（或一周）中日用气量的变化情况。日不均匀系数 K_d 可按式(7-2)计算：

$$K_d = \frac{该月中某日用气量}{该月平均日用气量} \tag{7-2}$$

计算月中日不均匀系数的最大值 $K_{d(max)}$ 称为该计算月的日高峰系数。$K_{d(max)}$ 所在的日称为计算日。

（3）小时用气工况

各类用户小时用气不均匀情况各不相同，城镇居民生活和公共服务设施用气的时不均匀性最显著，这主要与居民生活习惯、气化住宅数量、居民职业以及工作休息制度等因素有关。

城市燃气管网系统的管径及设备，均按计算日的小时最大流量计算。通常用小时不均匀系数表示一日中小时用气量的变化情况，小时不均匀系数 K_h 可按式(7-3)计算：

$$K_h = \frac{该日某小时用气量}{该日平均小时用气量} \tag{7-3}$$

计算日的小时不均匀系数的最大值 $K_{h(max)}$ 称为计算日的小时高峰系数。

上述各高峰系数可根据各地区地域条件、天然气利用水平和天然气用户的性质等不同而异，应按当地具体情况选取。表 7-3 为国内部分城市城区居民和公共福利用户用气高峰系数统计表。

表 7-3　国内部分城市城区居民及公共福利用户用气高峰系数

地　区	$K_{m(max)}$	$K_{d(max)}$	$K_{h(max)}$
北京	1.15~1.25	1.05~1.11	2.64~3.14
上海	1.24~1.30	1.10~1.17	
大连	1.21	1.19	2.25~3.00

地　区	$K_{m(max)}$	$K_{d(max)}$	$K_{h(max)}$
沈阳	1.18~1.23	1.10	2.16~3.00
长沙	1.20~1.25	1.10~1.15	2.35~3.00
西安	1.15~1.20	1.05~1.15	2.30~2.45
广州	1.18~1.23	1.08~1.13	2.50~2.80

（二）燃气小时计算流量

燃气管道和设备的通过能力和储存设施的容积应按燃气计算月的小时最大流量进行计算。该流量的确定关系着输配系统的经济性和可靠性，其计算方法有不均匀系数法和同时工作系数法两种。

1. 不均匀系数法

对于各种压力和用途的城镇燃气干管的小时计算流量按计算月的小时最大用气量计算：

$$Q_h = \frac{Q_a K_{m(max)} K_{d(max)} K_{h(max)}}{365 \times 24} \qquad (7-4)$$

式中　Q_h——燃气干管的小时计算流量，m^3/h；

$\qquad Q_a$——年用气量，m^3/a。

其他符号意义见上。

2. 同时工作系数法

对于用气量小的燃气干管、城镇居民小区和公共服务设施内燃气支管及其庭院和室内燃气管道小时计算流量，可按比较精确的同时工作系数法，即按所有燃气用具的额定耗气量和同时工作系数计算：

$$Q_h = K \sum knq \qquad (7-5)$$

式中　Q_h——燃气管道小时计算流量，m^3/h；

$\qquad K$——不同类型燃气用具同时工作系数，当缺乏资料时可取1；

$\qquad k$——同一类型燃气用具同时工作系数；

$\qquad n$——同一类型燃具数；

$\qquad q$——同一类型燃具的额定耗气量，m^3/h。

各种不同类型的燃气用具同时工作系数是不同的，燃气用具越多其同时工况系数越小。确定同时工作系数的方法很多，最准确的方法是根据实际用气情况测定。

各种类型燃气用具的同时工作系数和额定耗气量数据见有关文献。

【例7-1】　华北某城市需建设一条燃气支管，向该城市一集中居住区输送天然气，该居住区共20000户，每户居民按3.2人计算，用气量指标为2800MJ/（人·a），天然气低发热量为35.3MJ/m^3，如何确定该支管设计流量才能保证居住区居民用气不受影响。（已知该城市的居民用气不均匀系数 $K_{m(max)}K_{d(max)}K_{h(max)} = 4.0$）

【解】　由于该区域生活社会化程度高，管线规划设计时需考虑居民用气不均匀性带来用气高峰作用，由此，可按不均匀系数法求得

$$Q_h = \frac{2800 \times 20000 \times 3.2 \times 4.0}{365 \times 24 \times 35.3} = 2318.03 m^3/h$$

四、城镇燃气调峰与应急气源

城镇燃气调峰设施与城镇燃气应急气源的建设，是城镇燃气系统成熟完善的体现，也是城镇燃气系统进入正常运行的重要标志。调峰设施与应急气源可单独设置，也可集中统一考虑，其设置形式是根据城镇燃气系统的实际运行特点、当地燃气的供应情况及调峰与应急气源计划采用的方式综合确定。

（一）城镇燃气调峰

为解决均匀供气与不均匀用气之间的矛盾，保证不间断地向用户供应正常压力和流量的燃气，需要采取一定的措施使燃气供应系统供需平衡。一般考虑气源、用户及输配系统的具体情况采用一种或几种调峰手段的组合方式。

1. 常用的调峰方式

用户用气不均匀性与许多因素有关，这些因素对用气不均匀性的影响不能用理论计算确定。最可靠的办法是在相当长的时间内收集和系统地整理当地实际数据，才能得到用气工况的可靠资料。

用气不均匀性对燃气供应系统的经济性有很大影响。用气量较小时，气源的生产能力和输气管道的输气能力不能充分发挥和利用，从而提高了燃气成本。

常用的调峰方式包括两大类：一类是通过建设调峰设施来满足调峰需求，主要包括天然气储罐、高压管束和管道、LNG 与 LPG 储罐、地下储气库等调峰设施；另一类是通过对大型可中断用户暂停供气、实行峰谷不同气价等来满足调峰需求。四种不同类型的调峰方式比较见表 7-4。

表 7-4   不同类型调峰方式比较

储存方式	天然气状态	优　　点	缺　　点	用　　途
地面储罐储气	气态、常温中高压	建造简单	容量小，成本高，占地面积大，经济效益低，对安全性要求高	调节城镇日和小时用气不均匀性
管道储气	气态、常温高压	建造简单	储气量小，调节范围窄	调节城镇日和小时用气不均匀性
LNG 储气	液态、低温常压	有限空间的天然气储存量大	钢材用量和建设投资巨大，能耗高	适宜于沿海地区、用船运输天然气的国家应急、调峰、战略储备、地下储气库储气
地下储气库储气	气态、常温高压	容量大、储气压力高，占地面积小，受气候影响小，经济性好，安全可靠性高	要求合适的地质构造，建设投资大，建设周期长	季节性调峰、战略储备、应急储备

2. 调峰方式的选择

在调峰方式的选择上，地面储罐储气和管道储气的储气量小，具有调节灵活、操作方便的特点，是目前解决城市燃气日和小时不均匀性的主要方式。而 LNG 与 LPG 气源灵活性强，可调能力大，有利于调节负荷，而且来源多元化，可靠性较好，作为城镇燃气的储备、供应及调峰气源具有一定的优势。地下储气库储气具有造价低、运行可靠、库容规模大等特点，因此成为当今世界上主要的天然气储存方式，占天然气储存设施总容量的 90% 以上。一般来说，地下储气库是在较深的地下，找到一个完全封闭的构造体，在地面用压缩机将多余的天然气增压后注入到这个构造中储存起来。当需要时，又通过生产井把天然气采出到地面输送到用户。地下储气库的优点是：①储气量大；②安全系数高，不易引发火灾及爆炸；③经济效益好，与地面储罐相比储气成本低；④具有战略意义，其隐蔽性和安全性适于战略储备。

随着我国天然气需求量的快速攀升，季节性用气量峰谷差不断加大，建设一定规模的调峰能力和应急储备设施显得尤为重要。目前，我国天然气用量峰谷差一般超过 3，尤其像北京这样的大城市峰谷差已超过 10。例如，2011 年北京用气量高峰时超过 $5000 \times 10^4 m^3$，低谷时则不足 $400 \times 10^4 m^3$。

不同类型天然气储气方式比较见表 7-5。

表 7-5　不同类型天然气储存方式比较

调峰方式	储运状态	优势	劣势	投资/元·m^{-3}	适用场合
储气球罐	气态、常温、中高压	制造简单	储存量小、占地面积大、安全性欠佳	200~300	城市片区昼夜与日用气不均衡
高压储气管束	气态、常温、高压	制造简单	储存量小、压力调节范围小	100~200	城市片区昼夜与日用气不均衡
LNG	液态、低温、常压	单位容积储气量大	投资大、占地面积大、流程复杂	40~50	沿海有港口、天然气资源匮乏的城市
地下储气库	气态、高压、中高温	储存量大、占地面积小、安全可靠	地质结构要求苛刻、建设周期长	0.4~5.8	季节性不均衡

天然气储备设施应从三个方面考虑：一是国内天然气需求对国外依存度越来越高，故应该建立国家战略储备；二是建立城镇应急储备；三是调峰储气，满足日常供应需求。

发达国家经验表明，储气库工作气量应占天然气总消费量的 15% ~ 20%。但是，截止 2009 年底，我国天然气储气能力仅占天然气总消费量的 3%，差距甚大。

为此，近年来我国陆续建设了大港油田储气库群、华北油田京 58 和苏桥储气库群、相国寺、呼图壁、双 6 和班南储气库等。随着我国天然气用量的迅速发展，对地下储气库等调峰设施需求更为迫切。据悉，我国计划在"十二五"期间再建造多座地下储气库，分布在国内气源所在地和消费中心以及大型天然气管网周边。

(二) 城镇燃气应急气源

国家发改委在 2012 年发布新的《天然气利用政策》中，将"城镇中具有应急和调峰功能的天然气设施"列为优先类用户。应急气源的建设，是保障城镇燃气供应系统在抵抗气源事故工况的有效措施。

事故工况可以分为 4 种情况：上游事故工况、门站事故工况、城市高压管道事故工况、其他事故工况。

1. 应急用户结构及应急时间

(1) 应急用户结构确定

根据目前城镇天然气用户分为城镇居民、公共服务设施、工业企业、采暖、空调和汽车用户等 5 类。作为事故应急储备，应急气源不可能解决全部用户用气，应按照用气负荷优先等级满足重要用户的应急供气要求。

居民用户的用气关系到国计民生问题，一般情况下都不能停止供气。因此居民用户的应急比例应取为正常供气情况下总用气量的 100%。公共服务设施用户由于其自身特点 (用户

324

数量多、分布范围广且与居民用户用气基本在同一管网内），发生事故时很难做到逐户停气，故其应急比例也应取为正常供气情况下总用气量的100%。工业企业用户用气量较大，全部考虑应急时供应代价很高，从某些工业企业用户用气特点来看，全部中断对其供应也会造成生产设备的报废和巨大的经济损失。根据对一些工业窑炉设备的调查，保炉用气量约为正常用气量的10%，因此，工业企业用户应急比例取正常供气情况下总用气量的10%为宜。对于其他用户（如锅炉、空调、汽车用户）停止供气，不至于出现重大事故或损失，故可以不考虑在应急情况下对其进行供气。

（2）应急时间确定

应急气源的应急时间与燃气运输方式（车、船装运、管道输送）、城镇离气源点的距离、事故发生情况等因素有关。目前现有规范对于城镇燃气系统应急气源的应急时间没有统一的规定。从气源考虑，对西气东输一线管道的可靠性分析结论为：管道总长度约为4200km，预计事故率为1.68次/a，每2年管道上可能发生3次停输事故，每次停输事故时间为68h（约2.83天）。从城镇自身的应急气源应急时间参比：上海天然气应急气源应急时间为15d左右，南京、郑州、贵阳等城市天然气应急气源的应急时间均为3~5d。

2. 应急气源选择及设置

城镇天然气应急气源应满足以下4项原则：数量能保障供应，获取渠道实际可行，互换性问题能得到解决，具有较好的合理性和经济性。城镇天然气应急气源根据储存方式不同主要分为运行储存、车辆运输储存和生产储存3类。

（1）运行储存

运行储存是指通过建设高压管道、高压管束、储气罐，在正常供气状况下将一部分天然气储存起来作为应急气源。

（2）车辆运输储存

车辆运输储存是指采用车辆运输的方式将应急气源从生产基地运输到城镇的应急气源站中，主要有建设LNG应急气源站和CNG应急气源站两种方式。

（3）生产储存

生产储存是指在城镇中建设应急气源生产装置和储存装置，主要包括建设LPG-空气混气站、小型天然气液化站等。

虽然城镇应急气源的方式比较多，但是通过分析和比较，大多数城镇选择了投资较小、储气能力较大的LNG应急气源站的方式，例如上海、南京、郑州、海口、贵阳等城市。

3. 应急系统供应方式及应急气源设置

（1）应急系统供应方式

根据目前以及规划中的一些城镇燃气管网系统结构，应急气源进入管网的方式主要考虑以下3种：①直接进入中压系统；②直接进入高压系统，通过高压管网分配；③既进入中压系统，也进入高压系统。

（2）应急气源设置

目前，城镇发展一般包括老城区和各种经济开发区。老城区用气以居民为主，各种经济开发区各有自己独特的经济发展模式，应急气源的设置应与城镇发展规划相结合，并根据开发区的实际开发现状及潜在的开发规划充分结合，统一考虑，分步实施，既满足目前供气需要，又可为建设单位减少不必要的投资，同时与储气调峰相结合，做到一举多得，避免出现过度投资现象，提高建设单位的经济效益。

第三节 城镇燃气输配系统

目前，我国主要输气管道沿线的城镇燃气多为管道天然气(PNG)，其他部分城镇根据当地情况则采用LNG、CNG等作为天然气气源，还有很多城镇采用多气源综合供给。

采用管道天然气的城镇燃气输配系统一般由门站、燃气管网、储配气设施、调压设施、管理设施和监控系统等组成，见图7-1。

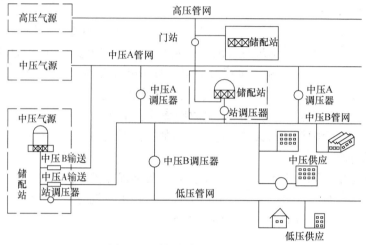

图7-1 城镇燃气输配系统图

一、城镇燃气站场

（一）管道天然气站场

1. 门站

门站是管道天然气进入城镇燃气输配系统的门户，站内设有除尘分离器、过滤器、调压器、计量装置、加臭装置等，个别门站根据位置及需要，也可与储配站合建。来自输气管道的天然气经门站接收和处理后即进入城镇燃气管网。图7-2为典型门站工艺流程图。

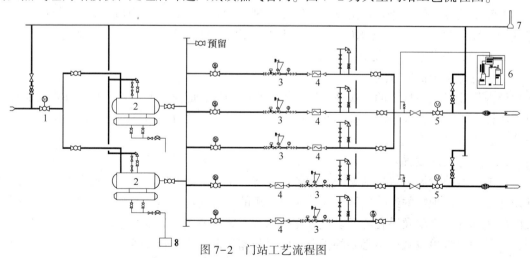

图7-2 门站工艺流程图

1—进站阀；2—除尘分离器；3—调压器；4—流量计；5—出站阀组；6—加臭装置；7—放空总管；8—排污池

2. 调压站

调压站是城镇燃气输配系统中进行压力调节的站场。它的主要功能是将燃气管网压力调节到下一级管网或用户所需压力并保持调节后的压力稳定。城镇调压站主要分为区域调压站、专用调压柜(调压箱)等。

(1)区域调压站

区域调压站做为城镇燃气输配系统的枢纽，将来自上游的燃气压力调节至符合本区域要求的燃气压力，以保证本区域燃气压力稳定。高-中压调压站、高-低压调压站及中-低压调压站均可作为区域调压站。

(2)专用调压柜(调压箱)

专用调压柜(调压箱)系专为某一特定小区或某楼栋、小型工业企业、公共服务设施(商业)用户所设置的调压装置，因其体积小、摆放灵活，故部分可挂在用户的墙壁上以减少占地。

3. 储配站

燃气储配站是城镇燃气输配系统中储存和分配燃气的站场。其主要任务是保持天然气输配系统供需平衡，保证系统压力平稳。燃气储配站较为常用的流程是高压储存、高压输送和低压储存、中低压输送流程。

图7-3为高压储存、二级调压、高压输送工艺流程示意图。一级调压器的作用是将高压燃气的压力降至高压储气罐的工作压力，使其储存至储气罐。二级调压器的作用是将燃气压力调节到出站管道的工作压力。

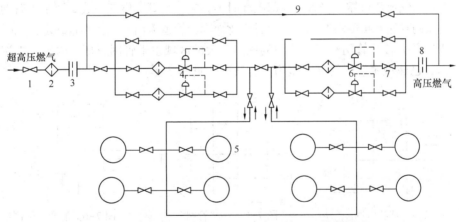

图7-3　高压储存、二级调压、高压输送工艺流程图

1—阀门；2—过滤器；3—进站流量计；4——级调压器；5—高压储气罐；
6—二级调压器；7—止回阀；8—出站流量计；9—越站旁通管

(二) 压缩天然气站场

如前所述，CNG可用作汽车燃料或供中小城镇燃气用户使用。其中，为中小城镇燃气用户提供气源的CNG站场主要为CNG储备站以及CNG瓶组供应站。

有关CNG生产、储存、运输和站场的介绍见本书第六章"压缩天然气生产"内容，此处不再多述。

(三) 液化天然气站场

有关LNG生产、储存、运输的介绍见本书第六章"液化天然气生产"内容，此处仅重点介绍 LNG 作为城镇燃气气源的站场。

如前所述，LNG 既可以作为大中城市的调峰和应急气源，也可作为中小城镇用户的主力气源，同时也可用作汽车燃料使用。其中，用于调峰和应急气源的 LNG 站场主要是利用管网压差采用膨胀机制冷的小型 LNG 工厂及 LNG 气化站。

这种小型 LNG 工厂充分利用城镇门站天然气上、下游管网之间的压差采用膨胀机制冷生产 LNG。采用膨胀机制冷的天然气液化工艺见本书第六章所述。此类工厂可以充分调节上游与下游之间的供需差，在用气低峰时将多余的天然气进行液化，用气高峰时再将 LNG 气化，有效解决了城镇燃气的调峰问题。

LNG 气化站是指将 LNG 用汽车槽车、火车槽车或小型运输船运至本站，经卸气、储存、气化、调压、计量和加臭后，送入城镇燃气输配管网。LNG 气化站工艺流框图见本书第六章图 6-44。

二、城镇燃气管网

（一）城镇燃气管网分类

1. 根据形状分类

城镇燃气管网根据形状可分为枝状管网、环状管网和混合管网（环枝状管网）。

枝状管网特点是其各用气点可能由某方向的同一管段来气供给，一般只适用于用气点面积较小的区域，例如城镇边缘、居民区末端和工厂内部末端的管网，见图 7-4。

环状管网由若干封闭成环的管网组成，环网中某段气体可由一条或多条管段来气供给。环状管网优点是供气灵活可靠，当管网局部破坏时不影响整个管网供气，故城镇主干管网经常采用；缺点是其内部流态可因沿线用气点用量变化而变，管道流向复杂，不宜确定，见图 7-5。

混合管网兼有枝状管网和环状管网的优点，大的区域主干管网成环，内部或末端则采用枝状。目前，已建城镇燃气管网大多为混合管网，见图 7-6。

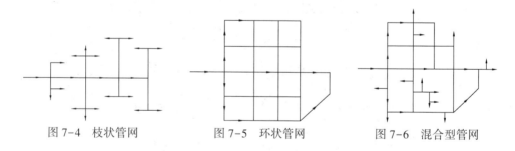

图 7-4　枝状管网　　　　图 7-5　环状管网　　　　图 7-6　混合型管网

2. 根据燃气管道压力分类

根据城镇燃气管道设计压力将其分为 7 个等级，即所谓的燃气管网压力级制，见表 7-6。

表 7-6　城镇燃气设计压力（表压）分级

名　　称		压力/MPa
高压燃气管道	A	$2.5 < p \leqslant 4.0$
	B	$1.6 < p \leqslant 2.5$
次高压燃气管道	A	$0.8 < p \leqslant 1.6$
	B	$0.4 < p \leqslant 0.8$

名　　称		压力/MPa
中压燃气管道	A	$0.2 < p \leq 0.4$
	B	$0.01 < p \leq 0.2$
低压燃气管道		$p < 0.01$

3. 根据功能分类

输配管道按其功能分为输气干管、配气干管、配气支管。输气干管指入网前及入网后主要起输气作用的管道。配气干管指市政道路上的环状或支状管道；配气支管则指庭院、室内管道。配气支管与庭院管为室外管。室内管包括立管及水平管，目前室内管的立管及水平管也有安装在室外的。

4. 根据敷设方式分类

分为地下燃气管道和架空燃气管道。

(二) 城镇燃气管网系统分类

常见的城镇管网系统有低压一级管网系统、中压或次高压一级管网系统、低压-中(次高压)二级管网系统、三级管网系统、多级管网系统、混合管网系统等。

1. 低压一级燃气管网系统

低压一级管网系统是来自输气管道的天然气进入储配站，经调压后直接送入低压配气管网的管网系统，见图7-7。

此管网系统适用于用气量小，供气范围为 2~3km 的城镇和地区，如果加大其供气量及供气范围会使管网投资过大。

2. 中压或次高压一级燃气管网系统

中压或次高压一级管网系统是来自输气管道的天然气进入储配站，经调压后送入中压或次高压配气管网，最后经调压设施调至低压后输送至用户的管网系统。适用于新城区和安全距离可以保证的地区；对街道狭窄、房屋密度大的老城区并不适用。该管网系统示意图见图7-8。

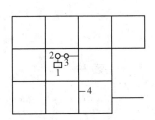

图 7-7　低压一级管网系统示意图

1—气源厂；2—低压储气罐；3—稳压器；4—低压管网

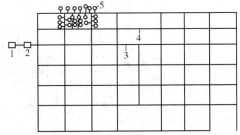

图 7-8　中压或次高压一级管网示意图

1—气源厂；2—储气站；3—中压或次高压输气管网；
4—中压或次高压配气管网；5—箱式调压器

3. 低压-中(次高)压二级燃气管网系统

低压-中(次高)压二级燃气管网系统是输气管道来气首先进入城镇门站，经门站调压、计量后送至城镇中(次高)压管网，然后经中(次高)、低压调压站调压后送入低压配气管网，最后进入用户管道。

图 7-9 所示为某城市的配气管网系统，属低压-次高压二级管网系统。天然气由输气管道从东西两个方向经门站送入该市，次高压管网连成环状，通过区域调压室向低压管网供气，通过专用调压室向工业企业供气，低压管网根据地理条件分成三个互不连通的区域管网向居民用户和小型公共服务设施用户供气。

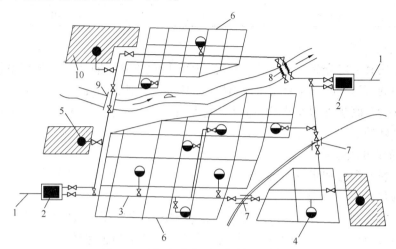

图 7-9　低压-次高压二级管网系统图

1—输气管道；2—城镇门站；3—次高压管网；4—区域调压室；5—工业企业专用调压室；6—低压管网；
7—穿过铁路的套管敷设；8—穿越河流的过河管；9—沿桥敷设的过河管；10—工业企业

此管网系统适用于街道宽阔、建筑物密度较小的大、中城市。

4. 三级燃气管网系统

三级燃气管网系统是输气管道来气先进入城镇门站，经调压、计量后进入城市高压（次高压）管网，然后经高、中压调压站调压后进入中压管网，最后经中、低压调压站调压后送入低压管网。该管网系统图见图 7-10。

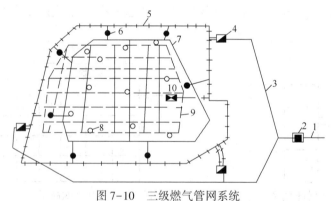

图 7-10　三级燃气管网系统

1—长输管线；2—城镇燃气分配站；3—郊区高压管道（1.2MPa）；4—储气站；5—高压管网；
6—高-中压调压站；7—中压管网；8—中-低压调压站；9—低压管网；10—煤制气厂

此系统的高压或次高压管网一般布置在郊区人口稀少地区，若出现漏气事故，危及不到居民用户或人口密集地区，供气比较安全可靠。同时，高压或次高压外环管网还可以储存一部分天然气。

但此系统较为复杂，三级管网、二级调压站的设置给维护管理造成了不便，同一条街道往往要同时铺设两条压力不同的管道，总管网长度大于一、二级系统，投资很高，管位占地较多，易与市政管网发生占位现象，不利于市政管网的总体规划。

5. 多级燃气管网系统

多级燃气管网系统是由低压、中压、次高压和高压管网组成。天然气从输气管道进入城镇储配站，在储配站将天然气的压力降低后送入城镇高压管网，再分别通过各自调压站进入各级较低压力等级的管网。图 7-11 所示为某城市的多级天然气管网系统，由地下储气库、高压储气站以及输气管道的末端储气三者共同调节供气和用气的不均匀性。天然气通过几条输气管道进入城镇燃气门站，压力降到 2.0MPa 后去城市外环高压管网，再分别通过各级调压站进入各级较低压力等级的管网，各级管网分别组成环状。

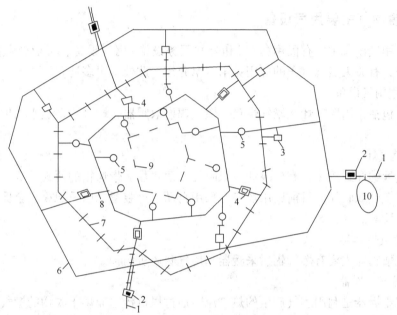

图 7-11　城市多级燃气管网系统图

1—输气管道；2—城市门站；3—调压计量站；4—储气站；5—调压站；
6,7—高压管网；8—次高压管网；9—中压管网；10—地下储气库

多级管网系统主要用于人口多、密度大的特大型城市。

6. 混合燃气管网系统

混合燃气管网系统是输气管道来气进入城镇门站，经调压、计量后进入中压(或次高压)输气管网。一些区域经中压(或次高压)配气管网送入箱式调压器，最后进入户内管道。另一些区域则经过中、低压(或次高压、低压)区域调压站调压后，送入低压管网，最后送入庭院及户内管道。

混合燃气管网系统管道总长度较三级管网系统要短，投资较省。该系统一般是在街道宽阔安全距离可以保证的地区采用一级中压(或次高压)供气，而在人口稠密、街道狭窄地区采用低压供气。

此系统是我国目前可以广泛采用的城镇燃气管网系统，其适应性相对较强。

以上介绍的几种城镇燃气管网系统各有其优缺点及适用范围，因此在选择配气管网系统时，要根据具体情况选择适合的管网系统，一般情况考虑以下因素：

① 城镇近远景规划、街区和道路的现状和规划、建筑特点、人口密度、各类用户的数量和分布情况。对于大城市，可采用较高的供气压力，对于街道宽阔、新居住区较多的地区，可选用一级管网系统。

② 原有城镇燃气供应设施情况。

③ 大型工业企业用户的数量、特点及原有的供气设施。

④ 不同类型用户对供气方针、气化率及燃气压力的要求。

⑤ 城镇自然条件。如对南方河流水域较多的城镇，二级管网系统的穿、跨越工程量将比一级管网系统大，选用时应根据技术经济比较后确定。

⑥ 城镇地下管线和地下建筑物、构筑物的现状和改建、扩建规划。

三、城镇燃气主要用气设备

城镇燃气用气设备主要有民用(居民和公共服务设施)用气设备、工业企业用气设备和天然气汽车等，有关天然气汽车的应用见第六章介绍，此处不再多述。

(一) 民用用气设备

民用燃具包括家用燃气灶、燃气烘箱、燃气辐射取暖器、燃气小型热水锅炉以及燃气空调机等。

1. 民用燃气灶

民用燃气灶的样式较多，有单眼灶、双眼灶、西式灶、带烤箱的西式灶等，居民家中最普遍使用的是燃气双眼灶。目前民用灶普遍采用自动点火装置，以及熄火安全保护装置、自动温度控制装置等。

2. 民用燃气取暖器

民用燃气取暖器主要有燃气辐射采暖器和燃气暖风机两种。

3. 民用燃气干燥器

民用燃气干燥器是利用燃气产生的热气流，通过风机传送而烘干衣物的燃气用具。

4. 民用燃气热水器

民用燃气热水器按结构可分为容积式燃气热水器、快速式燃气热水器和联合式燃气热水器。容积式燃气热水器又叫储水式热水器，需要配备一定的储水容器，普通居民较少使用，一般多用于高端住宅及商业；快速式燃气热水器又叫流水式热水器，可快速连续供应热水，是目前居民家中最普及的民用燃气热水器；联合式燃气热水器又称家用壁挂炉或两用型热水器，可以用单一设备同时供暖和供应热水。

(二) 工业企业用气设备

工业企业常用的用气设备主要是工业炉，目前工业炉的能源有电、煤、油、气四种。后三种工业炉的加热方式是用燃烧生成的火焰来加热物体，通常称为火焰炉。火焰炉按工作室的形状可分为膛式火焰炉和回转炉两类。燃气火焰炉比燃煤和燃油火焰炉调节更为方便。

四、城镇燃气输配工艺

(一) 城镇燃气调压

调压器是调压系统的重要工艺设备，以下主要介绍调压器的作用形式、配置方式及各类燃气输配站场中常用的调压单元配置。

1. 调压器的作用形式

燃气调压器俗称减压阀，是通过自动改变流经调节阀的燃气量而使出口燃气保持设定压力的设备，通常分为直接作用式和间接作用式两种。

（1）直接作用式调压器

直接作用式调压器是由敏感元件（薄膜）所感受的出口压力变化直接进行压力调节的调压器。

直接作用式调压器的最大优点是结构简单、操作方便。但是，由于弹簧负载系统在调压器运行中引起压降，导致出口压力的非线性，不适用在压降较小时获得较大流量。其结构示意图见图7-12。

（2）间接作用式调压器

间接作用式调压器是由燃气出口压力的变化使操纵机构动作接通能源（可为外部能源或被调介质）进行压力调节的调压器。

间接作用式调压器通过指挥器提供负载压力作用于调压器阀膜上打开主阀，将下游较小的压力变化放大并作为负载压力作用于调压器上。正是这种放大效应保证了间接作用式调压器能精确控制压力，满足更大流量和更高精度的要求。其结构示意图见图7-13。

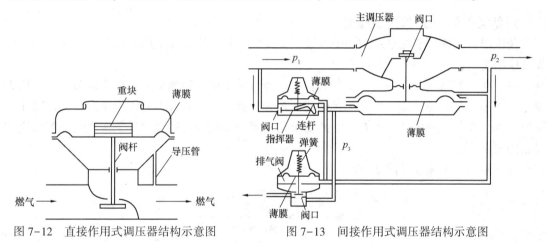

图7-12　直接作用式调压器结构示意图　　　图7-13　间接作用式调压器结构示意图

2. 调压器配置方式

根据用户用气需求，常在调压系统内同时安装两台或两台以上的调压器，调压器之间的连接方式有串联、并联及并联+串联三种形式。

（1）串联

将两台或两台以上的调压器串联安装，这种连接方式提高了调压器安全供应系数，在高压供应的燃气管网中经常采用，详见图7-14。

（2）并联

将两台或两台以上的调压器并联安装，这种连接方式的作用是当调压站进口压力与出口压力为一级调压时，调压器并联连接，以增加调压站的出站流量，使之满足用户要求，详见图7-15。

（3）并联+串联

调压站上有3台或3台以上的调压器，调压器之间的连接方式是既有并联又有串联，如图7-16所示。这种连接方式既对燃气进行多级调压，又可增大调压站的供气量，同时便于管理和维修。

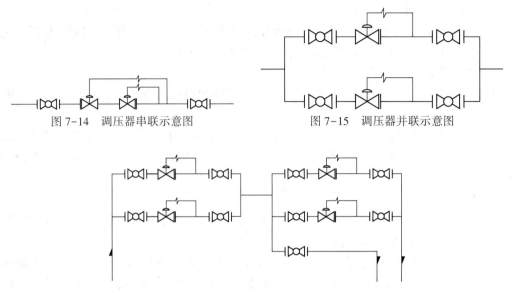

图 7-14　调压器串联示意图　　　　　　　图 7-15　调压器并联示意图

图 7-16　调压器并联+串联示意图

3. 站场中常用的调压单元配置

调压单元是燃气输配系统站场中保证安全及满足用户压力要求的重要环节，在不同的站场及应用场合，有不同的考虑因素。

（1）在大型站场及重要用户工艺流程中，经常采用压力检测单元、压力调节单元、压力安全保护单元及相关的监视报警单元的调压单元配置。该方式设有两级安全装置，即除压力调节阀外，在其上游串联设置有独立的安全切断阀和监控调压阀以保证下游燃气输配管道和设备的安全。

调压单元工艺流程见图 7-17。

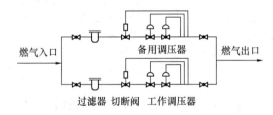

图 7-17　大型站场调压单元工艺流程图

（2）在区域调压站及专用调压柜（调压箱）中，经常采用安全切断阀+调压器联动模式，当调压后压力超过设定最高压力，安全切断阀自动切断。这种模式在不良通风及对压力要求较高的厂区、居民用户等调压用途中比较常见。

调压单元工艺流程图见图 7-18。

（二）城镇燃气计量

城镇燃气计量主要是进行贸易计量，其精度要求较高，常采用以下流量计。

1. 孔板流量计

孔板流量计早期适用于大流量计量的城镇门站、输配气场站，不足之处是前后直管段较长、压力损失较大。

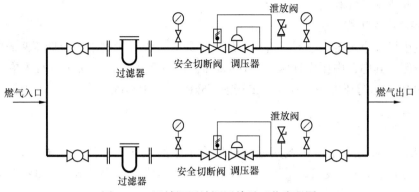

图 7-18　区域调压站调压单元工艺流程图

2. 容积式流量计

目前国内燃气民用用户普遍应用的容积式流量计是皮膜式计量表和罗茨流量计。

皮膜表结构简单、不易损坏、价格低廉，但测量量程小，仅适用于使用低压燃气的公共服务设施及居民用户。罗茨表计量精度高、无前后直管段要求，适用于大型公共服务设施用户及小型工业企业用户。

3. 速度式流量计

速度式流量计种类繁多，在城镇燃气系统中较为常用的有涡轮式流量计、旋进旋涡智能流量计。前者适用于中小型站场、高、中低压调压站、工业企业用户计量使用，不足之处是国产化设备技术上有待完善提高；后者适用于中小型输配气站场、高、中压调压站及高、中压工业企业用户计量使用，不足之处是压力损失较大，用户在按照国家计量检定规程对流量计进行检定时较为不便。

当有几种类型的计量表均符合条件时，则应根据安装空间的大小等情况再作选择。此外，为减轻用户投资负担，在选型过程中一般优先考虑价格较便宜的皮膜式计量表，然后才是罗茨流量计和涡轮流量计。

（三）城镇燃气加臭

我国《城镇燃气设计规范》（GB 50028—2006）中明确规定："城镇燃气应具有可以察觉的臭味，无臭味或臭味不足的燃气应加臭"。为此，城镇燃气中常加入具有特殊臭味的加臭剂，使其带有臭味，以提醒人们注意燃气泄漏。目前常用的加臭剂是四氢噻吩（THT）。

加臭方法一般有滴入式和吸收式两种。目前国内城镇燃气中多采用滴入式加臭，其中又分为半自动加臭方式和全自动加臭方式。半自动加臭方式是根据平时统计的流量，计算出加臭剂每小时的加入量，由人工设置好，计量泵便自动按设定值向燃气总管中注入加臭剂，适用于流量稳定的地方；全自动加臭方式是由流量检测装置将信号反馈给计算机，计算机根据燃气流量和已设定的每立方米燃气所需加臭量，通过控制计量泵来调节加臭剂量的大小。

五、我国城镇燃气利用实例

上海市城镇燃气的利用情况在我国很具有代表性，其多气源供气模式、合理的规划布局、先进的技术均为国内领先。由于其燃气输配系统站场的工艺流程与常规城镇燃气输配系统站场流程基本相同，故在此不再多述，仅从气源、用户、压力级制、管网建设及应急储备等几个方面介绍其燃气利用情况。

1. 上海原有人工煤气管网

上海城市煤气应用至今已有一百多年历史，原人工煤气管网采用中低压两级制，遍布在上海中心城区。其中，中压设计压力为 0.1MPa，一般运行压力在 0.02MPa 左右，低压管设计压力为 5kPa，运行压力一般在 1.2kPa 至 1.5kPa，除 DN1000 和 DN1200 为钢管以外，一般均为铸铁管。

2. 天然气气源情况

截至 2013 年年底，上海市城镇燃气已形成了东海天然气、西气东输一线、川气东送、进口 LNG 和西气东输二线组成的五大气源供应体系，供应能力约为 $68.13×10^8 m^3/a$。2013 年各气源供应气量及最终达产气量见表 7-7。

表 7-7   上海 2013 年各气源供应气量及达产供应气量 $10^8 m^3/a$

名称	西气东输一线	上海 LNG	东海气（平湖）	川气东送	五号沟应急站	西气东输二线
2013 年输量	19.35	34.94	2.35	0.72	0.43	10.35
达产输量	23.7	40	—	19	—	20

注：东海气供应量将逐步减少，五号沟为应急气源。

此外，上海正在积极考虑两个新的气源供应规划工作：一是在崇明岛设置崇明岛首站，输至临港门站，作为应急气源；二是洋山港 LNG 接收站二期扩建的气源，拟输至上海南部奉新首站，以提高 LNG 气源供应稳定性。

3. 各类用户情况

2013 年上海天然气消费结构中，城镇燃气（含中小工商业）约占 41%，宝钢和化工区等大工业占 28%，发电占 27%，人工煤气掺混占 4%。其中，使用天然气的城市燃气用户中，居民用气占 40.6%，商业用气占 29.6%，小工业用气占 29.8%。

4. 燃气管网建设情况

目前，上海燃气管网等级组成为 8 个压力等级：6.0MPa、4.0MPa、2.5MPa、1.6MPa、0.8MPa、0.4MPa、0.1MPa、5kPa，是国内城镇燃气管网分级最多的城市。其中，1.6MPa 及以上称为主干天然气管网，1.6MPa 以下称为区域性天然气管网。

（1）主干天然气管网建设情况

根据规划气源的分布和城市布局，沿上海市郊环线布置超高压输气干管，设计压力 6.0MPa，分别向北、向南供应天然气发电厂、化工区等大用户，同时向东逐级降压深入市区，最后汇集于中心城区；沿外环线埋设设计压力为 1.6MPa 的次高压 A 级天然气管网；在 6.0MPa 管网和 1.6MPa 管网之间，沿沪宁高速敷设设计压力为 4.0MPa 高压管线，同时规划从五号沟至临港首站敷设 4.0MPa 沿江管道，作为上海东部高压主干管；沿浦东的迎宾大道、沪南公路、远东大道敷设 2.5MPa 高压管网。

（2）区域性天然气管网建设情况

根据燃气管网"新区中压气直接到户供应、原人工煤气管网综合利用"的原则，上海区域性天然气管网有如下几种建设方式：

① 新建区域按 0.4MPa 天然气管网直接供气，即"中压到户直接供应"方式。

② 利用原有人工煤气管内穿入聚乙烯塑料管，转变为设计压力为 0.4MPa 天然气管网。

③ 充分利用原有人工煤气管网。考虑到原人工煤气管网设计压力仅为 0.1MPa，故将设

计压力为 0.4MPa 的天然气降压至 0.1MPa，接入原人工煤气管网。

　　基于上述原则，在中环线上埋设设计压力为 0.8MPa 的次高压 B 天然气管网，内环线及其内侧改造或新埋设设计压力为 0.4MPa 的天然气管网，市中心城区目前一般都为设计压力为 0.4MPa 的天然气管网，且东海天然气与西气东输管道天然气在中心城区汇合。

　　上海市燃气管网规划建设布置图见图 7-19。

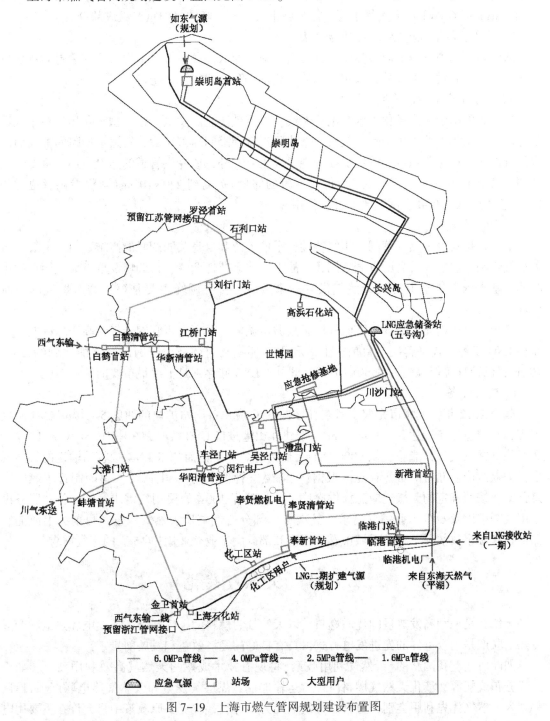

图 7-19　上海市燃气管网规划建设布置图

（3）上海燃气管网特点

上海的燃气管网建设有三个比较突出的特点：

① 超高压天然气管网直接入市

上海相关部门专门研究制定了《上海市天然气主管网系统规划》，突破了目前国家现行规范的最高压力等级，提出并推荐"外高内低"的布局方案，沿城市西南侧郊环公路敷设高压(4.0MPa或6.0MPa)天然气干管，作为城市天然气调峰储气的重要组成部分。

② 低压管网抽气供应分布式能源系统

从低级别压力管网抽取天然气，加压后供应分布式能源系统。上海典型的通过增压设备直接从天然气管网上抽气的较大用户为浦东机场的分布式能源系统。

③ 大型用户由专供管道直接供气

规划中的临港—漕泾化工区发电厂专线，可有效防止因发电厂或大型工业用户在用气设备启动时，由于天然气用量瞬间较大，造成附近管网瞬间压差巨大、管道承压瞬间提高而出现的管网压力严重不稳定、管道受损等现象发生。此外，该专供管道的建设，还可将郊环线的储气量由 $180×10^4m^3$（不建设该专供管道时的储量）提高到 $270×10^4m^3$（建设专供管道时的储量）左右，大大提高管网储气调峰的作用。

5. 调峰方式

上海根据自身天然气管网及用气特性，采取上游和自身共同调峰的措施。由于上海下游天然气管网无法解决自身所有调峰问题，故上海将季节性调峰、日调峰及重点大型用户的小时调峰基本依靠供气上游的天然气供气量来解决，自身调峰主要是解决城市燃气的小时调峰。

鉴于上海境内无法建设地下储气库，故城市调峰主要由高压管网储气、高压球罐储气及储存 LNG 三种方式来解决。目前，上海利用郊环线及内部高压管网调峰量能达到约 $270×10^4m^3$；已建球罐调峰能力约 $30×10^4m^3$。此外，LNG 储存则是上海最重要的调峰措施。

6. 应急储备

截至 2012 年，上海市完成了浦东五号沟 LNG 应急备用站扩建的两座 $5×10^4m^3$ LNG 储罐工程，其应急储备量达到 $7200×10^4m^3$。新建洋山港进口 LNG 接收站 3 座 $16.5×10^4m^3$ LNG 储罐，除日常供气外，能够提供 $9000×10^4m^3$ 作为应急储备，而如东 LNG 接收站输送的天然气也作为上海应急储备的重要补充。根据《上海燃气管理条例》，上海燃气集团制订了燃气应急预案。按照确定的天然气应急保供次序，首先确保 100%居民用气需求，80%公共服务设施用气需求以及 60%工业用气需求，其次考虑部分燃气电厂天然气用量。目前，上海能够保证在气源事故情况下，满足城市燃气用户和部分大工业企业用户 15 天的用气需求。

第四节 天然气发电

天然气是一种高发热量的优质燃料，以天然气为燃料的燃气联合循环发电和热电联产或冷热电联产是当今世界的先进发电方式，具有良好的经济效益和发展前景。

如前所述，我国新的《天然气利用政策》将现有技术成熟的天然气高效利用项目，如天然气分布式能源、液化天然气燃料(LNG)运输船舶、煤层气发电和天然气热电联产项目等，都划入天然气优先利用类别；将天然气发电列为允许类，改变了原政策中只允许在重要用电负荷中心且天然气供应充足的地区建设调峰发电项目和限在重用电负荷中心建设天然气发电项目，从而推动今后天然气发电项目的建设。但是，目前我国的天然气发电尚存在电力竞价上网的门槛，还需出台相应的扶持天然气发电的电价或气价政策。

一、天然气发电的优点

1. 天然气发电的优点

清洁、高效是人们衡量发电技术先进与否的两条最重要的标准。

天然气发电与常规燃煤发电相比，具有热效率高，污染物排放少，运行灵活，机组启动快，既可基荷发电，也可调峰发电，便于接近负荷中心，提高供电可靠性，并减少送变电工程量，以及投资低、建设周期短、占地面积少等一系列优点。因此，天然气发电集清洁、高效于一身，成为当今世界最受青睐的发电技术。此外，天然气发电还有利于优化和调整电源结构、可提高发电的能源利用效率以及减轻电网输电和电网建设压力等优点。

但是，天然气发电承担的经济风险要高于燃煤发电，特别是 LNG 发电成本高，一般要大大高于燃煤发电，故天然气发电以往多用于调峰。

2. 天然气发电在我国的应用前景

我国新的《天然气利用政策》将集中式采暖用户、热电联产、分布式能源项目、燃气空调、工业燃料和化工用户中的可中断用户从原来的允许类提升为优先类，天然气发电则由限制类提升为允许类(不包括 13 个大型煤炭基地基荷燃气发电)，从而推动今后天然气发电项目的建设。

据了解，2013 年底我国天然气发电装机已达 $4309 \times 10^4 kW$，占全国总装机容量的 3.45%，发电量达 $1143 \times 10^8 kW \cdot h$，占总发电量的 2.19%，已超越核电成为我国第四大电源。

此外，我国能源发展"十二五"规划也明确提出，"十二五"期间新增(集中的)天然气发电 $3000 \times 10^4 kW$，到 2015 年我国天然气发电(集中的)装机规模将达 $5600 \times 10^4 kW$。又据我国电力企业联合会发布的《"十三五"天然气发电需求预测》报告指出，到 2020 年我国天然气发电装机规模将达 $1 \times 10^8 kW$ 左右，占总发电装机 4.71%。

二、天然气联合循环发电和热电联产

目前，以天然气为燃料的燃气-蒸汽联合循环发电和热电联产或冷热电联产是天然气最有效的利用方式，在全世界范围内得到迅速发展和广泛应用。

1. 天然气联合循环发电和热电联产现状

随着燃气-蒸汽联合循环发电和热电联产(CHP)或冷热电联产(CCHP)技术的不断进步，使世界电力生产中的天然气消费逐年增加，占天然气总消费的比例也上升较快。有关资料表明，发达国家，特别是欧美国家在新增电站中 60%～70% 为燃气轮机电站。例如，美国在 1980～1987 年间建设了 1728 座热电站，其中 73% 是天然气燃气轮机热电站。表 7-8 是 1980～2009 年世界电力生产天然气的消费量及比例。

表 7-8　世界电力生产天然气消费量及比例

年份	1980	1985	1990	1991	1992	1993	1994	1995	1996	2000	2003	2009
天然气消费量/$10^8 m^3$	3100	3870	5390	6620	6400	7090	7120	7170	7390	8250	9280	11575
占天然气总消费量的比例/%	20	22	26	31	31	33	33	33	32	35	38	39

由表7-8可见,电力部门是天然气消费的主市场。据预测,在未来天然气增长的消费中,有50%以上将消费在电力市场。

我国的天然气发电行业起步较晚,在电力生产一次能源结构中所占比例很小,以往其作用是以电网调峰为主,但是近年来我国已陆续建成了一批规模较大的燃气-蒸汽联合循环热电联产发电厂。

2. 天然气联合循环发电和热电联产的原理和意义

传统的发电和供热方式是分开实施,电、热分开生产,即燃料燃烧的高温热能只能通过锅炉产生的高压蒸汽来推动蒸汽轮机做功并产生电力。工厂所需的中、低位热能由另外设置的锅炉产生蒸汽供给,这种电、热分开生产的方式,使燃料产生的高品位优质热能被降级使用,从而降低了燃料的利用率,浪费了能源。同时,增加了对环境的污染程度。

依据工程热力学理论,借助系统工程的方法,对能量转化、传递和利用的全过程进行综合分析研究,按能量品位从高到低的顺序,通过联合循环发电或热电联产等形式,将不同温度的热能按应用要求进行合理分配,实现不同品位能量的梯级利用,以达到最大限度地提高能源的利用目的,这就是"总能系统"的能量梯级利用概念,如图7-20所示。

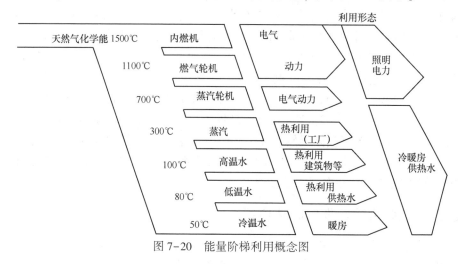

图7-20 能量阶梯利用概念图

采用燃气锅炉产生蒸汽,再用蒸汽推动蒸汽轮机带动发电机发电,属于一般的火力发电,其效率较低。燃气-蒸汽联合循环发电是指以燃气为高温工质、蒸汽为低温工质,由燃气轮机的排气作为蒸汽轮机循环的加热源,即能源经燃气轮机输出动力进行一级发电后,排出的较高温度的烟气在余热锅炉中产生蒸汽,再以此蒸汽送入蒸汽轮机进行二级发电,或者将部分发电做功后的排汽(乏汽)用于供热,故其效率较高。燃气-蒸汽联合循环发电原理示例如图7-21所示。此图是简单的燃气轮机定压加热循环和简单郎肯循环的组合。

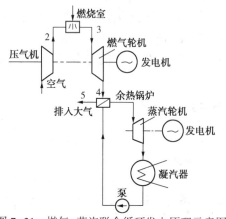

图7-21 燃气-蒸汽联合循环发电原理示意图

因此,燃气-蒸汽联合循环发电机组是由燃气轮机、发电机与余热锅炉、蒸汽轮机(凝汽式)或供热式蒸汽轮机(抽汽式或背压式)共同组成的循环系统。常见形式有燃气轮机、蒸汽轮机同轴推动一台发电机的单轴联合循环，也有燃气轮机、蒸汽轮机分别与发电机组合的多轴联合循环。主要用于发电和热电联产或冷热电联产。

天然气热电联产或冷热电联产是一种从能源品位顺序取得电和热两种以上有效能量，可向用户供电同时又供热和供冷的系统。即以天然气为燃料，天然气与空气在燃机燃烧室混合燃烧，产生的高温烟气进入燃气轮机叶片中膨胀做功，带动发电机产生电力。排出的次高温烟气进入余热锅炉中回收热量并产生蒸汽，蒸汽进入蒸汽轮机膨胀做功再发电。余热锅炉产生的低压蒸汽、背压式蒸汽轮机的背压蒸汽或抽汽式蒸汽轮机中间抽出的低压蒸汽向外供热，又可驱动吸收式制冷机制冷。天然气冷热电联产流程框图如图7-22所示。

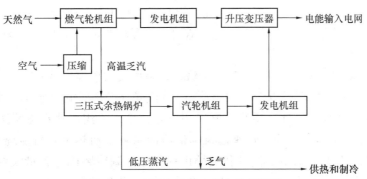

图7-22　天然气冷热电联产流程框图

采用联合循环发电和热电联产方式可合理安排能源利用，在无需对设备进行技术改进的情况下，可大幅度提高能源的综合利用效率和降低排放物对环境的污染程度。传统发电和联合循环发电、热电联产效率比较见表7-9。

表7-9　传统发电与联合循环发电、热电联产效率比较

能源利用形式	传统火力发电	联合循环发电	热电联产
能源利用效率/%	35~42	58~60	发电27~40，供热40~50，总效率在75以上

由上可知，热电联产或冷热电联产是将电力、热力、制冷与蓄能技术结合，实现多系统能源容错和多系统优化，利用效率发挥到最大状态，以达到节约资金的目的。

分布式能源系统则是相对于传统的集中式供能的能源系统而言的。传统的集中式供能系统采用大容量设备、集中生产，然后通过专门的输送设施(大电网、大热网等)将各种能量输送给较大范围内的众多用户；而分布式能源系统则是直接面向用户，按用户的需求就地生产并供应能量，具有多种功能，可满足多重目标的中、小型能量转换利用系统。

由此可知，分布式能源系统是安装在用户端的冷热电联产系统。该系统能够在消费地点(或附近)发电，高效利用发电产生的余能供热和制冷；现场端可再生能源系统包括利用现场废气、余热以及多余压差来发电的能源循环利用系统。国内由于分布式能源正处于发展过程，对分布式能源认识存在不同的表述。具有代表性的主要有如下两种：第一种是指将冷热电联产系统以小规模、小容量、模块化、分散式的方式直接安装在用户端，可独立地输出冷热电能的系统。能源包括太阳能利用、风能利用、燃料电池和燃气冷热电联产等多种形式。第二种是指安装在用户端的能源系统，一次能源以气体燃料为主，可再生能源为辅。二次能源以分布在用户端的冷热电联产为主，其他能源供应系统为辅，将电力、热力、制冷与蓄能

技术结合，以直接满足用户多种需求，实现能源梯级利用，并通过公用能源供应系统提供支持和补充，实现资源利用最大化。

天然气分布式能源是指利用天然气为燃料，通过冷热电联产等方式实现能源的梯级利用，综合能源利用效率在 75%~90%，并在用户端就近实现能源供应的现代能源供应方式，是天然气高效利用的重要方式。它既是能源战略安全、电力安全以及我国天然气发展战略的需要，又可缓解环境、电网调峰的压力，提高能源利用效率。

与传统的集中式供电相比，这种小型化、分布式的供能方式，不仅发电效率高，减少了输配电中的能耗，而且能把传统发电中浪费掉的系统余热加以回收，并全部再次利用，使能源的综合利用率大大提高。此外，由于其使用的是天然气等清洁能源，降低了 SO_2、NO_x 和 CO_2 等温室和有害气体的排放量，从而实现了能源高效利用与环保的统一。但由于该系统规模小，只能满足小区域用户。一般条件下，适用于能源消费量大且集中的地区，以及对供电安全要求较高的单位。

近年来，我国上海浦东机场、广州大学城、北京燃气大楼等先后采用了分布式能源。例如，广州大学城分布式能源是以 2×78MW 燃气-蒸汽联合循环发电为基础，以天然气为一次能源的冷热电联产系统。另外，还有三座采用离心式冷水机组与冰蓄冷系统结合的制冷站（用电的），向大学城 18 km² 的 300 座建筑物供应冷水、生活热水。与传统火力电厂供电、单体建筑设置传统中央空调系统供冷和锅炉供热相比，制冷装机总容量大约减少了 45%~50%，电力装机容量减少了 50MW，与装分体式空调比较减少了装机容量 120MW。与此同时，节约了占地面积，改善了环境，每年减排 CO_2 约 $24×10^4$t，减排 SO_2 约 $0.6×10^4$t，NO_x 排放比传统燃煤电厂减少 80%，比燃气电厂国家标准减少 36%，并极大地降低了噪声污染。该系统自 2004 年投产以来，至今运行效果良好。

3. 主要燃气轮机类型

燃气电厂目前常用的燃气轮机（燃机）主要为"E"级燃机和 F"级燃机，E 型和 F 型燃机分别指高温烟气进入燃机的温度为 1150℃和 1350℃的燃机。

"E"级燃机是 100MW 级燃气轮机的通称，单机容量为（114.7~157）MW。"F"级燃机是 250MW 级燃气轮机的通称，目前已广泛应用，单机容量为（255.6~270）MW，透平入口燃气温度为 1235~1400℃，单循环效率为 37%~39%，联合循环效率为 57%~58%。

例如，我国大唐国际发电公司所属北京高井发电厂之前装机规模为 6 台 110MW 燃煤机组，近期进行煤改气建设的 4×350MW 级燃气-蒸汽联合循环热电联产机组（燃机为 9FB 级）已于 2014 年 10 月底全部通过"168"小时满负荷试运，正式投入商业运行，发电能力达到 1380MW，供热能力达到 963MW，供热面积可达 $1900×10^4$m²。在环保方面，高井发电厂煤改气后烟尘排放为零，二氧化硫排放几乎为零，氮氧化物排放量也明显降低。

4. 天然气联合循环发电的技术优势

（1）天然气联合循环发电比燃煤发电的效率高，目前已达到 58%~60%；而燃煤发电目前为 40%~42%，个别电厂可达 45%。其发电效率对比见表 7-10。

表 7-10　天然气联合循环发电和不同方法的燃煤蒸汽发电效率比较

电站类型	燃料	效率/%	应用状况
燃气轮机单循环发电	天然气（LPG、粗柴油）	35~40	实用
燃气轮机联合循环发电	天然气（LPG、粗柴油）	58~60	实用

电站类型	燃料	效率/%	应用状况
亚临界蒸汽轮机发电	粉煤	40	实用
超临界蒸汽轮机发电	粉煤	42~44	实用
超高临界蒸汽轮机发电	粉煤	45	实用开发
常压流化床燃煤发电	煤	37~40	实用

（2）调峰性能好

燃气轮机结构紧凑，起停性能好，整套联合循环机组无论热态、冷态启动，都可以在最短的时间内达到 100% 全负荷运行。例如，9E 级燃气轮机从启动到并网发电一般不超过 20min，整套联合循环发电机组热态启动时间一般为 60min，冷态为 120min；而常规的汽轮机发电机组热态启动至满负荷时间一般为 90min，冷态则为 300min。

国内外很多实例表明，当电网发生故障，甚至出现大面积停电，电厂机组解列等严重情况下，唯独燃气轮机发电机组运行正常，确保了该区域范围内的供电。因此，按目前电力部门的发展趋势来看，为了提高电网运行的机动性和安全性，用占电网总容量 15%~20% 的燃气轮机机组作为应急备用电源和负荷调峰机组是非常必要的。

（3）天然气联合循环发电对环境的污染小

① CO_2　当量发热量的化石燃料中，天然气含碳量最低，油次之，煤最高。在化石燃料电站排放气中，天然气电站每 $kW \cdot h$ 排放的 CO_2 约为燃油的 60%~70%，为燃煤的 50%。

② NO_x　天然气中一般不含氮的化合物，只是在燃烧过程中产生高温 NO_x，电站排放气中 NO_x 的量一般为 $(0.3~1.5)g/(kW \cdot h)$；而燃煤电站 NO_x 一般在 $(2.5~9.5)g/(kW \cdot h)$。

③ SO_2　管输的商品天然气含硫量很低，一般在 $20mg/m^3$ 以下，故天然气电站排放气中 SO_2 含量很低；而燃煤电站排放的 SO_2 一般在 $(2.3~7.5)g/(kW \cdot h)$，虽然可采用烟气脱硫技术使 SO_2 下降 90% 以上，但其最后排放尾气中 SO_2 含量仍在 $(0.2~0.8)g/(kW \cdot h)$。不同化石燃料电站排放物见表 7-11。

表 7-11　不同化石燃料电站排放气　　　　　　$g/(kW \cdot h)$

电站类型	效率/%	CO_2	CO	CH_4	NO_x	SO_2
天然气联合循环电站	58	313	0.18	0.03	1.04	约为 0
天然气单循环电站	35	443	0.25	0.05	1.46	约为 0
常规燃油蒸汽电站	40	673	0.13	0.01	1.73	1.7~5.0
常规燃煤蒸汽电站	40	813	0.15~1.33	0.01	2.7~9.4	2.3~7.2

④ 废渣、废水　天然气联合循环发电无灰渣排放，排放的废水量很小，也易处理达标排放。

（4）天然气联合循环发电厂与同容量火力发电厂相比，占地面积为火力电厂的 30%~50%；用水量也只需同容量火力电厂的 1/3 左右。

（5）天然气联合循环发电耗水量少，仅为同等规模燃煤电站的 30%~40%，适宜建在水价较高的或缺水的地区。

（6）天然气联合循环发电与燃煤发电相比，工程投资可节约 30%~50%。

（7）天然气联合循环发电建设周期短，小型电站需 5~6 月，联合循环发电厂一般 1 年内可发电运行；而燃煤发电厂则需 4~5 年。

（8）天然气联合循环发电厂环境的相容性好，可以建在用户附近，减少输配站设施及线路损失。

天然气联合循环发电虽有以上优势，但必须建设在天然气资源丰富、长期供气有保证、管道输气设施完善的地方，而且其气价应可与其他化石燃料竞争。

三、天然气内燃机组发电

虽然天然气联合循环发电和冷热电联产具有很多优点，但对于油气田内部站场和周边城镇一些用电负荷较小场合，采用小型天然气发电设备（例如天然气内燃发电机组）发电仍是经济可行的。

为此，《石油工业用天然气内燃发电机组》（GB/T 22343—2008）中规定了石油工业用天然气发电机组（以下简称机组）的要求、试验、检验规则、标志与包装及储运要求等。该标准适用于 3 ~3150kW、额定频率为 50Hz、以天然气为燃料的往复式内燃发动机、交流发电机、控制装置和辅助设备组成的发电机组。以其他可燃气体为燃料的发电机组或频率为60Hz 的机组可参照执行。

此外，对于煤层气（煤矿瓦斯）而言，就近采用内燃机组发电也是经济合理的。国家发改委在 2007 年印发的《关于利用煤层气（煤矿瓦斯）发电工作实施意见的通知》（发改能源 [2007]721 号）中指出，鼓励煤矿坑口煤层气（煤矿瓦斯）发电项目建设。鼓励采用单机容量500kW 及以上煤层气（煤矿瓦斯）发电机组，开发单机容量 1000kW 及以上的内燃机组，以及大功率、高参数和高效率的煤层气（煤矿瓦斯）燃气轮机发电机组。通知中还指出，煤层气（煤矿瓦斯）电厂所发电量原则上应优先在本矿区内自发自用，需要上网的富裕电量，电网企业应当予以收购，并按照有关规定及时结算电费。煤层气（煤矿瓦斯）电厂不参与市场竞价，不承担电网调峰任务，以及电网企业应当为煤层气（煤矿瓦斯）电厂接入系统，提供各种便利条件等。

1. 燃气内燃发电机组的应用特点

目前，我国燃气内燃发电机组采用的电喷、电控、数字点火等先进技术使其产品在自动控制及燃烧控制方面均与国际先进水平保持同步。

燃气内燃发电机组适用于燃气成分变化的燃气发电，计算机闭环控制，自动跟踪成分变化，保证良好燃烧和机组运转。其特点是：①建设周期短，基建费用低；②运行费用低，冷却水内部循环使用；③机组配置灵活，可单台或多台使用，可并机并网发电；④机组质量安全可靠，技术先进；⑤空冷系统安全可靠，节省功耗，安装方便。

2. 我国煤层气（煤矿瓦斯）内燃机组发电现状

我国丰富的煤层气（煤矿瓦斯）资源使其在内燃机组发电领域具有很大的市场开发前景。采用煤层气（煤矿瓦斯）内燃发电机组发电，一次性投资小，发电厂（站）建设周期短，装机容量可根据煤层气（煤矿瓦斯）产量大小确定，非常适合中小型煤矿。大型煤矿也可根据瓦斯量选择多台机器并车运行，或者并网发电，同样能满足要求。

因此，开发利用煤层气（煤矿瓦斯）对于保护环境，改善煤矿安全和增加新能源等具有非常重要的意义。

据了解，近年来我国一些煤矿陆续建设了一批采用燃气内燃发电机组的煤层气（煤矿瓦斯）发电厂（站）。以山西省为例，该省燃气内燃发电机组主要利用煤层气和焦炉煤气发电。

其中，利用煤层气发电的地区主要集中在阳泉和晋城等高瓦斯地区。目前山西晋城煤业集团公司(晋煤集团)寺河煤矿已建成了当今世界最大的煤层气(煤矿瓦斯)内燃发电厂，机组全部采用进口设备。发电厂总装机容量 $12 \times 10^4 kW$，年发电量达 $8.4 \times 10^8 kW \cdot h$，年利用煤矿瓦斯 $1.78 \times 10^8 m^3$，电厂装机容量为 60 台单机 1.8MW 的卡特彼勒内燃发电机组，共分 4 个单元，每个单元 15 台机组，每个单元配 3 台 5.6t/h 的余热锅炉和 1 台 3MW 的上海电气集团汽轮发电机组，机组的缸套冷却水经热交换给寺河煤矿集中供热。焦炉煤气发电主要集中在晋中、临汾、长治等地区，中国中煤能源集团有限公司(中煤集团)在晋中建成了目前国内最大的焦炉煤气发电项目，全部采用国产设备。

综上所述，除煤层气(煤矿瓦斯)可就近采用内燃机组发电供当地使用外，未来天然气发电主要考虑调峰电厂和热电联产电厂，调峰电厂主要承担电网调峰功能，热电联产电厂主要根据热负荷需求，以热定电。分布式能源站一般为中小型企业及住宅小区提供冷热电源，规模较小，由城市管网供气，在城镇燃气规划中考虑。例如，2013 年年底惠州天然气发电厂(又称惠州 LNG 电厂)扩建热电联产工程项目开工，建设 3 台 460MW 燃气-蒸汽联合循环热电联产机组。据悉，该扩建项目预计于 2015 年建成投产，届时全厂总装机容量将达 2550MW，将成为国内目前最大规模的热电联产电厂。

第五节　天然气化工

天然气化工是以天然气为原料生产化工产品的工业。经处理后的天然气通过蒸汽转化、裂解、氧化、氯化、硫化、硝化、脱氢等反应生产合成氨、甲醇及其加工产品(甲醛、醋酸等)、乙烯、乙炔、二氯甲烷、四氯化碳、二硫化碳、硝基甲烷等。

天然气化工可分为直接法和间接法两大类。目前利用天然气生产的大宗产品都是先将天然气转化或部分氧化制得合成气，再以合成气制合成氨、甲醇、乙二醇、低碳烯烃等重要基本化工原料，继而生产出几百种化工产品。天然气热裂解主要用于生产乙炔和炭黑；天然气经过氯化、硫化、硝化、氧化可制得甲烷的各种衍生物；湿天然气中的乙烷、丙烷、丁烷和天然气凝液等，经蒸汽裂解或热裂解可生产乙烯、丙烯和丁二烯；丁烷脱氢或氧化可生产丁二烯或醋酸、甲基乙基酮、顺丁烯二酸酐等。

天然气化工产品链见图 7-23。

天然气化工比较发达的国家有美国、俄罗斯、加拿大等。目前，世界上年产 $1000 \times 10^4 t$ 以上的天然气化工产品有合成氨、尿素、甲醇、甲醛和乙烯。其中，约 80% 的合成氨生产以天然气为原料。

以天然气为原料的乙烯装置生产能力约占世界乙烯生产能力的三分之一，其乙烯收率比以石脑油等轻质石油馏分为原料的约高一倍。随着天然气产量的增加和乙烷、丙烷回收率的提高，以天然气为原料所占比例正在逐步增加。

我国的天然气化工始于 20 世纪 60 年代初，现已具备一定规模，并在我国天然气利用领域占有相当重要的地位，用气比例最高超过 40%，主要用于生产合成氨、尿素，其次是生产甲醇、甲醛、乙炔、二氯甲烷、四氯化碳、二硫化碳、硝基甲烷、氢氰酸和炭黑以及提取氦气等。但是，进入 21 世纪以来，随着化工产品市场的疲软和国家逐步理顺天然气价格，天然气化工的经济效益大幅滑坡，条件较好的大型天然气生产合成氨、尿素装置也主要依靠国家的优惠气价政策得以生存。

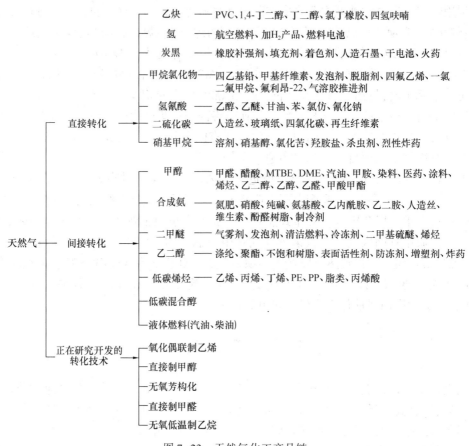

图 7-23　天然气化工产品链

依据新的《天然气利用政策》，天然气化工项目仅有天然气制氢项目还会有条件发展，其余全部以天然气为原料的化工项目，均被限制（包括已建的合成氨厂以天然气为原料的扩建项目、合成氨厂煤改气项目；以甲烷为原料，一次产品包括乙炔、氯甲烷等小宗碳一化工项目；新建以天然气为原料的氮肥项目）或禁止（包括新建或扩建以天然气为原料生产甲醇及甲醇生产下游产品项目；以天然气代煤制甲醇项目），基本终结了我国天然气化工的发展。事实上，从市场和经济效益的角度，即使政策不禁止，天然气化工本身也不可能再有作为。

据此，本节仅重点介绍天然气制合成氨和制氢，其他天然气化工利用工艺技术可参阅相关文献。

一、天然气制氢

（一）氨的主要用途和性质

1. 主要用途

合成氨是天然气化工的主要产品。合成氨的主要用途是作为氮肥原料，其主要产品有尿素、硝酸铵、硫酸铵、碳酸铵、氯化铵和磷酸铵等。合成氨也是生产有机胺、苯胺、酰胺、氨基酸、有机腈和硝酸的原料，并广泛用于冶金、炼油、机械加工、矿山、造纸、制革等行业。此外，氨还是目前一种常用的制冷剂。氨的下游产品示意图见图 7-24。

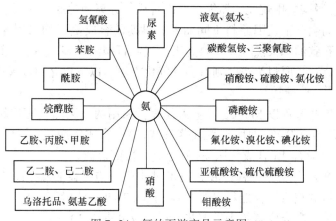

图 7-24　氨的下游产品示意图

据统计，2013 年我国合成氨产量为 5745.3×10^4 t。总体上，我国合成氨工业能够满足氮肥工业的生产需求，基本满足了农业生产需要。

我国合成氨产品主要分为农业用氨和工业用氨两大类。农业用氨主要用于生产尿素、硝铵、碳铵、硫酸铵、氯化铵、磷酸一铵、磷酸二铵、硝酸磷肥等多种含氮化肥产品。工业用氨主要用于生产硝酸、纯碱、丙烯腈、己内酰胺等多种化工产品。

目前，我国农业用氨主要用于生产尿素和碳铵，其消费量约占合成氨总消费量的 75%，用于生产硝铵、氯化铵等其他肥料的合成氨约占合成氨总消费量的 15%，工业用氨量约占合成氨总消费量的 10%。

2. 氨的主要性质和液氨质量指标

氨在常温下为气体，无色、有毒、具有刺鼻气味及催泪性，溶于水呈碱性，也溶于许多有机溶剂。

我国《液体无水氨》(GB 536—88) 标准中规定的液氨质量指标见表 7-12。

表 7-12　液体无水氨质量指标

指标名称		指标		
		优等品	一等品	合格品
氨含量/%	≥	99.9	99.8	99.6
残留物含量/%	≤	0.1(重量法)	0.2	0.4
水分/%	≤	0.1	—	—
油含量/(mg/kg)	≤	5(重量法) 2(红外光谱法)	—	—
铁含量/(mg/kg)	≤	1	—	—

(二) 天然气制氢工艺

1. 合成氨生产工艺原理

生产氨的原料气为氮 (N_2) 和氢 (H_2)，其合成反应式为

$$N_2 + 3H_2 \rightleftharpoons 2NH_3 \tag{7-6}$$

$$\Delta H = -92.4 \text{kJ/mol}$$

此反应需有催化剂存在，并在加压下才能顺利进行。由于氮在空气中大量存在，故其原料气的制备主要是制氢。通常，合成氨的生产过程包括原料气处理(脱硫)、转化(制转化气

或合成气)、变换、脱碳、甲烷化、压缩、氨的合成与分离和驰放气的回收与利用等。

合成氨原料气的生产工艺因原料不同而异。早期的合成氨厂均采用煤(焦)为原料,之后逐步改为重油、石脑油和天然气。原料为天然气或石脑油时多采用蒸汽转化法,原料为重油时则采用部分氧化法,原料为煤时则有多种气化方法。以下仅介绍以天然气为原料生产合成氨的工艺。

传统的合成氨生产过程以 Kellogg 工艺为代表,采用两段天然气蒸汽转化,包括合成气制备(有机硫转化和 ZnO 脱硫+两段天然气蒸汽转化)、合成气净化(高温变换和低温变换+湿法脱碳+甲烷化)、氨合成(合成气压缩+氨合成+冷冻分离)。

由于合成氨生产是高能耗过程,故其技术进步的重点是降低能耗。20 世纪 80 年代以来,以天然气为原料的吨氨综合能耗已从传统的 37.7~41.8GJ 降至 28.4~29.3GJ。国外以天然气为原料的几种生产合成氨的先进工艺能耗比较见表 7-13。

表 7-13　国外合成氨工艺吨氨能耗比较

工艺	Braun	ICI-AMV	Topsoe	Kellogg
原料天然气/GJ	26.63	25.04	36.38	36.51
燃料天然气/GJ	9.21	10.68		
中压蒸汽[①]/GJ	-7.95	8.46	-8.21	-8.21
电/GJ	1.09	1.34	1.00	0.21
冷却水/GJ	0.46	0.42	0.46	0.46
合计/GJ	29.14	29.02	29.63	28.97

注:① 副产中压蒸汽。

目前,具有代表性的低能耗制氨工艺有 Kellogg 公司的低能耗工艺、Braun 公司的低能耗深冷净化工艺、Uhde-ICI-AMV 工艺和 Topsoe 工艺等。

与上述 4 种低能耗工艺同期开发成功的工艺还有:①以换热式转化工艺为核心的 ICI 公司的 LCA 工艺、俄罗斯 GIAP 公司的 Tandem 工艺、Kellogg 公司的 KRES 工艺、Uhde 公司的 CAR 工艺;②基于"一段蒸汽转化+等温变换+PSA"制氢、"低温制氮"以及高效氨合成等工艺技术结合而成的德国 Linde 公司 LAC 工艺;③以"钌基催化剂"为核心的 Kellogg 公司的 KAAP 工艺。

目前,国外合成氨装置的规模越来越大,利用较大的产量带来规模经济效益。20 世纪 80 年代投产的合成氨装置的平均产量为 1120t/d,而最近投产的合成氨装置产量大多已达 2000t/d。例如,KBR、Topsoe、Lurgi 公司均推出了 2000t/d 的合成氨工艺技术,Uhde 公司已经推出了 3300t/d 合成氨工艺技术,

合成气是以 CO 和 H_2 为主要组分的混合物。合成气不仅用来生产纯 H_2 和纯 CO,也可以衍生很多化工产品,例如合成氨、甲醇、二甲醚、液体燃料和低碳醇等。

合成气的原料范围很广,可由煤(焦)等固体燃料气化产生,也可由天然气和石脑油等轻质烃类经蒸汽转化制取,还可由重油经部分氧化法生产。这些原料含有不同的 H/C 摩尔比:对煤来说约为 1:1;石脑油约为 2.4:1;天然气最高,约为 4:1。由于合成气的原料范围广,生产方法多,故其组成(体积%)也有很大差别:H_2 32~67、CO 10~57、CO_2 2~28、CH_4 0.1~14、N_2 0.6~23。

不同的合成气衍生产品需要不同 H_2 和 CO 摩尔比(H_2/CO 比)的合成气。例如,生产合

成氨的原料气，要求 $H_2/N_2=3$，需将空气中的氮引入合成气中；生产甲醇的合成气要求 $H_2/CO \approx 2$；用羰基合成法生产醇类时，则要求 $H_2/CO \approx 1$；生产甲酸、草酸、醋酸和光气等则仅需要 CO。为此，在生产合成氨的合成气制得后，尚需调整其组成，调整的主要方法是采用变换反应以降低 CO 含量，提高 H_2 含量。

2. 合成氨生产工序

生产合成氨的工艺很多，但其基本流程相差不大，主要有脱硫、转化、变换、脱碳、甲烷化、压缩和氨合成等工序，每个工序又有不同的工艺。其中，转化过程基本上有蒸汽转化和部分氧化两种工艺。不同的天然气转化工艺，可得到不同 H_2/CO 摩尔比的合成气（转化气）。目前获得合成气的最主要来源是通过天然气-蒸汽转化法获得。天然气-蒸汽转化法制氨的原理流程见图 7-25。

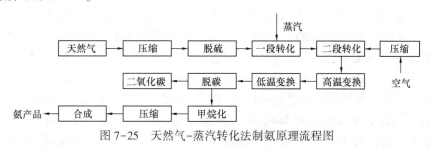

图 7-25　天然气-蒸汽转化法制氨原理流程图

图中，天然气先经脱硫工序除去硫化物，然后与水蒸气混合预热，在一段转化炉的炉管内进行转化反应，生成 CO、H_2 和 CO_2，同时还含有未转化的 CH_4 和水蒸气。一段转化气进入二段转化炉，在此加入空气，除了继续完成 CH_4 转化反应，同时又添加了氨合成所需的 N_2，转化气接着经高温变换和低温变换反应，使 CO 含量降低至 0.3% 左右，再经过脱碳工序除去 CO_2，气体中残余的 CO、CO_2 含量约为 0.5%，再去甲烷化工序进一步除去。然后，将含有少量 CH_4、Ar 的氢氮气压缩至高压，送入合成塔进行合成氨反应。

3. 蒸汽转化法制合成气

（1）工艺原理

来自输气管道的天然气中一般含有极少量的 H_2S 和有机硫，为防止转化催化剂中毒必须先脱硫。通常是在钴钼催化剂存在下加入少量的氢气使有机硫加氢成 H_2S，再采用 ZnO 干法脱硫。

天然气中的甲烷含量一般在 90% 以上，故天然气-蒸汽转化主要是甲烷与蒸汽转化（甲烷与水蒸气重整），其主要反应如下：

$$CH_4 + H_2O \Longrightarrow CO + 3H_2 \tag{7-7}$$
$$\Delta H = 206.3 \text{kJ/mol}$$
$$CH_4 + 2H_2O \Longrightarrow CO_2 + 4H_2 \tag{7-8}$$
$$\Delta H = 165.3 \text{kJ/mol}$$
$$CO + H_2O \Longrightarrow CO_2 + H_2 \tag{7-9}$$
$$\Delta H = -41.2 \text{kJ/mol}$$

此外，也会发生其他一些反应，包括在一定条件下发生析炭反应。

天然气中的重烃-蒸汽转化反应与甲烷-蒸汽转化反应类似。

甲烷-蒸汽转化总的反应过程是强吸热和体积增加的反应。为此，必须向转化过程供热，其方式有外部供热的管式加热炉，或添加一定量的空气使甲烷氧化放热以及间歇供热等。

影响烃类转化率的主要因素有压力、温度、水碳比(H_2O：CH_4摩尔比，下同)和催化剂。烃类的转化反应只有在催化剂存在，温度为500~1000℃时才能获得满意的反应速度和转化率。例如，在温度800~820℃、压力2.5~3.5MPa、水碳比3.5时，转化气组成(体积分数)：CH_4为10%、CO为10%、CO_2为10%、H_2为69%、N_2为1%。

提高反应压力虽然会降低烃类平衡转化率，但由于天然气本身一般带压，转化得到的合成气(转化气)在后续处理及合成反应中也需要一定压力，转化前将天然气加压又比转化后加压在经济上有利，而且提高压力有利于传热，节省压缩功和过量蒸汽冷凝热的回收，故可减少设备尺寸和投资。因此，目前天然气蒸汽转化工艺均在加压下进行。

由于这些反应是较强的吸热反应，提高温度可使平衡常数增大，反应趋于完全，因而提高反应温度有利于转化反应。但是，因受到一段转化炉炉管材质限制，故需要控制反应温度。为此，甲烷-蒸汽转化采用两段转化。一段转化炉温度在600~800℃，二段转化炉炉壁内衬耐火砖，反应温度可达1000~1200℃，以保证甲烷有尽可能高的转化率。例如，二段转化炉出口温度在1000℃时，出口气体中甲烷残余含量可控制在0.3%(体积分数)以下。

一段转化炉的型式、结构各有特点，上、下集气管的结构和热补偿方式以及转化管的固定方式也不同。目前此转化炉按照其燃烧器(烧嘴)布置方式分为顶烧炉(燃烧器在辐射段顶部)和侧烧炉(燃烧器在辐射段侧部)两种。侧烧炉因其燃烧器多，温度可调，炉膛温度均匀，热强度大，故在大型转化炉中仍有采用，但其投资较多。顶烧炉(见图7-27)因其燃烧器少，结构紧凑，更适用于大型转化炉。

增加水碳比有利于转化反应，可提高甲烷转化率，同时也可防止催化剂积炭。但是，增加水碳比也增加了系统阻力和燃料消耗，不利于节能。此外，水碳比也受到催化剂活性和转化炉材质限制，故节能流程的水碳比多为2.5~2.7。

天然气-蒸汽转化一般采用镍基催化剂。

(2) 工艺流程

目前普遍采用的天然气-蒸汽转化法有Kellogg法、英国的ICI法、丹麦的Topsoe法、美国的Selas法、Foster Wheller法、法国的ONIA-GEGI法和日本的TEC法。这些方法除一段转化炉炉体及燃烧器结构、有原料预热和余热回收的对流段布置各具特点外，其工艺流程大同小异。

天然气-蒸汽转化工艺流程框图见图7-26。

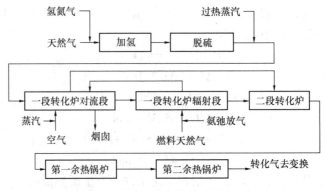

图7-26 天然气-蒸汽转化工艺流程框图

以典型日产千吨合成氨的Kellogg法流程为例，天然气在钴钼催化剂存在下经加氢(氢气来自合成工序的氢氮气)反应和氧化锌脱硫后，总硫含量小于0.5mL/m^3，然后在压力为

3.6MPa、温度为380℃左右下掺入中压蒸汽使水碳比达到3.5，进入一段转化炉对流段加热至500~520℃，再经一段转化炉辐射段顶部分配进入各转化管，气体自上而下流经催化剂床层进行吸热的转化反应。离开转化管底部的转化气温度为800~820℃，压力为3.1MPa，甲烷含量为9.5%，汇合于下集气管并沿集气管中间的上升管上升继续吸热，温度升至850~860℃，再经输气总管去二段转化炉。

工艺空气经压缩机加压至3.3~3.5MPa，掺入少量蒸汽后去一段转化炉对流段空气加热盘管，预热到450℃左右进入二段转化炉顶部混合器与一段转化气混合，在顶部燃烧区燃烧，温度升至1200℃左右，再通过催化剂床层继续进行吸热反应。离开二段转化炉的气体温度约为1000℃左右，压力约3.0MPa，残余甲烷含量约为0.3%。

从二段转化炉出来的高温转化气作为热源依次进入第一和第二余热锅炉加热锅炉给水以产生高压蒸汽，离开第二余热锅炉的转化气温度约370℃，再去后续的变换工序。

燃料气(天然气)在一段转化炉对流段中预热到190℃，与合成驰放气混合后分两路。一路进入一段转化炉(顶烧炉)辐射段顶部燃烧器燃烧，为转化反应提供热量，离开炉膛的烟气温度为1050℃左右，再进入对流段依次流过混合原料气、工艺空气、蒸汽、原料天然气、锅炉给水、燃料气等预热器回收热量，温度降至250℃，由排风机送入烟囱排至大气。另一路进入对流段入口燃烧器，燃烧产物与辐射段烟气混合。此处燃烧器的设置在于保证对流段各预热物流的温度指标。

天然气-蒸汽转化工艺流程见图7-27。

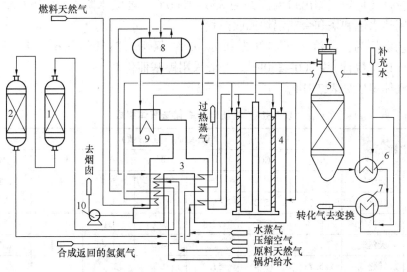

图7-27　天然气-蒸汽转化工艺流程图
1—钴钼加氢反应器；2—氧化锌脱硫槽；3—对流预热段；4—一段转化炉；5—二段转化炉；
6—第一余热锅炉；7—第二余热锅炉；8—汽包；9—辅助锅炉；10—引风机

4. 部分氧化法制合成气

20世纪60年代前此法曾在国外广泛应用，后逐渐为蒸汽转化法替代。近年来由于能源价格上涨，部分氧化法因其燃料消耗低故又有所发展。

天然气部分氧化制合成气是一个温和的放热反应。在750~800℃下甲烷的平衡转化率可达90%以上，CO和H_2的选择性高达95%，合成气的H_2和CO摩尔比接近2。

部分氧化法分为常压、加压、有催化剂和无催化剂几种工艺。美国多采用无催化剂部分氧化法，欧洲多采用有催化剂部分氧化法。

（1）工艺原理

催化部分氧化法实际上是部分烃类氧化和蒸汽转化相结合的方法，即一部分烃类进行氧化反应，放出的热量供给其余烃类进行蒸汽转化反应，其主要反应如下：

$$CH_4 + 1/2O_2 \Longleftrightarrow CO + 2H_2 \tag{7-10}$$
$$\Delta H = -35.6kJ/mol$$

$$CH_4 + H_2O \Longleftrightarrow CO + 3H_2 \tag{7-11}$$
$$\Delta H = 206.3kJ/mol$$

$$CO + H_2O \Longleftrightarrow CO_2 + H_2 \tag{7-12}$$
$$\Delta H = -41.2kJ/mol$$

$$CO_2 + CH_4 \Longleftrightarrow 2CO + 2H_2 \tag{7-13}$$
$$\Delta H = 247.3kJ/mol$$

影响部分氧化法的主要因素是氧碳比、水碳比和催化剂。甲烷部分氧化反应是一个自热过程。理论计算可知，约有1/4甲烷消耗在为反应过程提供热量上。

（2）催化部分氧化工艺流程

① 常压催化部分氧化法　经脱硫后其含硫量小于 3×10^{-6}（体积分数）的常压天然气与蒸汽一起加热到300~400℃进入混合器。在混合器内天然气、蒸汽与氧（或富氧空气）混合后去转化炉反应。转化炉气体出口温度约为850~1000℃，经喷水降温至425℃以下去变换工序。此法采用热水饱和塔和余热锅炉回收热量。

主要工艺条件为：蒸汽：天然气为0.7~0.8；氧：天然气约0.6；转化温度为800~950℃；空速（以甲烷计）为300~350h^{-1}。一般采用镍基催化剂。

典型的气体组成见表7-14。

表7-14　常压部分氧化法气体组成

气体名称		气体组成（体积分数）/%							
		CO_2	CO	H_2	CH_4	N_2	C_2H_6	C_3H_8	C_4H_{10}
氧	天然气				94.7	1.4	2.1	1.1	0.7
	转化气	6.5	25.2	66.5	0.5	1.3			
	变换气	22.4	3.8	72.4	0.4	1.0			
富氧空气	天然气				94.7	1.4	2.1	1.1	0.7
	转化气	5.7	19.4	51.2	0.5	23.2			
	变换气	20.1	4.0	56.6	0.4	18.9			

② 加压催化部分氧化法　含硫量小于 10×10^{-6}（体积分数）和烯烃含量小于20%的原料烃加压到2.94MPa，与蒸汽混合并预热至550℃；氧（或富氧空气）加压后也预热至500℃。此两种气流进入自热转化炉顶部喷嘴充分混合后在炉内进行部分氧化反应并升温到1100℃，再经镍基催化剂床层进行转化反应。从转化炉底部出来的转化气温度为900~1000℃，甲烷含量小于0.2%。为防止气体离开催化剂床层后在转化炉下部发生CO歧化反应而析炭，采用急冷水将其迅速冷却，产生的蒸汽供变换工序用。急冷后约650℃的转化气作为热源再经余热锅炉产生高压蒸汽，而转化气则降温至约360℃后去变换工序。

此法不能完全避免生成炭黑，其转化气的典型组成见表7-15。

表7-15 加压催化部分氧化法转化气组成

原料名称	转化气组成(体积分数)/%					
	H_2	CO	CO_2	CH_4	N_2	Ar
天然气	52.9	14.6	9.8	0.3	22.0	0.4
液化石油气	49.8	15.0	13.6	0.1	21.1	0.4
轻油	48.0	15.0	16.0	0.1	20.3	0.6

5. 变换

根据反应温度不同，变换有高温和低温之分。

从二段转化炉出来的转化气中含有大约13%的CO，需要采用高温和低温两段变换将其转化为H_2和易于除去的CO_2，以使气体中的CO含量(干基)小于0.3%~0.5%，其反应式如下：

$$CO+H_2O \Longrightarrow CO_2+H_2 \tag{7-14}$$

$$\Delta H = -41.2kJ/mol$$

高温变换采用铁铬基催化剂，温度范围多在370~485℃，水气比为0.6~0.7(H_2O/CO为4.5~5.5)，压力约3MPa，空速约2000~3000h^{-1}，出口气体中CO含量(干基)为2%~4%。

低温变换采用铜锌铬基和铜锌铝基催化剂，以后者居多。温度范围在230~250℃，水气比为0.45~0.6，压力约3MPa，空速约2000~3000h^{-1}，出口气体中CO含量(干基)为0.2%~0.5%。

工业上通常采用的流程是：CO含量为13%~15%的二段转化气经余热锅炉降温，在压力为3MPa和温度为370℃下进入高温变换炉，因气体中蒸汽含量较高，一般不需加入蒸汽。反应后的气体中CO含量降至3%左右，温度升至425~440℃，作为热源经高温变换余热锅炉产生10MPa的饱和蒸汽，气体则冷却到330℃。由于气体温度尚高，一般用来加热其他工艺气体(例如甲烷化炉进气)，而高温变换气则冷却到220℃后进入低温变换炉，其温升仅为15~20℃，残余CO含量降至0.2%~0.5%。经变换后的气体再去脱碳工序。

6. 脱碳

为了将变换气处理成纯净的氢氮气，必须将CO_2从气体中除去。此外，回收到的CO_2也是生产尿素、纯碱、碳酸氢铵、干冰等产品的原料。

脱碳的方法很多，有化学溶剂法、物理溶剂法、化学-物理溶剂法、直接转化法和其他类型方法等，详见本书第二章所述。天然气制合成氨的蒸汽转化法系在中压(2.5~3MPa)下操作，故通常采用Benfield法(改良的热钾碱法或活化热钾碱法)，其反应如下：

$$CO_2+K_2CO_3+H_2O \Longrightarrow 2KHCO_3 \tag{7-15}$$

$$\Delta H = -26.6kJ/mol$$

Benfield法的特点是在K_2CO_3溶液中加有促进CO_2吸收和反应的活化剂，而且吸收在比较高的温度(例如110℃)下进行。该法有多种流程安排，如一段吸收和一段再生、两段吸收和一段再生、两段吸收和两段再生等。此法属于湿法脱碳。

大型合成氨厂多采用两段吸收、两段再生流程，其特点是：从变换工序来的气体由CO_2

吸收塔底部进入，离开塔顶的为脱碳后的净化气，其CO_2含量小于0.1%，经分液罐除去夹带的液滴后去甲烷化工序。

从吸收塔底部流出的热碳酸钾富液经液力透平回收能量后进入再生塔的顶部，一部分未完全再生的半贫液由再生塔中部引出经增压后去吸收塔中部，以吸收变换气中的大部分CO_2，其余的CO_2则由从吸收塔顶部进入且温度较低的贫液所吸收。解吸出来的CO_2去冷凝器和回流罐冷凝分离，液体返回再生塔，CO_2去所需装置(例如去尿素装置)作为原料。因此，这种流程安排显著地降低了脱碳的能耗。两段吸收两段再生的热钾碱法工艺流程见图7-28。

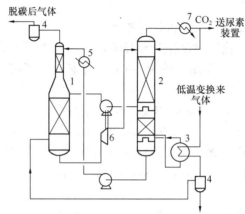

图7-28　两段吸收两段再生的热钾碱法工艺流程图

1—吸收塔；2—再生塔；3—再沸器；4—分离器；5—换热器；6—液力透平；7—冷凝器

近年来我国新建的以煤或重油为原料的大型合成氨和甲醇装置，其变换气(主要为CO、H_2)大多采用Lurgi公司和Linde公司的低温甲醇洗法脱硫脱碳(脱除CO_2、H_2S、COS)。

7. 甲烷化

经变换和脱碳后的气体(新鲜气)中尚含有少量残余的CO和CO_2。为了防止对氨合成催化剂的毒害，要求进入合成工序的新鲜气中CO和CO_2的总量要小于10×10^{-6}(体积分数)。但是，一般的脱碳方法达不到这样高的净化度，故来自脱碳工序的气体还必须进一步净化。新鲜气中的CH_4、Ar对合成催化剂虽无毒害，但会影响合成反应速度，增加操作费用和新鲜气的耗量，故也需将其脱除或降低其含量。

目前工业上脱除残余CO的方法有铜氨液吸收法(铜洗法)、深冷分离法(主要为液氮洗涤法或氮洗法)和甲烷化法三种。铜氨液吸收法是采用乙酸铜氨溶液脱除合成气中的CO，与此同时，也能吸收CO_2、O_2与H_2S。液氮洗涤法是在深度冷冻(<-100℃)条件下用液氮吸收少量CO，而且也能脱除甲烷和大部分氩，这样可以获得只含有惰性气体小于10×10^{-6}(体积分数)的氢氮混合气。甲烷化法是在催化剂存在下使少量CO、CO_2与H_2反应生成CH_4和H_2O的一种净化工艺，要求入口原料气中碳的氧化物含量(体积分数)一般应小于0.7%。甲烷化法可以将气体中碳的氧化物(CO+CO_2)含量脱除到小于10×10^{-6}(体积分数)，但是需要消耗有效成分H_2，并且增加了惰性气体CH_4的含量。

由于甲烷化法具有工艺简单、操作简便和费用低的特点，故目前以烃类为原料的蒸汽转化法制氨工艺多采用此法。

甲烷化的基本原理是在280~420℃的温度范围内，在催化剂的存在下使原料气中的CO、

354

CO_2 与 H_2 反应生成甲烷和易于除去的水，即

$$CO+3H_2 \Longrightarrow CH_4+H_2O \qquad (7-16)$$
$$\Delta H = -206.2 \text{kJ/mol}$$
$$CO_2+4H_2 \Longrightarrow CH_4+2H_2O \qquad (7-17)$$
$$\Delta H = -165.0 \text{kJ/mol}$$

虽然甲烷化反应使惰性气体甲烷含量有所增加，且消耗了部分氢气，但却可使出口气体中 CO 和 CO_2 的总量小于 10×10^{-6}（体积分数）。

甲烷化反应的压力适应范围很大，从常压到很高压力，故只要其压力与前后工序匹配即可。但是，由于甲烷化反应是强放热反应，若原料气中有 1% 的 CO 进行甲烷化反应，气体温升可达 72℃；若有 1% 的 CO_2 发生反应，温升可达 60℃，所以，必须严格控制原料气中 CO 和 CO_2 的含量在规定的工艺指标内，否则会因超温而烧坏镍基催化剂甚至设备。因此，甲烷化反应对温度的控制较严，其低限应高于生成羰基镍的温度，高限应低于反应器材质允许的设计温度，一般在 280～420℃。

甲烷化的工艺流程是：由脱碳工序来的气体经换热和加热后升至所需温度，在甲烷化炉内和催化剂的存在下，CO 和 CO_2 几乎全部生成甲烷和水。由于此反应是强放热反应，故出甲烷化炉的气体必须经换热和回收热量后再去合成工序。

8. 合成与分离

合成工序是合成氨工艺中最后一道工序，也是比较复杂和关键的工序。氨的合成反应式见式 (7-6)。

由反应式 (7-6) 可知合成氨是可逆反应，其合成转化率受化学平衡限制。为了获得更多的氨，只有将未反应的合成原料气（氢氮气）循环使用。但是，由于原料气中含有少量的 CH_4、Ar 等惰性气体，在循环中会有积累，必须将它们（驰放气）排除系统，而排除系统的驰放气中总会带有少量有用气体。因此，如何将它们回收，如何使部分产品与氢氮气分开，如何选择合适的压力和温度，使化学平衡向有利于氨合成的方向移动，这些就涉及到催化剂性能和合成、分氨、压缩、氢氮气回收等工艺技术，故在流程设置上必须包括：①氢氮气的压缩并补入循环气（未反应气体）系统；②循环气预热和氨的合成；③氨的分离；④热量回收利用；⑤未反应气体增压并循环使用；⑥排放一部分循环气（驰放气）以保持循环气中惰性气体含量等。

目前，对于以天然气为原料的大型合成氨厂其合成工序流程虽有所不同，但都是以节能降耗为根本目的，从技术经济指标上进行综合考虑的。例如，Kellogg 及 Braun 氨合成及分离工艺流程见图 7-29 和图 7-30。

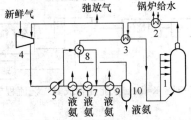

图 7-29 Kellogg 氨合成及分离工艺流程

1—合成塔；2—余热回收锅炉；3—气/气换热器；4—循环压缩机；5—水冷器；
6，7，9—氨冷却器；8—换冷器；10—氨分离器

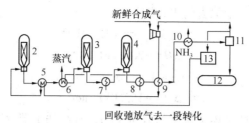

图 7-30　Braun 氨合成及分离工艺流程

1—合成气压缩机；2，3，4—合成塔；5，9—换热器；6，7，8—余热回收锅炉；
10—氨冷却器；11—氨分离器；12—液氨槽；13—弛放气回收氨装置

由图可知，Kellogg 工艺氨的合成在一个塔内进行，氨的分离回收在循环压缩机之后；Braun 工艺氨的合成则顺次在 3 台反应器内进行，氨的分离回收则在循环压缩机之前。

直到 20 世纪 80 年代，氨合成均采用铁基催化剂。目前各国生产的催化剂种类繁多，性能也有较大差异。它们大多以精选的天然磁铁矿加助催化剂熔融、粉碎而成。常用的助催化剂有 Al_2O_3、K_2O、CaO、MgO 和 SiO_2 等。之后，Kellogg 公司与 BP 公司还共同开发出钌基和有石墨结构载体相互促进型的催化剂，其活性远高于铁基催化剂，且在低温低压下也能保持较高活性。Kellogg 公司推出的 KAAP 工艺，其核心即采用此钌基催化剂。此外，近年来其他公司也开发了一些新的催化剂。

二、天然气制氨工艺流程

近年来，许多国外公司在改进合成氨工艺条件、节能降耗、提高经济效益方面做了很多工作，形成了各自不同的生产工艺。几种合成氨工艺的能耗比较见表 7-16。

表 7-16　合成氨工艺的能耗比较

工艺	Kellogg 传统工艺	Kellogg 低能耗	Braun 深冷低能耗	ICI-AMV 新工艺	Topsoe 新工艺
吨氨能耗/(GJ/t)	37.7	27.27	28.02	28.69	30.14

（一）蒸汽转化法

几种应用较广的蒸汽转化法制氨工艺流程框图见图 7-31、图 7-32 及图 7-33。

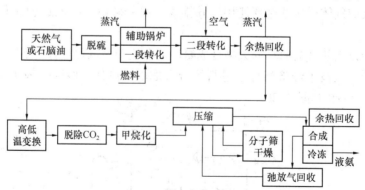

图 7-31　Kellogg 低能耗合成氨工艺流程框图

Kellogg 工艺一段转化压力为 3.55MPa，原料气采用分子筛干燥，Selexol 法脱 CO_2，卧式径向合成塔，四级氨冷，弛放气提氢，副产蒸汽压力为 12.45MPa。Kellogg 低能耗合成氨工艺流程图见图 7-34。

356

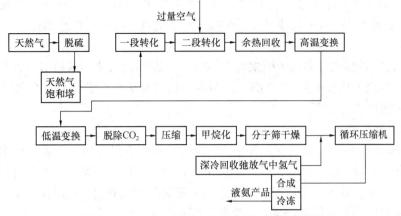

图 7-32 ICI-AMV 新工艺合成氨工艺流程框图

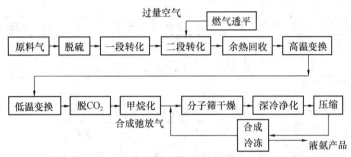

图 7-33 Braun 深冷净化低能耗合成氨工艺流程框图

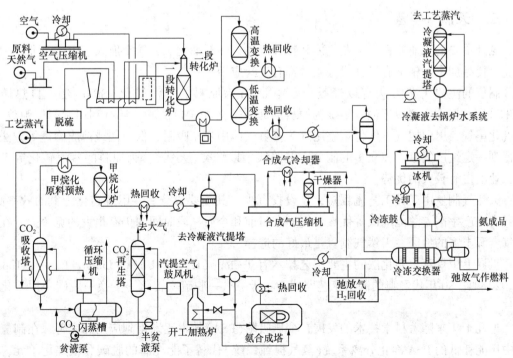

图 7-34 Kellogg 低能耗合成氨工艺流程图

ICI-AMV 新工艺采用天然气饱和塔，以冷凝液饱和天然气，可减少蒸汽耗量，降低转化炉负荷，使天然气耗量减少 3% ~ 5%。氨合成压力约为 8.5MPa，副产蒸汽压力为 12.45MPa。

Braun 工艺一段转化气中残余甲烷大于 20%，二段转化气出口温度较传统法低 100℃ 左右。由于二段转化炉热效率接近 100%，可减少一段转化炉的燃料消耗。此外，还采用了深冷法净化工艺和绝热合成塔。

（二）部分氧化法

20 世纪 60 年代前，天然气部分氧化法制得的合成气再经变换、脱碳、压缩、合成等工序制氨工艺在国外曾广泛应用，之后逐渐被蒸汽转化法替代。但是，由于部分氧化法燃料消耗较蒸汽转化法低，故近十多年来部分氧化法又得到改进和应用，同时又开发了自热式转化等新工艺。天然气部分氧化法制氨工艺流程框图见图 7-35。

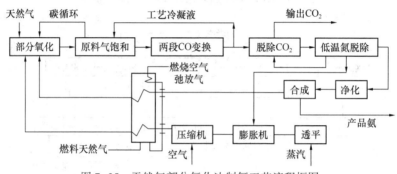

图 7-35　天然气部分氧化法制氨工艺流程框图

三、天然气制氢

氢是重要的工业原料、工业气体和特种气体，在石油化工、航空航天、电子工业、冶金工业、食品加工、精细有机合成等领域都有广泛应用。

制氢的主要工艺方法有以烃类（天然气等）为原料的蒸汽转化（SRM）法、自热转化（ATR）法和目前主要以原油、重油为原料的部分氧化（POM）法等，还有利用制氨厂弛放气、甲烷化尾气、甲醇尾气、催化重整尾气等富氢气体用变压吸附、低温法或薄膜渗透等方法精制得到一定纯度的氢。在众多的制氢工艺路线中以烃类（天然气）为原料的蒸汽转化等工艺在工业上占有较大的优势。

天然气制氢由于其工艺流程短，建设投资少，其主要成分——甲烷转化为氢的效率高，故具有生产率高，总能耗低等优点，因而在目前和今后一段时间内仍有很大的竞争力。在天然气资源丰富的地区，天然气制氢是最好的选择。

世界上甲烷蒸汽转化法的主要工艺技术有 Technip（KT1）、Uhde、Linde、Foster、Topsoe等。20 世纪 80 年代经典的制氢工艺路线为：天然气→脱硫→转化→变换→脱碳→甲烷化→氢气。

近几十年来随着科学技术的发展，变压吸附（PSA）技术逐渐得到应用和完善，在制氢工艺中用能耗低的 PSA 净化分离系统（氢气提纯系统）代替了能耗高的脱碳和甲烷化单元，节能并简化了流程和操作。尤其是近年来由于炼油化工行业需要更多的氢气用于加氢处理油品，氢气用量快速增长，制氢装置的规模越来越大。据统计，目前采用 Technip（KT1）、

Uhde、Linde 三家工艺技术建设的大型制氢装置最多，当今世界上天然气蒸汽转化法制氢装置的典型制氢工艺路线则为：天然气→脱硫→转化→变换→PSA 制氢→氢气。

该工艺中蒸汽转化单元关键设备是转化炉，它包括辐射段和对流段，多年来改进的重点是辐射段转化系统的设计和对流段余热回收系统的优化。不断改进和优化节能设计使整个转化炉的总热效率可提高到 91%~93%。CO 变换技术包括高温变换、高温变换串低温（或中温）变换工艺。采用高温串低温变换工艺可提高 CO 变换率，从而节省原料气的消耗。但 PSA 尾气的发热量降低，燃料气用量增加，整个热效率提高不多，同时由于低温变换的催化剂价格高、增加低变设备，开车还需要催化剂升温还原设备，使工艺流程变得复杂，装置的投资也相应增加。因此只有当燃料气的价格比原料气的价格低得多时，选择高温变换串低温变换工艺才有意义。氢气提纯系统采用 PSA 工艺，可获得高纯度氢气产品，同时工艺操作简单，自动化程度高，操作弹性大，成本低，是目前天然气蒸汽转化制氢工艺中的最佳选择，故本节以下仅介绍蒸汽转化（蒸汽重整）法制氢，部分氧化法和自热法制氢可参阅有关文献。

1. 蒸汽转化法制氢工艺原理

天然气蒸汽转化制氢工艺由原料气处理、蒸汽转化、CO 变换和氢气提纯等单元组成。

（1）原料气处理

主要是天然气脱硫。通常是在钴钼催化剂存在下加入少量氢气使有机硫氢解生成 H_2S，再采用干法脱硫。此外，有些单元还有原料气压缩等功能。

脱硫是在一定的压力和温度下，将天然气通过 MnO 及 ZnO 干法脱硫剂，将其中的有机硫和无机硫脱至蒸汽转化催化剂所允许的 $0.2×10^{-6}$ 以下。

（2）蒸汽转化（甲烷–水蒸气重整）

采用水蒸气为氧化剂，在镍催化剂的作用下将天然气中烃类转化，得到富氢的转化气，其主要反应见反应式（7-7）~反应式（7-9）。

甲烷蒸汽转化总的反应过程是强吸热和体积增加的反应。为此，必须向转化过程供热，其方式有外部供热的管式转化炉，或添加一定量的空气使甲烷燃烧放热（自热式）等。

降低压力有利于提高甲烷的转化率，但为了满足变压吸附提纯的需要和纯氢产品的压力要求，以及考虑设备的经济性等通常控制反应压力在 1.5MPa 以上。

蒸汽转化单元是制氢装置的核心部分，按照其工艺不同又可分为无预转化和有预转化两种流程。前者是转化反应全部在转化炉中完成，后者是原料气中的重烃先在预反应器中转化，再在转化炉中进一步转化。

目前蒸汽转化单元多由预转化反应器、转化炉（辐射段和对流段）、转化气余热锅炉等构成。在蒸汽转化前设预转化反应器，可降低转化炉负荷约 20%，同时可将天然气中碳二以上重烃转化，从而减少蒸汽转化积碳的风险，延长转化和变换催化剂寿命，以及降低水碳比及工艺蒸汽的消耗。此外，预转化催化剂还有脱硫作用，可脱除原料气中残余的硫化物。

未采用预转化反应器的水碳比国外一般为 2.7~3.0（摩尔比，下同），采用预转化反应器后水碳比一般为 2.0~2.5。国内设计的蒸汽转化单元采用的水碳比略高一些。余热回收锅炉可按照要求生产所需等级的蒸汽。

与天然气蒸汽转化制氨工艺相同，其转化炉型式、结构各有特点，上、下集气管的结构和热补偿方式以及转化管的固定方式也不同。转化炉按照其燃烧器布置在辐射段顶部或侧部也可分为顶烧炉(见图7-27)和侧烧炉(见图7-36)两种。

（3）CO变换单元

转化气含一定量的CO，变换的作用是使CO在催化剂存在的条件下，与水蒸气反应生成CO_2和H_2，见反应式(7-14)。在此转化气中大部分的CO被变换为H_2，变换后的气体中H_2含量可达75%以上。

变换工艺按照变换温度可分为高温变换(350~400℃)和中温或低温变换(低于300~350℃)。

（4）氢气提纯单元

目前，天然气制氢工艺中已普遍采用能耗较低的变压吸附(PSA)净化分离系统代替能耗高的脱碳净化和甲烷化工序，实现节能和简化流程的目标。通过PSA吸附床将变换后气体中的CO、CO_2、N_2吸附脱除，在装置出口处可获得纯度高达99.9%的氢气。

PSA装置一般由多个吸附床组成，在仪表或者设备出现故障的情况下，PSA吸附床可以自动切换，将故障设备切换掉，可以在较少的吸附床下运转，不会影响产品流量和质量。

PSA尾气是转化炉的主要燃料来源，通常情况下用天然气补充欠缺燃料，只有在开工和装置波动状况下，才单独使用天然气作为转化炉的燃料。

2. 蒸汽转化法制氢工艺流程

天然气中所含的有机硫是转化催化剂的毒物，通常需采用钴钼加氢催化剂和ZnO脱硫剂在高温下脱除总硫。因此，天然气首先经转化炉对流段加热后进入脱硫反应器，使总硫脱除至$0.2×10^{-6}$以下，脱硫后的原料气与预热后的蒸汽进入辐射段转化反应器，在镍催化剂存在下反应。转化管外用天然气或回收的PSA尾气加热，为反应提供所需的热量。

转化炉的烟气温度较高，在对流段为回收高温余热，设置有原料气预热器、锅炉给水预热器、原料气和蒸汽混合预热器等，以降低排气温度，提高转化炉的热效率。转化气组成为H_2、CO、CO_2、CH_4，该气体经过余热锅炉回收热量产生蒸汽，然后进入变换炉。在此转化气中的大部分CO被变换为H_2。

变换后的气体中H_2含量可达75%以上，该气体进入PSA制氢单元进行分离提纯。变压吸附采用特定的吸附剂，利用吸附剂对气体的吸附容量随压力的变化而变化，吸附剂在选择吸附的条件下，加压吸附气体中的杂质组分，而氢作为弱吸附组分通过床层，同时采用减压脱附这些杂质组分。采用不同的均压、逆放、冲洗等步骤可连续得到一定要求的纯氢气产品。

有预转化的侧烧炉蒸汽转化制氢工艺流程见图7-36。

蒸汽转化工艺有以下特点：

（1）一般蒸汽转化反应的操作压力为1.5~3.5MPa，操作温度为750~880℃，水碳比为2.75~3.5。

（2）甲烷平衡转化率与反应选择的操作压力、温度、水碳比等因素有关，选择操作条件要综合考虑各种因素，同时结合生产厂的实际情况来选择，使工厂达到最经济的效果。转化炉的类型有顶烧炉、侧烧炉等，常用的是顶烧炉。

（3）转化炉辐射段顶部和下部分别设置有上、下集气管，转化管与它们连接采用高合金材料的桡性管，可承受一定的温度压力下内部蠕变和补偿集气管和转化管的热膨胀。

（4）燃料气在辐射段放出的热量只有50%被转化管吸收，其余大量的热量进入对流段，设置各种用途的换热设备回收热量，使转化炉总热效率可提高到90%以上。

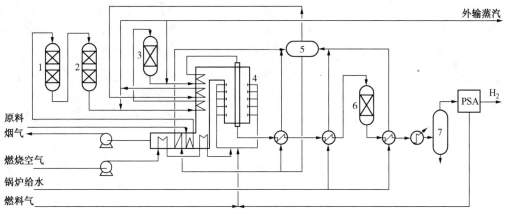

图 7-36　有预转化的侧烧炉蒸汽转化制氢工艺流程

1—加氢反应器；2—脱硫反应器；3—预转化反应器；4—侧烧炉；

5—中压余热锅炉；6—中温变换器；7—工艺冷凝水分液罐

参 考 文 献

1　胡奥林．新版《天然气利用政策》解读．天然气工业，2013，33（2）：110～114．

2　严铭卿，等．天然气输配技术．北京：化学工业出版社，2009．

3　贺永德，等．天然气应用技术手册．北京：化学工业出版社，2009．

4　王遇冬主编．天然气开发与利用．北京：中国石化出版社，2011．

5　严铭卿主编．燃气工程设计手册．北京：中国建筑工业出版社，2009．

6　杨光等主编．天然气工程概论．北京：中国石化出版社，2013．

7　郭启稳．天然气发电在中国的应用远景．城市燃气，2006，27（1）：21～23．

8　王红霞主编．煤层气集输与处理．北京：中国石化出版社，2013．

9　傅博．天然气发电前景．油气世界，2008，（1）：31～37．

10　沈维道，等．工程热力学(第四版)．北京：高等教育出版社，2009．

11　魏顺安主编．天然气化工工艺学．北京：化学工业出版社，2009．

12　汪寿建等．天然气综合利用技术．北京：化学工业出版社，2003．

13　徐文渊，蒋长安主编．天然气利用手册(第二版)．北京：中国石化出版社，2006．

14　林玉波．合成氨生产工艺．北京：化学工业出版社，2006．

15　张云杰，等．天然气制氢工艺现状及发展．广州化工，2013，40（13）：41～42．

16　贾秀荣，等．天然气催化制氢气的研究进展．河南化工，2010，27（8）：17～21．

17　郭忠贵．天然气知识与实用技术．北京：石油工业出版社，2012．

18　郭揆常．液化天然气(LNG)工艺与工程．北京：中国石化出版社，2014．